铸坯成型理论

杨　军　董　洁　张从容
张朝晖　邹德宁　巨建涛　编著

北　京
冶 金 工 业 出 版 社
2015

内 容 提 要

本书重点介绍了铸坯凝固过程的基本原理、基本现象和基本规律，内容包括连铸过程中液态金属的结构和性质、铸坯的结晶与凝固、铸坯凝固过程的传热及数学模型的建立、铸坯组织的形成和控制、铸坯的收缩及凝固过程中的气体等。此外，本书还对在连铸过程中如何提高铸坯质量做了介绍，包括如何控制连铸过程中铸坯化学成分的不均匀性、铸坯中的非金属夹杂物、铸坯裂纹及形状缺陷等，并对铸坯成型的新技术进行了总结。

本书可作为高等学校冶金工程及金属材料专业本科生的连铸课程参考教材，也可供相关专业研究生，钢铁企业、研究设计院所相关专业工程技术人员阅读及参考。

图书在版编目(CIP)数据

铸坯成型理论/杨军等编著．—北京：冶金工业出版社，2015.3

ISBN 978-7-5024-6203-1

Ⅰ.①铸…　Ⅱ.①杨…　Ⅲ.①连铸坯—成型
Ⅳ.①TG249.7

中国版本图书馆 CIP 数据核字(2013)第 244331 号

出 版 人　谭学余
地　　址　北京市东城区嵩祝院北巷 39 号　邮编　100009　电话　(010)64027926
网　　址　www.cnmip.com.cn　电子信箱　yjcbs@cnmip.com.cn
责任编辑　曾　媛　美术编辑　彭子赫　版式设计　孙跃红
责任校对　卿文春　责任印制　牛晓波
ISBN 978-7-5024-6203-1
冶金工业出版社出版发行；各地新华书店经销；三河市双峰印刷装订有限公司印刷
2015 年 3 月第 1 版，2015 年 3 月第 1 次印刷
787mm×1092mm　1/16；18.75 印张；452 千字；288 页
68.00 元

冶金工业出版社　投稿电话　(010)64027932　投稿信箱　tougao@cnmip.com.cn
冶金工业出版社营销中心　电话　(010)64044283　传真　(010)64027893
冶金书店　地址　北京市东四西大街 46 号(100010)　电话　(010)65289081(兼传真)
冶金工业出版社天猫旗舰店　yjgy.tmall.com

前　言

连铸技术的开发与应用是钢铁工业继氧气转炉之后又一次重大技术革命，也是当代钢铁工业发展最快的技术。为适应目前中国连铸技术的研究及发展需要，经过多方努力，我们合作编写了此书。

根据铸坯成型的基本理论及特点，本书突出介绍了连铸过程的基本原理、基本现象和基本规律，包括连铸过程中液态金属的结构和性质、铸坯的结晶与凝固、铸坯凝固过程传热及数学模型的建立、铸坯组织的形成和控制、铸坯的收缩及凝固过程中的气体等内容。除此之外，对连铸过程中如何提高铸坯质量也做了介绍，包括如何控制连铸过程中铸坯化学成分的不均匀性、铸坯中的非金属夹杂物、铸坯裂纹及形状缺陷等，并对铸坯成型的新技术进行了总结。

本书由西安建筑科技大学冶金工程学院杨军、董洁、张从容、张朝晖、邹德宁、巨建涛承担主要编写工作，杨军对全书进行了统稿及审校工作。参与本书编写的人员还有中国重型机械研究院朱浪涛（第1章）和西安建筑科技大学鲁路（第6章）、胡平（第7章）、杨占林和付振坡（第9、10章）、折媛、王苗、丁畅越、卢明、康路、王劲臬。本书还得到了陕西省冶金物理化学重点学科资助，在此一并表示感谢。

本书可作为高等学校冶金工程及金属材料专业本科生的连铸课程参考教材，也可供相关专业研究生，钢铁企业、研究设计院所相关专业工程技术人员阅读及参考。本书编写过程中参考了国内外同行的文献资料，使得本书内容更加丰富详实，作者在此表示深深感谢。

由于时间紧迫，加之经验不足，本书难免有不足之处，敬请读者批评指正。

编著者
2014年12月

目　录

1 液态金属的结构和性质

凝固是液态金属转变成固态金属的过程，因而液态金属的特性必然会影响凝固过程。研究和了解液态金属的结构和性质，是分析和控制金属凝固过程必要的基础。

液体按结构和内部作用力可分为：原子液体（如液态金属、液化惰性气体）、分子液体（如极性与非极性分子液体）及离子液体（如各种简单的及复杂的熔盐）。

液体可完全占据容器的空间并取得容器内腔的形状——类似于气体，不同于固体；液体最显著的性质是具有流动性；液体不能像固体那样承受剪切应力，表明液体的原子或分子之间的结合力没有固体中的强——类似于气体，不同于固体；具有自由表面——类似于固体，不同于气体；液体可压缩性很低——类似于固体，不同于气体。

人类对液态的认识比固态和气态要肤浅得多，目前仍没有成熟的理论模型给予液体结构满意的描述。但人类对液态的研究从未间断，取得了许多瞩目的阶段性成就，特别是近二十多年来，研究者借助于现代分析方法、原子论等，并采用经典液态统计力学的各种理论探讨研究液态金属，对液态金属结构有了进一步的认识，在一定范围和程度上能定量地描述液态金属的结构和性质，对液体结构的研究有了许多新的突破。

1.1 金属的膨胀和熔化

当今社会科学技术突飞猛进，新材料层出不穷，使用量也不断增加，但迄今为止，金属材料由于其优良的使用性能和加工工艺性能，在机械工业中仍然是应用最多的材料。金属材料是指金属元素与金属元素，或金属元素与少量非金属元素所构成的，具有一般金属特性的材料。金属材料按其所含元素数目的不同，可分为纯金属（由一个元素构成）和合金（由两个或两个以上元素构成）。

1.1.1 金属的膨胀

常温下，除了汞之外，大多数金属均为固态。固体又可分晶体和非晶体，由于本书重在研究钢铁连铸铸坯相关问题，所以研究对象只针对晶体。晶体是组成原子以一定方式周期地排列在三维空间的晶格结点上，表现为长程有序，同时原子以某种模式在平衡位置上做热振动。

原子之间存在着相互作用力，即库仑引力 F_1 和库仑斥力 F_2，如图 1-1 所示。当原子间的距离为 R_0 时，原子受到的引力与斥力相等，故处于平衡状态。而向左和向右运动都会受到一个指向平衡位置的力的作用，于是原子在平衡位置附近做简谐振动，维持晶体的固定结构。当温度升高时，原子振动能量增加，振动频率和振幅增大。以双原子模型为例，假设左边的原子被固定不动，而右边的原子是自由的，则随着温度的升高，原子间距将由 $R_0 \rightarrow R_1 \rightarrow R_2 \rightarrow R_3 \rightarrow R_4$，原子的能量也不断升高，由 $W_0 \rightarrow W_1 \rightarrow W_2 \rightarrow W_3 \rightarrow W_4$，即产生膨胀，如图 1-2 所示。显然，原子在平衡位置时，能量最低；而两边能量较高，这称之为势垒。势垒的最大值为 Q，称之为激活能（也称结合能或键能）。势垒之间称之为势阱，原子受热时，振动频率加快，振幅增大，若其获得的动能大于激活能 Q 时，原子就能越过原来的势垒，进入另一个势阱，这样，原子处于新的平衡位置，即从一个晶格常数变成另一个晶格常数。晶体比原先尺寸增大，即晶体受热而膨胀。

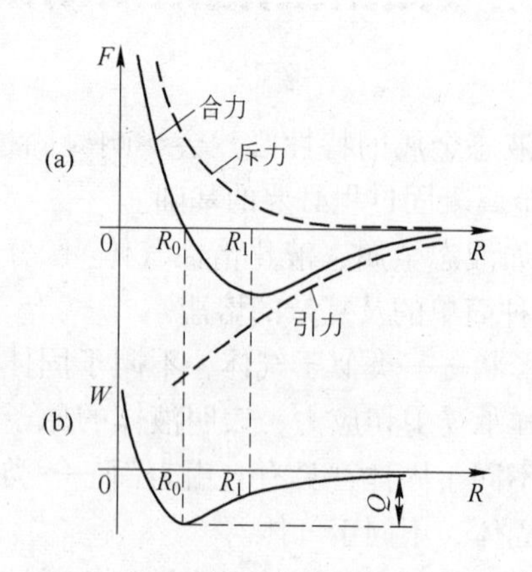

图 1-1 作用力（a）及能量（b）与原子间距的关系

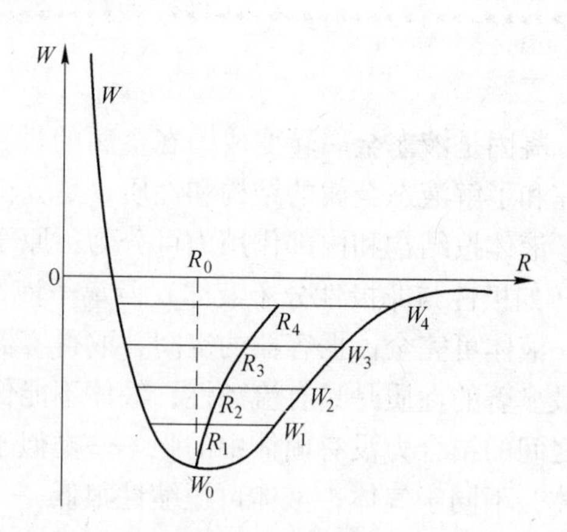

图 1-2 加热时原子间距的变化

1.1.2 金属的熔化

若对晶体进一步加热，则达到激活能值的原子数量也进一步增加；当这些原子的数量达到某一数量值时，首先，在晶界处原子跨越势垒而处于激活状态，以致能脱离晶粒的表面，而向邻近的晶粒跳跃，导致原有晶粒失去固定的形状与尺寸，晶粒间可出现相对流动，称为晶界黏性流动，此时，金属处于熔化状态。金属被进一步加热，其温度不会进一步升高，而是晶粒表面原子跳跃更频繁。晶粒进一步瓦解为小的原子集团和游离原子，形成时而集中、时而分散的原子集团、游离原子和空穴。此时，金属从固态转变为液态，体积膨胀约3%~5%，金属的其他性质，如电阻、黏性也会发生突变。在熔点温度的固态变为同温度的液态时，金属要吸收大量的热量，称为熔化潜热。

固态金属的加热熔化完全符合热力学条件。外界提供的热能，除因原子间距增大，体积膨胀而做功外，还增加体系的内能。在恒压下存在如下关系式：

$$E_q = d(U + \rho V) = dU + \rho dV = dH \tag{1-1}$$

式中 E_q——外界提供的热能；

U——内能；

ρdV——膨胀功；

dH——热焓的变化，即熔化潜热。

在等温等压下，由式(1-1)得熔化时熵值的变化为：

$$dS = \frac{E_q}{T} = \frac{1}{T}(dU + \rho dV) \tag{1-2}$$

dS 值的大小描述了金属由固态变成液态时，原子由规则排列变成非规则排列的紊乱程度。

1.2 液态金属的结构

从固态金属的熔化过程可看出，在熔点附近或过热度不大的液态金属中仍然存在许多的固态晶粒。其结构接近固态而远离气态，这已被大量的试验数据所证实。本章从以下几方面给予阐述，并在此基础上提出液态金属的结构模型。

液体：长程无序——不具备平移、对称性；

近程有序——相对于完全无序的气体，液体中存在着许多不停“游荡”着的局域有序的原子集团，液体结构表现出局域范围的有序性。

1.2.1 液态金属的结构理论

用物理模型，特别是数学模型定量地描述系统一直是学者们梦寐以求的，同时也是学科成熟的标志，但对于液态金属这方面的工作着手得很晚，至今仍没有一个公认的、系统的、科学的理论模型。对于液态金属的结构理论归纳如下：凝聚理论、点阵理论（包括微晶理论、空穴理论和位错理论和综合模型理论）、几何理论。

凝聚理论是将金属原子假设成稠密气体，通过修正状态方程来描述液态金属结构。向稳定分散状态的疏水性胶体溶液或悬浮液中添加电解质时，分散粒子变得不稳定而凝聚。这种凝聚是将围绕粒子的离子云（离子层或扩散双电层）的相互作用和粒子间作用的伦敦-范德华力合并到一起来考虑的，用 Derjaquin-Landau-Verwye-Overbeek（DLVO）理论，有可能进行定量的讨论。这个理论在同类粒子相互作用时虽能给予有用的知识，但若想用于讨论异类粒子间的凝聚（异凝聚）则超出了限度。关于异凝聚（Hetero-Coagulation）用到了 Derjaquin 的理论，从历史发展过程来看，异凝聚理论可看作是 DLVO 理论的发展。如果认为这个理论在特别场合下包含 DLVO 理论，则可认为异凝聚理论是更普遍的凝聚理论。不论哪种情况，胶体粒子的稳定性受双电层的相互作用和伦敦—范德华力支配的想法，逐步为多数实验所验证。无论 DLVO 理论，还是异凝聚理论，都以扩散说电层理论（Gouy-Ohapman 理论）为基础。

点阵理论只简述空穴模型和综合模型。空穴模型是金属晶体熔化时，在晶体网格中形成大量的空位，从而使液态金属的微观结构失去了长程有序性。大量空位的存在使液态金属易于发生切变，从而具有流动性。随着液态金属温度的提高，空位的数量也不断增加，表现为液态金属的黏度减小。综合模型认为，液态金属是由大量不停“游动”着的原子团簇组成，团簇内为某种有序结构，团簇周围是一些散乱无序的原子。这些原子簇不断地分化组合，一部分金属原子（离子）从某个团簇中分化出去，同时又会有另一些原子组合到该团簇中，此起彼伏，不断发生着这样的涨落过程，似乎原子团簇本身在“游动”一样，团簇的尺寸及其内部原子数量都随温度的变化而变化。

几何理论以 Bernal J D 和 King S V 提出来的无规密堆硬球模型为代表。他们假设液态金属是均质的、密度集中的、排列紊乱的原子的堆积体。其中既无晶体区域，又无大到足以容纳另一原子的空穴。其具体操作为：将几千个钢球装进一球形袋中，并尽量摇动使其充分紧实；然后将油漆浇入使钢球黏合在一起；待油漆干燥后仔细将钢球分开，统计单个钢球接触点的数目。根据统计结果就可确定该结构的平均配位数，也就是液态结构的平均配位数。研究结果发现，在紊乱密集的球堆中存在着高度致密区，这种“类晶核”就相当于近程有序的原子集团，其他区域钢球排列是紊乱的，钢球之间有空隙，这样的结构同单原子液态金属的结构是非常类似的。

1.2.2 液态金属的X射线衍射分析

将X射线衍射运用到液态金属的结构分析上，如同研究固态金属的结构一样，可以找出液态金属的原子间距和配位数；从而确定液态金属同固态金属在结构上的差异。

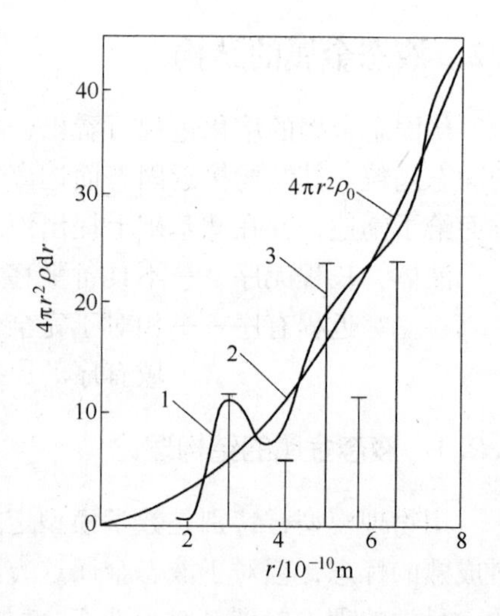

图1-3 700℃时液态铝中原子分布曲线

图1-3所示为根据衍射资料绘制液态铝$4\pi r^2\rho dr$和r的关系图，表示某一个选定的原子周围的原子密度分布状态。R为以选定原子为中心的一系列球体的半径，$4\pi r^2\rho dr$表示围绕所选定原子的半径为r、厚度为dr一层球壳中的原子数。$\rho(r)$为球面上的原子密度。直线和曲线分别表示固态铝和700℃的液态铝中原子的分布规律。固态铝中的原子位置是固定的，在平衡位置做热振动，故球壳上的原子数显示出是某一固定的数值，呈现一条条的直线。每一条直线都有明确的位置和峰值（原子数），如图中直线3所示。若700℃液态铝是理想的均匀的非晶质液体，则其原子分布为抛物线，如曲线2所示。而图中曲线1为实际的700℃液体铝的原子分布情况。曲线1为一条由窄变宽的条带，是连续非间断的，但条带的第一个峰值和第二个峰值接近固态的峰值，此后就接近于理想液体的原子平均密度分布曲线2了。这说明原子已无固定的位置，是瞬息万变的。液态铝中的原子的排列在几个原子间距的小范围内，与其固态铝原子的排列方式基本一致，而远离原子后就完全不同于固态了，这种结构称为“微晶”。图1-4中所示为不同温度下液态铝内部

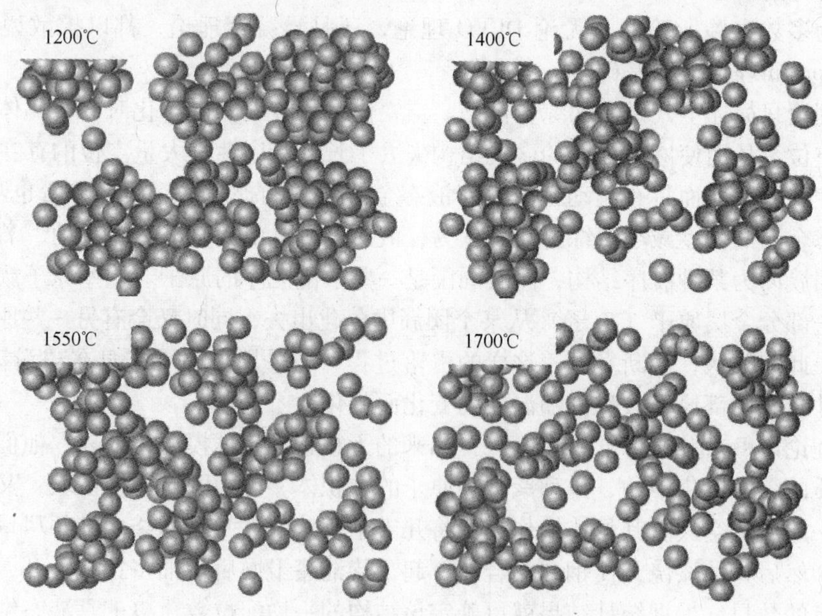

图1-4 不同温度下铝液中的原子簇

的原子簇。液态铝的这种结构称为“近程有序、远程无序”的结构，而固态的原子结构为远程有序的结构。

表1-1为一些固态和液态金属的原子结构参数。固态金属铝和液态铝的原子配位数分别为12和10~11，而原子间距分别为0.286nm和0.298nm。气态铝的配位数可认为是零，原子间距无穷大。

表1-1 X射线衍射所得液态和固态金属结构参数

金 属	液 态			固 态	
	温度/℃	原子间距/nm	配位数	原子间距/nm	配位数
Li	400	0.324	10①	0.303	8
Na	100	0.383	8	0.372	8
Al	700	0.298	10~11	0.286	12
K	70	0.464	8	0.450	8
Zn	460	0.294	11	0.265、0.294	6+6②
Cd	350	0.306	8	0.297、0.330	6+6②
Sn	280	0.320	11	0.302、0.315	4+2②
Au	1100	0.286	11	0.288	12
Bi	340	0.332	7~8③	0.909、0.346	3+3②

① 其配位数虽增大，但密度仍减小；

② 这些原子的第一、二层近邻原子非常相近，两层原子都算作配位数，但以“+”号表示区别，在液态金属中两层合一；

③ 固态结构较松散，熔化后密度增大。

1.2.3 液态金属的实际结构

由以上的分析可见，纯金属的液态结构是由原子集团、游离原子、空穴或裂纹组成的。原子集团由数量不等的原子组成，其大小为10^{-10}m数量级，在此范围内仍具有一定的规律性，称为“近程有序”。原子集团间的空穴或裂纹内分布着排列无规则的游离的原子。这样的结构不是静止的，而是处于瞬息万变的状态，即原子集团、空穴或裂纹的大小、形态、分布及热运动的状态都无时无刻处于变化的状态。液态中存在着很大的能量起伏。

纯金属在工程中的应用极少，特别是作为结构材料，在材料成型过程中也很少使用纯金属。即使平常所说的化学纯元素，其中也包含着无数其他杂质元素。对于实际的液态金属，特别是材料成型过程中所使用的液态合金具有两个特点：一是化学元素的种类多；二是过热度不高，一般为100~300℃。各种元素的加入，除影响原子间的结合力外，还会发生各种物理的或化学的反应，同时在材料成型过程中还会混入一些杂质。实际的液态金属（合金）的结构是极其复杂的，但纯金属的结构原则具有普遍的意义。综合起来，实用的液态合金除了存在能量起伏外，还存在浓度起伏和结构（或称为相）起伏。三个起伏影响液态合金凝固过程，从而对产品的质量有着重要的影响。

从物质熔化过程认识液态金属的液态结构，一方面物质熔化时体积变化、熵变（及焓变）一般均不大，见表1-2，金属熔化时典型的体积变化$\Delta V_m/V_m$（多为增大）为3%～5%，表明液体的原子间距接近于固体，在熔点附近其系统混乱度只是稍大于固体而远小于气体；另一方面，金属熔化潜热比其汽化潜热小得多（表1-3），为1/15～1/30，表明熔化时其内部原子结合键只有部分被破坏。

表1-2　某些金属的熵值变化

金属名称	从25℃到熔点熵值的变化ΔS/K·K^{-1}	熔化时的熵值变化ΔS_m/K·K^{-1}	$\Delta S_m/\Delta S$	金属名称	从25℃到熔点熵值的变化ΔS/K·K^{-1}	熔化时的熵值变化ΔS_m/K·K^{-1}	$\Delta S_m/\Delta S$
Zn	5.45	2.55	0.47	Cu	9.79	2.30	0.24
Al	7.51	2.75	0.37	Fe	15.50	2.00	0.13
Mg	7.54	2.32	0.31				

表1-3　某些金属的熔化潜热和汽化潜热

金 属	晶体结构	熔点/℃	熔化潜热L_m/kJ·mol^{-1}	沸点/℃	汽化潜热L_b/kJ·mol^{-1}	L_b/L_m	熔化体积变化/%
Al	f.c.c	660.2	10.676	2450	284.534	26.65	6.6
Au	f.c.c	1063	12.686	2966	342.522	27.0	5.19
Cu	f.c.c	1083	13.021	2595	305.636	23.47	4.2
Fe	f.c.c/b.c.c	1535	16.161	3070	354.287	21.9	0.4～4.4
Zn	h.c.p	419.5	6.698	906	116.727	17.4	6.9
Mg	h.c.p	651	9.043	1103	131.758	14.5	4.2

由此可见，金属的熔化并不是原子间结合键的全部破坏，液体金属内原子的局域分布仍具有一定的规律性。可以说，在熔点（或液相线）附近，液态金属（或合金）的原子集团内短程结构类似于固体，而与气体截然不同。但需要指出，在液—气临界点（T_c），液体与气体的结构往往难以分辨，说明接近T_c时，液体的结构更接近于气体。

1.2.4 对液态金属结构研究的新进展

单组元液体中存在着“拓扑短程序”（Topological Short-range），其研究成果主要有：

Richter等人利用X衍射、中子及电子衍射手段，对碱金属、Au、Ag、Pb和Ti等熔体进行了十多年的系统研究，经过仔细分析结果认为，液体中存在着拓扑球状密排结构以及层状结构，它们的尺寸范围约为10^{-7}～10^{-6}cm。

许多不同研究者发现，Sn、Ge、Ga、Si等固态具有共价键的单组元液体，原子间的共价键并未完全消失，存在着与固体结构中对应的四面体局域拓扑有序结构。

而Reichert于2000年在“Nature”撰文报道，称观察到了液态Pb局域结构的五重对称性及二十面体的存在，并推测其存在于所有的单组元简单液体。随后Spaepen总结认为，简单液体中存在着许多种五重对称性的局域结构，并称这是液体结构领域的重要结论。

合金这样的多组元液体中则可能同时存在“化学短程序”（CSRO，Chemical Short-range Ordering）。如在Li-Pb、Cs-Au、Mg-Bi、Mg-Zn、Mg-Sn、Cu-Ti、Cu-Sn、Al-Mg、Al-

Fe 等固态具有金属间化合物的二元熔体中均被发现有化学短程序的存在。

20 世纪 90 年代以来，对于尺寸较大的拓扑及化学有序提出了中程序的概念，认为对应于径向分布函数 RDF 第一及第二峰的最近邻和次近邻配位层以内的有序性为短程序，范围一般为 0.3～0.5nm。而中程序则处在大于短程序但远小于晶体的长程序的有序情况，范围一般在 2.0nm 以内。

短程序和中程序的不断被发现，使人们获得了原子团簇的微观和介观信息，从而可将液体、非晶体的具体结构进行类比，提供更多的液体、固体和非晶体三者之间的联系信息，是微观到介观再到宏观的纽带和桥梁，使得对液体和非晶体的结构认识更接近实际物质。

1.3　液态金属的性质

液态金属有各种性质，例如物理性质（密度、黏度、电导率、导热系数和扩散系数等），物理化学性质（等压热熔、等容热容、熔化和汽化潜热、表面张力等），热力学性质（蒸气压、膨胀和压缩系数）及其他。在此仅阐述与材料成型过程关系特别密切的两个性质，即液态金属的黏滞性（黏度）和表面张力以及它们在铸坯成型过程中的作用。

1.3.1　液态金属的黏滞性（黏度）及其意义

1.3.1.1　液态金属的黏滞性

液态金属由于原子间作用力大为削弱，且其中存在空穴、裂纹等，其活动比固态金属要大得多。当外力 $F(x)$ 作用于液态表面时，其速度分布如图 1-5 所示，第一层的速度 v_1 最大，第二层、第三层……依次减小，最后 v 等于零。这说明层与层之间存在内摩擦力。

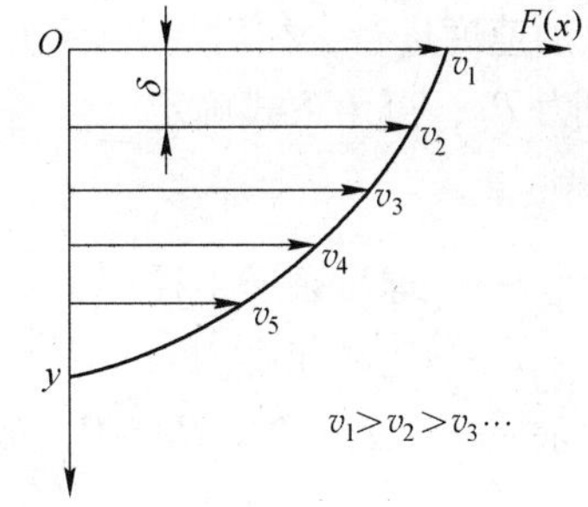

图 1-5　力作用于液面各层的速度

设 y 方向的速度梯度为 $\frac{dv_x}{dy}$，根据牛顿液体黏滞定律 $F(x) = \eta A dv_x/dy$ 得

$$\eta = \frac{F(x)}{A\frac{dv_x}{dy}} \tag{1-3}$$

式中　η——动力黏度；

A——液层接触面积。

富林克尔在关于液体结构的理论中，对黏度作了数学处理，表达式为

$$\eta = \frac{2t_0k_BT}{\delta^3}\exp\left(\frac{U}{k_BT}\right) \tag{1-4}$$

式中　t_0——原子在平衡位置的振动时间；

k_B——玻耳兹曼常数；

U——原子离位激活能；

δ——相邻原子平衡位置的平均距离；

T——热力学温度。

由式（1-4）可知，黏度与原子离位激活能 U 成正比，与其平均距离的三次方 δ^3 成反比，这二者都与原子间的结合力有关，因此黏度本质上是原子间的结合力。黏度与温度的关系为：在温度不太高时，指数项的影响是主要的，即 η 和 T 成反比；当温度很高时，指数项接近于1，η 和 T 成正比。此外，夹杂物及合金元素等对黏度也有影响。

液态金属（合金）准备过程中，按照需要，要进行各种冶金处理，如变质、孕育及净化处理等对黏度也有显著影响。如钢液进行 Ca 处理后，生成的 CaO 与残余的 Al_2O_3 在条件合适时可共同形成液态复合夹杂，易上浮，起到净化钢液、降低钢液黏度的作用并减轻水口堵塞，铝硅合金进行变质处理后消除及细化了初生硅或共晶硅，从而使黏度降低。

1.3.1.2 黏度在铸坯成型中的意义

黏度在铸坯成型过程中的意义主要表现为三个方面。

A 对液态金属净化的影响

液态金属中存在各种夹杂物及气泡等，必须尽量除去，否则会影响铸坯或材料的性能。杂质及气泡一般比金属液的密度小，故总是力图离开液体，以上浮的方式分离。脱离的动力可用二者密度之差计算，即

$$P = Vg(\rho_1 - \rho_2) \tag{1-5}$$

式中 P——动力；

V——杂质体积；

ρ_1——液态金属密度；

ρ_2——杂质密度。

杂质在 P 的作用下产生运动，一运动就会有阻力。试验指出，在最初很短的时间内，它以加速度进行，往后便开始匀速运动。根据斯托克斯原理，半径0.1cm以下的球形杂质的阻力 P_C，可由下式确定

$$P_C = 6\pi rv\eta \tag{1-6}$$

式中 r——球形杂质半径；

v——运动速度。

杂质匀速运动时，$P_C = P$，故 $6\pi rv\eta = Vg(\rho_1 - \rho_2)$，由此可求出杂质上浮速度：

$$v = \frac{4\pi r^3 g(\rho_1 - \rho_2)}{3 \times 6\pi r\eta} = \frac{2r^2 g(\rho_1 - \rho_2)}{9\eta} \tag{1-7}$$

B 对液态合金流动阻力的影响

流体的流动分层流和紊流，属何种流态由雷诺数 Re 的大小来决定。根据流体力学，$Re > 2300$ 为紊流，$Re < 2300$ 为层流。Re 的数学式为：

$$Re = \frac{Dv\rho}{\eta} \tag{1-8}$$

式中 D——管道直径；

v——流体流速；

ρ——流体密度。

设 f 为流体流动时的阻力系数，则有：

$$f_{层} = \frac{32}{Re} = \frac{32}{Dv\rho} \cdot \eta \tag{1-9}$$

$$f_{紊} = \frac{0.092}{Re^{0.2}} = \frac{0.092}{(Dv\rho)^{0.2}} \cdot \eta^{0.2} \tag{1-10}$$

显然，当液体以层流方式流动时，阻力系数大，流动阻力大。液态合金的黏度大，其流动阻力也大。

C 对凝固过程中液态合金对流的影响

液态金属在冷却和凝固过程中，由于存在温度差和浓度差等原因引起的密度不同而产生浮力，是液态合金对流的驱动力。当浮力大于黏滞力时则产生对流，其对流强度由无量纲的格拉晓夫准则度量，即

$$G_T = g\beta_T l^3 r^2 \Delta T/\eta^2 \tag{1-11}$$

$$G_c = g\beta_c l^3 r^2 \Delta c/\eta^2 \tag{1-12}$$

式中 G_T——温差引起的对流强度；

G_c——浓度差产生对流强度；

β_T，β_c——分别为温度和浓度引起的体膨胀系数；

ΔT——温差；

Δc——浓度差；

l——水平方向上热端到冷端距离的一半。

可见，黏度 η 越大，对流强度越小。液体对流对结晶组织、溶质分布、偏析、杂质的聚合等产生重要影响：

（1）影响热裂、缩孔、缩松的形成倾向。由于凝固收缩形成压力差而造成的自然对流均属于层流性质，此时黏度对流动的影响就会直接影响到铸坯的质量。

（2）影响钢铁材料的脱硫、脱磷、扩散脱氧。在铸造合金熔炼及焊接过程中，这些冶金化学反应均是在金属液与熔渣的界面进行的，金属液中的杂质元素及熔渣中反应物要不断地向界面扩散，同时界面上的反应产物也需要离开界面向熔渣内扩散。这些反应过程的动力学（反应速度和可进行到何种程度）受到反应物及生成物在金属液和熔渣中的扩散速度的影响，而金属液和熔渣中的动力学黏度 η 低，则有利于扩散的进行，从而有利于脱去金属中的杂质元素。

（3）影响精炼效果及夹杂或气孔的形成。金属液各种精炼工艺，希望尽可能彻底地脱去金属液中的非金属夹杂物（各种氧化物及硫化物等）和气体，无论是铸件型腔中还是焊接熔池中的金属液，残留的（或二次成型的）夹杂物和气泡都应该在金属完全凝固前排出去，否则就形成了夹杂或气孔，破坏金属的连续性。而夹杂物和气泡的上浮速度与液体的黏度成反比：

$$v = \frac{2}{9} \cdot \frac{g(\rho_m - \rho_B)r^2}{\eta} \tag{1-13}$$

上式即流体力学的斯托克斯公式。

可见，黏度 η 较大时，夹杂或气泡上浮速度较小，影响精炼效果；铸坯凝固中，夹杂物和气泡难以上浮排除，易形成夹杂或气孔。

1.3.2 液态金属的表面张力

1.3.2.1 液态金属的表面张力

液体或固体同空气或真空接触的面称为表面。表面具有特殊的性质，由此产生一些表面特有的现象——表面现象。如荷叶上晶莹的水珠呈球状，遇水总是以滴状的形式从空中落下。总之，一小部分的液体单独在大气中出现时，力图保持球状形态，说明总有一个力的作用使其趋向球状，这个力称为表面张力。

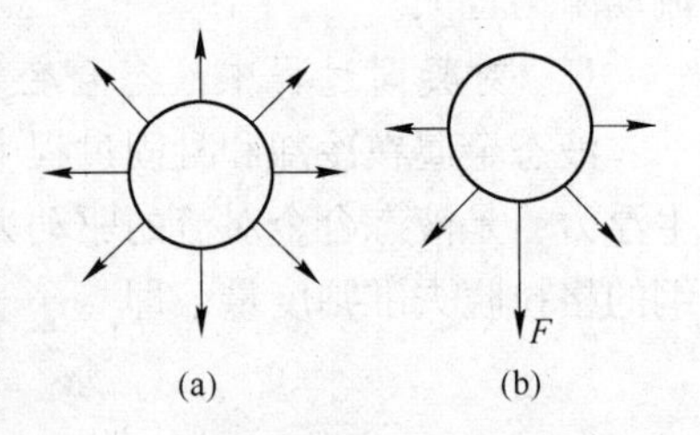

图 1-6 位置不同的分子或原子作用力模型
(a) 位于液体内部；
(b) 位于液体表面

液体内部的分子或原子处于力的平衡状态，如图 1-6(a)所示，而表面层上的分子或原子受力不均匀，结果产生指向液体内部的合力 F，如图 1-6(b)所示，这就是表面张力产生的根源。可见，表面张力是质点（分子、原子等）间作用力不平衡引起的，这就是液珠存在的原因。

从物理化学可知，当外界所做的功仅用来抵抗表面张力而使系统表面积增大时，该功的大小则等于系统自由能的增量，即

$$\Delta W = \sigma \Delta A = \Delta F$$

$$\sigma = \frac{\Delta W}{\Delta A}$$

$$[\sigma] = \frac{J}{m^2} = \frac{N \cdot m}{m^2} = \frac{N}{m} \tag{1-14}$$

式中 ΔW——外界对系统所做的功；
ΔA——表面积增加量；
ΔF——恒温、恒压下表面自由能的增量；
σ——表面自由能。

因此表面张力和表面能大小相等，只是单位不同，体现为从不同角度来描述同一现象。

以下以晶体为例进一步说明表面张力的本质。面心立方金属，内部原子配位数为 12，如果表面为（100）界面，截面上的原子配位数是 8。设一个结合键能为 U_0；而表面上一个原子的键能为 $8 \times \frac{1}{2}U_0 = 4U_0$，表面原子比内部原子的能量高出 $2U_0$；这就是表面内能。既然表面是个高能区，一个系统会自动地尽量减少其区域。

从广义而言，任一两相（固—固、固—液、固—气、液—气、液—液）的交界面称为界面，就出现了界面张力、界面自由能之说。因此，表面能或表面张力是界面能或界面张力的一个特例。界面能或界面张力的表达式为：

$$\sigma_{AB} = \sigma_A + \sigma_B - W_{AB} \tag{1-15}$$

式中 σ_A，σ_B——分别为 A、B 两物体的表面张力；
W_{AB}——两个单位面积界面系向外做的功，或是将两个单位面积结合或拆开外界所做的功。

因此，当两相间的作用力大时，W_{AB}越大，则界面张力越小。

润湿角是衡量界面张力的标志，图 1-7 所示的 θ 即为润湿角。

界面张力达到平衡时，存在下面的关系：

$$\sigma_{SG} = \sigma_{LS} + \sigma_{LG}\cos\theta$$

$$\cos\theta = \frac{\sigma_{SG} - \sigma_{LS}}{\sigma_{LG}} \tag{1-16}$$

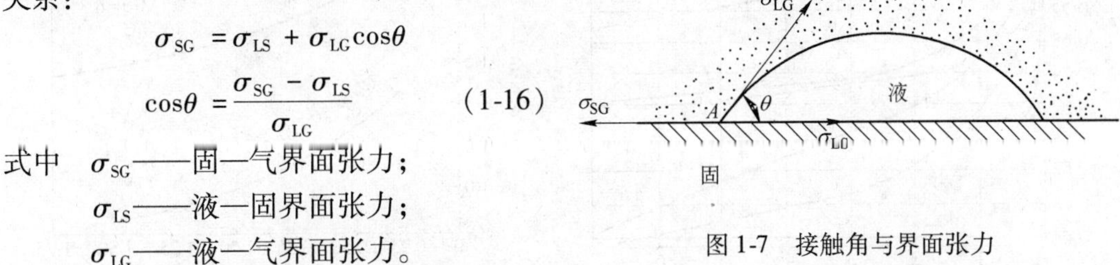

图 1-7 接触角与界面张力

式中 σ_{SG}——固—气界面张力；

σ_{LS}——液—固界面张力；

σ_{LG}——液—气界面张力。

可见，润湿角 θ 是由界面张力 σ_{SG}、σ_{LS}和 σ_{LG}来决定的。当 $\sigma_{SG} > \sigma_{LS}$时，$\theta < 90°$，此时液体能润湿固体，$\theta = 0°$称绝对润湿；当 $\sigma_{SG} < \sigma_{LS}$时，$\theta > 90°$，此时液体不能润湿固体，$\theta = 180°$称为绝对不润湿。润湿角是可测定的。

影响液态金属界面张力的因素主要有熔点、温度和溶质元素：

（1）熔点。界面张力的实质是质点间的作用力，故原子间结合力大的物质，其熔点、沸点高，则表面张力往往越大。铸坯成型过程中常用的几种金属的表面张力与熔点的关系见表 1-4。

表 1-4 几种金属的熔点和表面张力间的关系

金 属	熔点/℃	表面张力 /N·m^{-1}	液态密度 /g·cm^{-3}	金 属	熔点/℃	表面张力 /N·m^{-1}	液态密度 /g·cm^{-3}
Zn	420	782×10^{-7}	6.57	Cu	1083	1360×10^{-7}	7.79
Mg	650	559×10^{-7}	1.59	Ni	1453	18×10^{-7}	7.77
Al	660	914×10^{-7}	2.38	Fe	1537	1872×10^{-7}	7.01

（2）温度。大多数金属和合金，如 Al、Mg、Zn 等，其表面张力随着温度的升高而降低，这是由温度升高而使液体质点间的结合力减弱所致。但对于铸铁、碳钢、铜及其合金则相反，即温度升高表面张力反而增加。

（3）溶质元素。溶质元素对液态金属表面张力的影响分为两大类。使表面张力降低的溶质元素称为表面活性元素，“活性”之意为表面浓度大于内部浓度，如钢液和铁水中的 S 即为表面活性元素，也称正吸附元素；提高表面张力的元素称为非表面活性元素，其表面的含量少于内部含量，称为负吸附元素。图 1-8 ~ 图 1-10 所示为各种溶质元素对 Al、Mg 和铁水表面张力的影响。

费伦克尔提出了金属表面张力的双层电子理论，认为是正负电子构成的双电层产生一个势垒，正负离子之间的作用力构成了对表面的压力，有缩小表面面积的倾向。表面张力数学表达式为：

$$\sigma = \frac{4\pi e^2}{R^3} \tag{1-17}$$

式中 e——电子电荷；

R——原子间的距离。

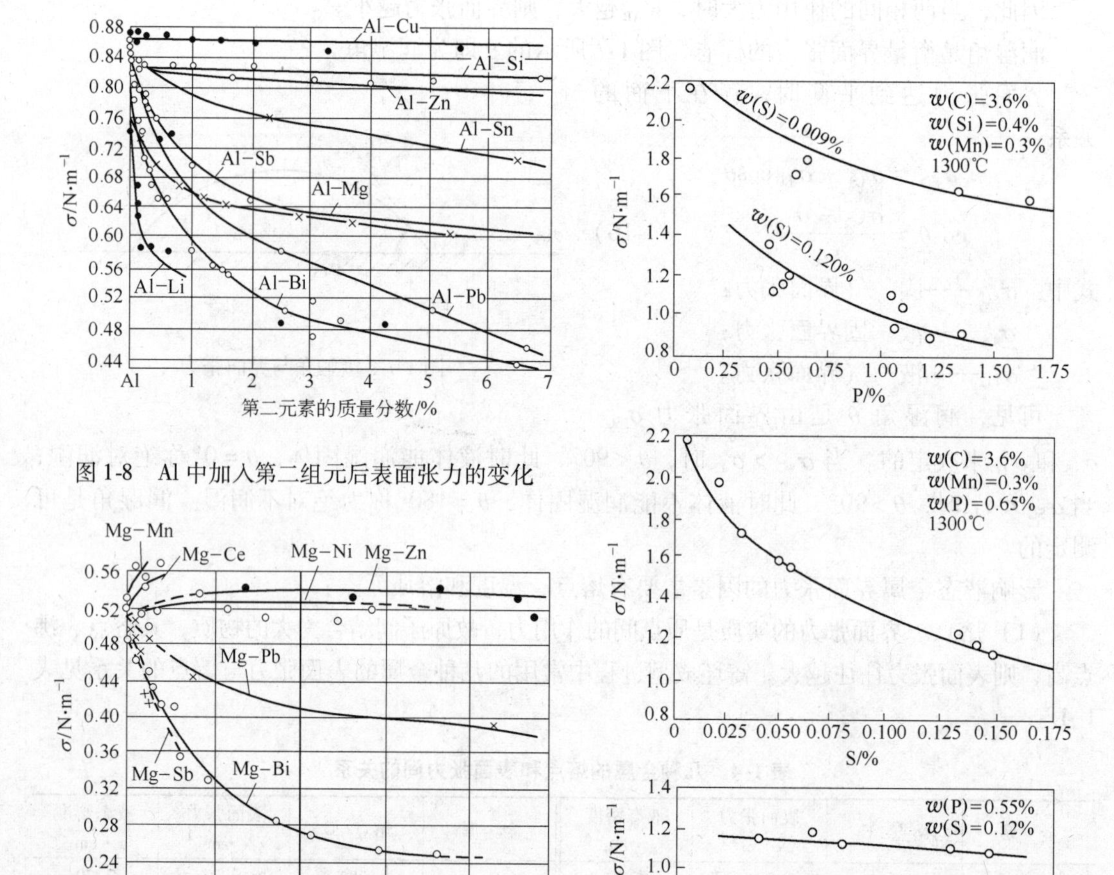

图 1-8 Al 中加入第二组元后表面张力的变化

图 1-9 Mg 中加入第二组元后表面张力的变化

图 1-10 P、S、Si 对铸铁表面张力的影响

可见，表面张力与电荷的平方成正比，与原子间距离的立方成反比。

当溶质元素的原子体积大于溶剂的原子体积时，将使溶剂晶格严重歪曲，势能增加。而体系总是自发地维持低能态，因此溶质原子将被排挤到表面，造成表面溶质元素的富集。体积比溶剂原子小的溶质原子容易扩散到晶体的间隙中去，也会造成同样的结果。

1.3.2.2 表面或界面张力在铸坯成型过程中的意义

表面张力在大面积系统中显示不出它的作用，但在微小体积系统中会显示出很大的作用。

A 表面张力引起的曲面两侧压力差

表面为平面时（曲率半径为无穷大），表面张力没有任何作用，但当表面具有一定的曲度时，表面张力将使表面的两侧产生压力差，该压力差值的大小与曲率半径成反比，曲率半径越小，表面张力的作用越显著。

B 液膜拉断临界力及表面张力对凝固热裂的影响（液膜理论）

在凝固的后期，不同晶粒之间存在着液膜，由于表面张力的作用，液膜将其两侧的晶体紧紧地吸附在一起，液膜厚度越小，其吸附力量就越大。上述情况在日常生活中也能碰到，比如在两块玻璃板之间涂以水膜，然后再将两玻璃板拉开，水膜越薄，则拉开所需的力就越大。

在外力作用于液膜两侧固体的上述整个过程中，由于表面张力的作用，始终存在着一个与外力方向相反的应力与之相平衡，其大小为 $\Delta P = -\sigma/r$（设液膜为圆柱体的部分凹面）。不难看出，随着曲率半径变小，由表面张力产生的 ΔP 也就越大。

但是曲率半径 r 不是无限制地变小的，它有一个极限值，该值与液膜厚度有关。当 r 达到 $r' = T/2$ 时，此时应力 $f = f_{max} = \Delta P$ 达临界值，如果继续将液膜拉开，使 T 增厚，则曲率半径 r 将再度变大，而应力 ΔP 将要变小，在这种情况下，凝固收缩引起的拉应力将大于由表面张力所产生的应力，而使液膜两侧的固体急剧分离。液膜的拉断临界应力 f_{max} 大小为：

$$f_{max} = \Delta P' - \frac{\sigma}{r'} - \frac{\sigma}{T/2} - \frac{2\sigma}{T} \tag{1-18}$$

对于 $\sigma = 1\text{g/cm}$ 的金属来说，如果液膜厚度为 10^{-6}mm 时，要将液膜两侧的晶粒拉开所需应力为 $2 \times 10^3 \text{N/mm}^2$。液膜拉断时若无外界液体补充，那么晶粒间或枝晶间便形成了凝固热裂纹。可见，液膜的表面张力越大，液膜越薄，则液膜的拉断临界应力 f_{max} 越大，裂纹越难形成。

第一种情况，凝固的早期，或者靠近液体的两相区内，液膜与大量未凝固的液体相通，此时液膜两侧的固体枝晶拉开多少，液体就补充进去多少，因此不会产生热裂。

第二种情况，液膜已经与液体区隔绝，但是由于低熔点物质的大量存在（如钢种的硫共晶），由于大的液膜厚度和低的表面张力，将使液膜的最大断裂应力 f_{max} 减小，且熔点低而凝固速度较慢，这样，厚的液膜将会长时间地保持下去，在此期间，如果有大的拉伸速度，则往往要产生热裂。

第三种情况，液膜虽与液体区隔绝，但由于液膜中低熔点杂质较少，其表面张力较高，熔点也相应较高，而凝固速度较快，液膜迅速变薄，此时如果液膜两侧的固体枝晶受到拉力，将会遇到大的 f_{max} 的抗力，这种抗力将使高温固体内部产生蠕变变形，从而避免了热裂的产生。

C 表面张力在铸坯成型过程中的意义

从物理化学可知，由于表面张力的作用，液体在细管中将产生如图 1-11 所示的现象。A 处液体的质点受到气体质点的作用力 f_1、液体内部质点的作用力 f_2 和管壁固体质点的作用力 f_3。显然 f_1 是比较小的。当 $f_3 > f_2$ 时，产生指向固体内部且垂直于 A 点液面的合力 F，此液体对固体的亲和力大，此时产生的表面张力有利于液体向固体表面展开，使 $\theta < 90°$，固、液是润湿的，如图 1-11（a）所示；当 $f_3 < f_2$ 时，产生指向液体内部且方向与液面垂直的合力 F'，表面张力的作用使液体脱离固体表

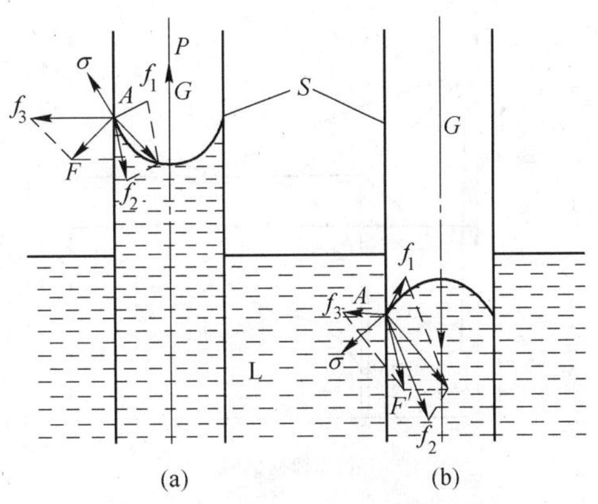

图 1-11 附加压力的形成过程
（a）固、液润湿；（b）固、液不润湿

面，固、液是不湿润的，如图 1-11(b)所示。由于表面张力的作用产生了一个附加压力 P。当固—液互相润湿时，P 有利于液体的充填，否则反之。附加压力 P 的数学表达式为：

$$P = \sigma\left(\frac{1}{r_1} + \frac{1}{r_2}\right) \tag{1-19}$$

式中　r_1，r_2——分别为曲面的曲率半径。

此式称为拉普拉斯公式。由表面张力产生的附加压力称为拉普拉斯压力。

因表面张力而产生的曲面为球面时，即 $r_1 = r_2 = r$，则附加压力 P 为：

$$P = \frac{2\sigma}{r} \tag{1-20}$$

显然附加压力与管道半径成反比。当 r 很小时将产生很大的附加压力，对铸坯表面质量产生很大影响。

金属凝固后期，枝晶之间存在的液膜小至 10 ~ 6mm，表面张力对铸坯的凝固过程的补缩状况将对是否出现热裂缺陷有重大的影响。总之，界面现象影响到液态成型的整个过程。晶体成核及生长、缩松、热裂、夹杂及气泡等缺陷都与界面张力关系密切。

1.3.3　金属的性质与液态合金流动性的关系

1.3.3.1　合金的成分

根据相图我们可以发现，不同的合金成分对应着不同的结晶温度，即一旦合金的化学成分确定了，那么该合金的结晶温度范围随之确定。因此，同一类合金随成分的不同，其流动性之间存在着一定的规律性。通过对图 1-12、图 1-13 分析，在流动性曲线上，对应着纯金属、共晶成分的地方出现最大值，而有结晶温度范围的地方流动性下降，且在最大结晶温度范围附近出现最小值。共晶成分的合金流动性最好，其结晶是在恒温下进行，凝固时从表面逐层向中心发展，已凝固的硬壳内表面比较光滑，对尚未凝固的液体流动阻力小；随着结晶温度范围的扩大，较早形成的树枝状晶体，使凝固的硬壳内表面参差不齐，

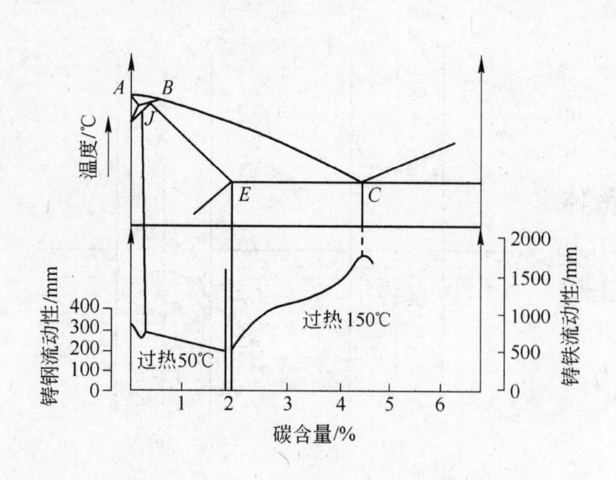

图 1-12　Fe-C 合金流动性与碳含量的关系

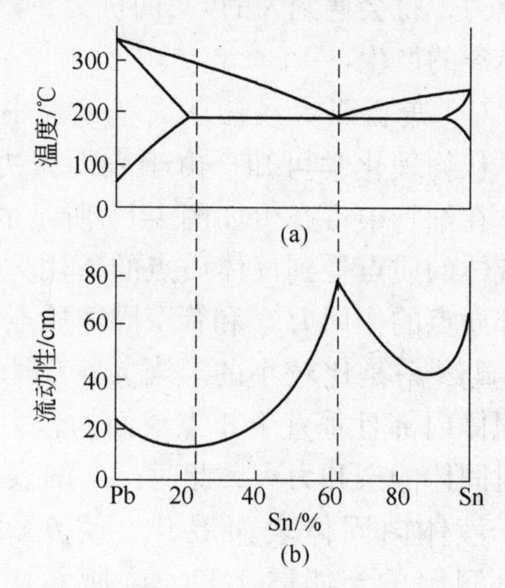

图 1-13　Pb-Sn 合金流动性与成分之间的关系

（a）合金相图；（b）流动性与成分关系

将阻碍金属的流动。因此，从流动性考虑，宜选用共晶成分或窄结晶温度范围的合金作为铸造合金。其中灰铸铁的流动性最好，铸钢的流动性较差。

1.3.3.2 结晶潜热

结晶潜热约占液态金属含热量的85% ~90%，但是，它对不同类型合金的流动性影响是不同的。

纯金属、共晶成分和金属间化合物合金在固定温度下凝固，在一般的浇注条件下，结晶潜热的释放比较充分，这就使得凝固过程进行的比较慢，说明了这样的液态金属的流动性比较好。因此结晶潜热是估计流动性的一个重要因素。将具有相同过热度的纯金属浇入冷的金属型试样中，其流动性与结晶潜热相对应：Pb 的流动性最差，Al 的流动性最好，Zn、Sb、Cd、Sn 依次居于中间。

对于结晶温度范围较宽的合金，散失一部分（约 20%）潜热后，晶粒就连成网络而阻塞流动，大部分结晶潜热的作用不能发挥，所以对流动性影响不大。但是，也有例外的情况，当初生晶为非金属，或者合金能在液相线温度以下呈液固混合状态，在不大的压力下流动时，结晶潜热则可能是重要的影响因素。例如，在相同的过热度下，Al-Si 合金的流动性在共晶成分处并非为最大值，而随着 Si 含量的增加，在过共晶区域内形成了最大值（图 1-14），Si 含量大约在 20%（质量分数）。因为初生 Si 相是比较规整的块状晶体，且具有较小的机械强度，不容易形成坚固的网络，能够以液固混合状态在液相线温度以下流动，结晶潜热才得以发挥。可以通过观察数据来进行比较，Si 相的潜热（1650kJ/kg）大约是 α-Al 潜热的 4 倍。据资料报道，与之类似的合金还有铸铁以及铅锡合金。

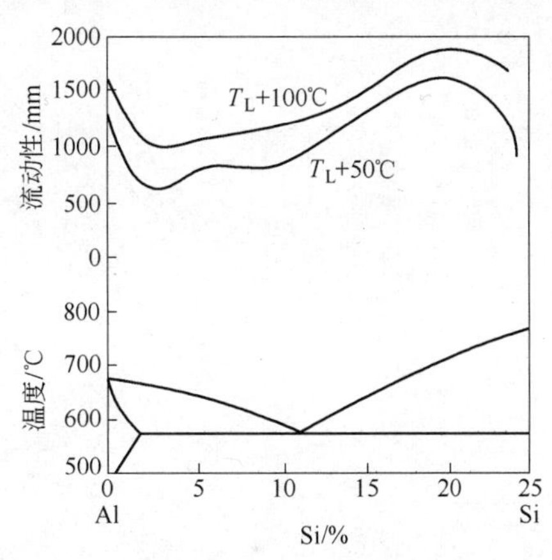

图 1-14 Al-Si 合金流动性与成分之间及过热度之间的关系

1.3.3.3 金属的比热容、密度和导热系数

比热容和密度较大的合金，因本身含有较多的热量，在相同的过热度下保持液态的时间长，流动性好。导热系数小的合金，液态合金的热量散失慢，保持流动的时间长。导热系数小，在凝固期间液固并存的两相区小，流动阻力小，故流动性好。

金属中加入合金元素后，一般都使导热系数明显下降，使流动性上升。但是，有时加入合金元素后初晶组织发生变化，反而使流动性下降。例如，在 Al 合金中加入少量的 Fe 或 Ni，合金的初晶变为发达的枝晶，并出现针状 $FeAl_3$，流动性显著下降。在 Al 合金加入 Cu，结晶温度范围扩大，也降低流动性。

1.3.3.4 液态金属的黏度

根据流体力学分析，黏度对层流运动的流速影响较大，对紊流运动的流速影响较小。实际测得金属液在浇注系统中或在试样中的流速，除停止流动前的阶段外都大于临界速度，呈紊流运动。在这种情况下，黏度对流动性的影响不明显。在充型的最后很短的时间内，由于通道截面积缩小，或由于液流中出现液固混合物时，特别是在此时因温度下降而使黏度显著增加时，黏度对流动性才表现出较大的影响。

参 考 文 献

[1] 胡汉起. 金属凝固原理[M]. 北京：机械工业出版社，1991.
[2] 周尧和，胡壮麟，介万奇. 凝固技术[M]. 北京：机械工业出版社，1998.
[3] 王桂珍，耿浩然，孙春静，等. 液态金属结构的研究进展[N]. 科技创新导报，2000，(1).
[4] 王家忻，黄积荣，林建生. 金属的凝固及其控制[M]. 北京：机械工业出版社，1983.
[5] 石德科. 材料科学基础[M]. 北京：机械工业出版社，2001.
[6] 马幼平，许云华. 金属凝固原理及技术[M]. 北京：冶金工业出版社，2008.
[7] 史美堂. 金属材料及热处理[M]. 上海：上海科学技术出版社，2009.
[8] 朱震刚，祖方道，郭丽君，等. 液态金属结构研究新进展[J]. 研究快讯，2003，(10).
[9] 常国威，王建中. 金属凝固过程中的晶体生长与控制[M]. 北京：冶金工业出版社，2002.

2　铸坯的结晶与凝固

凝固是由液态金属的“短程有序”向固态金属的“长程有序”转变的一级相变过程。到目前为止，除了少数合金在超高速冷却的条件下（106～108℃/s）凝固为非晶态外，几乎所有液态金属（包括合金）在通常的冷却条件下都转变为晶体，故一般情况下的金属凝固，又称为一次结晶过程。金属的凝固现象涉及的范围很广，从普通铸锭、连续铸造铸坯、电渣熔铸到各种异型铸件；从区域提纯、自生复合材料及单晶的制取到超高速冷却金属玻璃的获得等，这些工艺过程都伴随有凝固现象。凝固过程中由于工艺条件的差异，会获得不同的凝固组织，从而导致性能的差异。因此，了解金属的凝固过程，掌握其相关规律，对于控制金属铸件、铸锭及铸坯的组织从而提高最终产品的性能是非常重要的。

2.1　凝固的热力学

2.1.1　纯金属的凝固

液态纯金属由高温向低温冷却时，会发生纯金属的凝固过程，这个过程通常是在常压和恒温条件下完成的。根据热力学第二定律，过程的自发进行方向是体系吉布斯自由能下降的方向。吉布斯自由能为：

$$G = H - TS \tag{2-1}$$

式中　H——体系的热焓；

T——绝对温度；

S——体系的熵。

由式(2-1)得：

$$\frac{dG}{dT} = \frac{dH}{dT} - S - T\frac{dS}{dT} \tag{2-2}$$

由于纯金属的凝固大多在恒温常压的条件下进行，故 $dH = dQ$，可逆过程 $dS = dQ/T$，因此：

$$\frac{dG}{dT} = \frac{dH}{dT} - S - T\frac{d}{dT}\left(\frac{Q}{T}\right) = -S \tag{2-3}$$

S 恒为正，说明随温度降低，液态和固态金属的自由能都升高，升高速度取决于熵值。液态金属原子紊乱程度大，所以熵值大，故其体积自由能升高较快。因此吉布斯自由能—温度曲线为下降曲线，且液态下降率比固态大。

$$\frac{d^2G}{dT^2} = -\frac{dS}{dT} = -\frac{C_p}{T} \tag{2-4}$$

式中　C_p——物质的热容。

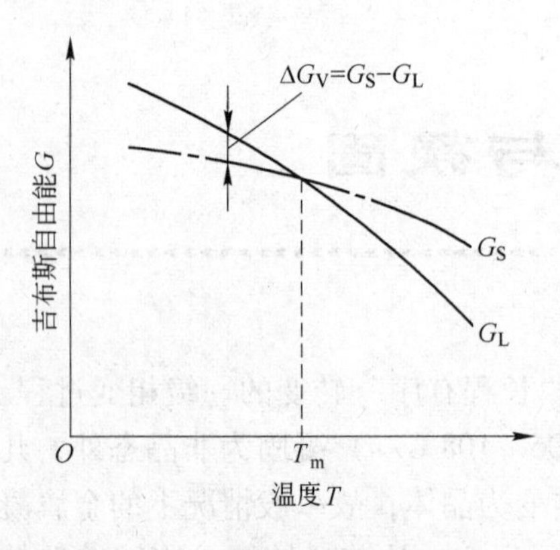

图 2-1　纯金属液相与固相的自由能随温度的变化

C_p、T 恒为正，说明吉布斯自由能—温度曲线为上凸的曲线，如图 2-1 所示。两条曲线的交点对应的温度 T_m 就是纯金属的平衡凝固点，即熔点。$T = T_m$ 时，液相的吉布斯自由能 G_L 与固相的吉布斯自由能 G_S 相等。$T > T_m$ 时，$G_S > G_L$，而 $T < T_m$ 时，$G_S < G_L$，物质从液相转变为固相的吉布斯自由能下降，$\Delta G = G_S - G_L < 0$，物质的凝固为自发过程，此时固—液自由能之差 ΔG_V 为相变驱动力，使系统由液相向固相转变。因为 $G = H - ST$，所以 $\Delta G_V = G_S - G_L = (H_S - S_ST) - (H_L - S_LT) = (H_S - H_L) - T(S_S - S_L)$，即：

$$\Delta G_V = \Delta H - T\Delta S \tag{2-5}$$

恒压条件下，定义结晶潜热 $H_m = -(H_S - H_L)_p$，在 $T = T_m$ 时，$S_S - S_L = -\dfrac{H_m}{T_m}$，代入上式得：

$$\Delta G_V = -H_m - T\left(-\frac{H_m}{T_m}\right) = \frac{-H_m\Delta T}{T_m} \tag{2-6}$$

T_m 以及 H_m 对一特定金属或者合金为定值，所以过冷度 ΔT 是影响相变驱动力的决定因素。过冷度 ΔT 越大，液态和固态的自由能差值越大，相变驱动力 ΔG_V 越大，凝固过程加快。

有些金属，恒压条件下固相有多种晶体结构，各自在其平衡凝固点温度与液相平衡。图 2-2 所示为纯金属液相自由能与多种固相自由能随温度的变化曲线。

图 2-2 中所示固相 α、β、γ 各自在 T_m^α、T_m^β、T_m^γ 与液相平衡，固相 δ 没有熔点，因此不能从液相形成，只能从蒸气直接形成。如图所示，从热力学角度来看，只有 α 相才能在其平衡熔点温度下形成，β 相和 γ 相不能在其平衡熔点温度下形成，原因是平衡需要时间，在 T_m^β 或 T_m^γ 处液相与固相 α 的自由能差 $\Delta G_m^{L\to S}$ 较大，只能促使 α 相的形成。液态金属继续冷却的过程中，在较低温度发生相变时，到底析出稳定相 α 还是亚稳定相 β 或 γ，将取决于体积自由能、界面张力、非均质形核剂的存在等因素。尤其对于密度较小的金属，即使有大的摩尔相变驱动力 ΔG_m，但是它的单位体积相变驱动力 ΔG_V 却不大，因此，在大的过冷度下，析出亚稳相的可能性还是很大的。

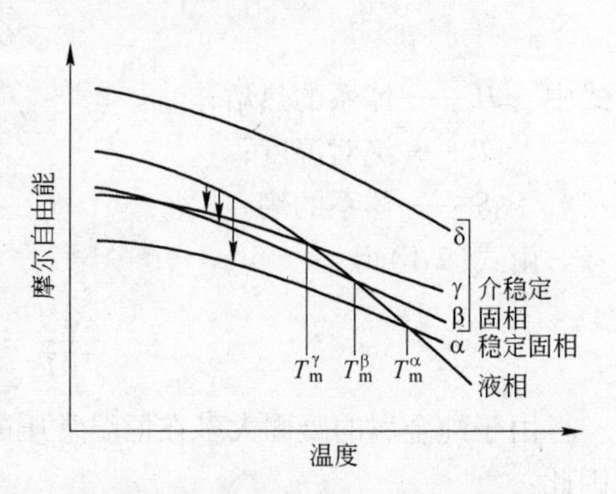

图 2-2　纯金属液相自由能与多种固相自由能随温度的变化曲线

纯金属的平衡温度 T_m 会随着外界压力的改变而变化。外界压力改变使平衡温度发生变化的原因是平衡的两相其摩尔体积不同，当压力改变时，两相的自由能变化量不同，为了保持平衡，必须相应地调整温度。绝大多数金属或合金，由于固态时的密度高于液态的密度，即液态的体积大于固态的体积。因此，当系统的外界压力升高时，物质熔点必然随着升高。通常，压力改变时，熔点温度的变化约为 10^{-2}℃/101325Pa。对于 Sb、Bi、Ga 等少数物质，固态时的密度低于液态时的密度，压力对熔点的影响与上述情况相反。

T_m 也会随着固相表面曲率的改变而变化。由于表面张力 σ 的存在，固相曲率 k 会引起固相内部压力增高，相当于增加了一项附加压力 Δp，这将产生附加自由能：

$$\Delta G_1 = V_s \Delta p = V_s \cdot \sigma\left(\frac{1}{r_1} + \frac{1}{r_2}\right) = 2V_s \sigma k \tag{2-7}$$

式中 V_s ——固相摩尔体积；

ΔH_m ——液固转变时的摩尔焓变；

k——固相曲率，$k = \frac{1}{2}\left(\frac{1}{r_1} + \frac{1}{r_2}\right)$。

由于这个附加自由能的产生，必须有相应过冷度 ΔT_r 使自由能降低与之平衡，即

$$\Delta G_2 = -\frac{\Delta H_m \Delta T_r}{T_m} \tag{2-8}$$

则

$$\Delta G_1 + \Delta G_2 = 2V_s \sigma k - \frac{\Delta H_m \Delta T_r}{T_m} = 0 \tag{2-9}$$

因此，由于曲率而引起的平衡温度的改变为：

$$\Delta T_r = \frac{2V_s \sigma T_m \cdot k}{\Delta H_m} \tag{2-10}$$

曲率半径越小，曲率值越大时，ΔT_r 越大，平衡温度越低。

2.1.2 二元合金的稳定相平衡

在多元合金系中，以 n_i 表示第 i 组元的摩尔数，则第 i 组元的化学位（化学势）表示在等温等压及其他组元摩尔数不变的情况下，很少量的改变（dn_i）所引起的系统吉布斯自由能的变化，用数学式表示为：

$$\mu_i = \left(\frac{\partial G}{\partial n_i}\right)_{T,p,\Sigma n_j} \tag{2-11}$$

对于由组元 A、B 组成的二元合金，A、B 两组元的化学位分别为：

$$\mu_A = \left(\frac{\partial G}{\partial n_A}\right)_{T,p,n_B} \tag{2-12}$$

$$\mu_B = \left(\frac{\partial G}{\partial n_A}\right)_{T,p,n_A} \tag{2-13}$$

对于 1mol 物质的二元合金，在等温、等压条件下，吉布斯自由能为：

$$G = x_A \mu_A + x_B \mu_B \tag{2-14}$$

式中 x_A，x_B ——组元 A、B 的摩尔分数。

式(2-14)的全微分可写成：

$$dG = \mu_A dx_A + \mu_B dx_B \tag{2-15}$$

再利用 $x_A + x_B = 1$ 的关系，重新整理上式，有：

$$\mu_A = G + (1 - x_A)\frac{dG}{dx_A} \tag{2-16}$$

$$\mu_B = G + (1 - x_B)\frac{\mathrm{d}G}{\mathrm{d}x_B} \tag{2-17}$$

如果已知二元合金的 G-x 曲线，根据式(2-16)及式(2-17)很容易用图解法求出某组元的化学位。图2-3所示为某二元合金的 G-x 曲线，欲求 B 组元的化学位，可由 G-x 曲线 $x = x_B$ 点做切线，该切线与 $x_B = 1$ 的 G 坐标截距（BD）就是 μ_B；同理，该切线与 $x_B = 0$ 的 G 坐标截距（TA）就是 μ_A。

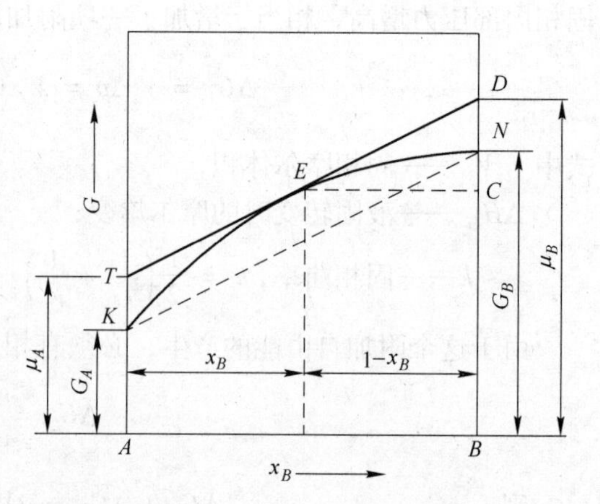

图2-3 二元合金的切线规则

如果二元合金的 G-x 曲线未知，而知道定压下某温度时纯组元的化学位 $\mu_A^0(T)$ 及 $\mu_B^0(T)$，也可以求出合金中组元的化学位。方法如下：

假定二元合金为理想溶液，即混合前后没有热作用，此时自由能的改变主要是由熵的改变引起的。熵包括两部分，一部分是原子的振动熵，另一部分是组态熵。形成理想溶液 A、B 组元混合时没有发生体积改变以及热作用，则主要是组态熵的改变对吉布斯自由能产生影响。体系的组态熵与热力学几率（即紊乱度）之间符合玻耳兹曼方程：

$$S = k\ln\omega \tag{2-18}$$

$$k = \frac{R}{N_\mathrm{A}} \tag{2-19}$$

式中 k——玻耳兹曼常数，$k = 1.381 \times 10^{-23}\mathrm{J/K}$；

R——摩尔气体常数，$R = 8.315\mathrm{J/(mol \cdot K)}$；

N_A——阿伏伽德罗常数，$N_\mathrm{A} = 6.022 \times 10^{-23}\mathrm{mol^{-1}}$。

对于有 n_A 个 A 原子和 n_B 个 B 原子的二元合金，热力学几率可表示为：

$$\omega = \frac{(n_A + n_B)!}{n_A!\,n_B!} \tag{2-20}$$

由于混合前的热力学几率 $\omega = 1$，$S = k \cdot \ln 1 = 0$，所以

$$\Delta S_{\mathrm{mix}} = k\ln\omega = k\frac{(n_A + n_B)!}{n_A!\,n_B!} \tag{2-21}$$

由于已假定二元合金为理想溶液，故混合前后体系的吉布斯自由能变化为：

$$\Delta G_{\mathrm{mix}} = -T\Delta S_{\mathrm{mix}} = -RT(x_A\ln x_A + x_B\ln x_B) \tag{2-22}$$

由式(2-14)，混合前体系的吉布斯自由能为：

$$G^{(1)} = x_A\mu_A^0(T) + x_B\mu_B^0(T) \tag{2-23}$$

则混合后体系的吉布斯自由能可写成：

$$G^{(2)} = G^{(1)} + \Delta G_{\mathrm{mix}} = x_A[\mu_A^0(T) + RT\ln x_A] + x_B[\mu_B^0(T) + RT\ln x_B] \tag{2-24}$$

再与式(2-14)做比较，混合后组元的实际化学位分别是：

$$\mu_A = \mu_A^0(T) + RT\ln x_A \tag{2-25}$$

$$\mu_B = \mu_B^0(T) + RT\ln x_B \tag{2-26}$$

式中 $\mu_A^0(T)$ ——纯组元 A 在温度 T 时的标准化学位（标准大气压时）；

$\mu_B^0(T)$ ——纯组元 B 在温度 T 时的标准化学位（标准大气压时）。

相平衡时，每一组元在共存的各相中的化学位必须相等。对于组元 A、B 的二元合金，平衡条件为：

$$\mu_A^\alpha = \mu_A^\beta \tag{2-27}$$

$$\mu_B^\alpha = \mu_B^\beta \tag{2-28}$$

式中 α，β——二元合金的两个相。

如果已知等温定压下 α、β 相的吉布斯自由能 G 随成分变化的曲线，如图 2-4 中的 $G(\alpha)$、$G(\beta)$，根据二元合金化学位的切线法则，只有这两个曲线的公切线 $LNRM$ 才能满足式(2-27)和式(2-28)的相平衡条件。图中对应于切点 N 及 R 的成分 C_α^*、C_β^*，即为平衡时 α 及 β 相的成分。在两相区 CD 内，体系的吉布斯自由能沿公切线 NR 变化，成分 $x_B = S$ 的合金，其吉布斯自由能为 ST。根据杠杆定律，α 相及 β 相的量分别是 PQ/NQ 及 NP/NQ。图2-4 中 C_α^* 和 C_β^* 相当于相图上温度 T 时的平衡成分，如果 α 相当于固相，β 相当于液相，那么这两个成分则分别为固相线和液相线上的组成。求出不同温度下吉布斯自由能曲线上这些点的位置，就可以画出平衡相图的固相线及液相线。

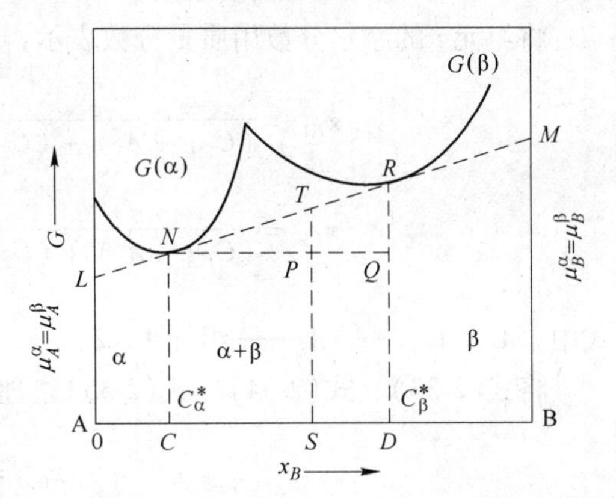

图2-4 公切线法求二元合金相平衡

2.1.3 溶质平衡分配系数

溶质平衡分布系数 k_0 的定义为：恒温下固相溶质浓度与液相溶质浓度达到平衡时的比值，即 $k_0 = \dfrac{C_S}{C_L}$。一般情况下，二元合金的溶质平衡分配系数可由相图中的液相线和固相线给出。但是，当相图资料缺乏时，由于固相线很难准确测定，采用实验方法得到溶质平衡分配系数就比较困难。对于多元合金，要用相图或采用实验方法得到溶质平衡分配系数就更困难了。因此，当体系的热力学数据比较齐全可靠时，采用热力学方法来进行计算是可行的。

在真实溶液及固溶体中，溶质 i 在固相和液相的化学位分别为：

$$\mu_{i,S} = \mu_{i,S}^0(T) + RT\ln\alpha_{i,S} \tag{2-29}$$

$$\mu_{i,L} = \mu_{i,L}^0(T) + RT\ln\alpha_{i,L} \tag{2-30}$$

式中 α ——活度；

$\mu_i^0(T)$ ——标准化学位。

固液两相平衡时，$\mu_{i,S}^{0} = \mu_{i,L}$，即

$$\mu_{i,S}^{0}(T) + RT\ln\alpha_{i,S} = \mu_{i,L}^{0}(T) + RT\ln\alpha_{i,L} \tag{2-31}$$

由此可得：

$$\frac{\alpha_{i,S}}{\alpha_{i,L}} = \frac{x_{i,S}f_{i,S}}{x_{i,L}f_{i,L}} = \exp[\mu_{i,L}^{0}(T) - \mu_{i,S}^{0}(T)]/RT \tag{2-32}$$

式中 x_i——组元 i 的摩尔分数；

f_i——组元 i 的活度系数。

根据溶质平衡分配系数的定义，溶质 i 的平衡分配系数可以表示为：

$$k_{0,i} = \frac{C_{i,S}}{C_{i,L}} \tag{2-33}$$

式中 C_i——组元 i 的质量分数。

将组元 i 的摩尔分数用质量分数表示，则：

$$x_{i,L} = \frac{C_{i,L}/A_1}{(C_{1,L} + A_1) + (C_{2,L} + A_2) + \cdots + (C_{n,L} + A_n)} \tag{2-34}$$

$$x_{i,S} = \frac{C_{i,S}/A_1}{(C_{1,S} + A_1) + (C_{2,S} + A_2) + \cdots + (C_{n,S} + A_n)} \tag{2-35}$$

式中 A_1，A_2，…，A_n——组元 1，2，…，n 的原子质量。

将式(2-33)、式(2-34)、式(2-35)整理可得：

$$k_{0,i} = \frac{x_{i,S}}{x_{i,L}}\frac{1}{F} \tag{2-36}$$

式中

$$F = \frac{C_{1,L}/A_1 + C_{2,L}/A_2 + \cdots + C_{n,L}/A_n}{C_{1,S}/A_1 + C_{2,S}/A_2 + \cdots + C_{n,S}/A_n}$$

将式(2-32)代入式(2-36)，便可得到组元 i 的溶质平衡分配系数：

$$k_{0,i} = \frac{f_{i,L}}{f_{i,S}}\exp\left[\frac{\mu_{i,L}^{0}(T) - \mu_{i,S}^{0}(T)}{RT}\right]\frac{1}{F} \tag{2-37}$$

在多元合金中，溶质元素之间会发生交互作用。因此，需要对活度系数进行修正。当体系中含有溶剂 1 和溶质 2、3、…、n 时，溶质 2 的活度系数可用每一个其他组元 3、4、…、n 对 f_2 的影响因素（$f_2^{(3)}$、$f_2^{(4)}$、…、$f_2^{(n)}$）的乘积来表示：

$$f_2 = f_2^{(2)}f_2^{(3)}\cdots f_2^{(n)} \tag{2-38}$$

或

$$f_2 = \exp(x_2\varepsilon_2^{(2)} + x_2\varepsilon_2^{(3)} + \cdots + x_2\varepsilon_2^{(n)}) \tag{2-39}$$

式中，$f_2^{(2)}$ 为组元 2 在二元合金中的活度系数；$\varepsilon_2^{(2)}$、$\varepsilon_2^{(3)}$、…、$\varepsilon_2^{(n)}$ 为相互作用系数，它们是温度的函数，不同溶液中，溶质元素间的相互作用系数可通过实验求出。

固相曲率对溶质平衡分配系数有一定影响。通过计算发现，当固相曲率半径小于 10^{-6} cm 时，对 k_0 有较大影响，而一般凝固所得固相的曲率半径为 10^{-4}cm 或更大，因此对溶质平衡分配系数的影响很小。

压力对溶质平衡分配系数也有一定影响。通过计算发现只有当压力超过 $10^2 \times 101325$Pa

时，对 k_0 有明显影响，一般情况下，压力改变时，溶质平衡分配系数可视为不变。

2.1.4 液—固界面成分

金属凝固时，通常人们习惯把液—固界面看作处于平衡状态。事实上，这种设想在凝固速度比较缓慢的一般铸造和铸锭的情况下与实际比较吻合。凝固速度较快时，液—固界面会大大偏离平衡状态。对于一些半导体材料，即使凝固速度很慢，其界面平衡的假想也是不能成立的。液—固界面处液相和固相的成分不仅取决于热力学条件，而且取决于动力学条件。这就构成了液固界面问题的复杂性。

在某一给定温度下，液—固界面处于平衡时，固相和液相的成分可由自由能公切线确定，如图 2-5 中的 $x_{S(eq)}$ 和 $x_{L(eq)}$，角标 eq 表示"平衡"，S 和 L 表示固相和液相。液—固界面处于非平衡状态时，热力学可以预示界面处的成分范围。比如，当液相的成分处于 2 点时，可以在 2 点作液相自由能曲线的切线（切线 2），该切线与固相自由能曲线有两个交点 2′及 2″，这两个交点之间的成分内的任何成分 $x_S^{2''}$ ~ $x_S^{2'}$ 在热力学上看，都可能作为界面处固相的成分。

如果液相成分在液—固两相自由能曲线的交点（3 点）处，那么在该点处作液相自由能曲线的切线（切线 3），此时从液相中析出的固相成分的可能范围达到最大值。在这种情况下，界面处液相中析出的固相可以和液相具有同样的成分，均为 $x_{(T_0)}$。此种情况称为无扩散凝固。

在 4 点处作液相自由能曲线的切线（切线 4），它与固相自由能曲线的两个交点间所对应的固相成分范围显然减小了。

由此可见，随着界面处液相成分 $x_{L(eq)}$ 变小，界面处固相的可能成分范围先由小变大，然后由大变小。图 2-6 所示为在某一给定温度下从不同界面液相成分凝固时固相的可能成分范围。图中虚线 OB 表示图 2-5 中 3 点以左的所有无扩散凝固情况。在这些情况下，液相具有与固相一样的成分，相变时自由能的变化由某一成分时液固两相自由能曲线的距离来决定。

图 2-6 中 B 点位于相图中液相线和固相线之间的 T_0 线上。它反映了无扩散凝固时液

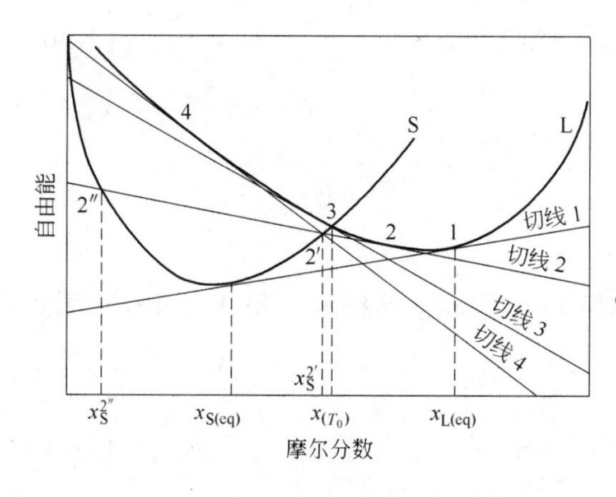

图 2-5 液—固界面处不同液相成分时固相的可能成分范围

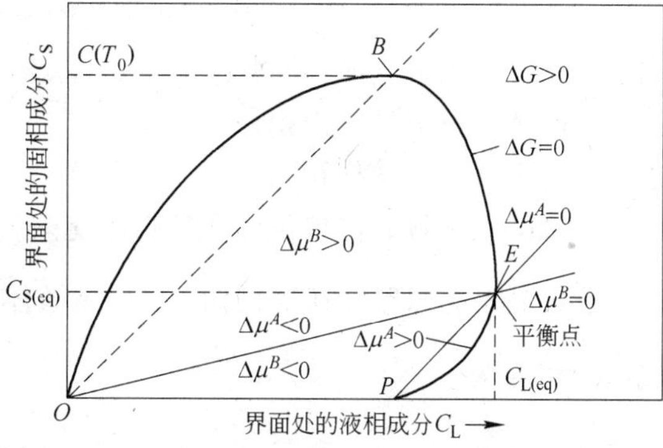

图 2-6 某一给定温度下从界面处不同成分液相中析出固相成分范围

相的最高成分和最高温度，同时反映了能从任一成分的液相等温形成固相的最高成分和温度。

图2-6中OE段表示溶质组元化学位在液固两相中相等（$\mu^{B}=\Delta\mu_{L}^{B}-\Delta\mu_{S}^{B}=0$）时的情况。而$EP$线段表示溶剂组元在液固两相中化学位相等（$\mu^{A}=\Delta\mu_{L}^{A}-\Delta\mu_{S}^{A}=0$）时的情况。这两条线段在$E$点处相交，即$E$点处两组元在液固两相中的化学位均相等，处于平衡状态。

在图2-6中的△OEP内凝固时，两组元的化学位均降低；在△OEP外曲线$OABEPO$内凝固时，虽然总的自由能会降低，但某一组元的自由能会升高。在这种情况下，自由能升高的组元之所以能够进入固相，或者是由于被快速推进中的固相裹入，或者是由于被要求参与一个多元成分并使总自由能降低的凝固过程。

2.2 形核和界面动力学过程

液态金属凝固时，并非在瞬间内全部转化为固体，而是经历一个形核和长大的过程，即首先在液相中形成许多小的结晶中心，我们称之为晶核，然后液相中的原子不断向晶核表面转移使晶核长大。

在母相中形成等于或超过一定临界大小的新相晶核的过程称为“形核”。形核方式一般有两种，均质形核与非均质形核。均质形核是形核前液相金属或合金中无外来固相质点而从液相自身发生形核的过程，所以也称“自发形核”。在实际生产中，均质形核是不太可能的。即使是在区域精炼的条件下，每1cm^{3}的液相中也有约10^6个边长为10^3个原子的立方体的微小杂质颗粒。非均质形核是依靠外来质点或型壁界面提供的衬底进行生核的过程，也称为“异质形核”或“非自发形核”。

2.2.1 均质形核

晶核形成时，系统自由能变化ΔG由两部分组成：一部分是作为相变驱动力的同体积的液相转变为固相所引起的体积自由能下降，即$\Delta G_{V}=G_{S}-G_{L}$(负)；另一部分是由于晶核形成会增加一个新的液固相界面而增加的阻碍相变的液—固界面能$A\sigma_{L/S}$。

$$\Delta G=\Delta G_{V}+\sigma_{L/S}A=V\Delta G_{m}+\sigma_{L/S}A \tag{2-40}$$

式中 $\sigma_{L/S}$——固—液界面张力；

A——晶核表面积；

V——晶核体积；

ΔG_{m}——固、液单位体积的自由能差。

假设晶核为球形，其半径为r，则晶核体积$V=\frac{4}{3}\pi r^{3}$，晶核表面积$A=4\pi r^{2}$，则式(2-40)可变为：

$$\Delta G=\frac{4}{3}\pi r^{3}\Delta G_{m}+4\pi r^{2}\sigma_{L/S} \tag{2-41}$$

式(2-41)右端的第一项为与半径r的立方值成正比的负值，第二项为与半径r的平方值成正比的正值。当r很小时，第二项起支配作用，体系自由能总的趋向是增加的，此时形核不发生，只有当 r 大于某一临界值时，第一项才能起主导作用，使体系自由能降低，形核过程才能发生。如图 2-7 所示。

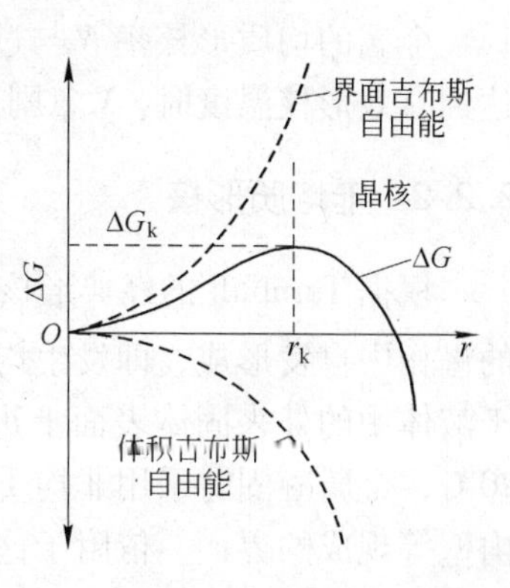

图 2-7 晶核半径与 ΔG 的关系

ΔG 在半径为 r_k 时达到最大值，r_k 称为临界晶核半径。令 $\frac{\partial \Delta G}{\partial r} = 0$ 可以得出 r_k 值：

$$r_k = -\frac{2\sigma_{L/S}}{\Delta G_m} \tag{2-42}$$

当 $r < r_k$ 时，液相中小于临界晶核半径的短程规则原子小集团若进一步长大会使系统吉布斯自由能升高，显然这样的原子小集团不稳定，会重新熔化而消失，不能充当晶核，将这种 $r < r_k$ 的短程规则小原子集团称为晶胚。$r > r_k$ 时，液相中尺寸较大的原子小集团若进一步长大会使体系吉布斯自由能下降，凝固过程自动进行，这种原子小集团可充当晶核，故将 $r > r_k$ 的短程规则原子小集团称为晶核。$r = r_k$ 的原子小集团可能长大也可能重新熔化，两种趋势都是使自由能降低的过程，只有那些略大于临界半径的原子小集团，才能作为稳定晶核而长大，故称 r_k 为临界晶核半径。

将式(2-42)代入式(2-41)即得临界形核功：

$$\Delta G_k = \frac{16}{3}\pi\left(\frac{\sigma_{L/S}^3}{\Delta G_m^2}\right) \tag{2-43}$$

由于临界晶核的表面积为：

$$A_k = 4\pi r_k^2 = 16\pi\left(\frac{\sigma_{L/S}}{\Delta G_m}\right)^2 \tag{2-44}$$

可以看出，临界形核功为临界界面能的 1/3，也就是说形成临界晶核时，体积自由能的降低只能补偿界面能的 2/3，还有 1/3 界面能则需要依靠液体本身存在的能量起伏来供给。因此，过冷熔体中形成的晶核是“结构起伏”和“能量起伏”的共同产物。

形核的快慢可用形核率来表示，形核率 N 是指单位时间内单位体积中所形成的晶核数。当温度低于 T_m 时，形核率受两个因素控制，即形核功因子 $\exp\left(\frac{-\Delta G_k}{kT}\right)$ 和原子扩散的几率因子 $\exp\left(\frac{-\Delta G_A}{kT}\right)$。因此，形核率可用下式表示：

$$I = C \cdot \exp\left(\frac{-\Delta G_k}{kT}\right) \cdot \exp\left(\frac{-\Delta G_A}{kT}\right) \tag{2-45}$$

式中 C ——比例常数；

ΔG_k ——形核功；

ΔG_A ——原子越过液、固相界面的扩散激活能；

k ——玻耳兹曼常数；

T ——绝对温度。

金属的均质形核率 N 与过冷度 ΔT 的关系曲线如图 2-8 所示。ΔT 不大时，N 很小，而当达到有效形核温度时，N 急剧上升，这个有效形核温度值约为 $0.2T_m$。

2.2.2　非均质形核

根据 Turnbull 的经典形核理论：过冷度达到（0.18 ~ 0.2）T_m 时，结晶核心可在单一的母相中自发形成，即发生均质形核；过冷度小于（0.18 ~ 0.2）T_m 时，结晶核心要依附于液体中的外来固体表面上进行非均质形核。通常情况下，金属凝固时的过冷度不超过 20℃，金属凝固时采用非均质形核方式，即金属液中存在着高熔点的固体夹杂物以及铸型内壁等现成的界面，依附于这些已存在的界面形核可使形核界面能降低，因而形核可以发生在较小的过冷度下。

假设晶核依赖于夹杂物界面 B 形成一个半径为 r 的球冠，如图 2-9 所示。晶核形成时体系总的自由能变化为：

$$\Delta G = V\Delta G_m + \Delta G_S \tag{2-46}$$

式中　V——晶核体积；

ΔG_m——单位体积的固—液两相自由能之差；

ΔG_S——晶核形成时体系增加的表面能。

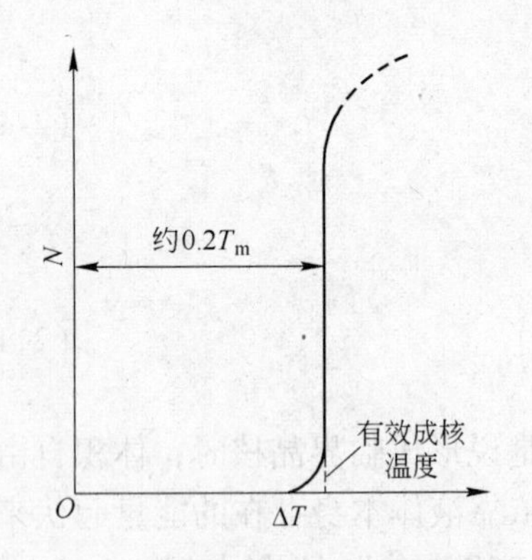

图 2-8　形核率与过冷度的关系

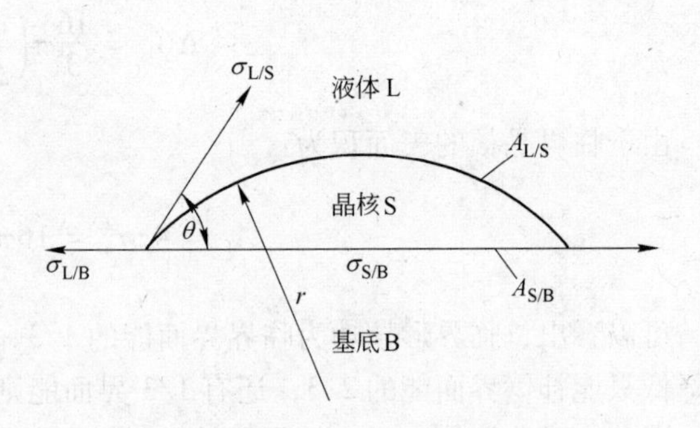

图 2-9　非均匀形核示意图

设晶核与基底面的接触角为 θ，则球冠晶核的体积为：

$$V = \pi r^2\left(\frac{2 - 3\cos\theta + \cos^3\theta}{3}\right) \tag{2-47}$$

液体—晶核和晶核—基底的界面积 $A_{L/S}$ 和 $A_{S/B}$ 分别为：

$$A_{L/S} = 2\pi r^2(1 - \cos\theta) \tag{2-48}$$

$$A_{S/B} = \pi r^2\sin^2\theta \tag{2-49}$$

如果 $\sigma_{L/S}$、$\sigma_{S/B}$、$\sigma_{L/B}$ 分别为液体—晶核、晶核—基底、液体—基底间的单位面积的表面能，由液体、晶核、基底三者之间表面张力平衡关系有：

$$\sigma_{L/B} = \sigma_{S/B} + \sigma_{L/S}\cos\theta \tag{2-50}$$

因此，晶核形成时体系增加的表面能 ΔG_S 为：

$$\Delta G_S = \sigma_{L/S}A_{L/S} + (\sigma_{S/B} - \sigma_{L/B})A_{S/B} = \pi r^2\sigma_{L/S}(2 - 3\cos\theta + \cos^3\theta) \quad (2\text{-}51)$$

将式(2-47)、式(2-51)代入式(2-46)得：

$$\Delta G = \left(\frac{4}{3}\pi r^3 \cdot \Delta G_m + 4\pi r^2\sigma_{L/S}\right)\left(\frac{2 - 3\cos\theta + \cos^3\theta}{4}\right) \quad (2\text{-}52)$$

由 $\frac{d(\Delta G)}{dr} = 0$ 可求得非均质形核的临界半径：

$$r_k = -\frac{2\sigma_{L/S}}{\Delta G_m} \quad (2\text{-}53)$$

非均质形核的临界形核功为：

$$\Delta G_{非} = \Delta G_{均} \cdot \frac{2 - 3\cos\theta + \cos^3\theta}{4} = \Delta G_{均} f(\theta) \quad (2\text{-}54)$$

可以看出，形成球冠形晶核的非均质形核与形成球形晶核的均质形核有相同的临界半径。随着过冷度的增加，均质形核以及非均质形核的临界半径和形核功都随之下降，有利于形核。非均质形核功比均质形核功多出一个与润湿角 θ 有关的因子。$\theta = 0°$ 时 $\cos\theta = 1$，$\Delta G_{非} = 0$，即不需要形核功，固体基底本身可作为晶核直接长大；$\theta = 180°$ 时 $\cos\theta = -1$，$\Delta G_{非} = \Delta G_{均}$，此时非均质形核功与均质形核功相等，即该基底没有起到促进形核的作用，液态金属只能均质形核，此时形核所需的临界过冷度最大；当 $0 < \theta < 180°$，$\Delta G_{非} < \Delta G_{均}$，非均质形核功小于均质形核功，有利于形核，并且 θ 越小，非均质形核功也越小，非均质形核越容易。

2.2.3 固—液相界面结构

晶核形成后，紧接着就要进行晶核长大。这个过程是液相中原子不断向晶体表面堆砌的过程，也是固—液界面不断向液相推移的过程。而晶体长大的形态与固—液界面结构密切相关。液固界面的微观结构有两种类型：光滑界面（小平面界面，晶面型界面）和粗糙界面（非小平面界面，非晶面型界面），如图 2-10 所示。

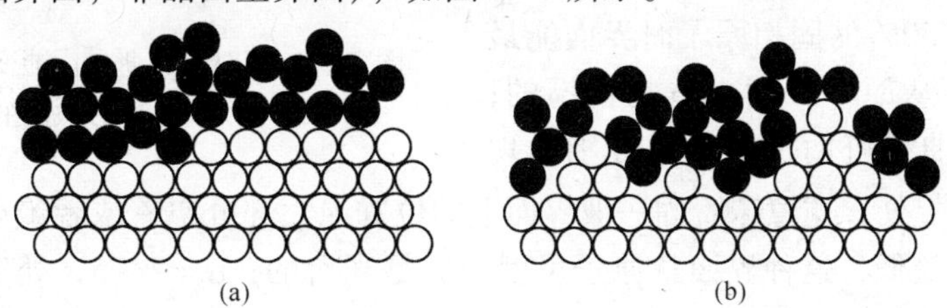

图 2-10 固—液界面的微观结构示意图
（a）平滑界面；（b）粗糙界面

光滑界面如图 2-10(a)所示，界面两边的液固相是截然分开的，从原子尺度来看界面是光滑的，从宏观上看它是由不同位向的小平面所组成，呈折线状，因此也称为小平面界面，光滑界面上的原子排列成平整的原子表面，也是晶体学的某一特定晶面，因此也称为晶面型界面。

粗糙界面如图 2-10(b)所示，界面上的原子排列高高低低粗糙不平，存在几个原子层厚度的过渡层，从原子尺度来看界面是粗糙的，由于过渡层很薄，因此从宏观看界面显得平直，不出现曲折的小平面，因此也称为非小平面界面，界面上的原子排列高低不平不显示任何晶面特征，因此也称为非晶面型界面。

晶体表面结构则取决于晶体长大时的热力学条件。Jackson K A 研究认为，如果在光滑界面上任意增加原子，即界面粗糙化时，界面自由能的相对变化 ΔG_s 可表示为：

$$\frac{\Delta G_s}{NkT_m} = \alpha x(1-x) + x\ln x + (1-x)\ln(1-x) \tag{2-55}$$

式中　N——界面上可能具有的原子位置数；

k——玻耳兹曼常数；

T_m——熔点；

x——界面上被固相原子占据位置的分数。

$$\alpha = \frac{\Delta S_m}{R}\frac{\eta}{\upsilon} \tag{2-56}$$

式中　α——Jackson 因子；

ΔS_m——熔化熵，$\Delta S_m = \dfrac{H_m}{T_m}$；

R——气体常数；

η——晶体表面配位数；

υ——体配位数。

式(2-55)即为固—液界面相对自由能变化与界面上沉积原子几率的关系。图 2-11 所示为 α 值变化所引起的界面相对自由能变化值与原子所占位置分数之间的关系。

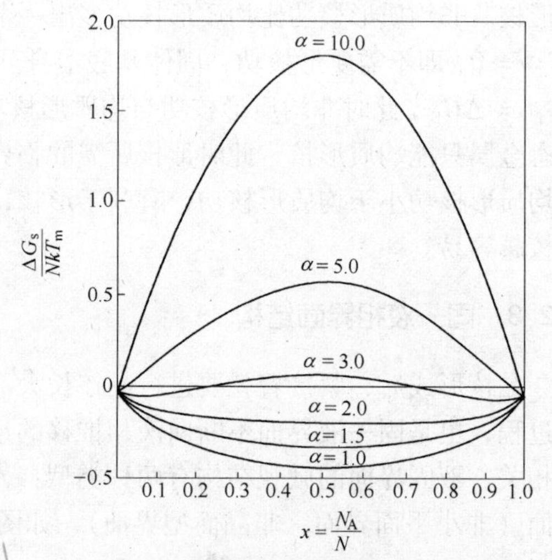

图 2-11　相对吉布斯自由能变化与界面上原子所占位置分数间的关系

从图中可见，当 $\alpha \leqslant 2$ 时，各曲线只有一个极小值，对应 x 约等于 0.5 的位置，这意味着界面上有 50% 的固相原子时界面能最低，这样的界面从原子尺度来看是粗糙的；当 $\alpha \geqslant 5$ 时，各曲线有两个极小值分别出现在 x 接近于 0 和 1 处，这意味着固—液界面上的位置绝大部分空着或者绝大部分为固相原子占据时界面能最低，这种界面从原子尺度来看是光滑的；$\alpha = 2 \sim 5$，处于中间状态，情况较复杂，其液固界面呈混合型。

2.2.4　晶体的长大

晶体的长大方式决定于固—液界面结构。晶体长大方式有连续长大和侧面长大两种。

连续长大，也称为正常长大，其界面结构为粗糙界面，这种界面用原子尺度衡量是粗糙不平的，许多位置均可为原子着落，液相扩散来的原子很容易被接纳并且与晶体连接起来，只要原子沉积供应不成问题，液相原子可以连续、无序地向界面添加，使液固界面沿法线方向迅速向液相推移，这种方式长大时只需克服原子间结合力而没有其他能量障碍，并且原子添加的位置没有限制，因此长大速度很快。

连续生长方式在金属及合金中占主导地位。可用经典的速度理论来推导连续生长的速度表达式。假设 ΔG_b 为一个原子从液相过渡到固相所需越过的能量势垒，则原子越过这一能量势垒的频率为：

$$\nu_{LS} = \nu_0 \exp\left(-\frac{\Delta G_b}{kT}\right) \tag{2-57}$$

式中 ν_0 ——原子的振动频率。

如果所考虑的温度在熔点温度以下，如图 2-12 所示，此时原子由固态转变为液态所要克服的能量势垒是 ΔG_b 与 ΔG_m 之和，因此原子从固态转变为液态的频率为：

$$\nu_{SL} = \nu_0 \exp\left(-\frac{\Delta G_b + \Delta G_m}{kT}\right) \tag{2-58}$$

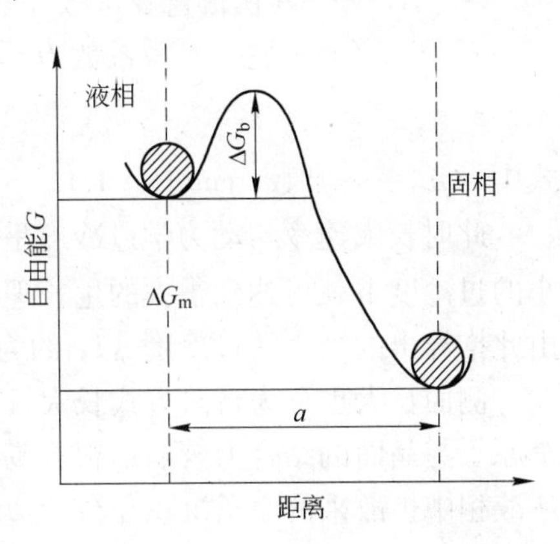

图 2-12 固—液界面的自由能

只有当一个原子由液态变为固态的频率大于由固态变为液态的频率时，长大才能进行。故原子由液相穿过界面向固相跳跃的净频率为：

$$\nu_{net} = \nu_{LS} - \nu_{SL} = \nu_{LS}\left[1 - \exp\left(-\frac{\Delta G_m}{kT}\right)\right] \tag{2-59}$$

式中，ΔG_m 与式(2-6)相似，即：

$$\Delta G_m = \frac{\Delta H_0}{T_m}\Delta T_K \tag{2-60}$$

式中 ΔH_0 ——一个原子的结晶潜热；

ΔT_K ——晶体长大时的动力学过冷度。

将式(2-60)代入式(2-61)，得：

$$\nu_{net} = \nu_{LS}\left(1 - \exp\frac{\Delta H_0 \Delta T_K}{kT_m^2}\right) \tag{2-61}$$

因为 ΔT_K 往往很小，故指数项可以利用 $e^{-x} \approx 1 - x$ 的关系化简，结果得：

$$\nu_{net} = -\nu_{LS}\frac{\Delta H_0 \Delta T_K}{kT_m^2} \tag{2-62}$$

晶体长大的速率 R 为：

$$R = \alpha\nu_{net} = -\alpha\nu_{LS}\frac{\Delta H_0 \Delta T_K}{kT_m^2} \tag{2-63}$$

式中 α ——界面上沉积一层原子时，界面的推进距离。

从扩散的角度来衡量原子越过固—液界面的能量势垒跳向固相的频率，可得：

$$\nu_{LS} = \frac{D_L}{\alpha^2} \tag{2-64}$$

式中　D_L——液相中原子的扩散系数。

故

$$R = -\alpha \frac{D_L}{\alpha^2} \frac{\Delta H_0 \Delta T_K}{kT_m^2} = -\frac{D_L \Delta H_m \Delta T_K}{N_A \alpha k T_m^2} \tag{2-65}$$

式中　ΔH_m——1mol 的结晶潜热；

N_A——阿伏伽德罗常数。

对于一定的金属，扩散系数 D_L 与温度无关时，式(2-65)变为：

$$R = \mu_1 \Delta T_K \tag{2-66}$$

式中　μ_1——常数，cm/(s·K)。

此时长大速率与动力学过冷度呈直线关系，据估计，μ_1 约为 1~100 数量级，因此在很小的过冷度下就可达到很大的生长速率。通常铸锭凝固时的晶体生长速率约为 10^{-2}cm/s，由此推算出的动力学过冷度 ΔT_K 约为 10^{-2}~10^{-4}K，小到无法准确测量的程度。

侧面长大也称为台阶方式长大，其界面结构是光滑界面，对于这种界面结构，由于单个原子与晶面的结合力较弱，很容易跑走，这类界面的长大只有依靠在界面上出现台阶，从液相中扩散来的原子沉积在台阶边缘，依靠台阶向其侧面扩展而进行长大。根据台阶的来源不同，侧面长大又可分为二维晶核台阶长大和晶体中缺陷形成的台阶长大。

二维晶核是指一定大小的单分子或单原子平面薄层。在光滑界面上，首先形成具有一定临界大小的薄层状二维晶核，单个液相原子向二维晶核侧面台阶处迁移并不断附着上去，使薄层很快扩展并铺满整个平面（图2-13）。晶体要继续长大则需要在新的固液界面上再形成二维晶核，如此反复进行。由于二维晶核的形成需要较大的过冷度，因此依靠这种方式的长大很难实现。

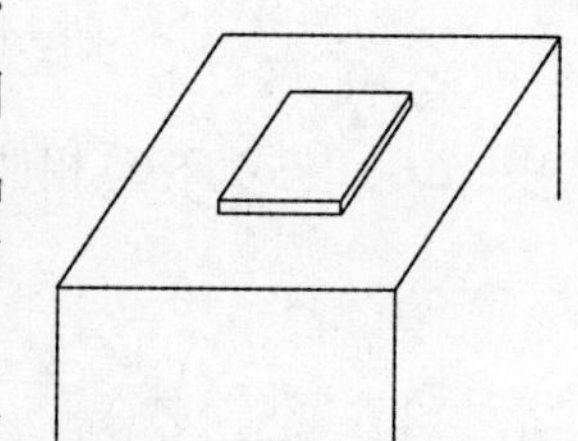

图 2-13　二维晶核示意图

研究表明，以二维晶核台阶方式长大的晶体其生长速率 R 与动力学过冷度 ΔT_K 之间的关系为：

$$R = \mu_2 \exp\left(\frac{-b}{\Delta T_K}\right) \tag{2-67}$$

式中　μ_2，b——常数。

由上式可看出，在 ΔT_K 不大时 R 几乎为零，当达到一定临界值时 R 突然增加很快。一般这个临界值为 1~2K，比连续长大所需过冷度约大两个数量级。

对于依靠晶体缺陷形成的台阶长大，有螺型位错形成的台阶长大，反射孪晶沟槽形成的台阶长大，旋转晶面形成的台阶长大等。

其中螺型位错的台阶是最容易沉积原子的地方，原子不断地落在台阶边缘上，台阶就不断地扩展扫过晶面。当台阶扫过晶面时，台阶上每点的线速度是相同的，台阶上任一点捕获原子的机会是一样的，这样位错中心处台阶扫过晶面的角速度比离开中心处远的地方要大，结果便产生螺旋塔尖状的晶体表面，图 2-14 所示为其长大示意图。

螺型位错界面的长大速度 R 与动力学过冷度 ΔT_K 之间的关系为：

$$R = \mu_3 \Delta T_K^2 \tag{2-68}$$

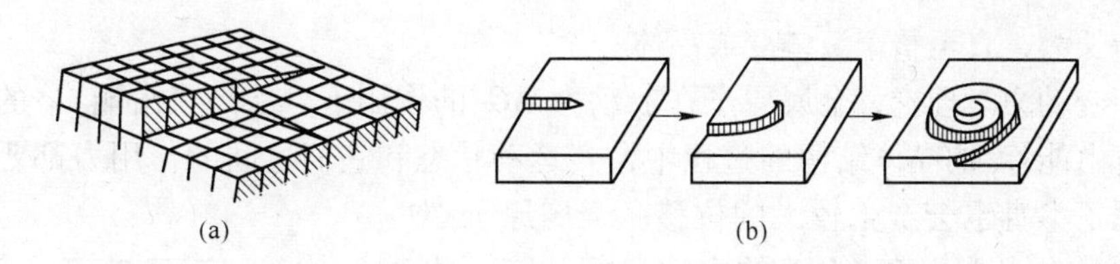

图 2-14 螺型位错台阶长大

(a)螺型位错台阶;(b)螺型位错长大的过程

式中,$\mu_3 \approx 10^{-4} \sim 10^{-2} \mathrm{cm/(s \cdot K)}$。

图 2-15 所示为石墨的旋转孪晶及其生长台阶。旋转孪晶易出现于具有层状结构的晶体中,石墨具有以六角形晶格为基面的层状结构,基面之间结合较弱,在结晶过程中原子排列的层错现象好像使上下层之间产生了一定角度的旋转,构成了旋转孪晶。孪晶的旋转边界上存在很多台阶可供碳原子堆砌,使石墨晶体侧面[1010]方向的生长大为加快而成片状。

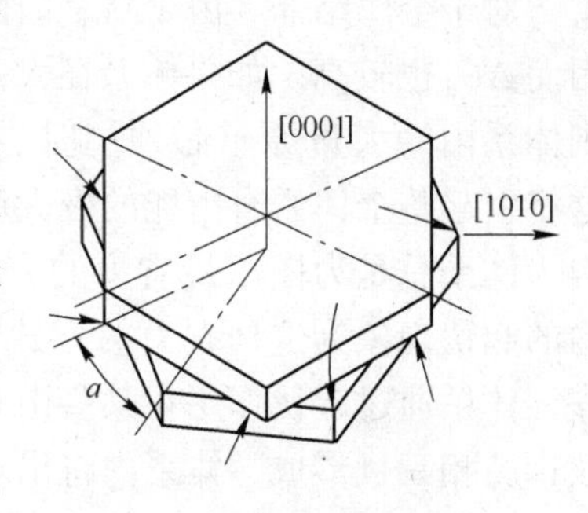

图 2-15 石墨的旋转孪晶及其生长台阶

由反射孪晶所构成的凹角也是晶体生长的一种台阶源。图 2-16 所示为面心立方晶体反射孪晶面与生长界面相交时,由孪晶的两个(111)面在界面处构成凹角的情况,凹角给晶体生长提供了现成的台阶,原子直接在凹角根部堆砌,当生长在孪晶面所含方向上进行时,凹角始终存在,从而保证了生长不断进行。

连续生长、二维形核生长和螺型位错生长的生长速度与过冷度的关系如图 2-17 所示。

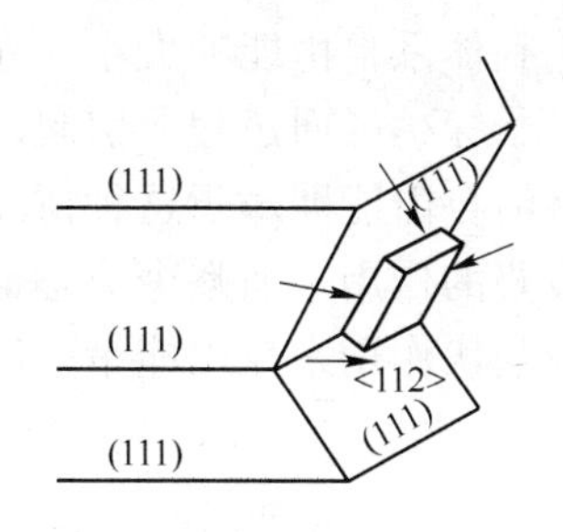

图 2-16 面心立方反射孪晶及其凹角边界

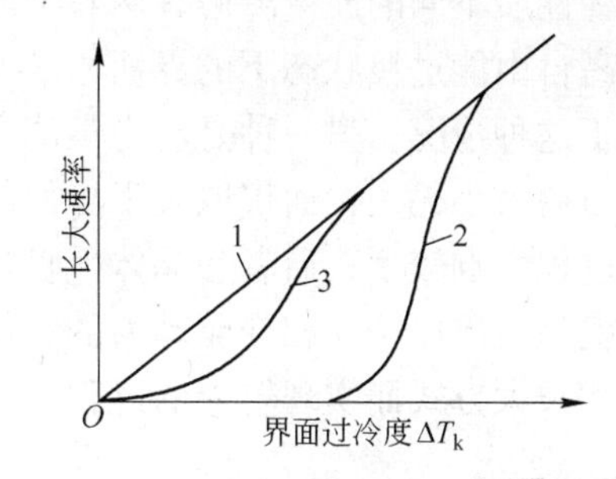

图 2-17 不同长大方式的长大速度与过冷度的关系

1—连续生长;2—二维生长;3—螺旋生长

由图中可看出,光滑界面的晶体,在小过冷度下按螺型位错长大的方式进行;在大过冷度下,则按粗糙界面的连续生长方式进行。二维晶核的长大方式在任何情况下的可能性都是很小的。这是因为在过冷度很小时,二维晶核不能形成,当过冷度增大时,又容易以连续生长方式进行生长。

2.3 液态金属的结晶过程

液态金属转变为固态金属的结晶过程由两个过程组成,即先是液体中产生晶核,而后是晶核不断长大，直至整个液体变成晶体。

根据相变动力学理论，金属原子在驱动力 ΔG_m 的作用下，从高自由能 G_L 的液态结构转变为低自由能 G_S 的晶体结构的过程中，其运动状态和它们之间的作用力都要发生较大的变化，原子本身也会产生较大的位移。金属原子必须要经过一个自由能更高（G_d）的中间过渡状态，才能达到最终的稳定状态（图 2-18）。也就是说，要使结晶过程得以实现，金属原子在转变过程中还必须克服能量障碍 ΔG_d。

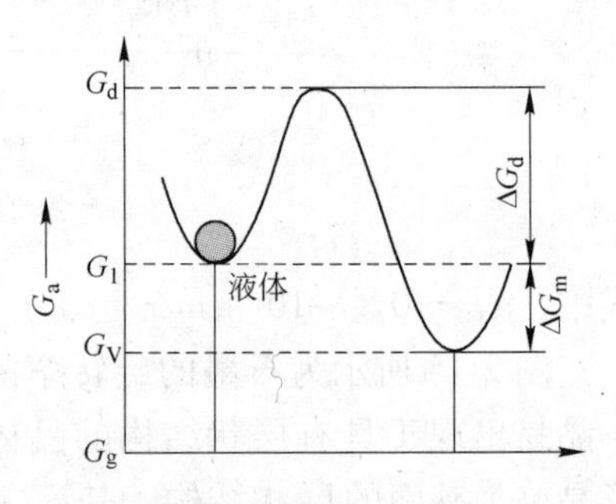

图 2-18　金属凝固过程吉布斯自由能的变化

对于金属结晶，由于新、旧两相结构上相差较大，因而 ΔG_d 也较高。如果体系在大范围内同时进行转变，则体系内的大量原子必须同时进入高能的中间状态。这将引起整个体系自由能的极大增高，因此很难实现。因为体系总是力图以最省力的方式进行转变，而体系内的起伏现象为这种省力的方式提供了可能。因此液态金属结晶的典型转变方式是：首先，体系通过起伏作用在某些微观小区域内克服能量障碍而形成稳定的新相小质点——晶核；新相一旦形成，体系内将出现自由能较高的新旧两相之间的过渡区。为使体系自由能尽量地降低，过渡区必须减薄到最小的原子尺度，这样就形成了新旧两相的界面；然后，依靠界面逐渐向液相内推移而使晶核长大。直到所有的液态金属全部都转变成金属晶体，整个结晶过程也就在出现最少量的中间过渡结构中完成。由此可见，为了逐步克服能量障碍以避免体系自由能过度增大，液态金属的结晶过程是通过形核和长大的方式进行的。

这样，在有相变驱动力的前提下，液态金属的结晶过程需要通过起伏（热激活）作用来克服两种性质不同的能量障碍，两者都与界面状态有关。一种是热力学能量障碍，它由被迫处于高自由能过渡状态下的界面原子产生，能直接影响到体系自由能的大小，界面自由能即属于这种情况；另一种是动力学能量障碍，它是由原子穿越界面过程所引起，原则上与驱动力的大小无关，而仅取决于界面的结构与性质，激活自由能即属于这种情况。前者对形核过程影响较大，后者在晶体生长过程中则具有更重要的作用。而整个液态金属的结晶过程就是金属原子在相变驱动力的驱使下，不断借助于起伏作用来克服能量障碍，并通过形核和长大方式而实现转变的过程。

2.3.1　晶核形成

介稳定的液态金属通过起伏作用在某些微观小区域内形成稳定存在的晶态小质点的过程称为形核。形核的首要条件是体系必须处于介稳态以提供相变驱动力；其次，需要通过起伏作用克服能量障碍才能形成稳定存在的晶核并确保其进一步生长。由于新相和界面相伴而生，因此界面自由能这一热力学能障就成为形核过程中的主要阻力。根据构成能障的界面情况的不同，可能出现两种不同的形核方式：

（1）均质形核，指在没有任何外来界面的均匀熔体中的形核过程。晶核的全部液—固界面都由形核过程提供，所需热力学能障及驱动力较大。理想液态金属的形核过程为均质形核过程。

（2）非均质形核，指在不均匀的熔体中依靠外来杂质或型壁界面提供的衬底进行形核的过程。非均质形核优先发生在外来界面处，由此热力学能障和所需驱动力较小。实际液态金属的形核过程一般都是非均质形核。

关于均质形核与非均质形核的有关内容在上节已述，此处不再重复。

2.3.2 晶核长大

当液态金属中出现第一批大于临界晶核半径的晶核后，结晶过程就开始了。结晶过程的进行，依赖于新晶核连续不断地产生，更依赖于已有晶核的进一步长大。晶体生长从宏观上看是固—液界面向液相中不断推移的过程，从微观上看则是原子逐个由液相扩散到晶体表面上，并按照晶体点阵规律的要求，逐个占据适当的位置而与晶体稳定牢靠结合起来的过程。这个过程的能量消耗包括：

（1）原子扩散。合金晶体生长时在液固界面处发生了溶质再分配，晶体表面会形成溶质富集层，液体的运动及溶质的扩散将促使溶质原子迁移到液体中。这样就有消耗于驱动溶质传递的过冷度。

（2）晶体缺陷。晶体的非平衡生长，常常含有微小缺陷。有缺陷的晶体比平衡凝固的晶体要求有更高的自由能。这样就有消耗于产生非平衡凝固晶体的过冷度。

（3）原子的黏附。晶体生长时液体中的原子堆积成平面集团，并黏附于固液界面而逐渐长大。这样就有消耗于这个过程的过冷度。

（4）结晶潜热导出。晶体长大时要放出结晶潜热，就必须有一定的过冷度来提供热量消失的动力。

晶体生长要消耗上述四个方面的能量，它是依靠液体中的过冷度来实现的。晶核长大所需要的驱动力——过冷度来源于成分过冷。

对于纯金属凝固，液态金属浇注后，模壁不仅对形核起了基底作用，而且吸收大量热量形成较大过冷度，因此模壁处形成晶体互连的硬壳。凝固壳形成之后，随着模壁散热，凝固前沿微区内温度降到低于熔点温度时产生了过冷，这个微区就进行结晶，一般不产生晶核，而是依附于原来晶体长大，过冷区逐渐向中心推移直至完全凝固。因此，对于纯金属凝固，过冷是靠模壁向外传热控制的。这种仅由熔体实际温度分布所决定的过冷状态称为热过冷。

对于一般的单相合金凝固，凝固时由于溶质元素在固相和液相中的溶解度的差异，发生溶质再分配。由溶质再分配导致界面前方熔体成分及其凝固温度发生变化而引起的过冷称为成分过冷。这个过程同时受传热过程和传质过程两个因素制约。固相中溶质的析出使固液界面液相中的溶质浓度 C_i 高于液相中原始浓度 C_0，而 C_i 通过扩散逐渐接近 C_0，这样凝固前沿将会形成溶质富集层。由于溶质在固液界面的富集，液相线温度也会随之发生相应变化。液相内部的实际温度分布 T_A 决定于传热情况，即 T_A 与液相线温度 T_L 的关系。如果在某一时刻：$T_A > T_L$，凝固为传热所控制；$T_A = T_L$，凝固界面处于平衡；$T_A < T_L$，液相中实际温度低于液相线温度，相应区域内的液相处于过冷状态，凝固前沿不稳定，就会发生晶核长大来消除凝固前沿微区的过冷度。微区凝固之后，溶质又发生新的再分配，又重新产生过冷而结晶长大。因此凝固前沿由溶质再分配产生的成分过冷是晶核长大的驱动力。而产生成分过冷的条件是：凝固前沿的实际温度低于液相线温度。

在固液界面附近根据 Fick 扩散定律以及平衡温度梯度与液相线斜率的关系，可以推导出成分过冷判据：

$$\frac{G_L}{R} \leqslant \frac{m_L}{D_L} C_0 \frac{1}{\frac{k_0}{1-k_0} + e^{-\frac{R}{D_L}\delta}} \tag{2-69}$$

式中 G_L——液相中实际温度梯度；

R——凝固速度；

m_L——液相线斜率；

k_0——溶质平衡分配系数；

D_L——溶质扩散系数；

δ——液固界面前沿的扩散边界层厚度。

从式(2-69)中可得到有利于产生成分过冷的条件是：液相中实际温度梯度小；凝固速度大；液相线斜率大；液相中溶质扩散系数小；平衡分配系数小；高的合金元素含量。

当液固界面前沿液体出现成分过冷时，界面就不再稳定而不再保持平面形状了。

对于纯金属，当 $G_L > 0$ 时，晶体界面前方不存在热过冷。这时界面能最低的宏观平坦的界面形态是稳定的。界面上偶然产生的任何突起必将伸入过热熔体中而被熔化，界面最终仍保持其平坦状态（图 2-19(a)）。只有当固相不断散热而使界面前沿熔体温度进一步降低时，晶体才能得以生长，这种界面生长方式称为平面生长。生长中，每个晶体逆着热流平行向内伸展成一个个柱状晶。如果开始只有一个晶粒，则可获得理想的单晶体。当 $G_L < 0$ 时，界面前方存在着一个大的热过冷区。这时宏观平坦的界面形态是不稳定的。一旦界面上偶然产生一个凸起，它必将与过冷度更大的熔体接触而很快地向前生长，形成一个伸向熔体的主杆。主杆侧面析出结晶潜热使温度升高，远处仍为过冷熔体，也会使侧面面临新的热过冷，从而生长出二次分枝。同样，在二次分枝上还可能长出三次分枝（图 2-19(b)），从而形成树枝晶，这种界面生长方式称为枝晶生长。如果 $G_L < 0$ 的情况产生于单向生长过程中，得到的将是柱状枝晶；如果 $G_L < 0$ 发生在晶体的自由生长过程中，则将形成等轴枝晶。

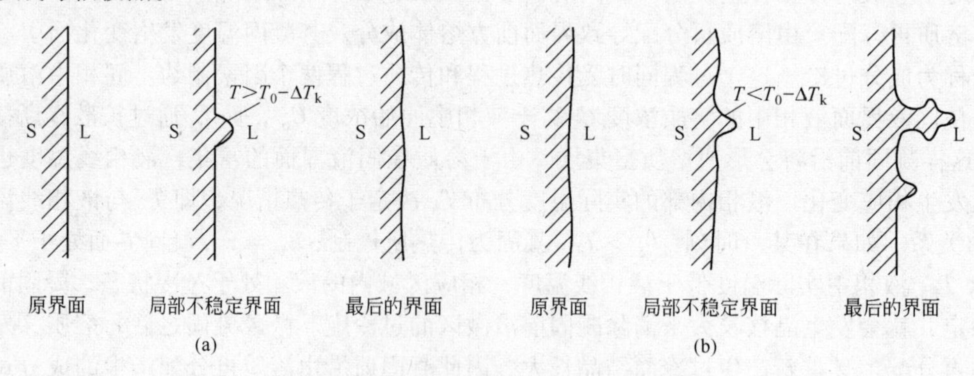

图 2-19 热过冷对纯金属结晶过程的影响

（a）平面生长；（b）枝晶生长

成分过冷对一般单相合金结晶过程的影响与热过冷对纯金属的影响本质相同。在无成分过冷的情况下，界面也以平面生长方式长大；当固液界面处液相出现成分过冷时，由于同时存在着传质过程的制约，界面处将按过冷度大小，开始形成胞状组织、胞状树枝晶、树枝晶等结构（图 2-20）。实际温度梯度过大，在凝固过程中不出现成分过冷；成分过冷区较小，界面处的不平衡生长的凸起始终处在领先的状态，但这个凸起既不会消失也不会发展到成分过冷区之外，凸起和底部的微小成分有一定差别而发展成胞状组织；中区域的成分过冷组织可能生成胞状到树枝晶的各种过渡组织；成分过冷区较大，凸起发展较长，在凸起上冉生新的凸起，就可生成树枝晶；如果成分过冷区域特别大，得到的成分过冷度也特别大，若达到形核要求的过冷度时，在成分过冷区可能形成新的晶核，新晶核的生长阻碍原晶粒的生长，对柱状晶的发展产生隔断作用。

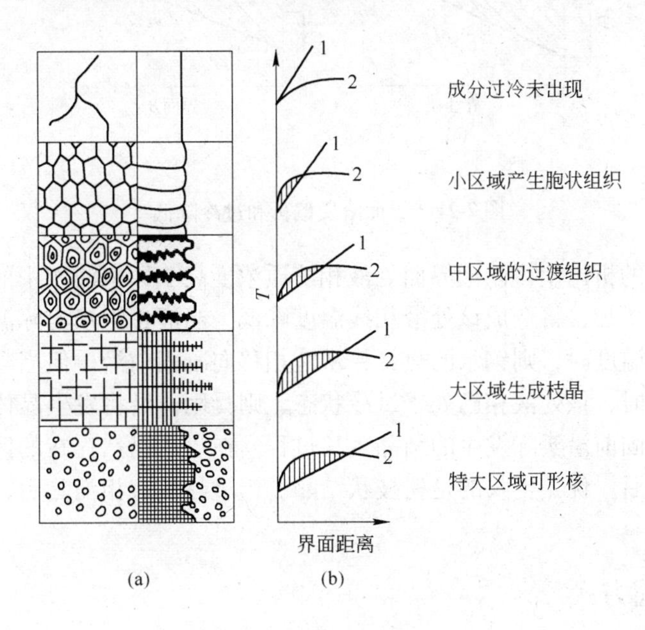

图 2-20　成分过冷大小对固液界面形状的影响

（a）生长形态；（b）温度分布

1—实际温度分布；2—开始凝固温度

当金属液体浇注到金属模内，凝固前沿析出溶质时，降低了界面附近的液相平衡凝固温度而发生过冷，在生长界面上存在着显微的凹凸不平。如果界面某局部 A 处溶质析出少，则液相线温度降低就少（图 2-21(a)）；如果 B 处溶质析出多，液相线温度降低就大（图 2-21(b)），因而 B 处凝固界面过冷就比 A 处小，凝固优先在 A 处进行，而 B 处凝固受到压制，这样就逐步发展成胞状组织或树枝晶结构。

凝固前沿过冷是由溶质偏析引起凝固温度的降低和放出凝固潜热引起温度升高这两个方面共同决定的。当合金成分一定时，成分过冷主要受 $\frac{G_L}{R}$ 影响。$\frac{G_L}{R}$ 值由大变小，则过冷度逐渐变大，晶体结构由胞状组织向树枝晶结构转变。

对于铸坯而言，当钢水注入结晶器后，首先从器壁开始形成晶核，这些晶核相互连接发展，逐渐形成凝固前沿。由于溶质中各元素在固液两相的溶解度不同，因此随着凝固的

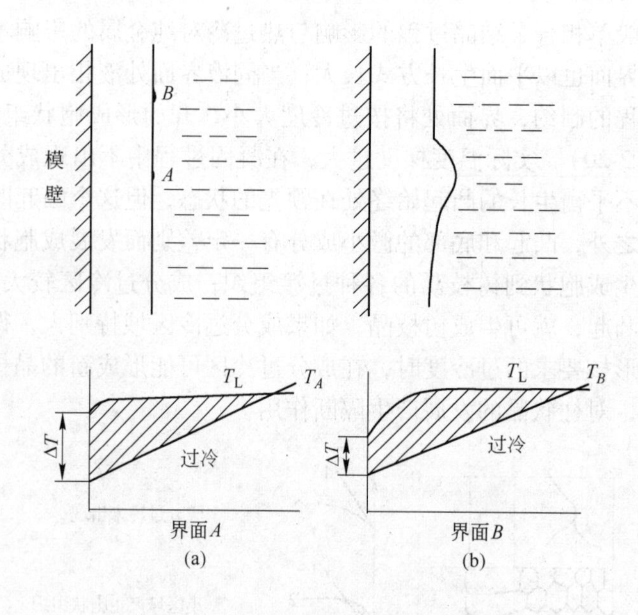

图 2-21 界面溶质偏析和过冷降低

进行，固相中溶质的析出使得固液界面处液相溶质浓度高于原来液相中的溶质浓度。而固液界面溶质浓度的增加，将造成该处液相线温度降低。当液相钢水实际温度高于凝固前沿固液界面处液相线温度时，则钢水的热量将从液相移向凝固前沿。但当凝固前沿处钢水温度降到液相线以下时，该处液相已处于过冷状态，则凝固前沿将发生晶体长大以消除局部过冷。这就是在凝固前沿实际发生的结晶生长过程。在过热仍然存在的区域内，在铸坯边部形成细晶粒区之后，优先生长的是树枝状结晶。当过热从液相消除后，凝固前沿附近将形成等轴晶。

2.4 铸坯的凝固方式

2.4.1 铸坯的凝固特点

钢水在连铸机中的凝固过程实质上是一个热量释放和传递的过程。在连铸机内（铸坯切割以前），钢液由液态转变为固态高温铸坯所放出的热量包括3个部分：

（1）过热。钢液从浇注冷却到液相线温度所放出的热量。

（2）潜热。钢液从液相线温度冷却到固相线温度，即完成从液相到固相转变的过程中所放出的热量。

（3）显热。铸坯从固相线温度冷却到进出连铸机时所放出的热量。

以20钢为例，过热30℃钢水凝固冷却到室温放出的总热量为1311kJ/kg。其中，过热为25.2kJ/kg，潜热为328kJ/kg，显热为958kJ/kg。大约三分之一的热量从液态转化为固态的过程中释放，其余三分之二的热量是完全凝固后冷却释放的。

钢水浇入结晶器边传热、边凝固、边运行，形成了液相穴相当长的铸坯。钢水在连铸机内的凝固是在三个传热冷却区内实现的：

一次冷却区，钢水在水冷结晶器内形成足够厚且均匀的坯壳，保证铸坯出结晶器不拉漏；

二次冷却区，喷水冷却以加速内部热量的传递使铸坯完全凝固；

三次冷却区，铸坯向空气中辐射散热，使铸坯温度均匀化。

以低碳钢为例，钢水从结晶器→二冷区→辐射区释放的热量大约为84kJ/kg、462kJ/kg、273kJ/kg，铸坯切割后放热567kJ/kg。钢水的凝固潜热不能全部在结晶器内放出，因此凝固坯壳必须带着液芯进入二冷区继续凝固。

铸坯凝固是沿液相穴在凝固温度区间把液体转变为固体的过程。铸坯可看成是液相穴很长的钢锭，以一个固定速度在连铸机内运动。铸坯在运动中凝固，实质上是沿液相固液界面的潜热释放和传递过程，也可以看成是在凝固温度区间将液体转化为固体的加工过程。在固液交界面附近，存在一个凝固脆化区，T_{FO} 为强度 $\sigma = 0$ 时的温度，称之为零强度温度，T_{RO} 为断面收缩率 $\psi = 0$ 的温度，称之为零塑性温度，一般认为在 T_{FO} 和 T_{RO} 之间是一个裂纹敏感区，固液交界面的糊状区晶体的强度和塑性都非常小，因此，当铸坯所受的外力（如鼓肚力、矫直力、热应力等）超过临界值，就在固液界面产生裂纹，并沿柱状晶扩展，直到凝固壳能抵抗外力为止，这是铸坯产生内裂纹的原因。

铸坯在连铸机中从上到下运行，在二冷区接受喷水冷却，已凝固的坯壳不断进行线收缩，坯壳温度分布的不均匀性以及坯壳的鼓胀和夹辊的不完全对中等，使凝固壳容易受到机械和热负荷的间隙性的突变，也容易使凝固坯壳产生裂纹。

因此，为了得到良好的铸坯质量，从铸机的设计和维护方面应尽可能保持铸坯运行过程中凝固壳不变形原则；而从传热方面应控制铸坯在不同冷却区热量导出速度和坯壳的热负荷适应钢高温性能的变化。

铸坯凝固是分阶段的凝固过程。凝固生长经历了三个阶段：(1) 钢水在结晶器形成初生坯壳。钢水浇入水冷结晶器，在弯月面冷却速度很快，形成一定厚度的初生坯壳，随着温度下降，高温坯壳发生 δ→γ 相变，坯壳处于收缩和鼓胀的动平衡状态，到结晶器下部形成稳定气隙，传热减慢，坯壳生长速度减慢。(2) 带液芯的铸坯在二次冷却区稳定生长。带液芯的铸坯从结晶器拉出来进入二冷区接受喷水冷却，喷雾水滴从铸坯表面带走热量，使铸坯的表面和中心形成了较大的温度梯度，垂直于铸坯表面散热快，使树枝晶平行于生长面而形成柱状晶。(3) 临近凝固末期的液相加速生长。液相穴的固液界面的树枝晶被液体的对流折断，一部分枝晶片可能重新熔化，加速过热度的消失；另一部分可能下降到液相穴底部，作为等轴晶的核心。

在凝固过程中，结晶器注流在液相穴引起的流动和混合对铸坯凝固有重要影响。研究指出：液相穴上部为强制对流区，对流区高度决定于注流方式、浸入式水口类型和铸坯断面。在液相穴下部液体流动主要是坯壳收缩、晶体下沉所引起的自然对流，或者是由铸坯鼓肚所引起的流动。液相穴内流动对铸坯结构、夹杂物上浮及溶质元素偏析以及坯壳的生长有重要影响。

已凝固坯壳在连铸机内的冷却可以看作是经历“形变热处理”的过程。已凝固坯壳在连铸机里的运行中，承受热应力和机械力的作用，坯壳发生不同程度的变形；随着温度的下降，坯壳会发生 δ→γ→α 的相变，特别在二冷区，铸坯与夹辊和喷水交替接触，坯壳温度反复下降与回升，使铸坯组织发生变化，相当于经受反复的“热处理”，同时由于溶质元素的偏析作用，就可能发生硫化物、氮化物质点在晶界沉淀，增加钢的高温脆性，对铸坯质量产生重要影响。

钢水注入结晶器后，除了受结晶器铜壁的强制冷却外，还通过钢水液面辐射散热及拉坯方向的传导散热，其传出热量的比大约为30：0.15：0.03，因此铸坯在结晶器内的凝固过程可以近似地看做钢液向结晶器铜壁的单向散热，钢水的热量是通过坯壳、气隙、结晶器铜壁、冷却水界面，最后由冷却水带走的。

2.4.2　钢水在结晶器中的凝固过程

2.4.2.1　形成弯月面

钢水与铜壁形成弯月面的示意如图2-22所示。

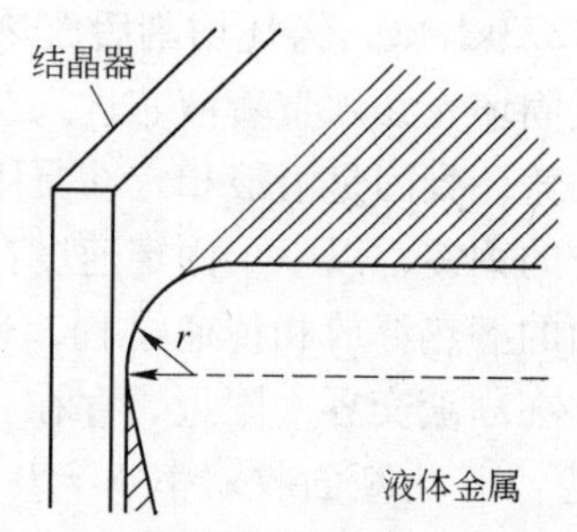

图2-22　钢水与铜壁弯月面形成

由于钢液与结晶器铜壁的润湿作用，在钢水与器壁接触处形成了半径很小的弯月面，弯月面半径 r 可表示为：

$$r = 5.43 \times 10^{-2} \sqrt{\frac{\sigma_m}{\rho_m}} \tag{2-70}$$

式中　σ_m——钢水表面张力，dyn/cm（1dyn = 10^{-5}N）；

ρ_m——钢水密度，g/cm^3。

如果结晶器钢水弯月面上有保护渣时，则 r 可表示为：

$$r = 5.43 \times 10^{-2} \sqrt{\frac{\sigma_{m/s}}{\rho_m - \rho_R}} \tag{2-71}$$

式中　$\sigma_{m/s}$——钢与渣界面张力，$\sigma_{m/s} = \sigma_m - \sigma_s \cos\theta$；

ρ_R——渣密度，g/cm^3。

r 值大小表示弯月面弹性薄膜的变形能力。r 值越大，说明弯月面凝固壳受钢水静压力作用贴向结晶器壁越容易，坯壳裂纹难以发生。

半径为 r 的弯月面根部钢水与水冷的器壁接触，立即受到器壁激冷作用，迅速形成初生坯壳。弯月面对初生坯壳非常重要，良好稳定的弯月面可确保初生坯壳表面质量和坯壳的均匀性；当钢水中上浮的夹杂物未被保护渣吸附，会降低钢液的表面张力，弯月面半径减小，从而破坏了弯月面的薄膜性能，弯月面破裂，这时夹杂物随同钢液在破裂处和铜壁形成新的凝固层，夹杂物会牢牢地黏在这个凝固层上而形成表面夹渣；带有夹渣的坯壳是薄弱部位，还易引起漏钢事故；因此保持弯月面稳定，最根本的办法是提高钢水的纯净度，降低夹杂物含量，同时选用性能良好的保护渣，保持弯月面薄膜的弹性。

研究指出，弯月面形状受以下因素影响：

（1）钢水过热度。过热度太高，弯月面凝固初生坯壳推迟，有利于坯壳变形，振痕较浅；过热度太低，弯月面坯壳凝固厚度增加，形成深振痕。

（2）拉速。拉速提高，弯月面钢水波动程度增大，弯月面区钢水较热，凝固坯壳较薄，振痕变浅。

（3）钢成分。钢中碳含量会影响弯月面区凝固状况。钢中碳含量低，弯月面处凝固壳较厚，凝固沟发达，易形成较深振痕。降低钢水表面张力的活性元素（如硫、氧），使用的保护渣性能，结晶器振动和电磁力等都会影响弯月面钢水的凝固。

2.4.2.2 气隙的形成

已凝固的高温坯壳发生 δ→γ 相变，引起坯壳收缩，受收缩力的牵引坯壳离开器壁，气隙开始形成。由于气隙的形成，热阻增加，坯壳通过器壁的散热迅速减少，离开器壁的坯壳回热升温，凝固前沿的初生晶体还可能熔融。由于坯壳回热升温，其强度降低，在钢水静压的作用下坯壳又紧贴器壁，散热条件又有改善，坯壳增厚又产生了收缩力牵引坯壳再度离开器壁，就这样周期性地离贴 2 ~ 3 次后，坯壳达到一定厚度，并完全脱离器壁，气隙稳定形成。

在结晶器的角部区域，由于是二维散热，最先形成的坯壳收缩力大，产生的气隙也最大，钢水的静压无法使角部的坯壳压向结晶器器壁，因而在结晶器的角部从一开始就形成了永久性气隙。

当坯壳开始周期性地与器壁离贴时，会使铸坯表面发生变形，形成皱纹凹陷；同时还由于气隙的形成，热阻增大，凝固速度减慢，造成铸坯内部组织粗化，对铸坯质量也有一定的影响。

图 2-23 所示为离铸坯角部不同距离气隙量沿结晶器高度的变化。

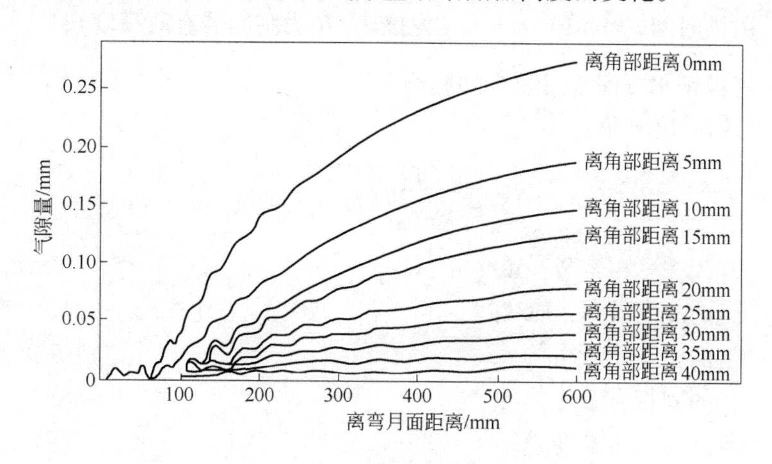

图 2-23 结晶器角部区气隙变化

从图中可以看出：

（1）在凝固早期，离弯月面下 100mm 左右，首先在结晶器角部产生气隙，然后向中间扩展，越靠近角部气隙越大，这是由于角部二维传热，坯壳凝固快，导致过早收缩。

（2）沿结晶器高度，上部气隙宽度增加较快，而下部气隙宽度增加变缓。因此采用单锥度结晶器不能有效补偿坯壳的凝固收缩以抑制气隙形成，应采用双锥度（上部大，下部小）或者抛物线锥度结晶器来有效补偿坯壳的收缩。

（3）结晶器上部，弯月面下 0 ~ 25mm 区域，气隙量呈波动现象，而结晶器下部区域气隙较稳定。这是由于结晶器上部弯月面区坯壳温度高、强度低，钢水的静压力很容易把已经收缩脱离结晶器的坯壳压回铜板表面；随着继续凝固，坯壳温度继续降低，坯壳再次收缩脱离结晶器壁；然后又被钢水静压力压回。如此不断重复，导致坯壳收缩发生波动现象。离铸坯角部 10 ~ 15mm 处气隙波动最为显著，说明坯壳不规则收缩，极易形成铸坯表面凹陷和角部纵裂纹。在结晶器弯月面下300mm处，坯壳增长较厚，温度较低，已经具备足够强度来抵抗钢水静压力的作用，气隙已经稳定形成。

2.4.2.3　坯壳的生长

在结晶器弯月面处冷却速度最快，过冷度很大，形成了由细小等轴晶组成的致密激冷层；随着激冷层的形成，坯壳内外温度梯度增大，冷却速度减慢，由于垂直于铸坯表面散热最快，带有择优生长方向的晶体平行生长，形成柱状晶；同时固、液界面的树枝晶被液体对流运动分离而带到液相穴里面，一部分可能重新熔化，另一部分可能下落到液相穴底部而成为等轴晶的核心，形成中心等轴晶区。这样就形成由激冷层、柱状晶和中心等轴晶三个区域所组成的铸坯低倍组织。结晶器弯月面形成初生坯壳后，随着铸坯向下运动，凝固壳厚度继续增长。在结晶器长度方向上坯壳厚度ξ的增长规律服从凝固平方根定律：

$$\xi = K\sqrt{\tau} \tag{2-72}$$

或

$$\xi = K\sqrt{\tau} - C \tag{2-73}$$

式中　K——凝固系数，$mm/min^{1/2}$；

τ——凝固时间，min（$\tau = \frac{H}{v}$，v为拉速，H为结晶器有效高度）；

C——考虑钢水凝固受过热度的影响。

从理论上可以导出K值：

$$K = \sqrt{\frac{2\lambda_m}{L_f\rho}(T_S - T_0)} \tag{2-74}$$

式中　λ_m——凝固壳导热系数，W/(m·K)；

L_f——钢的凝固潜热，kJ/kg；

ρ——钢的密度，kg/m^3；

T_S——钢的固相线温度，℃；

T_0——凝固壳表面温度，℃。

由式(2-74)可知，K值决定于钢本身的热物理性能。弯月面凝固刚开始时，此时钢水温度为液相线温度，随着凝固继续进行，坯壳增厚K值也增大。

结晶器内坯壳厚度与钢液的凝固系数、结晶器的长度及拉坯速度有关。

出结晶器的铸坯心部仍未凝固，在二次冷却区内要继续喷水或喷水雾强制冷却才能完成结晶过程。

从结晶器拉出来的铸坯凝固成一个薄的外壳，中心仍然是高温液体，形成一个很长的液相穴。为使铸坯继续凝固，从结晶器出口到拉矫机长度内，设置了一个喷水冷却区，即二冷区。二冷区的喷水冷却加快了坯壳生长。二冷区坯壳温度梯度大，柱状晶发达，但凝固速度快，晶粒较细。二冷区坯壳的生长也符合平方根定律。根据铸坯凝固热平衡的测定计算，若钢水总热焓为100%，铸坯内各区散热的比例为：结晶器16%~20%，二冷区23%~28%，辐射区50%~60%。可见结晶器除去的热量仅占钢水完全凝固热量的20%左右，所以带液芯的坯壳进入二冷区接受喷水冷却，铸坯才能完全凝固。与模铸钢锭凝固不同的是：喷水冷却可使凝固速度提高20%，但并不是随着冷却强度的增加传递热量也成比例增加，这是因为钢的导热系数是一定的，由铸坯液芯向外的传热速度是随坯壳厚度增加而减慢的，因此要尽量改善喷雾水滴与铸坯表面的热交换，以提高二冷效率达到最大的凝固速度。

在凝固过程中，钢水是以树枝晶状方式进行结晶的。树枝晶结构的细化程度一般以树枝晶间距来进行描述的。树枝晶的粗细决定于凝固前沿的温度梯度 G 和凝固速度 R，实质上决定于冷却速度 ε。冷却速度越大，树枝晶越细凝固结构越致密，偏析越小，能抑制坯壳生长的不均匀性和裂纹敏感性。理论分析和实验研究指出，树枝晶间距 δ 可以表示为：

$$\delta = cR^m G^n \tag{2-75}$$

或

$$\delta = \alpha\varepsilon^{-n} \tag{2-76}$$

式中 δ——树枝晶间距，μm；
R——凝固速度，mm/s；
G——温度梯度，℃/cm；
ε——冷却速度，℃/s；
c,m,n,α——经验系数。

这样就可采取枝晶腐蚀的方法显示铸坯的树枝晶形态，测定树枝晶的枝晶间距就可以求出冷却速度。冷却速度除了可以用实验测定的方法确定外，也可以通过理论计算的方法获得，由 $\varepsilon = GR$ 可以导出：

$$\varepsilon = \frac{AK^2}{4\tau} \tag{2-77}$$

$$A = \frac{\rho L_f}{\lambda} \tag{2-78}$$

式中 K——凝固系数，mm/min$^{1/2}$；
ρ——钢密度，kg/m^3；
L_f——钢的凝固潜热，kJ/kg；
λ——钢的导热系数，W/(m·K)；
τ——凝固时间，s。

根据铸坯树枝晶间距测量值和计算的冷却速度，得到树枝晶间距 δ 与冷却速度 ε 之间的关系如图 2-24 所示。

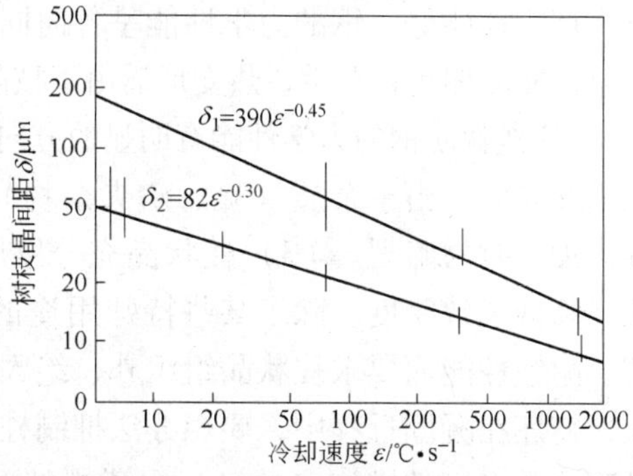

图 2-24 初生坯壳枝晶间距与冷却速度的关系

一般以二次枝晶间距来衡量树枝晶细化程度，δ_2 越小，枝晶越细，凝固偏析越少，产品质量越好。由图 2-24 可以看出，结晶器弯月面区形成激冷层的冷却速度非常快（>100℃/s），枝晶非常细（δ_2<20μm），随着结晶器内凝固坯壳的生长，出结晶器后冷却速度降低（<10℃/s），此时树枝晶变粗（δ_2=50μm）。出结晶器后二冷区喷水冷却，铸坯继续凝固，枝晶不断粗化。图 2-25 所示为碳含量 0.8%，

152mm×152mm 方坯采用枝晶腐蚀法得到的二次枝晶间距 δ_2 与铸坯厚度的关系。由图可知，从表面到中心的枝晶间距 δ_2 逐渐增大，树枝晶粗化。

2.4.3　铸坯的凝固结构

铸坯的凝固结构通常是由三个区域组成（图 2-26）：

（1）边缘细小等轴激冷晶区。宽度在 5mm 左右，它是在结晶器弯月面处冷却速度最高的条件下形成的。浇注温度越高，激冷层越薄；浇注温度越低激冷层就厚一些。

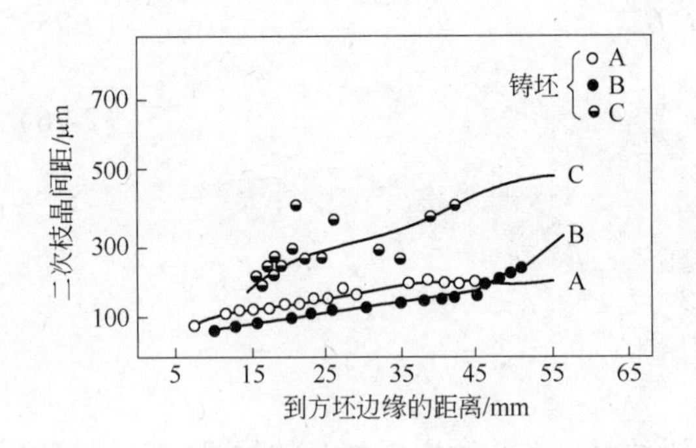

图 2-25　二次枝晶间距与方坯断面的关系

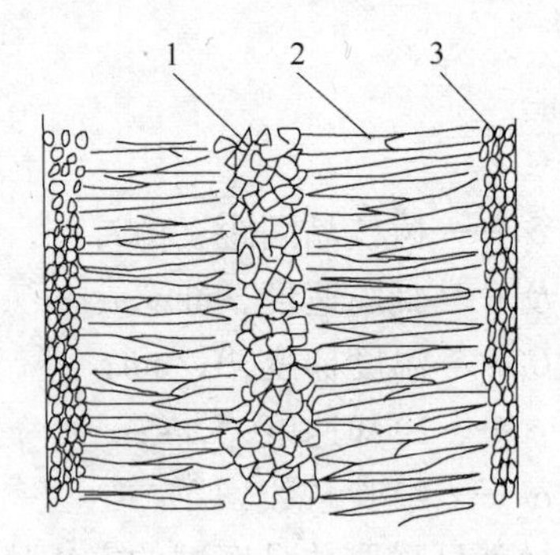

图 2-26　铸坯结构示意图

1—中心等轴晶区；2—柱状晶区；3—等轴激冷晶区

（2）柱状晶区。它与激冷层相邻，从纵断面看，柱状晶并不完全垂直于表面而是向上倾斜一定角度（10°），这说明液相穴内在凝固前沿有向上的液体流动。从横断面看，树枝晶呈竹林状。柱状晶的发展是不规则的，在某些部位可能会贯穿铸坯中心形成穿晶结构。

（3）中心等轴晶区。树枝晶较粗大且呈不规则排列，伴有不同程度的中心偏析和疏松。

虽然铸坯内部结构与钢锭无本质区别，但是应指出的是，铸坯相当于高宽比相当大的钢锭凝固，液相穴很长，钢水补缩不好，容易产生中心疏松和缩孔；二冷区喷水冷却，铸坯内外温差大，柱状晶发达甚至形成穿晶结构，但冷却速度快，树枝晶较细。

铸坯的凝固组织，对钢的加工性能和力学性能都有很大影响。而柱状晶和等轴晶对这两种性能的影响是不一样的。等轴晶结构致密，各个等轴晶体彼此相互嵌入，结合比较牢，加工性能好，钢的力学性能呈各向同性。而柱状晶结构有以下弱点：（1）柱状晶枝干较粗，枝晶偏析较严重，热变形后由于枝晶偏析区被延伸，使组织具有带状特性（纤维化组织）。这样就使钢的力学性能有明显的方向性，特别是钢的横向性能和韧性降低。（2）在柱状晶交界面，由于杂质（硫、磷夹杂物）的沉积，构成了薄弱面，是裂纹容易扩展的地方，加工时易脆裂。（3）柱状晶充分发展，在铸坯形成穿晶结构，会造成中心疏松和缩孔，降低了致密度。除了某些特殊用途的钢如电工钢、汽轮机叶片等为改善导磁性、耐磨、耐蚀性能而要求柱状晶组织外，绝大部分钢都希望能得到等轴晶带大的铸坯组织。因此，铸坯在凝固过程中，要想办法抑制柱状晶生长而扩大等轴晶区。生产上为了扩大等轴晶区通常采用的措施有：（1）电磁搅拌；（2）控制二冷区冷却水量；（3）结晶器内加入形核剂；（4）结晶器加入微型冷却剂等；（5）结晶器内喷吹金属粉末等。

2.4.4 常见连铸机型铸坯的凝固特点

从20世纪50年代连铸工业化开始，连铸机的机型经历了从立式、立弯式到弧形的转变过程。图2-27所示为几种用于工业生产的连铸机型简图，铸坯在其中的凝固特点各有不同。

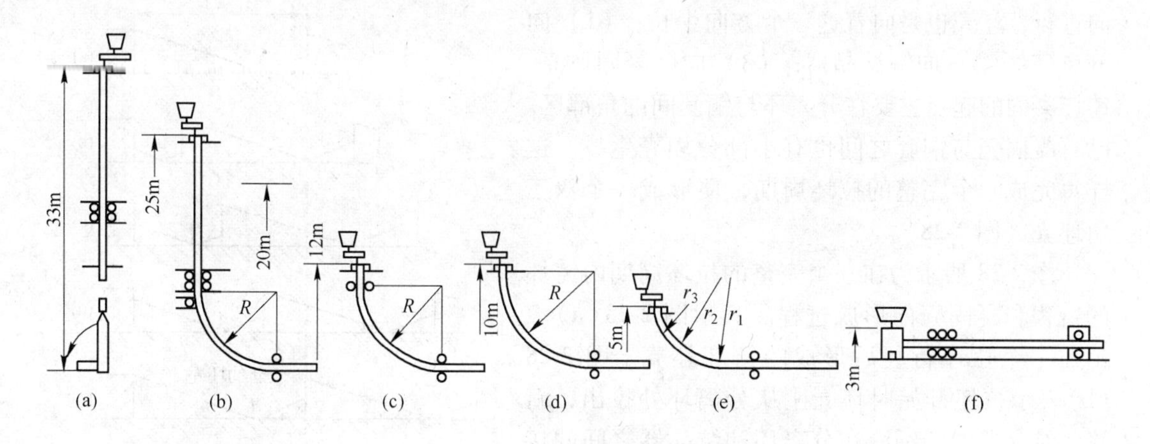

图2-27 连铸机机型示意图
（a）立式；（b）立弯式；（c）直结晶器弧形；（d）弧形；（e）椭圆形；（f）水平式

采用立式连铸机浇注时，由于钢液在垂直的结晶器和二冷区冷却凝固，有利于钢液中的非金属夹杂物上浮以及分布均匀，坯壳四面冷却均匀，铸坯运行中不受弯曲矫直应力的作用，产生裂纹的可能性非常小，铸坯质量较好，但是由于连铸机高度较大，钢水静压力大，容易产生铸坯的鼓肚变形，尤其是断面尺寸大的铸坯更为突出。

立弯式连铸机是在立式连铸机基础上发展起来的过渡机型。它的上半部与立式连铸机相同，铸坯也是在垂直方向上进行浇注和凝固，不同的是铸坯完全凝固之后，用顶弯装置把铸坯顶弯90°，使铸坯在水平方向上进行切断和出坯。它主要适合于小断面铸坯的浇注。

直结晶器弧形连铸机采用直结晶器，从结晶器往下有2.5～3.5mm的直线段，带有液芯的铸坯经过直线段后，逐渐弯曲成弧形，然后又把已凝固带液芯的弧形铸坯矫直，完全凝固后再切成定尺。钢水在直结晶器以及下部的直线段凝固，有利于钢中大型夹杂物的上浮及钢中夹杂物的均匀分布。但是比其他弧形连铸机多了一个弯曲过程，在铸坯外弧侧的坯壳受到拉伸作用，两相区易造成裂纹缺陷。

全弧形连铸机的结晶器呈弧形，二冷装置在四分之一圆弧内。铸坯在结晶器内形成弧形，沿弧形辊道向下运动时接受喷水冷却，直至完全凝固，完全凝固后的铸坯在水平切点处进入矫直机，切割成定尺后从水平方向出坯。由于设备高度较低，铸坯凝固过程中的钢水静压力相对较小，可以减少因为鼓肚变形引起的裂纹和偏析。但是在钢水凝固过程中，非金属夹杂容易在铸坯内弧侧聚集，从而带来铸坯内部夹杂物分布不均的问题。

椭圆连铸机的结晶器、二次冷却辊夹辊、拉坯矫直机均匀布置在四分之一圆弧线上，其铸流轨迹是由椭圆的四分之一及其水平切线组成。由于钢液压头低，钢液静压小，鼓肚变形小，改善了铸坯质量；由于铸坯凝固过程中的钢水静压力小，钢水鼓肚量小，不利于进入结晶器内钢水中的夹杂物的上浮。

水平连铸机的结晶器、二冷装置、拉矫机、切割装置等设备是安装在水平位置上的。水平连铸机的中间包与结晶器是紧密相连的。中间包水口与结晶器相连处装有分离环。拉坯时，结晶器不振动，而是通过拉坯机带动铸坯做拉—反推—停的周期性运动来实现的。钢液经分离环进入结晶器的凝固传热是向三个方向进行，坯壳也是向着这三个方向生长：（1）向分离环；（2）向铜结晶器；（3）向已凝固坯壳。铸坯凝固的起点主要在分离环与铜套间的角部区。已有凝固壳与铜套之间也有小部分坯壳生成。这样每完成一个完整的拉坯周期，便形成一个双三角坯壳（图 2-28）。

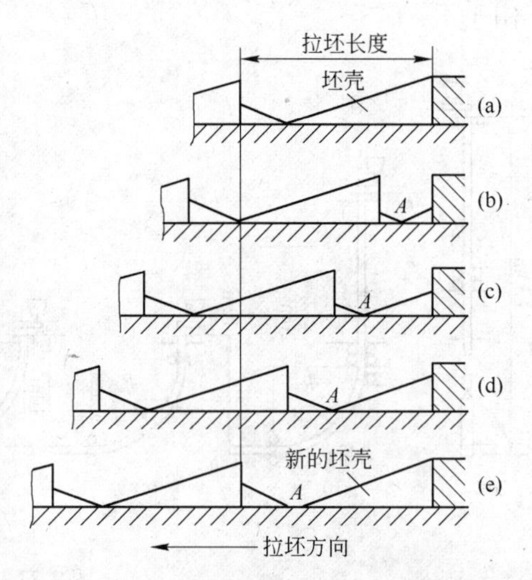

图 2-28　水平连铸机铸坯坯壳形成示意图

图 2-28 所示为在一个完整的拉坯周期内铸坯的行程和凝固壳的形成过程。其中图 2-28(a)表示在一个拉坯行程后形成的铸坯坯壳。图 2-28(b)表示拉坯开始时坯壳刚从分离环处拉出，新流入结晶器内的钢液在分离环和结晶器之间的接触点、已有凝固壳与结晶器之间的接触点结晶。由于分离环处与已有凝固壳处的凝固条件不同，因而钢液在两边的凝固速度不同，两个结晶面最终在 *A* 处汇合，形成双三角形。*A* 处钢液离铜壁最近，甚至完全接触，称之为“热点”，也是双三角形的焊合点。图 2-28(c)和图 2-28(d)表示再继续拉坯时，两个结晶面都在长大，*A* 点也随之移动。图 2-28(e)表示在拉坯周期结束时生成的新坯壳。为了将 *A* 点两边的新生坯壳牢固地连接在一起，在一个拉坯周期中预订了对铸坯的反推和停顿，在此期间可使 *A* 点处的坯壳增厚，并具备足够的强度，再继续拉坯就能使整个新形成的坯壳与分离环脱离，将它从分离环处拉出，然后进入下一个拉坯周期。

由于水平连铸采用间歇式拉环与分离环，新流入结晶器内的钢液在已有的凝固壳上凝固时，会在铸坯表面留下明显的标记，叫冷隔。如果新旧凝固壳焊合不良，会使冷隔较深，造成铸坯表面冷隔裂纹缺陷。水平铸坯由于密度偏析使等轴晶较多地聚集在铸坯的上半侧且铸坯易形成中心疏松和中心偏析。

水平连铸结晶器内钢液的静压力最小，避免了铸坯的鼓肚变形；由于其结晶器与中间包之间是密封连接，有效地防止了钢液流动过程的二次氧化，铸坯质量得到改善；钢水在水平位置凝固成型，不受弯曲矫直作用，因此也就不存在由于弯曲矫直而产生裂纹的可能性。

2.4.5　近终形连铸技术与电磁连铸技术的凝固特点

在传统连铸技术发展的同时，新型连铸技术的开发也初见成效，其中以近终形连铸技术和电磁连铸技术发展最快。

2.4.5.1　近终形连铸技术

接近最终成品形状、尺寸的连铸技术称为近终形连铸技术。它的实质就是在保证成品质量的前提下，尽量缩小铸坯断面以取代一定量的压力加工。近终形连铸通常分为薄板坯连铸、薄带坯连铸、异型坯连铸等。

A 薄板坯连铸

与传统的厚板坯相比较，薄板坯连铸的凝固特点有：

（1）凝固速度快。薄板坯连铸由于铸坯很薄，其在结晶器内的冷却强度远大于厚板坯，因而凝固速度快，其二次、三次枝晶更短，导致内部组织晶粒细化，球状晶区扩大，中心偏析减少，提高了板坯的致密度。

按照凝固过程的经典方程，凝固壳厚度 ξ 的增长和凝固时间 τ 的平方根成正比，即 $\xi = K\sqrt{\tau}$，将该式微分后可得到铸坯的凝固速度：

即
$$d\xi/d\tau = \frac{1}{2}K\tau^{-1/2} \tag{2-79}$$

由上式可知，板坯凝固速度亦随时间的延长而减慢。50mm 厚的薄板坯其全凝固时间约为 0.9min，而 250mm 厚的厚板坯全凝固时间约为 23.1min。这样，薄板坯的凝固过程是处在快速凝固区，而厚板坯的凝固过程大部分是处在慢速凝固区，只是表层金属有细晶粒层。这就是薄板坯连铸凝固速度快、致密度好的理论依据。此外，铸坯在凝固过程中以及之后的 $\delta \to \gamma$ 相变中存在非常好的形核条件，这样通过凝固过程的强冷使奥氏体晶粒明显细化。

（2）液芯长度短。传统厚板完全凝固需 10min 以上，而薄板坯只需 1min 左右，因此厚板坯液芯长度一般为 20～25mm，而薄板坯液芯长度仅为 5～6mm。液芯长度短，减轻了设备重量，铸机结构简化。

（3）板坯热历程变化平稳。铸坯温度高且分布均匀，冷却速度快，拉速高，铸坯在铸机内停留时间短，铸坯热能可以有效利用。因此，铸坯温度高，铸坯中心和边部温度差别小，有利于抑制钢中析出相（如 AlN）的生长和长大，不需在加热炉中溶解 AlN，便可直接轧制，这是薄板坯快速凝固的一个很大的优点。

（4）薄板坯夹杂物含量和分布有别于厚板坯。与传统连铸相比，薄板坯连铸浇注速度较高，钢水凝固速度大，快速凝固导致钢中合金元素在固溶状态就被冻结，可达到最大的固溶量，有利于形成细小的夹杂物和析出物。薄板坯单位长度的表面积和体积比远远大于厚板坯，在钢水纯净度相同的情况下，分布于薄板坯表面的夹杂物数量必然增加。此外，对于薄板坯而言，由于铸坯厚度薄，宽厚比大，铸坯表面积大，需用的保护渣量大，如果保护渣选用不当，熔点高的保护渣来不及熔化，可能导致夹渣；结晶器开口度小，固态保护渣熔化的空间小，增大了液面紊流，易于把保护渣卷入钢液。

（5）薄板坯纵裂纹的形成与铸坯凝固组织有关。薄板坯的纵裂纹一方面与凝固坯壳表面受到的各种应力有关，如初始坯壳在结晶器内受到温差引起的热应力、钢水的静压力，静压力与坯壳凝固收缩应力产生的动摩擦力及液面波动产生的弯曲应力，以及连铸过程的拉应力。另一方面，在薄板坯连铸过程中，通常在铸坯皮下 2～3mm 处，由于凝固速度快，杂质元素来不及析出就发生凝固，而当凝固前沿推进到柱状晶区域时，会发生杂质元素的富集析出，使该区域的熔点降低而形成低塑性区，在极小的外力作用下也会成为裂纹源进而发展成皮下裂纹，皮下裂纹延伸到铸坯表面则形成纵裂纹缺陷。

B　薄带坯连铸

薄带连铸是用液态钢水直接浇注生产出厚度小于 10mm 的热带的生产工艺，它是板带近终形连铸中效果最好而技术难度最高的部分。薄带连铸的生产工艺主要有单辊法和双辊法（又分垂直法、水平法和导辊径法），双辊法适合浇注 2 ~ 10mm 的薄带，其产品的冷却组织对称；单辊法适合浇注 1 ~ 3mm 的薄带，其产品组织不够均匀。

薄带坯较薄板坯厚度更小，铸坯比表面积更大，结晶器散热能力更强，凝固速度更快，这样结晶组织更细，当铸坯薄至 2mm 时内部枝晶间距仅为 10μm。

薄带连铸与传统连铸和薄板坯连铸有很大区别，主要是薄带连铸中所形成的凝固坯壳在浇注过程中不断受拉和压，结晶器内也无保护渣对坯壳进行润滑，其薄带连铸的热流量很高，如图 2-29 所示。可以看出弯月面处结晶器壁的热流量高于 $10MW/m^2$，远远高于传统连铸和薄板坯连铸钢水弯月面处的热流量。

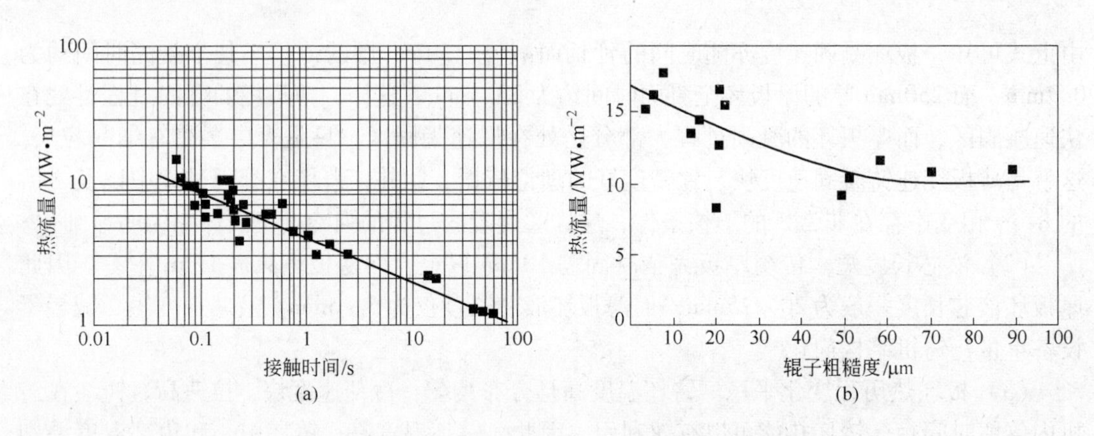

图 2-29　各种工艺情况下结晶器壁的热流量

（a）接触时间与结晶器热流量间的关系；（b）辊子粗糙度与结晶器热流量间的关系

C　异型坯连铸

异型坯连铸就是直接浇注出所需钢材断面形状或接近成品钢材形状的铸坯。异型坯是指除了方坯、板坯、圆坯、矩形坯以外具有复杂断面的铸坯，如 H 型钢（工字钢）、正六边形、正八边形、中空圆坯等断面的铸坯，主要形式为工字形坯。若工字形坯腹板和翼缘的厚度小于 100mm，则称为近终形钢梁坯。

异型坯连铸机与矩形坯（方坯）连铸机的结构形式基本相同，它们的主要区别在于结晶器的形状和二冷区支承辊的布置形式不同。工字形坯钢水的一次冷却在结晶器内进行，二次冷却在二冷区进行，二次冷却直接影响铸坯的凝固及铸坯质量。经过二次冷却，工字形异型坯的凝固顺序为：

（1）翼缘两端先完成凝固；

（2）最终凝固部位是圆角部；

（3）随着腹板部的凝固，未凝固液相穴的形状由锐角三角形变为椭圆形。

异型坯的比表面积大，冷却条件好，但是由于断面复杂，铸坯断面上各点的散热条件相差较大，因而各部分的凝固特性相差较大，而且内弧侧易积水，稍不注意，极易引起冷却不均或过冷等问题。

采用异型坯连铸无论在结晶器还是二冷区其凝固系数都比较小，结晶器内的平均凝固系数为 15 ~ 20mm/min$^{1/2}$，二冷区的平均凝固系数为 26 ~ 29mm/min$^{1/2}$，这两个区域是容易出现表面质量问题的区域。在结晶器内腹板的凝固系数内弧侧大于外弧侧，二冷区情况相反，外弧侧大于内弧侧。

2.4.5.2 电磁连铸技术

电磁技术在连铸中有着广泛的应用，已被用于工业生产的电磁冶金技术主要是电磁制动和电磁搅拌，其目的是改变钢液凝固过程中的流动、传热和溶质的分布，进而影响铸坯的凝固组织。

电磁制动技术就是在结晶器宽面浸入式水口区域设置与从水口流出的钢液流动方向垂直的恒稳磁场，当液态金属切割磁力线运动时，根据欧姆定律，在液态金属中将产生感生电流，感生电流与恒稳磁场的交互作用又在液态金属中产生与流动方向相反的洛仑兹力，从而使液态金属的流动受到控制。与常规连铸相比，电磁制动能降低结晶器内钢液向下冲击的深度，促进凝固前沿非金属夹杂物的上浮，稳定弯月面的波动，促进保护渣的均匀分布。

不加电磁制动时，从浸入式水口流出的钢液强烈冲击窄面后分成上下两个流股。向上的流股在弯月面之下形成的涡流是弯月面不稳定和保护渣卷渣的主要原因，而向下的流股则携带非金属夹杂和 Ar 气泡流向金属液很深的位置，阻碍了杂质的上浮。施加电磁制动时，结晶器内流场变化很大，冲击窄面的流股流速减慢，整个结晶器内的流场速度明显降低。

弯月面附近的表面流速可用水平磁场稳定地控制。Kouji Takatani 等人用数值模拟研究了条形磁场的电磁制动对连铸结晶器中弯月面下流体流动和弯月面波动的影响。结果表明，施加电磁制动之后弯月面下的流速及弯月面的波动均减小。此外，加电磁制动后弯月面处的温度增加。这是由于：（1）电磁制动使得结晶器内流动的上下区域分开，上部流体不会被下部的钢液冷却；（2）电磁制动使得下部循环流回路的尺寸减小，减小了与冷却面的交换表面，导致平均温降较小，这样弯月面处的温度会增加。弯月面温度增加可以很好地熔化保护渣，减少保护渣的不均匀性，从而有利于实行低过热度浇注以提高铸坯中心等轴晶比例。

施加电磁制动有利于凝固过程中夹杂物的上浮。图 2-30 所示为不同直径的夹杂物颗粒在结晶器内上浮的百分率随磁感应强度的变化规律。可以看出，电磁制动对直径在 30μm 以下的夹杂物上浮会起到很大的作用，磁感应强度越高，夹杂物上浮的百分率越高。当磁感应强度大到一定数值后，夹杂物上浮的百分率就不再增加了。对于直径在 50μm 以上的大型夹杂物，磁场对它的影响不大。

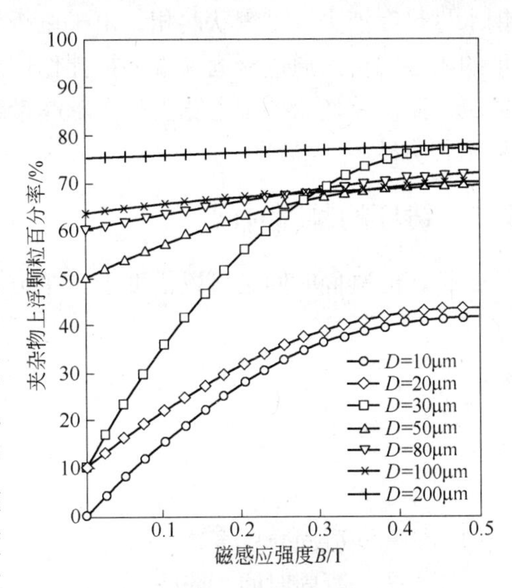

图 2-30 不同直径的夹杂物上浮率（拉速为 2.3m/min）

电磁搅拌就是在连续铸钢过程中，铸坯通过外界电磁场时感应产生的电磁力使铸坯内未凝固的钢液产生搅拌流动，从而改善凝固过程而获得良好的铸坯质量的技术。就搅拌器安装位置而言，有结晶器电磁搅拌（M-EMS）、二冷区电磁搅拌（S-EMS）和凝固末端电磁搅拌（F-EMS）。可以单独搅拌，也可以联合搅拌。

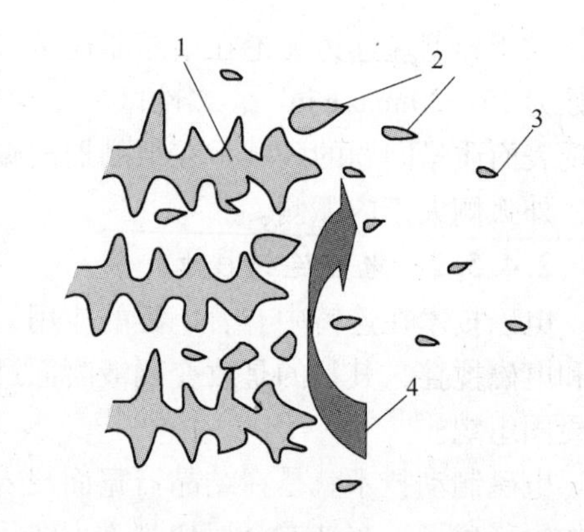

图 2-31 凝固前沿电磁搅拌力作用示意图
1——一次枝晶；2—枝晶碎片；3—形核位置；4—电磁力引发的熔体流动

电磁搅拌技术的原理如图 2-31 所示。在凝固前沿，由电磁力驱动的垂直于柱状晶的钢液流动能够均匀凝固前沿的温度，促进凝固前沿夹杂物和气泡的运动。更重要的是冲击柱状晶使之折弯甚至被打碎，并将富集于凝固前沿的溶质分布于熔体中。被打碎的枝晶碎片进入熔体后成为新的晶核，这将增加等轴晶的数量。因此，铸坯质量得以改善。

结晶器电磁搅拌造成的钢水运动可对凝固壳表层区及皮下的夹杂物和气泡进行清洗，改善了铸坯表面及皮下质量；结晶器内液芯的运动均匀了内部钢液的温度，可降低过热度，这样就可以适当提高钢水过热度，有利于去除夹杂物，提高铸坯的清洁度；同时可以将树枝晶打碎，增加等轴晶核心，改善铸坯凝固结构；结晶器内钢—渣界面经常更新，有利于保护渣吸收上浮的夹杂物。

二冷区电磁搅拌的主要作用是打碎液芯穴内树枝晶搭桥，消除铸坯中心疏松及缩孔；碎枝晶碎片作为等轴晶形核核心，扩大了中心等轴晶区；可以促使铸坯液相穴内夹杂物上浮，减轻内弧夹杂物聚集，使夹杂物在横断面上分布均匀，从而改善铸坯质量。

凝固末端电磁搅拌安装在铸坯凝固末端。铸坯液相穴末端区域已位于凝固末期，此处钢水过热度消失，是糊状两相，由于偏析作用，糊状区液体富集溶质浓度较高，易产生严重的中心偏析。通过凝固末端的搅拌作用，使液相穴末端区域富集溶质的液体分散在周围区域，而使铸坯获得中心宽大的等轴晶带，消除或减少中心疏松和中心偏析，对高碳钢效果尤其明显。

2.5 铸坯的凝固时间

铸坯的凝固时间是可以借助于“平方根定律”进行计算的。即

$$\xi = K\sqrt{\tau} \tag{2-72}$$

$$\tau = \frac{\xi^2}{K^2} \tag{2-80}$$

式中 ξ——凝固壳厚度，mm；
τ——凝固时间，min；
K——凝固系数，$\mathrm{mm/min^{1/2}}$。

式(2-72)为“平方根定律”，即凝固层厚度 ξ 与凝固时间 τ 的平方根成正比。式中凝

固系数 K 值与许多因素有关，在实际中常用实验方法测得。为了表明钢水的过热度对凝固壳厚度 ξ 的影响，还可采用下面的公式：

$$\xi = K\sqrt{\tau} - C \tag{2-73}$$

因数 C 表示一个与温度有关的时间间隔，可能在 0 到 10 之间变动，在这个时间内，从理论上讲，没有凝固发生，只是消除了钢水的过热。计算铸坯整个断面的总的凝固时间应扣除因数 C 的影响。

结晶器断面尺寸对铸坯凝固系数 K 的影响如图 2-32 所示。

从图 2-32 中可以看出，平均凝固系数是结晶器边长比的函数。对方形断面来说，K 值为 28；对于边长比为 1.5∶1 的断面，K 值为 22。图 2-32 是在没有二次冷却的条件下做出的。

图 2-33 所示为 K 值与二次冷却喷水量之间的关系。

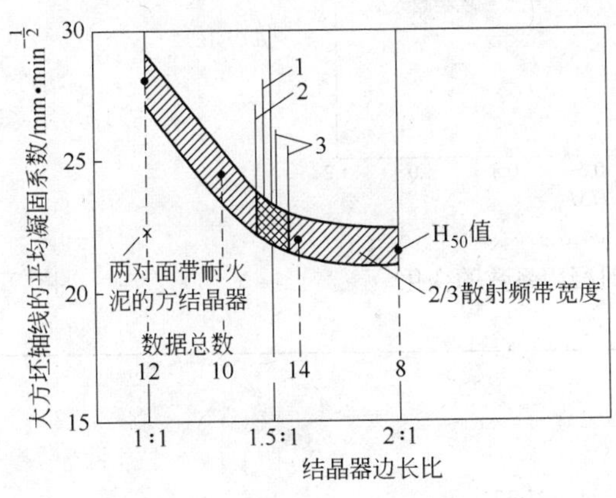

图 2-32 凝固系数 K 与结晶器边长比的关系（无二次冷却）

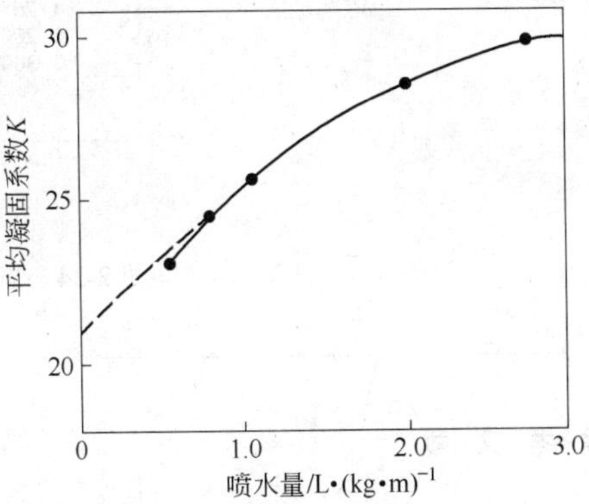

图 2-33 二次冷却喷水量对凝固系数 K 的影响

图 2-34 所示为圆坯凝固时凝固系数的变化规律。从图中可以看出，对圆坯凝固来说，按照平方根定律，凝固系数 K 值是从 23 开始出现对应关系的。随着液芯量的减少，K 值急剧增大。该图中 K、F_0、f 和 Q 分别表示平均凝固系数、结晶器壁面、凝固前沿表面和散热量。

经典的平方根定律只适用于平面一维凝固过程，板坯符合较好，但不适合圆坯和方坯的铸坯壳长大过程，张兴中等推导了圆方坯凝固方程：

$$\frac{K^2}{r_0^2}\tau = \frac{r^2}{r_0^2}\left(\ln\frac{r}{r_0} - \frac{1}{2}\right) + \frac{1}{2} \tag{2-81}$$

式中 K——凝固系数；

τ——凝固时间；

r_0——圆坯半径，对于方坯，r_0 为边长的一半；

r——τ 时刻凝壳内径。

利用这个方程可以较准确地确定圆坯方坯的凝固时间。

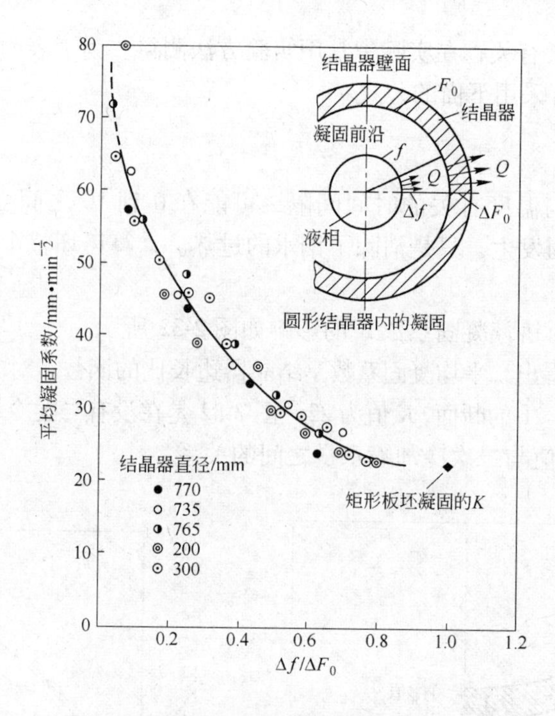

图 2-34 圆坯凝固时凝固系数的变化

参 考 文 献

[1] 胡汉起．金属凝固原理[M]．北京：机械工业出版社，1987.

[2] 翟启杰，关绍康，商全义．合金热力学理论及其应用[M]．北京：冶金工业出版社，1999.

[3] 胡庚祥，蔡珣，戎咏华．材料科学基础（第三版）[M]．上海：上海交通大学出版社，2012.

[4] D Turnbull. Formation of crystal nuclei in liquid metals [J] . J Appl Phys，1950，21.

[5] Jackon K. A. Liquid metals and solidification[J]. Ohio：Amer. Soc. Met.，Noveley. 1958.

[6] 安阁英．铸件形成理论[M]．北京：机械工业出版社，1990.

[7] 蔡开科．浇注与凝固[M]．北京：冶金工业出版社，1987.

[8] 马幼平．金属凝固原理与技术[M]．北京：冶金工业出版社，2008.

[9] 史宸兴．实用连铸冶金技术[M]．北京：冶金工业出版社，1998.

[10] 蔡开科．连铸结晶器[M]．北京：冶金工业出版社，2008.

[11] 贺道中．连续铸钢[M]．北京：冶金工业出版社，2007.

[12] 陈兴禹．薄板坯连铸连轧技术漫谈[J]．金属世界，2011，1.

[13] 王新华．钢铁冶金——炼钢学[M]．北京：高等教育出版社，2007.

[14] 陈芝会，王恩刚，赫冀成．板坯连铸结晶器电磁制动技术及其应用[J]．炼钢，2004，20(3).

[15] Kouji Takatani，Yoshinori Tanizawa，Masayuki Kawamoto. Mathematical model for fluid flow in a continuous casting mold with electromagnetic brake [C]//The 3rd International Symposium on the Electromagnetic Processing of Materials. Nagoys，Japan，ISIJ，2000.

[16] 杨吉春．连续铸钢生产技术[M]．北京：化学工业出版社，2010.

[17] 张兴中，徐李军．圆坯方坯凝壳长大的解析及其近似处理[J]．钢铁，2005，40(9).

[18] 张兴中，那贤昭，王忠英，刘爱强，干勇．圆坯方坯凝固定律的导出和验证[J]．金属学报，2004，40(3).

3 铸坯凝固传热及数学模型

铸坯凝固就是液态金属把储存的潜热和显热释放出来，传到外界，这是设计凝固方法的基础。连铸过程中，高温液态金属首先在结晶器内（上）冷却，形成具有一定厚度的坯壳。高温液态金属把热量传递给结晶器，再由冷却介质带走。结晶器中的传热包括金属液的对流传热、凝固壳的传导传热、渣膜的导热、气隙的辐射和对流换热、结晶器的导热和冷却介质与结晶器的对流换热等，其散热量占总散热量的16% ~20%。连铸机结晶器凝固传热的研究，可以对铸坯各种缺陷（角裂、菱变、鼓肚、缩孔、裂纹等）进行分析与预测，同时对连铸结晶器的设计以及最佳工艺参数的选择有着重要的意义。

3.1 铸坯凝固传热的特点

3.1.1 铸坯凝固过程的特点

凝固是发生在铸坯传热过程中的主要现象，铸坯在运动过程中凝固，实质是固—液交界面潜热的释放和传递过程。

3.1.1.1 铸坯凝固是沿液相在凝固温度区间（$T_L \sim T_S$）将液体转变成固体的加工过程

在凝固温度区间，固—液交界面有个脆性区，其强度 $\sigma=0$，收缩率 $\psi=0$，极易在此区产生裂纹，因此称裂纹敏感区。固—液界面糊状区，晶体强度和塑性都非常低（或称临界强度），当铸坯所受外力（如热应力、鼓肚应力、矫直力等）超上述临界值（σ 为 $(1\sim3)\times10^{-6}$Pa，由应变到断裂的临界应变为0.2% ~0.4%）时，就在固液界面产生裂纹，这是铸坯产生内裂纹的根本原因。

3.1.1.2 铸坯在二冷区受喷水冷却

在二冷区，由于已凝固坯壳不断进行线收缩，坯壳温度分布不均匀，坯壳鼓胀和夹辊不完全对中等，坯壳受到机械和热应力的作用（有时是反复的）也易使铸坯产生裂纹。由上所述，不难看出要获得高质量铸坯必须具备的条件：

（1）为了保证铸坯有良好的质量，应从铸机的设计和维修方面，尽可能使铸坯在运行过程中，使其凝固坯壳具有最小的变形。

（2）从传热方面就应控制铸坯在不同冷却区热量导出的速度和坯壳的热负荷适应于钢的高温性能的变化。因此，可以说控制铸坯传热是获得良好铸坯质量的关键所在。

3.1.1.3 铸坯凝固是分阶段的凝固过程

铸坯凝固分为三个阶段：

（1）钢液在结晶器内形成初生坯壳；

（2）带有液芯的坯壳在二冷区快速均匀地生长；

（3）临界凝固末期（中心体积结晶）坯壳加速增长。

金属液在结晶器内凝固过程中主要是受到注流流动的影响形成强制的循环区，它的高度和强度取决于注流流量、注流方式、水口形式、铸坯断面等。它影响坯壳均匀性，凹坑、表面纵裂纹等都在此产生。

在二冷区，凝固主要受坯壳收缩和晶体下沉所引起的自然对流流动的影响，也可能由于铸坯鼓肚所引起的流动。二冷区坯壳内的流体流动对铸坯组织结构、内裂纹、夹杂物的分布和偏析等都有决定性的影响。

3.1.1.4　凝固坯壳在连铸机内冷却可看成是经历“形变热处理”的过程

凝固坯壳在冷却过程中是热处理的过程，从两方面来看：

（1）从力的方面，凝固的坯壳在运动过程中承受着热应力和机械应力，使其坯壳发生不同程度的变形；

（2）从冶金学方面，连铸过程中，钢液凝固过程要发生相变（$\delta\rightarrow\gamma\rightarrow\alpha$）。特别在二冷区，坯壳温度反复下降和回升，使铸坯组织发生变化，这就相当于热处理过程，同时由于元素的偏析作用，如硫化物、氮化物对铸坯质量有着重要的影响。

3.1.2　铸坯凝固过程传热的特点

液态金属在连铸过程中的凝固是一个热量释放和传递的过程，该过程有两个特点：

（1）在运动（动态）过程中凝固放热；

（2）在不同时期散热和传热的方式是不同的。

凝固过程首先是从液体金属传出热量开始的。高温的液体金属浇入温度较低的铸型时，金属所含的热量通过液体金属、已凝固的固体金属、金属—铸型的界面和铸型的热阻而传出；从另一个角度考察，在凝固过程中，金属和铸型系统内发生热的传导、对流和辐射。凝固过程的传热有如下一些特点：

首先它是一个有热源的传热过程。金属凝固时释放的潜热，可以看成是一个热源释放的热，但是金属的凝固潜热，不是在金属全域上同时释放，而只是在不断推进中的凝固前沿上释放，即热源位置在不断地移动。另外，释放的潜热量也随着凝固进程而非线性地变化。

其次，在金属凝固时存在着两个界面，即固相液相间界面和金属铸型间界面，而在这些界面上，通常发生极为复杂的传热现象，如一个从宏观上看是一维传热的单相凝固的金属，当其固液界面是凹凸不平的或生长为枝晶状时，在这个凝固前沿上，热总是沿垂直于这些界面的不同方位从液相传入固相，因而发生微观的三维传热现象。在这个微观区域除了与界面垂直的热传导外，同时发生液相的对流，使这里的传热过程十分复杂。在金属与铸型的界面，由于它们的接触通常不是完全的，所以它们之间存在接触热阻或称界面热阻。在金属凝固过程中，由于金属的收缩，它们之间会形成一个间隙（也称气隙），所以，在这里的传热也不只是一种简单的传导，而同时存在微观的对流和辐射传热。

另外，在实际生产中，铸坯断面形状和材料种类的多样性以及材料热物性值随温度非线性变化的特点，也都使凝固的传热过程变得十分复杂。

3.1.3　铸坯凝固过程热平衡

3.1.3.1　金属的凝固热平衡

金属在转变成固态过程中分为几个过程。热量 Q 包括：

（1）过热，从浇注温度 T_C 冷却到液相线温度 T_L 放出的热量 $C_L(T_C - T_L)$；

（2）潜热，从液相线温度 T_L 冷却至固相线温度 T_S 放出的热量，以 L_f 表示；

（3）显热，从固相线温度 T_S 冷却到环境温度 T_0 放出的热量 $C_S(T_S - T_0)$。

因此，单位质量金属放出热量为三部分之和：

$$Q = C_L(T_C - T_L) + L_f + C_S(T_S - T_0) \tag{3-1}$$

式中 T_C——浇注温度；

C_L——金属液比热；

C_S——固体金属比热；

T_0——环境温度。

温度确定以后，上述各部分热量占总热量的比例要受到金属液比热值和潜热值的制约，而比热和潜热的大小将受到金属液化学成分的影响。

对钢液而言，影响较大的是钢的含碳量。一般来说，钢的比热随含碳量增加而增加，而潜热则随钢含碳量增加而减少，但也不尽然。表3-1和表3-2给出了这方面的一些数据。

表3-1 Fe-C合金的比热值

[%C]	0.00	0.20	0.55	1.25	2.44	3.18	3.90	4.08
C_L/kJ·(kg·℃)$^{-1}$	0.84	0.88	1.88	1.47	1.72	1.72	1.67	2.09
C_S/kJ·(kg·℃)$^{-1}$	0.42	0.71	1.21	1.17	1.51	1.38	1.38	1.38

表3-2 某些钢种的结晶潜热值

钢 种	化学成分/%								L/kJ·kg^{-1}
	C	Si	Mn	Cr	Ni	Cu	Ti	Mo	
Fe-C合金	2.00								138.2
T10A	1.00	0.20	0.20	0.10	0.10	0.10			213.5
T8	0.80	0.22	0.20	0.10	0.10	0.10			230.3
40Cr	0.40	0.27	0.60	0.85	0.20	0.10			259.2
40	0.40	0.25	0.60	0.20	0.10				267.1
30CrMnTi	0.28	0.27	0.95	1.15	0.10	0.10	0.09		271.2
20CrNiMo	0.10	0.27	0.40	1.50	4.30			0.35	272.1
1Cr18Ni9Ti	0.10	0.50	1.00	19.00	10.0		0.50		251.2
35CrMoSi	0.35	1.25	0.95	1.25	0.10	0.10			239.1

将过热度为30℃的20钢和纯铁凝固冷却到室温，放出的热量见表3-3。

表3-3 钢液凝固到室温放热 (kJ/kg)

种 类	显 热	潜 热	过 热	总热量
纯 铁	1059	277	24.2	1369.2
20 钢	965.6	332.6	18.1	1314.6

从以上可看出，金属液凝固冷却的放热主要是从液态转变为固态的放热和完全凝固后的冷却放热两部分。

3.1.3.2 连铸机热平衡

从本质上说，金属液的连续浇注是一个传热过程。如图3-1所示，连铸机分为三个传热区：

（1）一次冷却区。铜结晶器冷却水带走金属液热量，以保证出结晶器时均匀而足够的坯壳厚度。

（2）二次冷却区。喷水冷却加速铸坯内热量迅速传递，使金属完全凝固。

（3）空气冷却区。铸坯向空气中辐射传热，表面温度回升使铸坯表面温度趋向均匀。

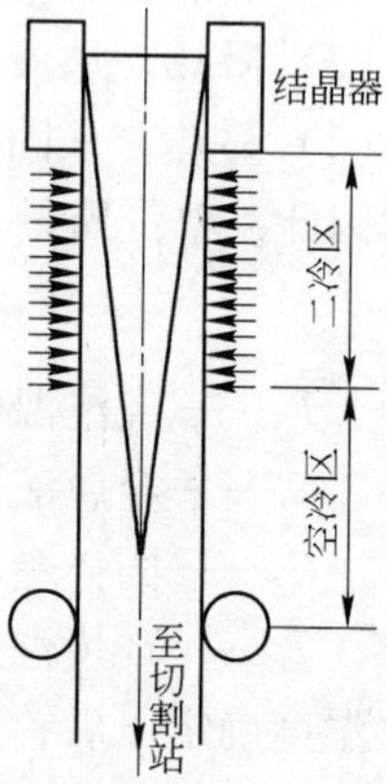

图3-1 连铸凝固示意图

根据连铸机热平衡试验指出：由结晶器→二冷区→辐射区放出的热量如下：

板坯（(200~245)mm×(1030~1730)mm，拉速0.8~1.0m/min）：

结晶器　约63kJ/kg
二冷区　约315kJ/kg
辐射区　约189kJ/kg
总　计　567kJ/kg（占钢水总放热约42%）

方坯（100mm×100mm，拉速3m/min）：

结晶器　约138kJ/kg
二冷区　约226.8kJ/kg
辐射区　约277.2kJ/kg
总　计　600.6kJ/kg（占钢水总放热约44%）

从连铸机热平衡可以得到如下概念：

（1）从结晶器→二冷区→辐射区放出钢水总热量的40%左右，即钢水由液态转变为固态的冷却过程，这部分热量的放出过程将影响铸坯的组织结构、质量和连铸机的生产率。因此，了解和控制该过程热量的放出规律是非常重要的。

（2）铸坯切割冷却后放出约60%的热量，并且这部分热量的比例随拉坯速度的提高而增加，如图3-2所示。从能量利用的角度来说，应充分重视这部分热量的回收，所以应在提高操作水平、保证铸坯质量的前提下，尽量采取铸坯热送工艺节约能源。

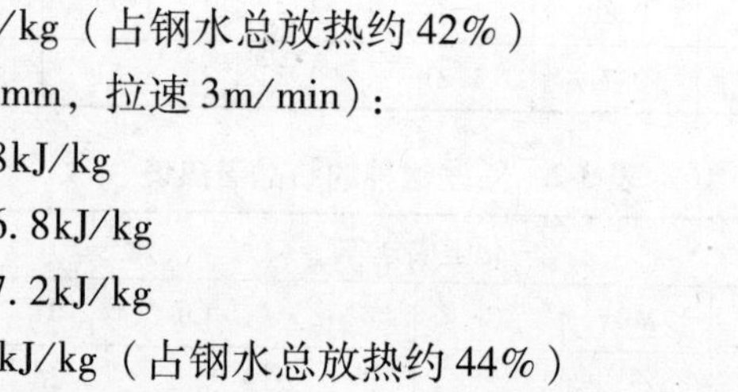

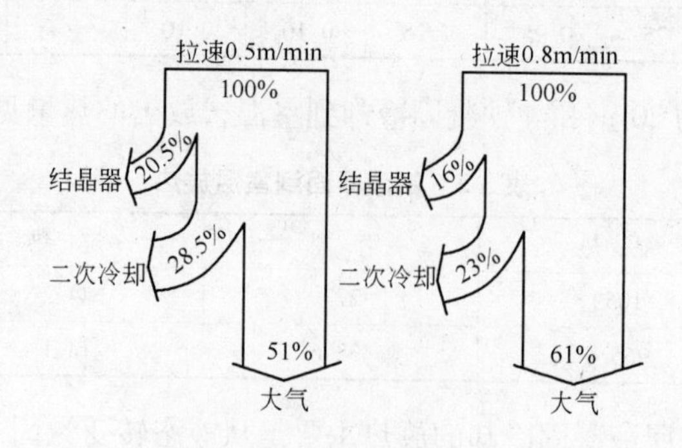

图3-2 铸坯的热平衡

3.2　钢液在结晶器内的传热

3.2.1　凝固坯壳的形成

结晶器的基本作用是：

（1）在尽可能高的拉速下保证出结晶器有足够的坯壳厚度，以抵抗钢水静压力，防止拉漏；

（2）坯壳厚度要均匀稳定地生长。

这两个要求决定于结晶器内钢水热量的导出。

连续铸钢过程中钢液的凝固是从结晶器开始的，凝固传热的机构比较复杂，其中传导、对流和辐射三种基本传热方式并存，属于综合传热。其传热过程包括：液相穴内固液界面的对流；坯壳的热传导；保护渣膜的热传导；坯壳与结晶器壁之间气隙的热传导和辐射；结晶器壁的热传导；结晶器壁与冷却水界面的对流。结晶器横断面传热及温度分布如图3-3所示。所以钢水的热量是通过坯壳、气隙、结晶器铜壁、冷却水界面，最后由冷却水带走的。

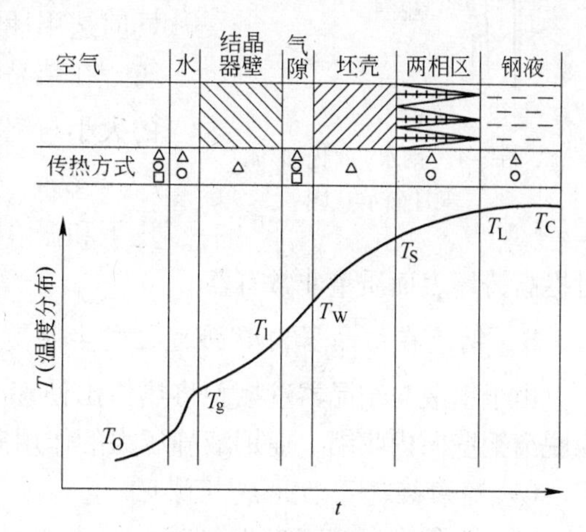

图3-3　连铸凝固传热方式及温度分布

△—传导；○—对流；□—辐射；

T_W—坯壳表面温度；T_1，T_g—结晶器内、外壁温度

在铸坯的凝固过程中，由于钢液不断地散热降温，当温度降低到凝固温度后，开始在散热面处形成薄的凝固层。继续散热冷却，凝固层将不断地加厚，直到全部凝固为止。所以，铸坯内部的传热是由在不断加厚的凝固层中的传导传热和在不断减薄的液相中的传导与对流传热所组成的，并且在固、液交错的两相区内不断地释放出结晶潜热。在凝固过程的初期，由于浇注时钢液的强制流动，钢液本身温度还比较高，流动性也比较好，因而内部对流传热就比较强；随着钢液本身温度的不断下降，流动性逐渐变差，其中对流传热方式就会逐渐减弱。

影响结晶器内传热的因素包括如下几项：

（1）液相穴内固液界面的对流；

（2）坯壳的热传导；

（3）保护渣膜的热传导；

（4）坯壳与结晶器壁之间气隙的热传导和辐射；

（5）结晶器壁的热传导；

（6）结晶器壁与冷却水界面的对流。

3.2.1.1　钢液在结晶器内凝固坯壳的形成的过程

A　形成弯月面

由于钢液与结晶器铜壁的润湿作用，在钢液与器壁接触处形成了半径很小的弯月面

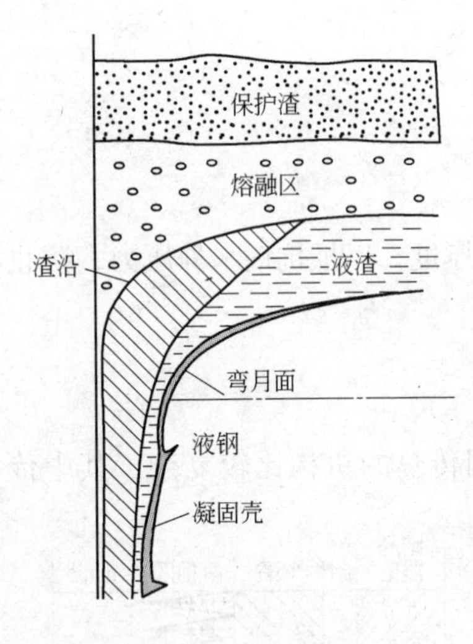

图 3-4　钢水与铜壁形成弯月面示意图

（图 3-4）；弯月面的根部钢液与水冷的器壁接触，立即受到器壁激冷作用，迅速形成初生坯壳。弯月面对初生坯壳非常重要，良好稳定的弯月面可确保初生坯壳表面质量和坯壳的均匀性；当钢液中上浮的夹杂物未被保护渣吸附，会降低钢液的表面张力，弯月面半径减小，从而破坏了弯月面的薄膜性能，弯月面破裂，这时夹杂物随同钢液在破裂处和铜壁形成新的凝固层，夹杂物会牢牢地黏在这个凝固层上而形成表面夹渣；带有夹渣的坯壳是薄弱部位，还易引起漏钢事故；因此保持弯月面稳定，最根本的办法是提高钢液的纯净度，降低夹杂物含量，同时选用性能良好的保护渣，保持弯月面薄膜的弹性。

在结晶器内钢液与结晶器壁接触形成的弯月面（r）的大小与钢液表面张力有关。$r = 5.43 \times 10^{-2} \sqrt{\delta_m/\rho_m}$ 或 $r = 1.699 \sqrt{\delta_m/(\rho_m \cdot g)}$。半径大小对铸坯质量（表面、皮下和振痕深度）有很大影响。它越大越好，容易变形，对提高铸坯表面质量非常有益。

B　钢液在结晶器内凝固过程发生相变（δ→γ）

由于钢液与结晶器壁接触将热传出使坯壳温度下降发生相变（δ→γ）和收缩，使坯壳脱离铜壁向内收缩，而钢液静压力的作用向外鼓胀，使坯壳形成平衡状态。

C　随着坯壳下行形成气隙区

已凝固的高温坯壳发生（δ→γ）相变，引起坯壳收缩，受收缩力的牵引坯壳离开器壁，气隙开始形成；由于气隙的形成，热阻增加，坯壳通过器壁的散热迅速减少；离开器壁的坯壳回热升温，凝固前沿的初生晶体还可能熔融。由于坯壳回热升温，其强度降低，在钢液静压的作用下坯壳又紧贴器壁，散热条件又有改善，坯壳增厚又产生了收缩力牵引坯壳再度离开器壁，就这样周期性地离贴 2 ~ 3 次后，坯壳达到一定厚度，并完全脱离器壁，气隙稳定形成。结晶器内凝固示意图如图 3-5 所示。

在结晶器的角部区域，由于是二维散热，最先形成的坯壳收缩力大，产生的气隙也最大，钢液的静压无法使角部的坯壳压向结晶器器壁，因而在结晶器的角部从一开始就形成了永久性气隙。结晶器的角部区域钢液凝固最快，最早收缩，气隙最早形成，传热速度减慢，坯壳最薄，常常是角部裂纹和漏钢的根源或者是最易漏钢和裂纹发生区。

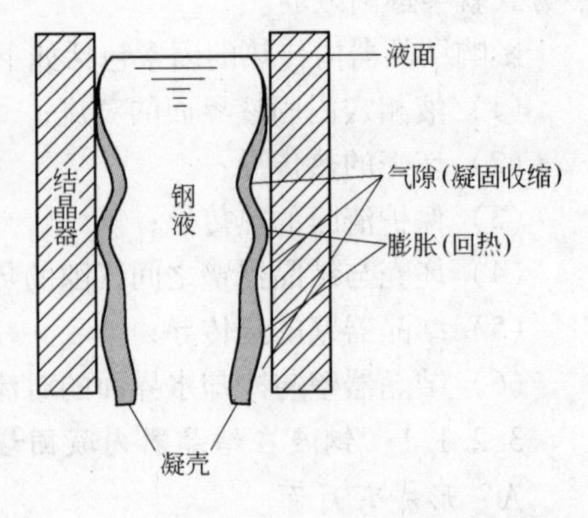

图 3-5　结晶器内凝固示意图

当坯壳开始周期性的与器壁离贴时，会使铸坯表面发生变形，形成皱纹凹陷；同时还由于气隙的形成，热阻增大，凝固速度减慢，造成铸坯内部组织粗化，对铸坯质量也有一定的影响。

在铜壁与铸壳之间形成气隙，传热下降，坯壳温度回升，坯壳强度下降，在钢水静压力作用下发生变形，形成各种缺陷，如凹坑、裂纹、穿钢、组织粗化等。这时坯壳的均匀程度取决于保护渣的性能、水口流动的状况等。

D 上述过程在结晶器内反复进行，直至出结晶器为止

拉出结晶器的铸坯必须有足够坯壳厚度；一般而言，小方坯出结晶器下口其坯壳厚度在8~10mm；板坯应大于15mm；在结晶器长度方向上坯壳厚度的增长规律服从凝固平方根定律。结晶器内坯壳厚度与钢液的凝固系数、结晶器的长度及拉坯速度有关。总之在结晶器弯月面形成初生坯壳，随着其下行继续生长，形成了细晶粒的激冷层和部分柱状晶。

出结晶器的铸坯心部仍未凝固，在二次冷却区内要继续喷水或喷水雾强制冷却才能完成结晶过程。钢液在结晶器内的凝固传热对铸机的生产率和铸坯的表面和皮下的质量有决定性影响，以保证铸坯出结晶器形成一定形状和一定厚度的坯壳。它决定于结晶器传热速度：

（1）坯壳在结晶器内能否均匀生长，它决定于结晶器内传热均匀性的程度和传热速度（与保护渣、水口、锥度等有关）。

（2）在结晶器内的钢液与渣、钢液与夹杂和坯壳与铜板等的反复作用、对铸坯表面质量有决定性影响。

3.2.1.2 结晶器坯壳生长规律

结晶器是保证工艺操作稳定和铸坯表面质量的基础，结晶器热量的导出必须保证结晶器凝固坯壳的安全厚度。为了弄清坯壳在结晶器内生长规律，就要确定坯壳的厚度。

A 试验测定法

利用漏钢后结晶器内凝固坯壳，沿不同高度（如每隔100mm）锯开，测定坯壳的平均厚度；也有采用向结晶器加入FeS的方法，用硫印试纸来显示坯壳厚度。不管采用上述哪种方法，实验时的拉坯速度一定要稳定，否则很难找出停留时间与位置的关系，造成误差很大。利用这些测试的数据，不同位置的坯壳厚度，计算得出坯壳厚度ξ与钢水在结晶器停留时间τ的曲线，这曲线代表结晶器内坯壳生长规律，它可由以下方程式描述：

$$\xi = K\tau^{n} \tag{3-2}$$

取对数

$$\lg\xi = \lg K + n\lg\tau \tag{3-3}$$

由$\lg\xi$-$\lg\tau$作图，在纵轴截距求出K值，由直线的斜率求出n值，n值一般为0.5，故$\xi = K\tau^{1/2}$。此方程叫凝固平方根定律，K为凝固系数（单位为$mm/min^{1/2}$），它代表结晶器的冷却能力，K的大小对凝固壳厚度有重要影响。结晶器内钢液的凝固受多种因素影响，所以K值的波动范围也很大。要准确计算结晶器内坯壳厚度，关键是选择合适的K值。实际上，在结晶器内坯壳厚度的变化，不完全服从抛物线规律。在凝固初期，钢液过热度使凝固坯壳生长推迟，坯壳生长应服从：

$$\xi = K\tau^{\frac{1}{2}} - C \tag{3-4}$$

式中，C值代表过热度大小的影响。没有过热度时，在弯月面处开始凝固；而当过热度较高时，弯月面的凝固就推迟。为了准确计算出结晶器坯壳的厚度，必须根据结晶器坯壳的凝固求出K值，通常，结晶器的K值对于小方坯可取20~26；对板坯取17~22；对奥氏体不锈钢（C=0.1%，Ni/Cr=0.55）取15~22。

B 经验法

由结晶器冷却水进出水温度差直接测量结晶器的热流，再求出结晶器坯壳厚度。热流与结晶器周边关系为：

$$H_0 = \frac{Q}{v_C} \cdot \frac{\Delta\theta}{L} \tag{3-5}$$

式中 H_0——热流，kJ/m^2；

Q——结晶器冷却水量，L/min；

$\Delta\theta$——冷却水温升，℃；

v_C——拉坯速度，m/min；

L——结晶器周边长，m。

沃尔夫统计了不同操作条件下的数据，得出结晶器钢水导出平均热流 H_0 与钢水在结晶器内停留时间 τ 的关系式：

方坯敞开浇注（油润滑）时：

$$H_0 = 17800 \times 4.1868\,\tau^{0.5} \tag{3-6}$$

方坯保护浇注（保护渣或封闭浇注）时：

$$H_0 = 13700 \times 4.1868\,\tau^{0.5} \tag{3-7}$$

结晶器热流与出结晶器坯壳厚度 ξ 的关系：

$$\xi = 0.155\,H_0^{0.5} \tag{3-8}$$

C 热平衡法——从结晶器内坯壳所导出热量计算

结晶器内坯壳生长所放出的热量包括：钢液放出的过热量；从弯月面形成初生坯壳到出结晶器所放出的潜热；坯壳温度降低所放出的显热。

结晶器内放出的总热量可表示为：

$$Q = \xi L v \rho_m [c_L(T_C - T_L) + L_f + c_S(T_S - T_0)] \tag{3-9}$$

$$\xi = \frac{Q}{L v \rho_m [c_L(T_C - T_L) + L_f + c_S(T_S - T_0)]} \tag{3-10}$$

式中 Q——结晶器冷却水带走的热量，kJ/min；

ξ——出结晶器坯壳厚度，m；

v——拉速，m/min；

ρ_m——钢液密度，kg/m^3；

L——结晶器横断面周边长，m；

$T_C - T_L$——浇注温度与液相线温度差，℃；

$T_S - T_0$——固相线温度与结晶器坯壳表面温度之差，℃；

c_L——钢液比热容，0.84kJ/(kg · ℃)；

c_S——固体钢比热容，0.674kJ/(kg · ℃)；

L_f——凝固潜热，低碳钢可取 310.8kJ/kg；含碳 0.2% ~ 0.6% 的钢，L_f 取 302 ~ 336kJ/kg。

3.2.2 结晶器传热机构

结晶器是一个非常强的热交换器，热流传出使坯壳生长，通过控制结晶器的冷却强度，可以控制凝固坯壳生长的速度。

结晶器的传热主要是水平方向，通过结晶器壁由冷却水将热量带走，而垂直方向散热的比例很小，只占3%～6%。

钢液热量传给冷却水的经过如下：

（1）钢液与坯壳是对流传热。由注流引起钢液强烈流动将钢液过热传给坯壳。

（2）凝固坯壳的传导传热。由坯壳内向外传热靠温度梯度，约550℃。

（3）凝固的坯壳与结晶器壁之间传热，它决定于坯壳与结晶器壁的接触状态。在坯壳收缩界面产生气隙后为辐射与对流传热。

（4）结晶器壁热传导。

（5）冷却水与结晶器壁的强制对流传热。

3.2.2.1 结晶器中心液体

由中间包水口流出的钢流动能引起钢液在结晶器内的对流流动。这种对流运动把钢液的过热传给已经凝固的坯壳，其热流为：

$$\Phi_1 = h_1(T_e - T_L) \tag{3-11}$$

对流传热系数 h_1 可借助垂直平板对流传热公式计算为：

$$h_1 = \frac{2}{3}\rho c w\left(\frac{c\eta}{\lambda}\right)^{-3}\left(\frac{Lw\rho}{\eta}\right)^{-\frac{1}{2}} \tag{3-12}$$

式中 ρ——钢水密度，kg/m^3；

c——液体钢比热容，kJ/(kg·℃)；

w——凝固前沿液体钢运动速度，取0.10～0.30m/s；

L——结晶器长度，m；

η——钢液的黏度，Pa·s；

λ——钢液导热系数，W/(m·K)。

模型试验测得 w=30cm/s，代入已知数据，计算得 h_1=0.83W/(cm^2·K)。如钢液过热度 ΔT=30℃，则 Φ_1=25.2J/(cm^2·s)。与结晶器导走的平均热流（210～252J/(cm^2·s)）相比是小的。因此，一般认为在一定限度内可忽略钢水过热度对结晶器传热的影响。申克试验指出，当浇注温度 T_e 为1577℃、1593℃、1622℃时，结晶器热流差别不大，出结晶器时铸坯中心的坯壳厚度基本相同，但铸坯角部坯壳厚度减少了，故增加了拉漏的危险性。因此要把钢液过热度限制在一定限度内。

注流所引起的结晶器内钢液对流运动加速了过热度的减少，而靠近凝固壳处的对流运动，有利于过热度的消除。过热度虽然只占钢液总热焓很小的比例，但过热度在液相穴内对凝固结晶有持久的作用。

3.2.2.2 凝固坯壳与结晶器传热

钢液与铜壁接触形成了“钢液—凝固壳—铜壁”的交界面，如图3-6所示，可分为三个区域：

（1）弯月面区。钢水很快凝固成坯壳（冷却速度达100℃/s），而弯月面形状决定于钢液的表面张力和钢—铜壁接触处温度场。

（2）紧密接触区。坯壳与铜壁紧密接触，两者以无界面热阻的方式进行导热热交换，坯壳以传导传热方式把热传给铜壁。

（3）气隙区。当坯壳凝固到一定厚度时，发生由δ→γ的相变产生收缩向内弯曲，由于结晶器角部冷却最快，角部首先形成气隙，然后连续的向中心扩展。在气隙中，坯壳和铜壁之间的热交换以辐射和对流方式进行。

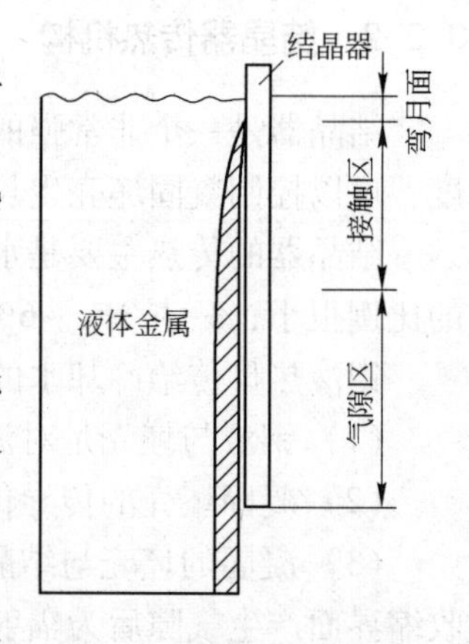

图3-6 坯壳与结晶器接触状况

由于气隙造成了很大界面热阻，降低了热交换速率，所以坯壳在气隙处可出现回温膨胀，当抵抗不住钢水静压力时，坯壳重新紧贴到铜壁之上，使气隙很快消失。气隙消失后，界面热阻也随之消失，导热量增加会使坯壳再度降温收缩，从而重新形成气隙，然后再消失，再形成，如此循环，所以在结晶器内，坯壳与铜壁的接触表现为时断时续。实验表明，气隙一般都是以小面积而不连续的形式散在铜壁与坯壳之间，气隙出现的位置具有随机性，并没有固定的空间位置。但统计结果表明，距弯月面越远，气隙出现得越多，厚度也越大。气隙形成后，由于坯壳过热和钢水静压力的作用，又使气隙消失，所以在结晶器上部区是气隙形成和消失的平衡过程，当坯壳厚度达到能抵抗钢水静压力时气隙就稳定了。气隙的形成如图3-7所示，所以使结晶器具有一定锥度，对于减少气隙的存在、增强结晶器冷却效果是行之有效的一个措施。

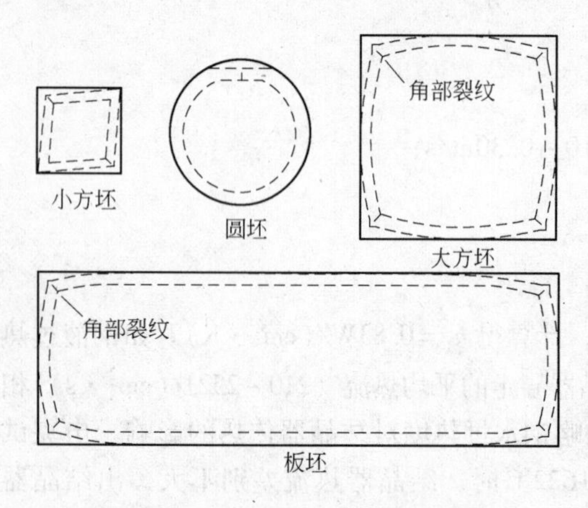

图3-7 由于收缩造成结晶器内坯壳断面的变化和气隙的形成

在结晶器的纵向和横向上气隙的形成使传热大大复杂化了。据测定方坯气隙宽度为1mm，板坯为2~3mm。产生气隙后的传热方式为辐射和对流传热。

由于坯壳角部的刚度较大，所以出现在角部的气隙厚于出现在坯壳表面中部的气隙，因此角部气隙的界面热阻也比中部的大，所以当气隙存在时，从中部至角部的坯壳与铜壁间的热流密度是逐渐减小的。这说明沿结晶器横断面的冷却强度是不均匀的。

由于气隙的存在和表面温度的变化，沿结晶器长度方向坯壳与铜壁间的热流密度也是变化的。

气隙层对铸坯的质量有很大影响，为全面分析结晶器和铸坯的热过程，控制方程应考虑气隙层热阻对铸坯温度场的影响。研究表明，气隙热阻几乎占结晶器全部热阻的80%甚至更多，所以在分析铸坯的热和应力问题时须考虑气隙的影响。但气隙的大小和位置随工艺参数的不同而各异，难以完全准确地描述它，故人们在计算时进行了各种假设：一种方法是将结晶器划分成不同的传热区域，上部与钢液紧密接触的部分换热系数取较大的值，在结晶器下部气隙形成的位置则采用较小的换热系数；另一种方法是沿结晶器壁不同高度埋设热电偶，最后由试差法得到铜管的热流分布曲线；还有一种被广泛采用的方法是，通过监测冷却水流量及进出口冷却水温差，求得坯壳与结晶器间的平均热流量进行修正后代入计算。

由于对气隙形成的认识不同，在连铸发展的历史上，选择结晶器长度有两种看法：一是长结晶器，如前苏联结晶器长度曾为1500mm，认为长结晶器可增加导出热量，会使坯壳增厚；二是短结晶器，如西欧曾试用过400mm长的结晶器，认为由于气隙形成使传热减慢，结晶器长了无用。随着对结晶器传热的深入研究，现在人们认识到结晶器太长太短都不行，一般选用700mm长较为合适。为了提高拉速，增加坯壳厚度，有的主张用900mm长更为合适。如法国索拉克厂的190mm×(780~1860)mm板坯连铸机结晶器长900mm，当拉速为1.2~1.4m/min，出结晶器坯壳厚度比700mm长大4mm，因此有利于提高拉速和减少拉漏率。

3.2.2.3 渣膜的传热

铸坯的许多缺陷，尤其是表面缺陷均产生于结晶器内钢水凝固初期并在二次冷却和拉矫过程中扩展。采用保护渣浇注技术，在浇注过程中向结晶器钢水液面加入保护渣，覆盖在钢水液面上，当结晶器有规律地上下振动时，熔渣渗入到结晶器壁与铸坯壳之间的缝隙中，形成一层极薄（仅0.1~0.8mm）的渣膜，这层渣膜贴在结晶器壁的一面凝固为玻璃态，而贴在铸坯的一面仍是流动的液体，两层之间的温度及状态是逐渐过渡的。这层渣膜形成一高热阻界面，使钢水的热量能平稳地、均匀地传给结晶器壁。根据研究，结晶器内钢水的热量是以传导传热的形式传递。由于渣膜层位于结晶器壁与坯壳之间，是热量传导的必经之路，故其导热性能对铸坯凝固和结晶器内的传热速度和传热均匀性都有重要影响。因此，渣膜的传热能力是研究结晶器内传热的关键。

结晶器内弯月面区域的传热对初始坯壳的生长最重要，特别是保护渣渣膜及界面的热阻对铸坯的传热起着决定性的作用，结晶器横向传热与保护渣的物理性能如保护渣黏度、转折温度、结晶温度有密切的关系。

Toshihiko EM I等人研究发现导热系数与保护渣的转折温度有很大的关系：转折温度越高，结晶器与坯壳间固体渣膜越厚，渣膜热阻就大，可以有效地抑制结晶器到铸坯的传热。但是过高的转折温度将增加铸坯和结晶器间的摩擦力，容易出现黏结漏钢等事故；转折温度低时，固体渣膜薄，热流增加，铸坯容易出现裂纹等缺陷。

此外，结晶温度低可使固体渣膜中玻璃态渣膜增厚，减少热阻、增加热通量。结晶温度高可以使得固体渣膜中结晶层增厚、增加热阻、抑制传热。例如对于中碳钢，采用高结晶温度的保护渣可以减少铸坯表面凹陷、裂纹等缺陷，提高铸坯表面质量。

3.2.2.4 铜壁与水之间传热

冷却水通过强制对流迅速地把铜壁的热量带走，保证铜壁温度不升高，不致使结晶器发生永久变形，对传热有重要影响的是铜壁与冷却水的界面状态。图3-8所示为铜壁与冷却水的热流曲线。从图中曲线可知有三个传热区：

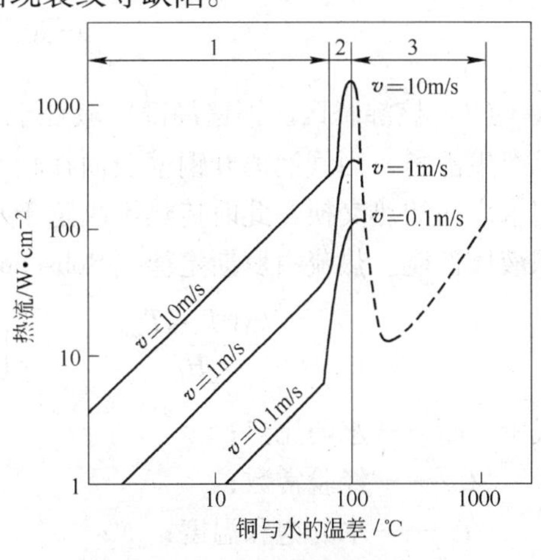

图3-8 结晶器铜壁与水界面传热

（1）强制对流传热。热流与铜壁温度呈线性关系，可根据水缝中的流速和水缝形状计算对流传热系数：

$$\frac{h_e D_e}{\lambda_e} = 0.023Re^{0.8}Pr^{0.4} = 0.023\left(\frac{D_e v_e \rho_e}{\eta_e}\right)^{0.8}\left(\frac{c_e \eta_e}{\lambda_e}\right)^{0.4} \tag{3-13}$$

式中 h_e——冷却水与铜壁对流传热系数，W/(m² · ℃)；

D_e——水缝的当量直径，m；

λ_e——水的导热系数，W/(m · K)；

v_e——水的流速，m/s；

c_e——水的比热容，kJ/(kg · ℃)；

ρ_e——水的密度，kg/m³；

η_e——水的黏度，Pa · s。

水缝中水的流速强烈影响传热系数 h_e。传热系数的倒数$\frac{1}{h}$叫热阻。水的流速与热阻的关系如图 3-9 所示。由图可知，结晶器水缝中的流速大于 6m/s 对热阻影响不大。

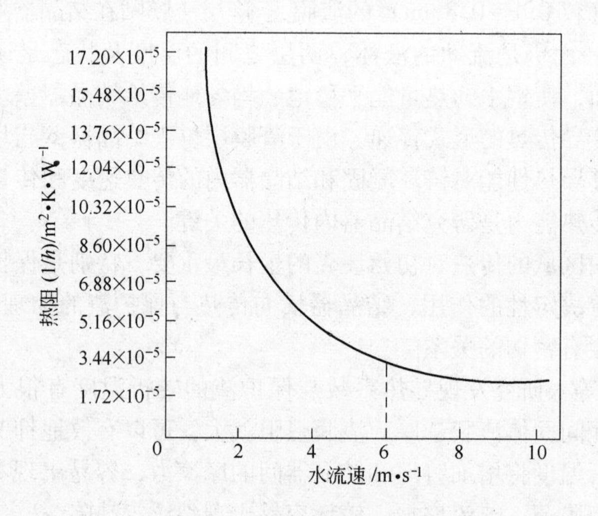

图 3-9 水流速对热阻的影响

（2）核沸腾区。铜壁局部区域处于高温状态，靠近铜壁表面过热的水层中有水蒸气生成产生沸腾，当气泡离开铜壁表面在较冷的水流内凝结时产生搅动作用，加强结晶器与冷却水之间的热交换，此时传热不决定于水的流速，而主要决定于铜壁表面的过热、水压力和液体性能。热流由罗斯定律（Rohsenow）计算：

$$\frac{c_{pl}(T - T_{sat})}{H_{fg}} = C_{sf}\left\{\frac{q_b}{\eta_e H_{fg}}\left[\frac{\sigma}{g(\rho_g - \rho_v)}\right]^{0.5}\right\}\left(\frac{c_{pl}\eta_e}{\lambda_e}\right)^S \tag{3-14}$$

式中 c_{pl}——水的比热；

C_{sf}——经验常数；

T_{sat}——水的饱和温度；

q_b——沸腾热流；

H_{fg}——蒸发潜热；

η_e——水的黏度；

σ——水与蒸气界面的表面张力；

ρ_g，ρ_v——分别为水和蒸汽的密度；

g——重力加速度；

λ_e——水的导热系数；

T——铜壁温度。

对于水与铜壁的情况：C_{sf} 为 0.013；S 为 1.0。

（3）膜态沸腾区。热流超过某一极限值，导致铜壁表面温度突然升高，这对结晶器是不允许的，会使结晶器发生永久变形。

对连铸结晶器来说，应力求避免后两种传热而得到第一种传热状况：

1）结晶器水缝中水的流速是保证冷却能力的重要因素。理论计算和实践经验指出，当水缝（一般为5mm）中水的流速大于6m/s就可避免水的沸腾，保证良好的传热。如水流速再增加对热流影响不大。

2）控制好结晶器进出水温度差，一般为5~6℃，不超过10℃。

从上面结晶器传热机构分析可知，钢水把热量传给水要经过以下环节，即钢液→凝固壳→坯壳与铜壁交界面→铜壁→铜壁与冷却水界面这五个方面的热阻，根据不同研究者计算所得各部分热阻见表3-4。

表3-4 结晶器各部分热阻

结晶器各部分	鲁捷斯	原田和夫	索维其	维特伯尔	阿尔伯尼
坯壳/%	25	—	—	—	—
气隙/%	71	80.8	90	8	77.5
铜壁/%	1	8.7	4	2	17.5
铜壁—水/%	2	4.5	6	14	5.1

由此可得出结论，气隙热阻对结晶器传热起了决定性作用。

3.2.3 结晶器内钢水热量的传出

由于钢水凝固起始于结晶器，结晶器内钢水的凝固传热主要分为拉坯方向（垂直方向）散热和通过结晶器的横向传热。

3.2.3.1 垂直方向散热

垂直方向散热包括结晶器内钢水表面散热和铸坯向下传热，钢水表面散热 Q_1 可表示为：

$$Q_1 = \varepsilon\sigma F(T_1^4 - T_0^4) \tag{3-15}$$

式中 F——钢水表面积；

T_1——钢水表面温度；

T_0——环境温度。

铸坯向下运动的散热量 Q_2 为：

$$Q_2 = \lambda \frac{T_1 - T_2}{L} F \tag{3-16}$$

式中 λ——钢导热系数；

L——结晶器长度；

T_1——钢液面平均温度；

T_2——出结晶器铸坯表面温度。

如130mm×130mm方坯，拉速为1m/min，钢液表面温度1500℃，出结晶器坯壳温度1200℃，结晶器长度为600mm，计算得：$Q_1=4998\text{kJ/h}$，$Q_2=1029\text{kJ/h}$。

单位重量钢水散热量分别为0.63kJ/kg和0.126kJ/kg。

可见，从垂直方向散热量是很小的，仅占总散热量的3%～6%。

3.2.3.2 水平方向散热

对于横向传热，可以分为几个部分：

（1）结晶器弯月面区域；

（2）坯壳和结晶器紧密接触区域；

（3）由于坯壳收缩和结晶器脱开产生的气隙区域。

结晶器横向传热如图3-10所示，结晶器热流包括：钢水向坯壳的对流传热；凝固坯壳的传导传热；保护渣膜传导传热；气隙间的传导和辐射传热；结晶器铜板传导传热；冷却水与铜板间对流传热。

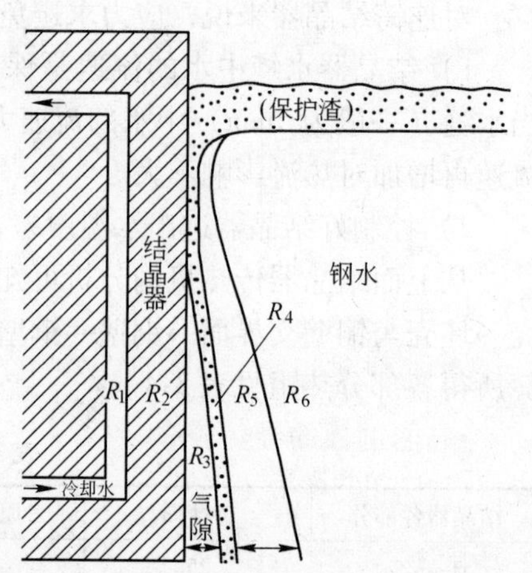

图3-10 结晶器传热示意图

结晶器坯壳生长速度取决于结晶器的传热速率，而结晶器传热速率取决于结晶器内钢水热量传给冷却水间的换热系数，也可以说取决于结晶器内钢水与冷却水间的总热阻。结晶器的传热可以式(3-17)来描述。

结晶器传热 q 为：

$$q = h(T_{MS} - T_{CM}) = \frac{1}{R_T}(T_{MS} - T_{CM}) \tag{3-17}$$

式中 q——热流，W/m²；

h——总热流系数，W/(m²·℃)；

T_{MS}——结晶器内钢水温度，℃；

T_{CW}——结晶器冷却水温度，℃；

R_T——总热阻，m²·℃/W。

总热阻 R_T 可用各部分热阻之和来表示：

$$R_T = R_1 + R_2 + R_3 + R_4 + R_5 + R_6 \tag{3-18}$$

式中 R_1——结晶器壁—冷却水间的热阻，m²·℃/W；

R_2——通过结晶器铜板的热阻，m²·℃/W；

R_3——通过气隙的热阻，m²·℃/W；

R_4——通过保护渣膜的热阻，m²·℃/W；

R_5——通过坯壳的热阻，$m^2 \cdot ℃/W$；

R_6——钢水—坯壳间的热阻，$m^2 \cdot ℃/W$。

A 结晶器铜板—冷却水之间的热阻 R_1

R_1 主要为与结晶器铜板接触的冷却水边界层的热阻：

$$R_1 = 1/h_1 \tag{3-19}$$

式中 h_1——结晶器铜板与冷却水间的换热系数，$W/(m^2 \cdot ℃)$。

将结晶器铜板与冷却水边界层之间的传热看作圆管内强制对流传热，h_1 可由式(3-20)算出，这部分热阻通常占总热阻的10%左右。

$$\frac{h_1 D_1}{\lambda_1} = 0.023\left(\frac{D_1 v_1 \rho_1}{\mu_1}\right)^{0.8}\left(\frac{c_{p1}\mu_1}{\lambda_1}\right)^{0.49} \tag{3-20}$$

式中 D_1——结晶器冷却水槽当量直径，cm；

λ_1——冷却水导热系数，$W/(cm \cdot ℃)$；

v_1——冷却水流速，cm/s；

ρ_1——冷却水密度，g/cm^3；

μ_1——冷却水黏度，$g/(cm \cdot s)$；

c_{p1}——冷却水比热容，$J/(g \cdot ℃)$。

B 结晶器铜板热阻 R_2

结晶器铜板的导热性良好，热阻也很小，其传热系数(热阻的倒数)为 $2W/(cm^2 \cdot ℃)$，仅占总热阻的5%左右。结晶器铜板的热阻 R_2 为：

$$R_2 = \frac{\delta_2}{\lambda_2} \tag{3-21}$$

式中 δ_2——铜板厚度，cm；

λ_2——铜板导热系数，$W/(cm \cdot ℃)$。

C 结晶器壁与保护渣膜之间气隙的热阻 R_3

由于气隙空间小，因此通常可以忽略对流传热的存在，只考虑传导和辐射两种传热方式，这部分的传热系数很小，研究表明这部分传热系数仅为 $0.2W/(cm^2 \cdot ℃)$，其热阻较大。这部分热阻与气体的种类和气隙的厚度有关，计算起来非常困难。

$$R_3 = \frac{1}{h_c + h_r} \tag{3-22}$$

$$h_c = \frac{\lambda_3}{\delta_3} \tag{3-23}$$

$$h_r = \frac{4.88}{\frac{1}{\varepsilon_p} - \frac{1}{\varepsilon_m}}\left[\left(\frac{T_p}{100}\right)^4 - \left(\frac{T_m}{100}\right)^4\right] \Big/ (T_p - T_m) \tag{3-24}$$

式中 h_c——传导传热换热系数，$W/(m^2 \cdot ℃)$；

h_r——辐射传热换热系数，$W/(m^2 \cdot ℃)$；

λ_3——传导传热导热系数，W/(cm · ℃)；

δ_3——气隙厚度，cm；

ε_p——保护渣膜发射率；

ε_m——结晶器壁发射率；

T_p——保护渣膜温度，K；

T_m——结晶器壁温度，K。

D 保护渣膜热阻 R_4

保护渣膜起润滑作用，它主要以传导传热为主，其中 R_3 与 R_4 之和占总热阻的 60% ~ 70%。保护渣膜热阻 R_4 为：

$$R_4 = \delta_4/\lambda_4 \tag{3-25}$$

式中 δ_4——保护渣膜厚度，cm；

λ_4——保护渣膜导热系数，W/(cm · ℃)。

E 凝固坯壳传热热阻 R_5

凝固坯壳传热是以传导传热方式向外传热，传热具有单方向性，凝固坯壳传热热阻 R_5 为：

$$R_5 = \delta_5/\lambda_5 \tag{3-26}$$

式中 δ_5——凝固坯壳厚度，cm；

λ_5——坯壳导热系数，W/(cm · ℃)。

F 钢液与凝固坯壳间热阻 R_6

浇入结晶器内的钢液引起结晶器内钢液的强制对流运动，把过热传递给凝固坯壳，其热阻为：

$$R_6 = 1/h_6 \tag{3-27}$$

式中 h_6——钢液与坯壳间对流换热系数，W/(m^2 · ℃)。

h_6 可由平行平板紊流换热系数计算式算出：

$$\frac{h_6 D_6}{\lambda_6} = 4 + 0.009\left(\frac{D_6 v_6 \rho_6 c_{p6}}{\lambda_6}\right)^{0.8} \tag{3-28}$$

式中 D_6——传热处的结晶器高度，cm；

λ_6——钢的导热系数，W/(m · K)；

v_6——钢液流速，cm/s；

ρ_6——钢液密度，g/cm^3；

c_{p6}——钢的比热容，J/(kg · K)。

图 3-11 所示为结晶器中各热阻的分布情况。由图中可以看到，保护渣膜与结晶器壁之间气隙的热阻 R_3 和坯壳热阻 R_5 最大，其次是保护渣膜传热热阻 R_4。当结晶器冷却水流速低于 7m/min 后，结晶器铜板—冷却水间的热阻 R_1 会显著增大。这些热阻随结晶器内钢水的凝固情况及相应的冷却条件的变化，表现出不同的形式，如坯壳很厚，气隙很小，这时凝固坯壳是限制结晶器传热的主要影响因素。

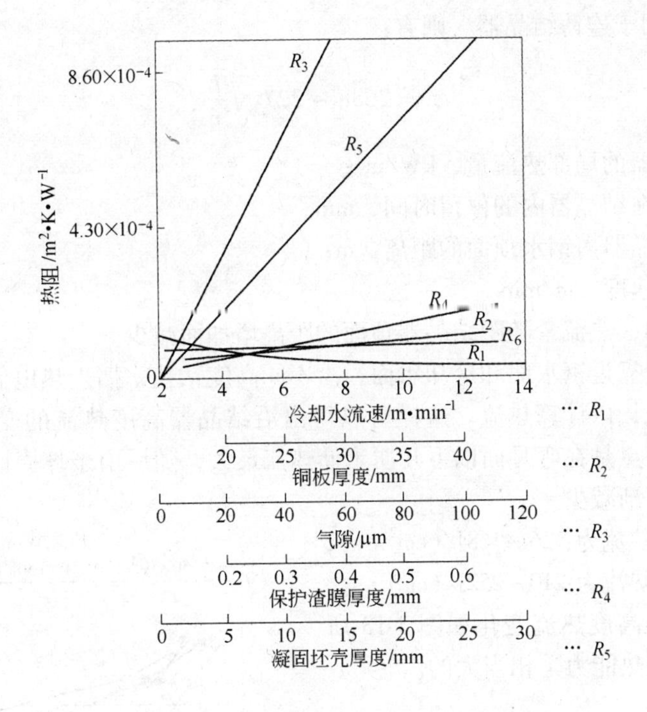

图 3-11 结晶器各部分热阻的分布

3.2.3.3 结晶器的平均热流量和瞬时热流量

A 平均热流量

结晶器是用冷却水进行强制冷却，若忽略从结晶器液面向保护渣所传的热量，冷却水所带走的热量应等于钢水的导出热量。因此，单位面积、单位时间结晶器壁导出的热量，称为结晶器的平均热流量，式(3-29)成立：

$$q = Wc\Delta t/F \tag{3-29}$$

式中 q——结晶器平均热流量，J/(m^2 · s)；

W——冷却水流量，kg/s；

c——冷却水比热容，J/(kg · ℃)；

Δt——冷却水进出水温差，℃；

F——结晶器有效面积，m^2。

铸坯的平均热流量与拉速、所浇注的钢种、保护渣及冷却水量、流速、温差等参数有关。在实际生产中平均热流量非常有用，能够对生产状态进行评价，并对铸机的操作进行控制，如生产某钢种时，通过调整操作参数，一定要将平均热流量控制在某一范围内，否则铸坯会产生诸如纵裂等铸坯质量问题。

B 瞬时热流量

结晶器的瞬时热流量也称为局部热流量，是指沿结晶器壁的不同高度上，结晶器壁的热流量不同，是呈抛物线变化。萨维奇（Savage）在静止水冷结晶器内测定了热流量与钢水停留时间的关系式(3-30)：

$$q = 2688 - 355\sqrt{t} \tag{3-30}$$

将式(3-30)用于连铸结晶器，则有：

$$q = 2688 - 227\sqrt{\frac{L}{v}} \tag{3-31}$$

式中 q——结晶器的局部热流量，kW/m^2；

t——钢水在结晶器内的停留时间，min；

L——距结晶器内钢水顶面的距离，m；

v——拉坯速度，m/min。

式(3-31)说明，热流量随距结晶器顶面的距离增加而减少。

在结晶器铜壁靠近钢水面和冷却水面，沿不同高度钻孔，插入热电偶，测定热面和冷面的铜壁温度变化，以计算热流。这样可以得出沿结晶器高度热流的变化，如图 3-12 所示。热流分布的特点是在弯月面以下几厘米储热流最大，随后由于坯壳厚度增加，相应的热阻增大而热流逐渐减少。

对板坯结晶器热流为:126 ~ 168J/(cm^2 · s)；

对方坯结晶器热流为:210 ~ 252J/(cm^2 · s)。

大方坯结晶器高度热流变化如图 3-13 所示，可见结晶器导热能力是相当大的。

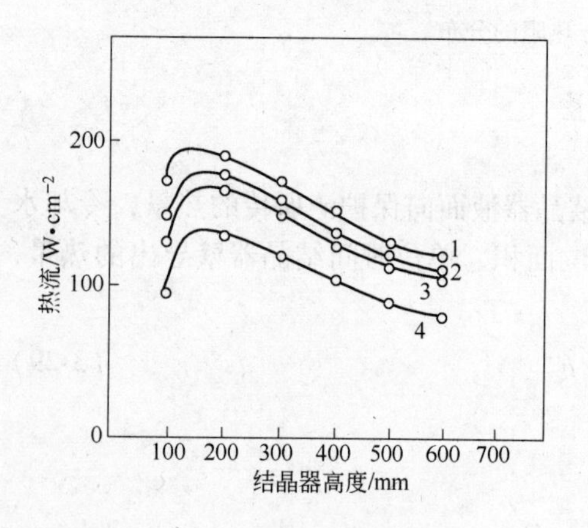

图 3-12 沿结晶器高度热流变化

1—拉速 1.3m/min；2—拉速 1.1m/min；3—拉速 1m/min；4—拉速 0.5m/min

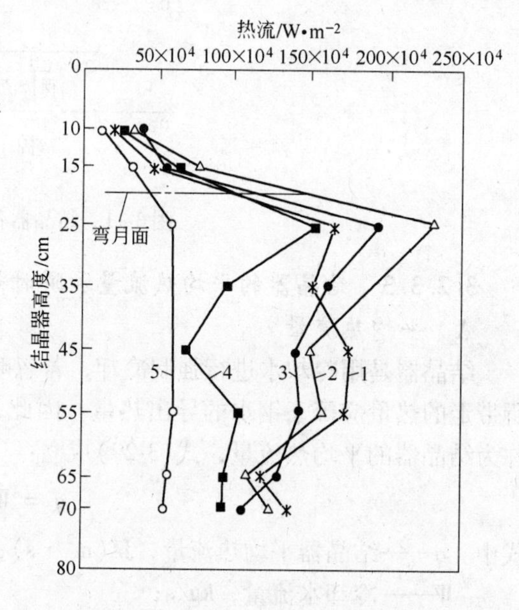

图 3-13 大方坯结晶器高度热流变化

1—内弧；2—外弧；3—窄面；4—角部邻近区；5—角部

3.2.4 影响结晶器传热的因素

3.2.4.1 钢水成分对传热的影响

对方坯结晶器传热研究发现，钢中[C] =0.12%左右，热流最小约 138.6J/(cm^2 · s)。[C] >0.25%时热流基本上保持不变，为 172.2J/(cm^2 · s)。而且在[C] =0.12%左右时，结晶器壁温度波动较大（100℃），而高 C 时就不明显。从拉漏坯壳发现，0.12% C 钢壳内表面呈皱纹状，且随［C］增加皱纹状减少，［C］>0.4%时坯壳内表面光滑，而［C］含量对外表面作用是相同的。与高碳钢相比，0.12% C 承受了 δ→γ 固态转变，伴随有最大的收缩量（0.38%），气隙会迅速形成，减少了传热速率。低碳钢低的热流密度是由于坯壳表面粗糙度比较大造成的，适当调整结晶器振动和选择合适的保护渣可以减小表面粗糙度，从而增加热流密度，所以低碳钢出结晶器坯壳在局部区域较薄（图 3-14），常常会引起拉漏，拉速必须限制在以保证坯壳最小厚度为宜。钢中铝和铬含量对传热几乎没有影响，而钢中每增加 1% Ni 会使热流密度增加 11%，钢中每增加 0.3% Si 会使热流密度增大 25%。

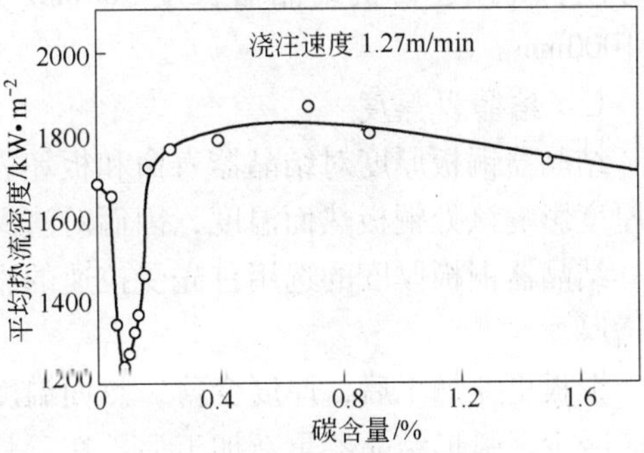

图 3-14 结晶器的平均热流密度与钢中碳含量的关系

3.2.4.2 结晶器设计对传热影响

A 结晶器锥度

为了得到均匀的坯壳，随着铸坯向下运动，结晶器内部形状应符合坯壳的冷却收缩，使坯壳与铜壁保持良好的接触。为此，冷态时铸坯断面尺寸（铸坯公称尺寸）加上坯壳收缩量即是结晶器上口空腔尺寸，而结晶器下口尺寸取决于结晶器内坯壳的平均收缩量。所以结晶器内腔断面做成沿整个高度上大下小的形状（常称为锥度），使其与坯壳冷却收缩相适应，以减少气隙，有利于增加热流和结晶器坯壳生长的均匀性。研究表明，采用带锥度的结晶器可使结晶器热流显著提高，但同时摩擦力也随之明显地增大，因此，在实际操作时，所采用的结晶器锥度必须是安全的，避免摩擦力过大。

锥度应按钢种和拉速来选择，结晶器断面尺寸的减小量应不大于铸坯的线收缩量。若锥度过大，拉坯阻力大，产生拉裂．拉坯困难，结晶器下口严重磨损。

对不同钢种和铸坯尺寸，推荐的结晶器锥度如下：80 ~ 100mm 方坯结晶器倒锥度为 0.39%/m ~ 0.4%/m；100 ~ 140mm 方坯结晶器的倒锥度为 0.4%/m ~ 0.6%/m；140 ~ 200mm 方坯结晶器倒锥度为 0.6%/m ~ 0.8%/m。

实际上，整个结晶器长度上的热流密度并不是呈线性变化的，也不符合一个预先确定的单一锥度的传热模式，故对小方坯推荐一种分级的锥度。在弯月面之下用 1.5%/m ~ 3.0%/m 的锥度以较早地抵制气隙的形成。如果锥度太大，铸坯可能发生抖动，即拉速变得不稳定。

小方坯管式结晶器可做成单锥度，也可做成多锥度。尤其在高拉速情况下做成抛物线形或自适应型更好。

板坯结晶器的宽面倒锥度为 0.9%/m ~ 1.1%/m，而对窄面倒锥度为 0%/m ~ 0.6%/m。

采用保护渣的圆坯结晶器的倒锥度通常是 1.2%/m 。

B 结晶器长度

由图 3-13 可知，结晶器内钢导出热量传给铜壁，上半部占 50% 以上。当气隙形成后，结晶器下部导出热量减少。从传热的角度考虑，通常把结晶器长度设计为 700mm 左右。近年来，结晶器设计的进步，如抛物线内腔形状、自适应锥度结晶器的研制成功，使高速连铸得以发展。其设计的进步正是克服结晶器下部传热不良的不足。为提高拉速、增加坯壳厚度，高速连铸机结晶器长度 900mm 更为合适，且国内外一些厂家结晶器长度已超过 1000mm。

C　结晶器厚度

结晶器铜板厚度对结晶器寿命和板坯表面质量都有重要影响。特别是在弯月面处的铜板厚度影响该处铜板热面温度，因而对渣圈厚度、振痕深度、结晶器热流都有影响。

结晶器铜板厚度的选用首先受拉速的影响，拉速高，铜板应随之减薄，反之铜板应随之增厚。

铜板更新加工后，厚度变薄，热面温度降低，渣圈厚度增加，振痕深度增加，结晶器热流减少。弧形结晶器重新加工后，在弯月面处内弧铜板比外弧铜板薄，因而在结晶器下部内弧坯壳容易产生偏离角、纵向凹陷和皮下内裂，并且在结晶器出口处内弧坯壳比外弧薄，因而拉速的提高也将受到在结晶器出口处内外两弧坯壳厚度差的限制。

铜板厚度对宽面纵裂和横裂也有一些影响。减小铜板厚度，由于使热流减少，因而对减少宽面纵裂会有一些好处。增加铜板厚度使振痕深度减少，因而对减少宽面横裂也有一些好处。

方坯结晶器厚度为 3～10mm，对传热影响不大，板坯结晶器铜板厚度由 40mm 减少到 20mm 时，热流仅增加 10%。

方坯管式结晶器铜壁厚度一般为 8～20mm；100～150mm 管式结晶器，铜壁厚为 13mm；200mm 管式结晶器，铜壁厚为 20mm。

D　结晶器内表面形状

高速连铸是当今连铸发展的方向，但仍需解决一些提高凝固传热效率的难题，一种行之有效的方法是改进结晶器形状及振动方式。对坯壳生长动态的研究可知，普通结晶器中有不利于坯壳生长的因素。凝固收缩力和钢水静压力的相互作用，使坯壳生长不均匀，这种现象在小方坯角部极明显，坯壳表面大的温差使坯壳内部产生大量热应力，在结晶器上部坯壳抗菱变性较低，角部产生纵裂的可能性高，且坯壳温度变化大。为防止质量降低，只能用延长二冷区喷水时间（即降低拉速）的方法来补偿结晶器的不足。为了提高生产率，降低成本，自 20 世纪 70 年代开始，对结晶器进行优化，连铸速度不断提高，效果良好。

前苏联曾采用过波浪式结晶器，使有效传热面积增加 8%～9%，减少了气隙，改善了传热。

E　结晶器材质

一般结晶器热面使用温度为 200～300℃，特殊情况时，最高处可达 500℃。这就要求结晶器材质导热性好，抗热疲劳，强度高，高温下膨胀小，不易变形。纯铜导热性好，但弹性极限低，易产生永久变形，所以多采用强度高的铜合金，如 Cu-Cr、Cu-Ag、Cu-Zr 合金等。为了进一步提高铜板寿命，Cu-Zr-Cr 合金也被越来越广泛的采用。这些合金高温下抗磨损能力强，使结晶器壁寿命比纯铜高几倍。但合金元素降低了铜的导热系数，选择材料时应考虑。

由于结晶器壁变形，结晶器壁温度不均匀，因此在铜套的不同位置发生不同程度的线膨胀。对板坯结晶器来讲，铜板一般都是与固定的钢质水箱连在一起，因此能牢固地保持自己的形状。而小方坯结晶器在使用一个周期后，其锥度将发生变化，铜壁将发生变形，热流也将发生变化。

3.2.4.3 操作参数对传热影响

A 拉速

拉速增加，结晶器导出平均热流增加（图 3-15），但结晶器内单位钢水质量导出热量减少了，因而导致坯壳厚度减薄（图 3-16）。因此拉速是控制结晶器出口坯壳厚度最敏感的因素。在一定的工艺条件下，应选择一个合适的拉速，既能保证出口坯壳厚度又能发挥铸机生产能力。

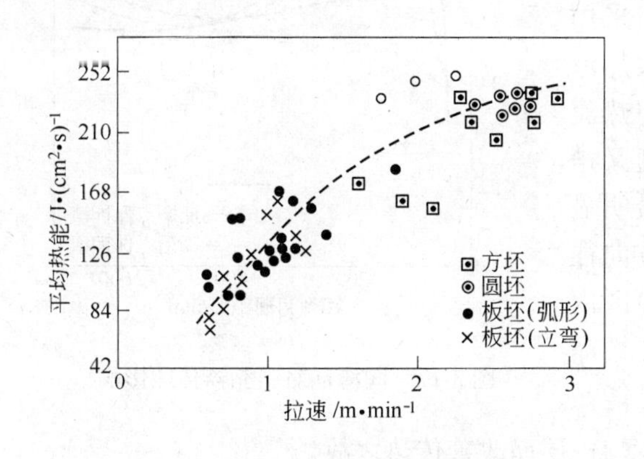

图 3-15 拉速对结晶器热流的影响

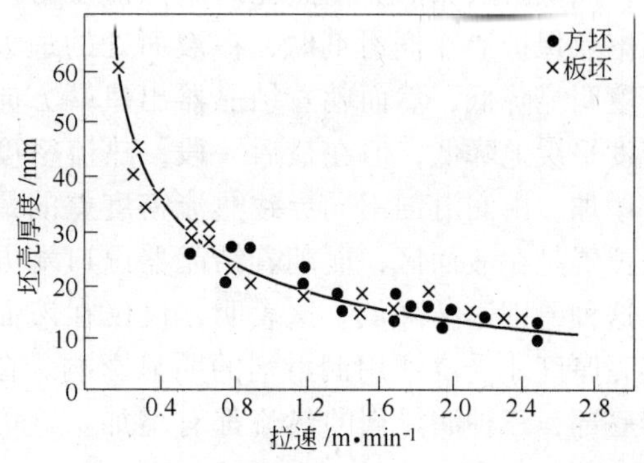

图 3-16 拉速对坯壳厚度的影响

B 浇注温度

钢水过热度对结晶器平均热流影响不大，但由于出结晶器时坯壳角部厚度减薄，增加了漏钢的危险。理论计算指出，在拉速和其他工艺条件一定时，过热度每增加 10℃，出结晶器坯壳厚度减少约 3%。但是浇注流动能在液相穴内引起钢水在凝固前沿的流动，会吃掉已凝固的树枝晶，如过热度 10℃ 钢水流动会熔化坯壳 1mm，同时高温浇注也推迟了开始阶段的钢水凝固，减少了坯壳厚度。因而高温浇注会增加拉漏危险。

C 结晶器润滑

结晶器润滑可以减小拉坯阻力，并可由于润滑剂充满气隙而改善传热。

结晶器内钢水凝固到一定程度时，坯壳收缩产生气隙，增加了热阻，传热减慢。改善传热的办法是：（1）用油作润滑剂（敞开浇注时），油在高温下裂化分解为 C—H 化合物的气体充满气隙，改善传热；（2）用保护渣粉。保护渣在结晶器钢液面上形成液渣层，由于结晶器振动，在弯月面处把液体渣带入到坯壳与结晶器壁的气隙，形成均匀的渣膜，起润滑作用，改善传热。

保护渣特性不同，平均热流值也不同。保护渣对结晶器热流影响主要决定于渣膜厚度。形成渣膜的厚度为：

$$e = \sqrt{\frac{\eta v}{g(\rho_u - \rho_s)}} \tag{3-32}$$

式中 e——渣膜厚度；

η——渣子黏度；

v——拉速；

g——重力加速度；

ρ_u，ρ_s——分别为钢和渣的密度。

由上式可知，η 越大 e 就越厚，传热就差；η 越小 e 就越薄，传热就好。因此对保护渣熔点和黏度有一定的要求。熔点低渣子黏度低，渣子能有效的润湿铸坯表面，渣膜厚度均匀，传热好。

用油和不同熔点的保护渣的传热效果如图3-17所示。由图可知，用油比保护渣的传热效果好；而低熔点保护渣传热比高熔点渣要好。采用高熔点保护渣作润滑剂时，在液面处的最大热流密度明显降低，然而朝着结晶器出口端方向热流密度平缓地降低，但在最后一段，热流密度又稍有增加。由润滑剂不同导致热流密度差的最明显的位置是在液面区，而朝着结晶器出口端方向往下这种差别逐渐降低。这表明，仅仅在液面区内坯壳厚度才受浇注用润滑剂的明显影响。在结晶器底部，三种润滑剂的热流都有增加。这可能是由于结晶器底部水蒸气进入气隙分解形成了富 H_2 层而改善传热之故。

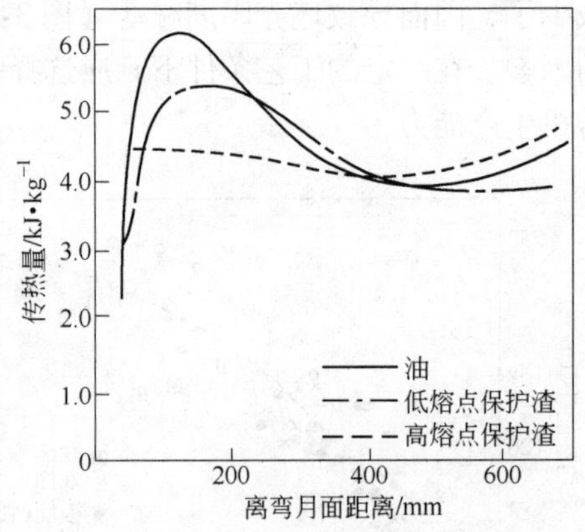

图 3-17 润滑剂对结晶器传热影响

D 冷却水流速和流量

冷却水与铜壁的界面上，有三种传热状况：

（1）强制对流。热流与铜壁温度呈线性关系，水流速增加，热流增大。

（2）核沸腾。铜壁局部区域处于高温状态，靠近铜壁表面过热的水层中，有水生成蒸汽并产生沸腾。在这种情况下，结晶器与冷却水之间热交换不决定于水流速，而主要决定于铜壁表面的过热和水的压力。

（3）膜态沸腾。温度超过某一极限值时，靠近铜壁表面的水形成蒸汽膜，热阻增大，热流减小，导致铜壁表面温度升高，造成结晶器损坏。

实际生产中，应力求避免后两种情况的出现。结晶器内水流速一般在6～12m/s。水速增加，可明显降低结晶器冷面温度，避免间歇式的水沸腾，消除了热脉动，可减少铸坯菱变和角部裂纹。但是，水速超过一定范围时，随着水速增加热流的增加很少，系统的阻力却增加很多，因而水速过大没有必要。

结晶器水缝厚度一般为4～6mm。为了保证均匀冷却，水缝要求周边对称均匀，尤其是小方坯连铸机，应保持水缝沿结晶器高度上周边的均匀性。

为避免水缝中水产生沸腾，进水与出水温差应控制在5～6℃，不大于10℃。结晶器的最大供水量，对于板坯和大方坯，每流为500～600m^3/h，对于小方坯为100～150m^3/h。冷却水温度在20～40℃，未观察到结晶器热流有多大变化。

E 冷却水质

结晶器的传热速率大约为高压锅炉的十倍。这样大的热量通过铜壁传给冷却水，铜壁冷面温度很有可能超过100℃，使水沸腾，水垢沉积在铜壁表面形成绝热层，增加热阻，热流下降，导致铜壁温度升高，更加速了水的沸腾。所以，结晶器必须使用软水。

3.3 二次冷却区传热

带着液芯的铸坯被拉出结晶器后（继续被喷水冷却），需要以适当的速率继续冷却，直到全部凝固（进入拉矫机前），这个过程叫二次冷却。二次冷却区的任务是将从结晶器出来带有液芯坯壳的铸坯完全凝固，要使从结晶器出来后坯壳具有足够的强度和均匀性，并使铸坯内部和外部质量达到要求。

3.3.1 二冷区热平衡

由于钢的热容量大而坯壳导热性能差，由连铸机热平衡可知，钢的凝固潜热不能在结晶器内全部放出来，从结晶器出来的铸坯虽然已经成型，但远没有完全凝固，而是带着大量液芯进入二冷区的，它的坯壳较薄弱，出结晶器的铸坯凝固坯壳厚度仅有 8 ~15mm，铸坯的中心仍为大量液态钢水，坯壳温度很高，强度较差，在钢水静压力等的作用下可能发生鼓肚、菱变、扭曲等变形，甚至产生裂纹和漏钢，尤其对大断面铸坯更是如此。为使铸坯快速凝固及顺利拉坯，在结晶器之后还设置了二次冷却装置，铸坯带着液相穴进入二冷区承受喷水冷却。在该区域铸坯的凝固坯壳厚度有所增加，铸坯在二次冷却区中可能经受弯曲、矫直的变化，在这一过程中，大部分液态钢发生凝固。

铸坯凝固与模铸钢锭的不同点是：喷水冷却可使凝固速度提高 20%，但并不是随着冷却速度增加，传热量成比例增加。因为钢的导热系数是一定的，由铸坯液芯向外的传热速度是随坯壳厚度增加而减慢的。因此，要尽可能改善喷雾水滴与铸坯表面的热交换，以提高二次冷却效率。

在二冷区，铸坯表面接受喷水或气雾冷却，坯壳中存在着较大的温度梯度，热量源源不断地从铸坯内部传递到表面，然后被冷却水带走（大约 210 ~294kJ/kg 的热量被水带走），铸坯才能全部凝固。

根据热平衡估算，二冷区铸坯表面的主要传热方式如图 3-18 所示：

（1）铸坯表面向空气辐射传热；

（2）空气与铸坯对流传热；

（3）支承辊与铸坯表面接触传热；

（4）水滴喷到铸坯上的水蒸气带走热量（对流）；

（5）水滴沿内弧流动带走的热量。

铸坯通过传导把热量由中心传到表面，由于喷水冷却铸坯表面温度突然降低，使表面和中心形成了较大的温度梯度，这是铸坯冷却的动力。根据热平衡估算，板坯在二冷区的传热方式是：冷却水蒸发带走热量 33%；冷却水加热带走热量 25%；铸坯表面辐射热为 25%；铸坯与支承辊接触传导传热为 17%。

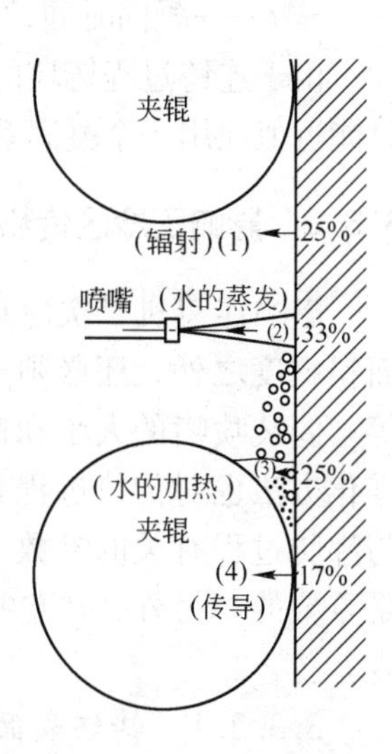

图 3-18 二冷区铸坯传热方式

对小方坯二冷区主要是（1）、(3）和(4）三种传热方式，而对板坯和大方坯则有上述五种传热方式。对于方坯由支承辊带走的热量不如板坯大。在工艺、设备条件一定时，辐射传热和支承辊的传热基本变化不大，占主导地位的还是冷却水的传热。因此，要提高二冷区的传热效率就必须研究喷雾水滴与铸坯之间的热交换。

水滴与铸坯表面之间的传热是一个复杂的传热过程，它受喷水强度、铸坯表面状态(表面温度、氧化铁皮)、冷却水温度和水滴运动速度等多种因素影响。可用对流传热方程描述这一传热过程：

$$\Phi = h(T_S - T_W) \tag{3-33}$$

式中 Φ——热流，W/cm^2；

h——传热系数，$W/(cm^2 \cdot ℃)$；

T_S——铸坯表面温度，℃；

T_W——冷却水温度，℃。

钢水发生凝固放出的结晶潜热要通过传导传热传给凝固坯壳，这一凝固与传热规律由式(3-34)表示：

$$L_f \rho_m \frac{de}{dt} = \frac{\lambda_m(T_L - T_S)}{e} \tag{3-34}$$

式中 L_f——凝固潜热，kJ/kg；

ρ_m——钢的密度，g/cm^3；

λ_m——钢导热系数，$W/(m^2 \cdot K)$；

T_L——液相线温度，℃；

T_S——铸坯表面温度，℃；

e——凝固壳厚度，cm。

其凝固壳厚度可表示为：

$$e = K\sqrt{t} \tag{3-35}$$

式中 K——凝固系数，$mm/min^{1/2}$；

t——凝固时间，s。

由于连铸过程铸坯的凝固传热非常复杂，结晶器及二冷的每个冷却区有不同的 K 值，只能近似地用一个凝固系数来表示凝固传热，造成计算精度很差。

3.3.2 影响二冷区传热的因素

影响连铸机二次冷却系统的因素有很多，除了浇注速度、钢种、铸坯尺寸和铸坯表面粗糙度之外，还必须考虑冷却水流量、平均水滴大小和速度、冲击角度和润湿效果等。安装喷嘴的大小和锥形喷雾状况、它们彼此间距以及离开铸坯表面的距离、水压和雾化方法也对传热过程有很大影响。因为喷淋冷却传热涉及水汽化和相转变过程，因此与沸腾过程有关的参数，如汽化热、沸腾温度、蒸汽密度以及汽化的水量比例等参数都是重要的。另外，还包括氧化铁皮形成的可能性和由支承辊进行的传热（尤其在板坯机内）等。

3.3.2.1 铸坯表面温度

喷射水滴与高温物体表面的传热行为如图 3-19 所示，由图可知：

(1) 若物体表面温度 $T_S < 300℃$，热流随表面温度增加而增加，此时水滴润湿高温表

面，主要为对流换热。水滴沿表面流走，水滴的蒸发少会影响水滴与表面接触，因而冷却效率高。

（2）若物体表面温度为300℃ $< T_S <$ 800℃，热流随表面温度升高而减小，此时在高温表面有蒸汽膜，呈核态沸腾状态。

（3）若物体表面温度为 $T_S > 800$℃，热流几乎与铸坯表面温度无关，甚至于呈下降趋势，这是因为高温铸坯表面形成稳定蒸汽膜阻止水滴与铸坯接触，导致膜态沸腾。

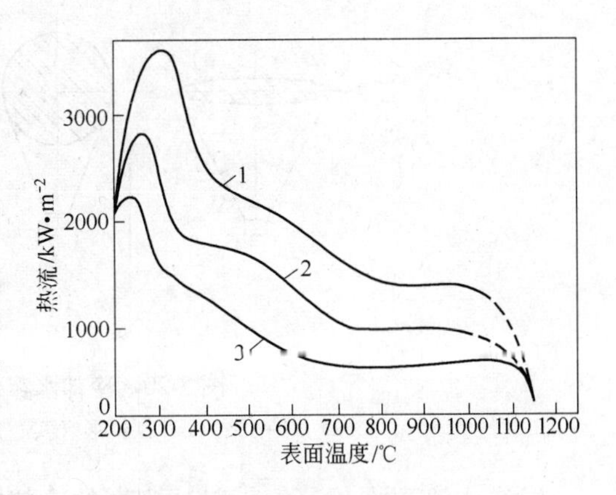

图3-19　表面温度与热流关系

1—15L/min，4.95L/(m² · s)；2—10L/min，3.33L/(m² · s)；3—5L/min，1.65L/(m² · s)

若物体表面温度 $T_S > 300$℃，水滴打击到表面后爆炸，部分水蒸发，在高温表面形成了汽膜，水滴离开表面而凝聚，此时水滴与表面不润湿，冷却效率低。如水滴打在高温表面的速度越高，冷却效率就增加。试验指出，水滴速度由2.4m/s提高到10m/s，冷却效率由3%增加到20%。水滴速度大于4m/s时水滴直径对冷却效率无明显影响。

二冷区传热所要引起注意的是，铸坯传给冷却水的热流量及其传热系数与表面温度不是线性关系，在一定温度范围内，热流量及传热系数随水冷却强度增加而增大。

喷雾水滴带走高温铸坯的热流 Φ 可用式（3-33）计算。

3.3.2.2　喷嘴结构和布置

研究表明，要提高二冷区喷水冷却效率，就必须提高 h 值，而提高 h 值就必须控制好水滴的形成、蒸发、聚合和脱离。h 值的大小还取决于拉速、铸坯表面温度、水量、水压、水滴尺寸、水流密度、喷射角度和喷射距离等。当其他条件一定时，铸坯冷却的好坏主要取决于二冷区喷嘴结构和喷水条件（如流量、压力、距离）。

要使二冷区有高的传热效率，就必须设计合适结构的喷嘴，而喷嘴结构会影响喷雾冷态特性参数。理想的喷嘴应具有很好的雾化特性，即喷嘴应具有能使喷淋水雾化得很细、又有较高的喷淋速度、水滴在铸坯表面分布均匀的结构。喷嘴的形式有许多种，连铸机广泛使用过压力水喷嘴，依靠水本身的压力作为雾化水的能量即高压流体通过喷嘴被破碎为液滴。常见的有扁平喷嘴、螺旋喷嘴、圆锥喷嘴和薄片喷嘴等。

压力喷嘴具有结构和管路系统简单、耗能小等优点。但喷嘴出口尺寸较小，容易堵塞，喷水量不易调节。按喷淋水雾化流股的形状，可粗分为扁平喷嘴、圆锥喷嘴、矩形喷嘴。它们的水雾形状如图3-20所示。扁平喷嘴喷水范围几乎成一条直线，而锥形喷嘴的覆盖面积较大。

在二冷区各喷水冷却段，由于压力水喷嘴喷雾水流分布的不均匀性，造成了局部冷却强度的差异，使铸坯经历反复的强冷和回热，容易促使表面和内部裂纹产生。

为使铸坯承受最小的热应力，必须实现均匀冷却，为此要求：

（1）喷雾水滴要细且均匀喷射到铸坯表面上；

（2）水滴在铸坯表面停留时间很短，不在铸坯与导辊接触部分积水；

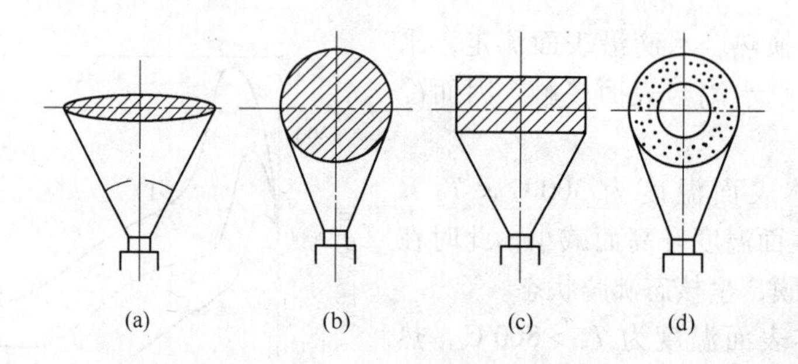

图 3-20 冷却水雾化喷嘴的喷雾形状图

(a) 扇平形；(b) 圆锥形（实心）；(c) 矩形；(d) 圆锥形（空心）

(3) 水滴要大量蒸发，以达到高的冷却效率。

压力水喷嘴是达不到上述要求的。根据平行于铸坯表面喷水可避免水滴积聚和进一步雾化水滴的想法，人们开发了气水喷嘴。

气水喷嘴是一种高效喷嘴，它正逐渐代替其他喷嘴而广泛用于各种连铸机上。气水喷嘴把压缩空气和水从两个不同方向在喷嘴内的混合室汇合，或者在喷嘴外面汇合，再利用压缩空气能量把水滴进一步雾化，从而喷射出高冲击力的广角射流股，以高速打在铸坯表面。它的水流量容易调节，冷却能力变化范围广，喷口不易堵塞，特别是对水滴的细化效果明显优于压力喷嘴，可增大蒸发量以提高冷却效率，并使冷却更加均匀。压缩空气的能量把水雾化成很细的水滴，水滴的平均直径是压力喷嘴 200 ~ 600μm，气水喷嘴 20 ~ 60μm。如水滴平均直径从 120μm 减少到 60μm，则水滴的表面积与体积比值从 $0.05m^{-1}$ 增加到 $0.1m^{-1}$。故压力水喷嘴 1L 水中有 1.1×10^{3} 个水滴，总面积为 $50m^{2}$；而气水喷嘴 1L 水能有 8.89×10^{9} 个水滴，总面积为 $100m^{2}$。这说明气水喷嘴雾化性能好，冷却效率高。

试验表明，使用气水喷嘴后，铸坯表面温度冷却均匀，温度回升率减少，冷却水用量减少 50%，喷嘴不易堵塞，便于维修等，正在连铸机二冷区获得广泛应用。日本新日铁在板坯连铸二冷区已全部采用气水喷嘴，喷水量只用了压力喷嘴用量的一半，就得到了相同的冷却能力。同时，铸坯表面温度的波动，只有用压力喷嘴时的 1/2。

喷嘴的布置对铸坯冷却的均匀程度有很大影响，应尽量保证铸坯表面喷雾覆盖面的连续性，所以布置喷嘴时，可以使两相邻喷嘴喷雾面之间有一定的重叠。试验证明，当喷雾面重叠时，对重叠面上的铸坯冷却的均匀性影响不大。

3.3.2.3 水流密度

如图 3-19 所示，铸坯表面温度在 1000 ~ 1300℃，热流与表面温度不是直线关系。低温时铸坯表面处于过渡沸腾区，蒸汽膜破裂会引起热流增加；高温时铸坯表面温度形成稳定蒸汽膜，此时影响传热的主要因素是水流密度。

在生产上常用比水量来表示二冷区冷却强度。比水量定义是：在单位时间内消耗的冷却水量与通过二冷区铸坯质量的比值，以 L/kg 表示。此值因钢种、铸坯尺寸而变化，一般为 0.5 ~ 1.5L/kg。但严格来说，比水量不能表示二次冷却能力，因为单位时间通过二冷区的铸坯质量，即使能表示被铸坯带走的热量，但由于没有考虑冷却面积，仍不能确切表示出实际被带走的热量。例如，对厚度为 $2a$、宽度为 b 的铸坯和厚度只有 $a/2$、宽度

为 $4b$ 的铸坯，用同样拉速和相同喷水量进行比较，两种铸坯在相同单位长度的面积相等，都是 $2ab$，两者的比水量也是相同的。然而两者的实际冷却效果却有很大差别，厚度薄的铸坯完全凝固所需要的时间较短。因此，最好是用水流密度来表示铸坯的冷却能力。

水流密度是指在单位时间单位面积上铸坯所接受的冷却水量，是用来衡量二冷区冷却强度的一个指标。热态实验表明，水流密度增加，二冷区的传热系数也增大，从铸坯表面带走的热量也增多，如图 3-21 所示，表示传热系数 h 与单位时间单位面积的冷却水量 W（水流密度）的关系。

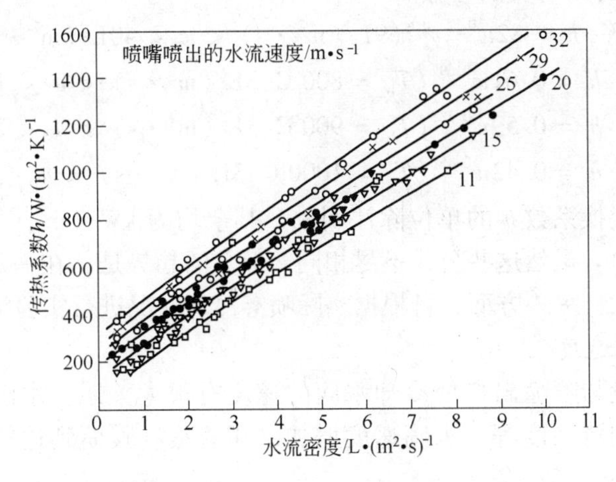

图 3-21　传热系数与水流密度的关系

图 3-22 所示为水流密度与热流的关系。由图 3-22 可知，当水流密度大于 $20m^3/(m^2 \cdot s)$后，似乎是水流密度对传热影响不大了。原因是水的饱和现象，即水流密度增加，单位体积内水滴数目增加，它与打在铸坯表面弹回来的部分液滴相碰撞而损失能量，使水滴不能穿透蒸汽膜而到达铸坯表面，故传热量增加不大。

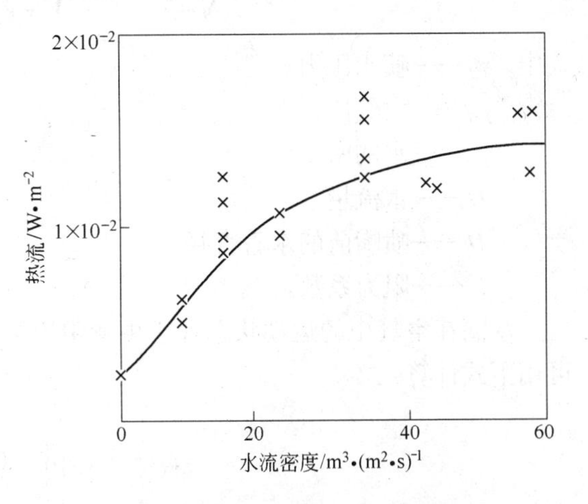

图 3-22　水流密度与热流的关系
（喷嘴与热坯表面距离 100 ~ 200mm；热坯表面宽度 20 ~ 60mm；热坯表面温度与沸腾温度之差 900K）

水流密度增加，传热系数增大。它们之间的关系以经验式表示：

$$h = A + Bw^n \tag{3-36}$$

式中　h——换热系数，$kW/(m^2 \cdot ℃)$；

n——0.5 ~ 0.7；

A，B——常数；

w——水流密度，$L/(m^2 \cdot min)$。

许多研究者对 h 与 w 的关系进行了实验测定，总结出不同的经验公式，常用的公式有：

（1）E. Bolle 等，$h = 0.423w^{0.556}$（$1L/(m^2 \cdot s) < w < 7L/(m^2 \cdot s)$，$627℃ < T_b < 927℃$）。

$h = 0.36w^{0.556}$（$0.8\text{L}/(\text{m}^2 \cdot \text{s}) < w < 2.5\text{L}/(\text{m}^2 \cdot \text{s})$，$727℃ < T_b < 1027℃$）。

（2）M. Ishiguro 等，$h = 0.581w^{0.451}(1 - 0.0075T_w)$。

式中 T_w——冷却水温度，℃。

（3）K. Sasaki 等，$h = 708w^{0.75}T_b + 0.116$，kcal/(m^2 · h · ℃)。

（4）E. Mizikar，$h = 0.076 - 0.10w$（$0 < w < 20.3\text{L}/(\text{m}^2 \cdot \text{s})$）。

（5）M. Shimada 等，$h = 1.57w^{0.55}(1 - 0.0075T_w)$。

（6）T. Nozaki 等，$h = 1.57w^{0.55}(1 - 0.0075T_w)/\alpha$。

式中 α——与导辊冷却有关的参数。

（7）H. Muller 等，$h = 82w^{0.75}v_s^{0.4}$（$9\text{L}/(\text{m}^2 \cdot \text{s}) < w < 40\text{L}/(\text{m}^2 \cdot \text{s})$）。

（8）蔡开科等，$h = 0.61w^{0.597}$（$T_b = 800℃$，$3\text{L}/(\text{m}^2 \cdot \text{s}) < w < 10\text{L}/(\text{m}^2 \cdot \text{s})$）；

$h = 0.59w^{0.385}$（$T_b = 900℃$，$3\text{L}/(\text{m}^2 \cdot \text{s}) < w < 20\text{L}/(\text{m}^2 \cdot \text{s})$）；

$h = 0.42w^{0.351}$（$T_b = 1000℃$，$3\text{L}/(\text{m}^2 \cdot \text{s}) < w < 12\text{L}/(\text{m}^2 \cdot \text{s})$）。

以上各式，热交换系数 h 的单位除注明外，其余均为 kW/(m^2 · ℃)，水流密度 w 的单位均为 L/(m^2 · s)。虽然这些公式不尽相同，但总的趋势是，在一定温度范围内，水流密度增加，热流增大。另一方面，可根据实际喷雾冷却状况进行实验测定。

3.3.2.4 水滴速度

铸坯表面散热量与喷嘴出口处冷却水滴的速度有很大关系。水滴速度决定于喷水压力、喷嘴直径和水的清洁度等。水滴速度增加，穿透蒸汽膜而到达铸坯表面的水滴数增加，提高了传热效率。

可用高速摄影方法测定水滴速度，也可应用伯努利理论，导出水滴从喷嘴出口处的速度 v_0：

$$v_0 = \sqrt{\frac{(p_1 - p_0)\dfrac{2}{\rho} + \left(\dfrac{Q}{15\pi D^2}\right)^2}{1 + \xi}} \quad (\text{m/s}) \tag{3-37}$$

式中 p_1——喷水压力；

p_0——大气压；

ρ——水的密度；

Q——水流量；

D——喷嘴前的水管直径；

ξ——阻力系数。

水滴在空气中的运动状态处于牛顿阻力区（$Re > 500$），水滴喷射到任一位置的速度 v_t 可用下式计算：

$$v_t = v_0 \exp\left[-0.33\left(\frac{\rho_a}{\rho}\right)\frac{s}{d}\right] \tag{3-38}$$

式中 ρ_a——空气密度；

d——水滴直径；

s——喷射距离。

二冷区喷水冷却是一个复杂的传热过程。喷水冷却效率可用拉坯方向铸坯表面温度变化和传热系数的变化来评价。

3.3.2.5 水滴直径

水滴直径是雾化程度的标志。水滴尺寸越小，水滴个数就越多，雾化就越好，有利于铸坯冷却均匀和传热效率的提高。水滴的平均直径，对于水喷嘴为 200~600μm；对于气水喷嘴为 20~60 μm。

水滴尺寸是不均匀的，需要定义平均直径：

水滴算术平均直径 d_{mi}：

$$d_{mi} = \frac{\sum_{i=0}^{n} n_i d_i}{\sum_{l}^{n} n_l} \tag{3-39}$$

水滴特征直径 d_i：

$$d_i = \frac{\sum_{i=1}^{n} n_i d_i^3}{\sum_{i=1}^{n} n_i d_i^2} \tag{3-40}$$

式中 n——水滴个数；

d——水滴直径。

算术平均直径代表水滴线性尺寸，而特征直径表示单位面积上所具有的水滴体积。增大喷水压力，水滴尺寸减小，有利于雾化。

3.3.2.6 喷嘴使用状况

如喷嘴堵塞，喷嘴安装位置对铸坯也有重要影响，因此要注意对二冷区的水质处理和定期检修。

由于管道壁脱落的锈蚀物和喷淋水内泥沙等杂质的不断堆积，喷嘴在使用一段时间后会出现不同程度的堵塞，使用时间越长，堵塞越严重，最后可使喷嘴整个堵死，这种现象不仅会加重铸坯冷却不均的程度，而且对传热效率有很大影响，图 3-23 所示为某种喷嘴随使用时间的延长，其传热系数与喷水流量的关系。图中喷嘴有三种状况：新喷嘴、使用 200 炉之后、使用 600 炉之后。由图可以看出，使用时限对传热的影响是很大的，因此，改善喷淋水的纯净度、定期和及时地检修或更换堵塞的喷嘴是极其必要的。

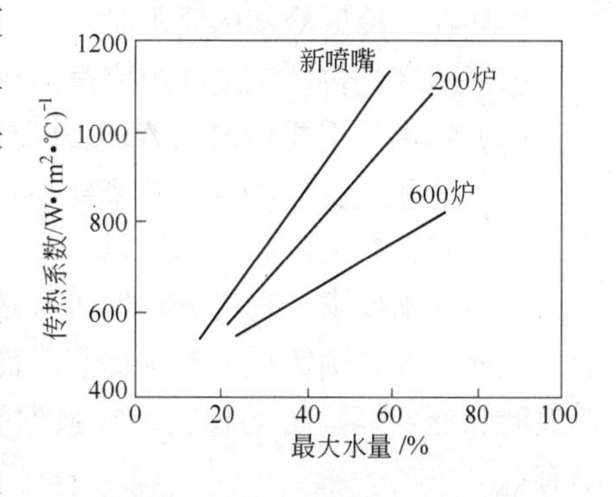

图 3-23 喷嘴使用状况对传热的影响

3.3.2.7 铸坯表面状态

对碳钢表面生成 FeO 的试验表明，用 Ar 气保护加热碳钢，FeO 生成量为 0.08kg/m^2；而在空气中加热，FeO 生成量为 1.12kg/m^2，表面有氧化铁的传热系数比无氧化铁要低 13%。使用气水喷嘴，由于吹入的空气使铁鳞容易剥落，提高了冷却效率。

3.3.2.8　辊子冷却系统

对于裂纹敏感的钢种，为了防止铸坯表面及内部裂纹，有减小喷水强度的趋势，尤其在板坯铸机的情况下。因此在整个散热量中，靠辐射散热以及通过支承辊和导向辊传热将增加。图 3-24 所示为在铸机不同位置上辊子散热与喷水散热之间的关系。当喷水冷却的水流密度增加时，由辊子冷却散热就减少，但当钢水静压力增加时，由于铸坯与辊子接触面积加大而使辊子散热增大。也就是说，水流密度减小将造成辊子散热的增加。

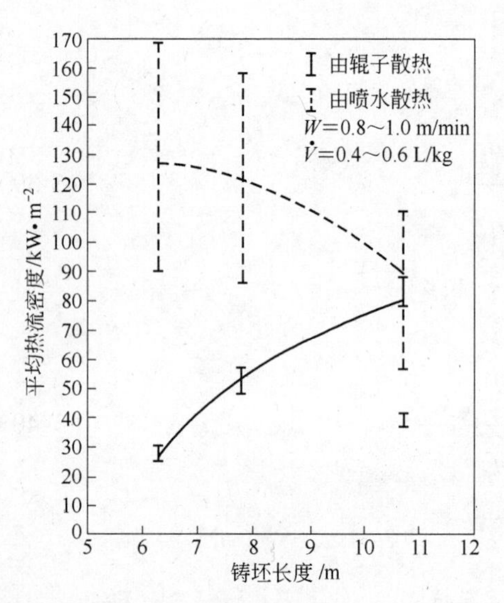

图 3-24　在铸机不同位置上辊子散热与喷水散热之间的关系

辊子散热一般都是采用内冷，而不是向辊子喷水进行外冷。这时辊子冷却散热与辊套的壁厚有关，壁厚变薄，散热增加（图 3-25）。

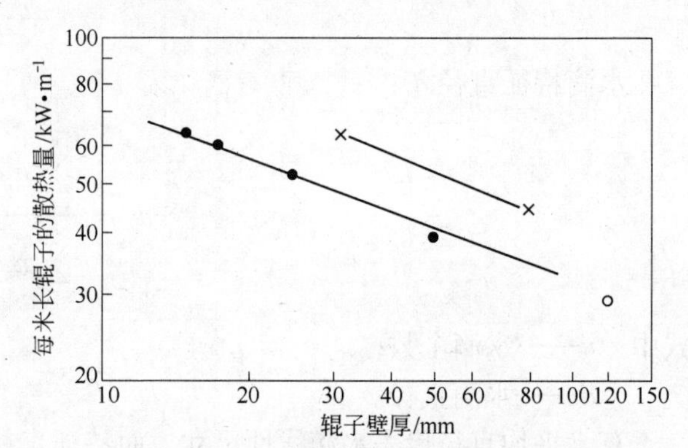

图 3-25　辊子散热与辊壁厚度的关系

3.3.3　二次冷却制度的制订原则

从传热观点来看，提高二冷区冷却效率，就是要增加传热系数 h，迅速把铸坯内热量带走；从冶金质量观点来看，二冷区水量和分布是与铸坯质量有关的。因此应从传热和冶金质量两方面综合考虑来选择合适的二冷制度。

3.3.3.1　二次冷却与铸坯质量

铸坯在二冷区冷却的要求是：

（1）铸坯进拉矫机之前应完全凝固（不包括带液芯矫直）；

（2）喷水气雾要均匀，铸坯表面温度分布要均匀；

（3）铸坯接受喷水冷却效率要高，以加速热量的传递；

（4）有良好表面和内部质量，并有合理的柱状晶和中心等轴晶的比例。

上述基本要求，直接影响铸机产量和铸坯质量，在其他工艺条件相同时，二冷强度增加，拉速增大，则铸机生产率提高。而二冷强度又与铸坯缺陷（如内裂纹、表面裂纹、铸坯鼓肚和菱变等）密切相关，它强烈受二冷区喷水冷却控制，与二次冷却有关的铸坯缺陷有：

（1）内部裂纹。在二冷区，如果各段之间的冷却不均匀，就会导致铸坯表面温度呈现周期性的回升。回温引起坯壳膨胀，当施加到凝固前沿的张应力超过钢的高温允许强度和临界应变时，铸坯表面和中心之间就会出现中间裂纹。而温度周期性变化会导致凝固壳发生反复相变，是铸坯皮下裂纹形成的原因。

(2) 表面裂纹。由于二冷不当，矫直时铸坯表面温度低于900℃，刚好位于“脆性区”，再有 AlN、Nb(CN)等质点在晶界析出降低钢的延性，因此在矫直力作用下，就会在振痕波谷处出现表面裂纹。

(3) 铸坯鼓肚。如二次冷却太弱，铸坯表面温度过高，钢的高温强度较低，在钢水静压力作用下，凝固壳就会发生蠕变而产生鼓肚。

(4) 铸坯菱变。菱变起源于结晶器坯壳生长的不均匀性。二冷区内铸坯四个面的非对称性冷却，造成其中两个面比另外两个面冷却得更快。铸坯收缩时，在冷面产生了沿对角线的张应力，会加重铸坯扭曲。

因此，应从铸机产量和铸坯质量这两方面综合考虑，以确定合理的二冷制度。

一个好的二次冷却系统必须满足下列要求：

(1) 宽度和浇注方向上铸坯表面的冷却要均匀；

(2) 以高的喷淋水汽化量来实现高冷却效率；

(3) 未汽化的水，特别是板坯铸机内辊子之间的未汽化水的停留时间最短。

3.3.3.2 二次冷却制度的制订原则

从铸坯质量考虑，二冷区冷却制度应根据钢种、钢的高温脆性曲线来决定。由图3-26可知分为三个延性区：

(1) 高温区（由1300℃到固相线以下50℃）。在此区钢的高温塑性和强度明显降低（伸长率为0.2%～0.3%，强度为0.49N/mm），特别是S、P等偏析元素的存在，在枝晶间析出液相薄膜，使钢的脆性增加。这是在固液界面容易产生裂纹的根本原因。

(2) 中温区（1300～900℃）。在这个温度区间，钢处于奥氏体相变区，它的强度决定于晶界析出的硫化物、氧化物数量和形状。如析出物由串状改变为球状，则可明显提高强度。

(3) 低温区（900～700℃）。这个脆性区存在 $\gamma \rightarrow \alpha$ 的相变，并在晶界上有AlN和碳化物沉淀，使延性降低，加剧了裂纹的形成和扩展。

对每一个钢种都有一条相应的脆性曲线，目前世界上广泛应用Gleeble-1500热模拟试验机进行测定。900～700℃是钢延性最低的温度区间。钢的成分（如Al、Nb、V）会使此区间发生移动。对一般碳素钢，要求在矫直点前铸坯表面温度应避开此区间。这是因为在700～900℃时钢延性最低，发生了 $\gamma \rightarrow \alpha$ 的相变和AlN在晶界沉淀，加上在矫直时铸坯内表面产生了拉力，促使裂纹形成。因此二冷区铸坯表面温度应控制在钢延性最高的温度区（900～1100℃）。这样选择二冷制度有三种冷却方案：

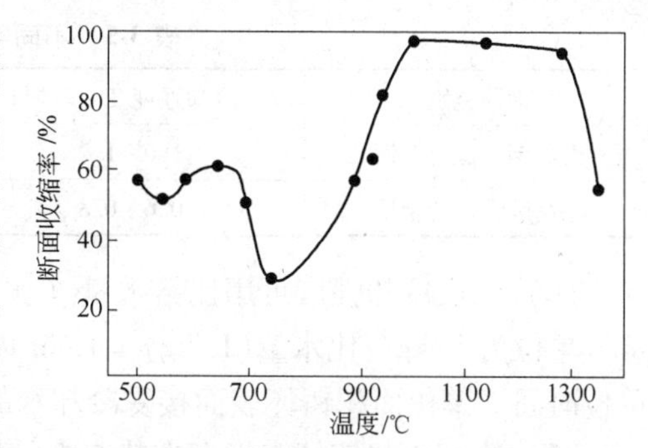

图3-26 钢的高温脆性曲线

(1)“热行”。二冷区铸坯表面维持较高的温度，致使在矫直点前达到900℃以上。此时宜采用弱冷。冷却水量一般为0.5～1.0L/kg。

(2)"冷行"。二冷区铸坯表面维持较低的温度。在700～650℃进行矫直，而避开脆性温度区。此时宜采用强冷。冷却水量一般为2.0～2.5L/kg。

(3)"混行"。二冷区铸坯表面温度维持在一定的水平，出二冷区后坯壳温度回升，使铸坯矫直温度在脆性温度区以外（大于900℃）。实际生产上一般采用第一种冷却方案。

铸坯在二冷区总的冷却原则应该是：尽量使坯壳表面温度和应力分布均匀，减少在垂直拉坯方向上的温度梯度，使温度回升尽可能地小。在铸坯热送热轧情况下，除满足上述要求外，还应尽可能地使铸坯具有较高的温度。

二次冷却强度的确定：

(1) 由结晶器拉出的铸坯进入二冷区，由于内部液芯较多，坯壳还较薄，因此，坯壳收缩产生的应力还不算大。此时加大冷却强度可使坯壳厚度迅速增加，保证高拉速情况下，不出现拉漏事故。当凝固坯壳的厚度增加到一定程度后，坯壳的热阻也相应增加，要相应地逐渐减小冷却强度，以免铸坯表面热应力过大产生裂纹。通常说，在整个二冷段本着自上而下冷却强度由强到弱的原则。

(2) 为了提高连铸的生产率，通常采用较高的冷却强度，但在高的冷却强度情况下，要尽量避免铸坯表面局部温降剧烈而产生裂纹，要使铸坯表面横向及纵向都能均匀降温。通常来讲，铸坯表面的冷却速度应控制在200℃/m以内，铸坯表面回温也应控制在100～200℃/m以内。

(3) 各钢种在高温情况下表现出不同的力学性能，在700～900℃的温度范围是铸坯的脆性区，铸坯在脆性区进行矫直时，铸坯表面容易产生裂纹。所以应针对不同钢种，测定其高温力学性能，找出其脆性区的温度区间，制订二冷制度时，使铸坯的表面温度不在脆性区间进行矫直。

(4) 为了保证铸坯在二冷区的鼓肚量最小，在整个二冷区内应限制铸坯表面温度，对于板坯来说，二冷区的铸坯表面温度应限制在1000℃以内。对于热送热装的铸坯，又要控制切割后的铸坯表面温度高于1000℃。

(5) 二冷区冷却强度的选择首先是根据钢种的需要，对于裂纹敏感的钢种通常采用弱冷，对于非裂纹敏感性钢种可采用强一些冷却，例如低合金钢要比低碳铝镇静钢的冷却强度小。对于对内部质量（偏析和疏松）要求比较严的钢种，可采用强冷，反之可用弱冷（表3-5）。

表3-5 不同类别钢种的冷却强度

钢种类别	冷却强度/$L \cdot kg^{-1}$	钢种类别	冷却强度/$L \cdot kg^{-1}$
普碳钢、低合金钢	1.0～1.2	裂纹敏感性强的钢	0.4～0.6
中高碳钢、合金钢	0.6～0.8	高速钢	0.1～0.3

(6) 二次冷却强度可用比给水量（比水量）来表示，其含义是1kg铸坯的冷却水耗量，单位为L/kg，比水量(L/kg) = 1min内二冷水的总水量/(铸坯单重×拉速)；也可用单位时间、单位面积铸坯表面接受冷却水的耗量来表示，单位为L/($m^2 \cdot s$)。

(7) 冷却水与铸坯表面存在热交换，把铸坯的热量带走，冷却水与铸坯表面热交换方式非常复杂，但主要是以对流换热为主，通常冷却水和铸坯表面间的热交换能力用一个综合换热系数来描述。当水流量或水流密度增加时，会增加这个综合换热系数，水滴直径或冲击铸坯表面的速度增加也会增加综合传热系数。当这些物理量增加到一定程度，冷却效果不再明显地提高。

（8）二冷区的冷却强度随钢种、铸坯断面尺寸、铸机形式、拉速等参数不同而变化，通常在0.5～1.5L/kg之间。比水量与钢种的关系考虑以下几个方面。对于厚板材，在质量方面，从改善内裂、硫偏析等方面考虑用低拉速、高比水量比较好。另一方面，从表面裂纹考虑，则用低比水量较好。

实际上，比水量在0.6～1.5L/kg时，目前无统一的看法。如Al镇静钢那样对表面裂纹不敏感的钢种，有可能提高比水量的倾向。通常采用1.3～1.5L/kg钢。但对于厚板材中易于发生表面裂纹的高锰钢、特殊合金材一般用低比水量。

3.3.3.3　二次冷却方式的类别

二次冷却区可采用水喷雾冷却、气—水喷雾冷却及干式冷却三种冷却方式。

A　水喷雾冷却

水喷雾冷却就是采用专门的喷嘴将冷却水雾化后喷向铸坯表面对铸坯进行冷却。按照喷出水雾的形状不同，雾化喷嘴分为实心圆锥形、空心圆锥形、矩形、扁平形四种。冷却方坯时普遍采用圆锥形喷嘴，冷却板坯时多采用矩形或扁平形喷嘴。一般以喷嘴的冷态特征来检验设计喷嘴的质量。冷态特性包括：（1）喷嘴压力—流量曲线的稳定性；（2）喷雾面积上水流密度分布的均匀性；（3）水滴的雾化程度；（4）喷射水雾张角；（5）喷射水滴速度。

水喷雾冷却具有供水管路简单、维修方便、操作成本低等优点。目前，我国小型连铸机的二冷系统广泛采用水喷雾冷却。但是水喷雾冷却有以下缺点：

（1）喷孔节流部分（缩颈部分）的直径很小，在水不清洁时易被其中的杂质和污物堵塞，如果喷嘴前的配管不用不锈钢管，管路中的铁锈也易堵塞喷嘴。

（2）传统水喷嘴的流量Q大致与喷嘴内外压力差p的平方根成正比，即$Q = k\sqrt{p}$（k为比例常数）。因此，通过增加水压的办法来提高冷却强度效果很差，只有更换大流量的喷嘴才能达到目的，这说明水喷嘴调节流量的范围不大。

（3）冷却不均匀，冷却水利用率不高。喷射到铸坯表面的水，小部分被蒸发，大部分滞留在铸坯表面与辊子接触的尖角内并向两边横流，而后通过铸坯两侧边缘下流，使铸坯边角部区域过冷。特别是弧形连铸机，内弧面导辊处容易积存水（板坯连铸机更突出），造成内外弧冷却不均匀。

B　气—水喷雾冷却

水冷却铸坯的效率取决于小水滴穿透蒸气界面的能力，只有具有穿透能力的小水滴才具有强的冷却效应。气—水喷雾是将压缩空气和水从两个不同方向，在喷嘴内混合或在喷嘴外面混合，压缩空气能进一步把水滴雾化，高速打在铸坯表面上，从而得到雾化程度很好的高冲击力的广角流股，达到很高的冷却效果和均匀程度。水滴的平均直径是：水喷嘴200～600μm，气—水喷嘴20～60μm。如水滴平均直径由120μm减小到60μm，则水滴的表面积与体积比值从$0.05m^{-1}$增加到$0.1m^{-1}$。故水喷嘴1L水中有1.1×10^9个水滴，总表面积为$50m^2$，而气—水喷嘴1L水中有8.89×10^9个水滴，总表面积为$100m^2$。

气—水喷雾冷却的优点如下：

（1）气—水喷嘴的喷孔口径较大，喷嘴堵塞事故发生率很低。可降低对水质的要求，节约水处理费用和维修工作量。

（2）可改变压缩空气和水的压力以及气、水比，有效地扩大水流量调节范围。

（3）气—水喷嘴使水的雾化程度高，冲击力大，被蒸发的水量多，冷却效率高，未蒸发的水相对减少，对改善铸坯边角过冷有明显效果。

（4）气—水喷嘴覆盖面大，铸坯表面冷却均匀，而且压缩空气还能吹扫铸坯和辊子接触区尖角内的积水，从而使铸坯表面温度波动范围缩小到50~80℃，而水喷雾冷却铸坯表面温度波动在200~300℃。气—水喷雾时铸坯表面温度比水喷雾冷却时的铸坯表面温度高50℃左右，使冷却中的铸坯热应力减少并有利于铸坯的热送和直接轧制。

（5）单位耗水量下降，约为水喷雾冷却的一半。气—水喷雾冷却管路复杂，维修不方便，生产成本及投资费用较高，以往只用在板坯及大方坯连铸机上。但由于这种冷却方式非常适宜于高速连铸，目前即便是小方坯，高速连铸机也多采用气—水喷雾冷却。

C 干式冷却

热装和连铸连轧工艺的开发，要求生产良好的无缺陷高温铸坯，上述两种冷却方式都不能完全满足要求。为此，开发出在二冷区不向铸坯表面喷水，而是依靠导辊（其中通水）间接冷却的一种弱冷方式，即干式冷却。在水冷方式中，导辊对铸坯的冷却作用很小，但在干式冷却时，其导辊为螺旋焊辊，冷却水从辊身与辊套之间流过，间接冷却铸坯。这比上述两种冷却方式冷却能力差，使用时由于冶金长度限制，要相应降低拉坯速度。由于铸坯表面温度高，为避免鼓肚量增加，要选用较小的辊距和采用多支点的导辊。

曼内斯曼公司对4点矫直的超低头板坯连铸机，采用不同二冷方式，研究表明，与喷水冷却相比，干式冷却能使铸坯表面温度从960℃提高到1050℃，铸坯显热增加，有利于浇注裂纹敏感的钢种。

干式冷却技术已成功地用于超低头板坯连铸机。它的优点是：良好的铸坯表面质量，适于浇注裂纹敏感性强的钢种；铸坯温度高，适于热送和直接轧制；省去了水喷雾系统，使二冷区的管路设施得以简化，降低了操作成本。

3.3.3.4 各喷水区域配水的确定

铸坯表面热流或表面温度是从上到下逐渐减少的，当拉速一定时，喷水量也应沿铸机高度从上到下连续递减。为此，应把二冷区分成无数个冷却段，这实际上无法实现，但又要尽可能保持在二冷区铸坯表面温度不要波动太大，因此，应根据铸机类型（板坯、方坯）和对铸坯质量的要求，把二冷区分成若干个冷却段。二冷区各冷却段的配水量应满足这种变化，如板坯、大方坯分成5~9个冷却段，小方坯分成2~3个冷却段，同时沿着拉坯方向从上向下冷却段的长度应逐渐增大。为了控制方便，各冷却段还应分成一个或几个独立循环水路。内弧表面的冷却效果较外弧好，所以通常内弧表面配水量为总水量的1/3~1/2，而且沿拉坯方向水量递减。在靠近结晶器下端的冷却段为垂直型，内弧与外弧采用相同的冷却水量配置。

坯壳厚度在通过结晶器后渐渐增大，在二冷喷水状态下的铸坯表面的热传导率随着坯壳厚度的增加而降低，为了有效进行凝固，在坯壳厚度薄的地方，增加冷却水的流量，而坯壳厚的地方，喷射的水量足以降低表面温度并防止鼓肚，这就是不同喷水区域配水的一般考虑方法，由此来决定不同区域的配水。实际现场生产常用以下几种配水方法进行配水。

A 等表面温度变负荷给水法

等表面温度变负荷给水法是保证铸坯表面温度在整个二冷区不变，即铸坯一进入二冷区就加大水量，使铸坯的温度迅速降低到矫直温度（900～1000℃），然后逐渐减少冷却水量，便可保证铸坯在整个二冷区内的表面温度不变。这种方法的实施是根据钢水凝固传热理论，建立相应钢水传热的数学模型，然后对钢水的在二冷区的凝固过程进行计算，从而确定二冷各段的冷却水量。这种方案的优点是二冷上部的冷却强度大，铸坯凝固快，收缩也很均匀，有利于减少铸坯的内部缺陷及形状缺陷。

B 分段按比例递减给水量

将二冷区分成若干段，各段有自己的给水系统，可分别控制给水量，按照水量由上到下递减的原则进行控制。这种方案的优点是冷却水利用率高、操作方便，并能有效控制铸坯表面温度回升，也可防止铸坯表面和内部缺陷的发生。目前，国内的许多工厂采用这种配水方案，图3-27所示为板坯连铸机二冷区分段按比例递减给水的实例。

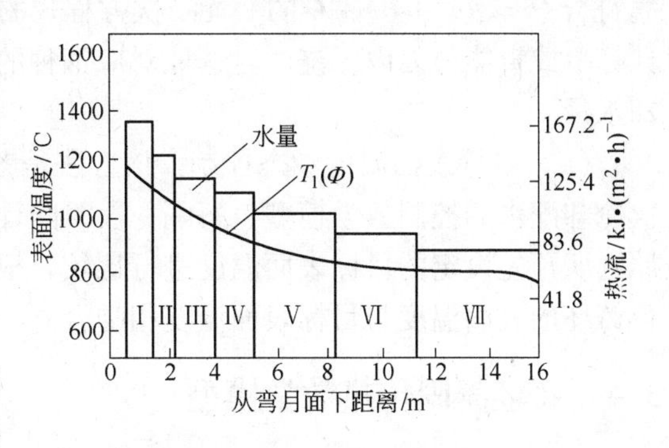

图3-27 二冷区分段冷却

C 等负荷给水

等负荷给水又称等换热系数给水，是在二冷区各段采用相同的给水量，而保持换热系数不变。这种方法配水简单、操作方便。此方法的缺点是二冷上部冷却强度不够而下段又过大，造成上部凝固时间过长而下部铸坯表面温度偏低，大量的冷却水没有得到充分利用。

D 内外弧喷水量分配的决定

对于内外弧喷水量分配的方法，垂直型、弯曲型有很大差异。垂直型时，内外对称喷水，就是在均匀凝固、均匀应力状态下喷水，而弯曲型场合，对应铸坯的倾斜角度，内外弧的喷水量必须有差异。即铸坯在结晶下端的支承辊附近时，同垂直一样，内外弧用同量的水就行，而接近夹紧辊的铸坯由于变成水平，根据喷水的停滞及流动的效果，内弧与外弧相比，即使用同量的喷水也能预期到较大的冷却效果。另一方面，对于外弧来说，喷水在碰到铸坯之后就直接落下，冷却效果就低。根据上述的情况，通常弯曲型的场合在导向辊之后，不同冷却段内外弧喷水量之比为1.0～2.0。

3.3.4 二次冷却的控制方法

目前，二次冷却的控制方法，有下面几种：

(1) 人工配水。人工配水方法一般是由工艺人员在开浇前按设计好的配水表，根据不同钢种、不同断面及不同拉速，按一定的冷却强度设定二冷总水量和各段冷却水量。配水工根据实际拉速迅速调整各阀门的开度使供水流量达到配水表上的要求。然后用肉眼目测或用红外辐射测温仪测量二次冷却区出口铸坯表面温度，适当调整水量，使铸坯表面温度控制在1000℃左右，达到水量控制的目的。由于人工配水受到人为因素影响，特别是拉速变化时水量控制的滞后现象，难以保证铸坯质量。

（2）比例控制，即二次冷却的水量按拉速成一定比例的控制。实际上与人工控制的计算方法相同，仅是用PLC或计算机指令来控制水阀门的开度，使水流量接近设定值。此时流量计会将流量信号反馈到PLC，经过PLC对信号的处理及比较，然后再调整阀门开度，使水量精确地控制在设定值上。比例法是方坯连铸机使用最广泛的控制方法。它的数学模型通常为$Q = Av + B$（式中，Q为二次冷却水总量，L/min；v为拉速m/min；A，B分别为系数）。然后再分解为$Q_i = A_i v + B_i$为各段的分水量。其中$Q = \Sigma Q_i$，表示总水量是各段分水量之和。

（3）参数控制。这种方法的思路是制定出适合于所需浇注钢种的目标表面温度曲线，由此找出要使铸坯表面实际温度符合目标温度时，各冷却段水量的控制参数A、B、C，建立符合$Q = Av^2 + Bv + C$的一元二次方程式的数学模型。同时将A、B、C这些参数储存于计算机或智能仪表内，浇注时选取对应钢种的控制参数，然后根据拉速自动配置各回路冷却水量。

（4）目标表面温度动态控制。该方法是考虑到钢种、拉速及浇注状态，由计算机对二次冷却配水的控制数学模型，每隔一段时间计算一次铸坯表面温度，并与考虑了二冷配水原则所预先设定的目标表面温度进行比较，根据比较的差值结果给出各段冷却水量，以使得铸坯的表面温度与目标表面温度相吻合。

3.4 铸坯凝固传热数学模型

对于连铸热交换及凝固过程的研究有很多种方法，大体可分为两类：实验研究和数学模拟。

实验研究方法是在现场或实验室的连铸条件下，利用各种物理和化学手段以及各种测量仪器仪表，对铸坯热交换及凝固过程进行实际验证，例如：

（1）设法从凝固着的铸坯中排出尚未凝固的钢液，即可观察凝壳形状；

（2）用射钉枪将特制钉打入铸坯内，再从铸坯中切取带钉的试样，即可测量坯壳厚度；

（3）将硫、磷放射性同位素投入铸坯液芯，同时注入液态铅，随后从铸坯上切取具有放射性印痕的试样，即可确定凝固前沿的位置；

（4）将硫或硫化亚铁放入液相穴，同时注入液态铅，随后从试样上拓取硫印，即可测定偏析情况；

（5）把带有保护管的热电偶经引锭杆插入铸坯中，用来测量铸坯内部温度；

（6）在结晶器内壁上安装微型铠装热电偶，用来测量结晶器内铸坯表面温度；

（7）测量结晶器冷却水进出口流量及水温差以确定结晶器的热平衡等。

实验研究方法的特点是直观、准确、可信程度高。对于某些十分复杂的热过程，其物理及数学的描述与分析比较困难，用实验研究方法可以比较简单地掌握其机理与特征。实验研究需要有一定的人、时、物力的支持，有时费用很高；另外，有些过程或现象因设备或工艺等原因，难以进行实验研究，或实测数据误差较大。为了节约费用及研究全面，人们往往用数值模拟方法对实验研究进行替代或补充，二者还能互相验证与促进。数学模拟方法是用数学解析或数值分析等手段，对描述过程的数理方程求解，从而实现对问题的模拟研究。数学模拟方法的特点是简便、经济、适用范围广泛，并且承受现场条件等限制，还能对某些未曾进行的过程做出预测性的分析。若方法得当，其准确程度在很多情况下并不亚于实验研究方法。数学模拟的好坏，除了取决于所用求解数学方法的精度与稳定性之外，关键在于对过程进行物理和数学抽象的数学模型的准确性。所以，建立准确、完善、易于求解的数学模型，是数学模拟取得成功的重要基础。

3.4.1　铸坯凝固传热方程描述

铸坯凝固传热方程是描述铸坯在连铸机内凝固过程中热传递导致铸坯温度分布的数学表达式。在连续铸钢过程中，钢水浇入结晶器，形成规定形状的固体坯壳，从结晶器钢水弯月面开始铸坯以一定的速度向下运动，经过二次喷水冷却区和辐射冷却区向切割设备移动，铸坯在边运行边传热边凝固的过程中，形成一个很长的液相穴（板坯连铸时可达25～30m）。从中间包浇入结晶器的注流动能引起液相穴内钢水产生强制对流传热，热连续地通过已凝固坯壳传到外界使铸坯完全凝固。其凝固速率决定于坯壳向外界传热的速率，而坯壳传递热量的多少又决定于钢种的热物性、铸坯经历的不同冷却区的边界条件以及浇注工艺参数。因此，可以根据铸坯在结晶器、二冷区和辐射区所导出的热量来定量了解铸坯在运动过程中凝固壳（厚度）的生长、铸坯内的温度分布以及液相穴的延伸长度，即凝固终点等，还可以模拟结晶器长度对冷却强度、二冷配水方案、拉速等设备结构和工艺因素对铸坯凝固过程的影响。这对于工艺参数的优化、铸坯质量的改善和连铸机设计等方面都具有十分重要的意义。因此，人们开发了铸坯凝固传热数学模型，并与计算机控制技术相结合，应用于连铸生产并取得了显著效果。该模型包含导热方程、初始条件和边界条件等。

数学方程式：假想在凝固的铸坯内取一个小的体积单元（图 3-28），它可以位于凝固壳内也可位于液相穴内，铸坯以一定速度“向下运动”，热量从铸坯中心向坯壳表面传递，所传递热量的多少取决于金属的热物理性能和铸坯的边界条件。为导出铸坯凝固传热数学方程式，做以下 5 项假设：

（1）忽略垂直方向（即拉坯方向）的传热（结晶器拉坯方向的导热量仅占总热量的3%～6%）；

（2）浇注断面呈对称冷却，即相对两面的冷却速率相同；

（3）液相穴内仅靠传导传热，忽略液体的对流传热；

（4）钢的热物理常数如密度 ρ、导热系数 λ 和比定压热容 c_p 均不随温度而变化；

（5）操作过程为稳定态，如拉速、钢水温度和结晶器钢液面都是稳定的；

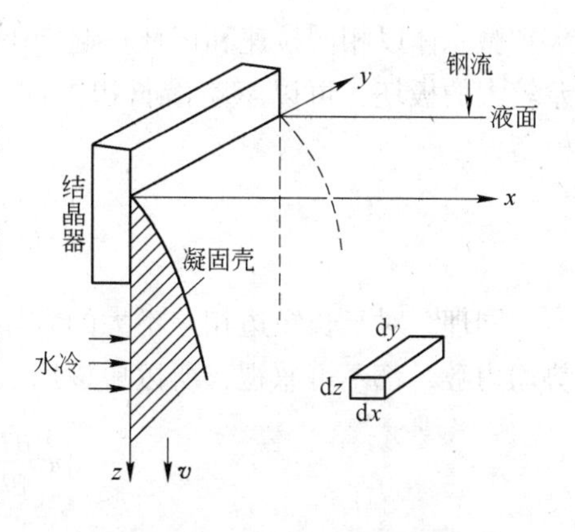

图 3-28　铸坯凝固示意图

根据建立数学模型的步骤，假想从结晶器弯月面处沿铸坯中心取一高度为 dz，厚度为 dx，宽度为 dy 的微元体，与铸坯一起向下运动（图 3-28）。做微元体的热平衡，可得到以下偏微分方程：

微元体储存热量 = 接收热量 - 支出热量

（1）钢流由顶面带入微元体热量（$\mathrm{d}x\mathrm{d}y$ 面）

$$\rho vcT\mathrm{d}x\mathrm{d}y(\text{令 } \mathrm{d}z = 1) \tag{3-41}$$

（2）铸坯中心传给微元体热量（$\mathrm{d}y\mathrm{d}z$ 面和 $\mathrm{d}x\mathrm{d}z$ 面）

$$\lambda \frac{\partial T}{\partial x}\mathrm{d}y\mathrm{d}z + \lambda \frac{\partial T}{\partial y}\mathrm{d}x\mathrm{d}z \tag{3-42}$$

（3）微元体内储存热量（内能）

$$-\rho c \frac{\partial T}{\partial t}\mathrm{d}x\mathrm{d}y\mathrm{d}z \tag{3-43}$$

（4）微元体向下运动带走热量（$\mathrm{d}x\mathrm{d}y$ 面）

$$\rho vc\left(T + \frac{\partial T}{\partial z}\mathrm{d}z\right)\mathrm{d}x\mathrm{d}y \tag{3-44}$$

（5）微元体侧面传走热量（$\mathrm{d}y\mathrm{d}z$ 面和 $\mathrm{d}x\mathrm{d}z$ 面）

$$\left[\lambda \frac{\partial T}{\partial x} + \frac{\partial\left(\lambda \frac{\partial T}{\partial x}\right)\mathrm{d}x}{\partial x}\right]\mathrm{d}y\mathrm{d}z + \left[\lambda \frac{\partial T}{\partial y} + \frac{\partial\left(\lambda \frac{\partial T}{\partial y}\right)\mathrm{d}y}{\partial y}\right]\mathrm{d}x\mathrm{d}z \tag{3-45}$$

代入能量平衡方程：

$$-\rho c \frac{\partial T}{\partial t}\mathrm{d}x\mathrm{d}y\mathrm{d}z = \rho vcT\mathrm{d}x\mathrm{d}y + \lambda \frac{\partial T}{\partial x}\mathrm{d}y\mathrm{d}z + \lambda \frac{\partial T}{\partial y}\mathrm{d}x\mathrm{d}z - \rho vc\left(T + \frac{\partial T}{\partial z}\mathrm{d}z\right)\mathrm{d}x\mathrm{d}y -$$

$$\left[\lambda \frac{\partial T}{\partial x} + \frac{\partial\left(\lambda \frac{\partial T}{\partial x}\right)}{\partial x}\mathrm{d}x\right]\mathrm{d}y\mathrm{d}z - \left[\lambda \frac{\partial T}{\partial y} + \frac{\partial\left(\lambda \frac{\partial T}{\partial y}\right)\mathrm{d}y}{\partial y}\right]\mathrm{d}x\mathrm{d}z \tag{3-46}$$

化简后得：

$$\rho c \frac{\partial T}{\partial t} - \rho vc \frac{\partial T}{\partial z} - \frac{\partial}{\partial x}\left(\lambda \frac{\partial T}{\partial x}\right) - \frac{\partial}{\partial y}\left(\lambda \frac{\partial T}{\partial y}\right) = 0 \tag{3-47}$$

微元体以相同拉速和铸坯一起向下运动，故微元体相对速度为零，所以对于长短边相差较大的板坯，可以忽略沿长边方向（y 方向）铸坯的温度梯度和传热，采用一维传热模型：

$$\rho c \frac{\partial T}{\partial t} = \frac{\partial}{\partial x}\left(\lambda \frac{\partial T}{\partial x}\right) \tag{3-48}$$

同理，对于长短边相差不大的方坯（严格应该叫矩形坯），由于 x、y 两方面的传热量势均力敌，都不可忽视，所以应该用二维传热模型：

$$\rho c \frac{\partial T}{\partial t} = \lambda\left(\frac{\partial^2 T}{\partial x^2} + \frac{\partial^2 T}{\partial y^2}\right) \tag{3-49}$$

对于圆形截面的铸坯，可采用极坐标系进行研究，其二维传热模型的导热方程为：

$$\rho c \frac{\partial T}{\partial t} = \frac{\partial}{\partial r}\left(\lambda \frac{\partial T}{\partial r}\right) + \frac{\lambda\left(\frac{\partial T}{\partial r}\right)}{r} \tag{3-50}$$

如以热焓形式表示，则以上各式变为：

$$\frac{\partial H}{\partial t} = \frac{\lambda}{\rho}\left(\frac{\partial^2 T}{\partial x^2}\right) \tag{3-51}$$

$$\frac{\partial H}{\partial t} = \frac{\lambda}{\rho}\left(\frac{\partial^2 T}{\partial x^2} + \frac{\partial^2 T}{\partial y^2}\right) \tag{3-52}$$

$$\frac{\partial H}{\partial t} = \frac{\lambda}{\rho}\left(\frac{\partial^2 T}{\partial r^2} + \frac{1}{r}\frac{\partial T}{\partial r}\right) \tag{3-53}$$

如考虑导热系数 λ 随温度的变化，则：

$$\lambda = a + bT \tag{3-54}$$

$$\frac{\partial}{\partial x}\left(\lambda \frac{\partial T}{\partial x}\right) = \lambda \frac{\partial^2 T}{\partial x^2} + b\left(\frac{\partial T}{\partial x}\right)^2$$

$$\rho c \frac{\partial T}{\partial t} = \lambda \frac{\partial^2 T}{\partial x^2} + b\left(\frac{\partial T}{\partial x}\right)^2 \tag{3-55}$$

式中 ρ——钢密度；
λ——钢导热系数；
c——钢比热容；
H——钢的热焓；
T——温度。

用上述热传导方程来预见铸坯的温度分布，必须确定铸坯中体积单元从结晶器弯月面开始，以拉速 v 向下运动的初始条件，以及经过结晶器、二冷区和辐射区的铸坯表面边界条件。

（1）初始条件：开始 $t=0$ 时，$x=0$，$z=0$，结晶器弯月面处微元体钢水温度 $T=T_e$（浇注温度）。

（2）边界条件：铸坯内热流是连续的。铸坯表面的边界条件在各冷却区是不同的。

在结晶器内：

$$\begin{aligned} x = 0,\ -\lambda\frac{\partial T}{\partial x}\bigg|_{x=0} &= q \\ y = 0,\ -\lambda\frac{\partial T}{\partial y}\bigg|_{y=0} &= q \end{aligned} \tag{3-56}$$

式中，q 为凝固坯壳传给结晶器的热流密度。由于结晶器传热的复杂性，很难从理论上进行计算。但可以进行现场测定结晶器冷却水量和水的温升以计算结晶器平均热流密度：

$$q = \frac{Wc\Delta T}{S} \tag{3-57}$$

式中 W——结晶器冷却水量；
c——水的比热容；

ΔT——结晶器进出水温度差；

S——结晶器与钢壳接触的有效传热面积。

结晶器的热流密度常采用下式表示（A、B 为常数）：

$$q = A - B\sqrt{t} \tag{3-58}$$

结晶器热流密度还与钢种、拉速、润滑剂（油或保护渣）的类型、冷却水流速和结晶器设计等因素有关。

在二冷区内，从结晶器拉出来的铸坯进入二冷区接受喷水冷却，喷雾水从铸坯表面带走的热流可作为边界条件，它可表示为：

$$q = h(T_s - T_w) \tag{3-59}$$

式中　h——传热系数；

T_s——铸坯表面温度；

T_w——冷却水温度。

二冷区的传热过程是很复杂的，它受喷嘴类型、喷水压力、支承辊结构、铸坯表面状态（如氧化铁皮）、冷却水温度和水滴雾化程度等因素的影响。二冷区的热流可由试验确定。

在辐射冷却区，铸坯从二冷区拉出来进入无喷水的空气冷却区，此时仅靠辐射向外界传热，热流可用斯蒂芬—玻耳兹曼（Stefan Boltzmann）定律表示：

$$q = \sigma\varepsilon(T_s^4 - T_a^4) \tag{3-60}$$

式中　σ——玻耳兹曼常数，$5.67\times10^{-8}\mathrm{J/(m^2\cdot K^4\cdot s)}$；

ε——铸坯氧化表面的辐射系数（其值约为0.8）；

T_s——铸坯表面温度（绝对温度）；

T_a——周围介质温度（绝对温度）。

此外，还应指出，铸坯（如方坯、板坯）断面是对称性传热，铸坯中心面（$x = a/2$，$y = b/2$）的边界条件是：

$$x = \frac{a}{2},\ -\lambda\frac{\partial T}{\partial x} = 0$$

$$y = \frac{b}{2},\ -\lambda\frac{\partial T}{\partial y} = 0 \tag{3-61}$$

以上方程式（3-47）（或式(3-48)～式(3-50)）加上初始条件式和边界条件式(式(3-56)～式(3-61))，构成了铸坯凝固传热的数学表达式。解此热传导方程式就可得到整个铸坯断面的温度分布。

3.4.2　差分方程的建立

求解偏微分方程的方法有解析法和数值法。

解析法是对偏微分方程积分可得到精确解，但是由于连铸过程的复杂性，需做许多假设：如金属的 λ、c 不随温度变化；凝固坯壳内温度呈某种曲线分布；传热系数不随连铸机的高度而变化等，因而计算结果与实际情况有较大出入，求解极为繁杂，适用性也差。

同时由于复杂的边界条件或考虑 $\lambda = f(T)$ 的变化，解析方法是无能为力的。现在广泛应用的是数值法求解。

数值解法是以离散数学为基础，以计算机为工具对导热方程求解的方法。这种方法把连续变量转化为离散变量，把无限多个连续点的温度场转为有限个具有代表意义的离散点的温度分布。

它的理论基础虽不如解析解那样坚实、严密，但是，在实际问题面前却显示了很大的适应性、灵活性与优势。如前所述，铸坯凝固热交换的实际情况是非常复杂的，而对着依赖于温度的铸坯热物性参数和纷繁多变的边界条件，解析解法往往是无能为力的，而数值解法则受到人们的普遍欢迎。随着计算机特别是微型计算机性能的不断改善，数值解法的计算在精度与速度方面都在不断提高，因而在凝固热交换的研究中得到了越来越广泛的应用。

导热问题数值求解的方法主要是有限差分法和有限元法。有限元解法，其特点是适合于几何边界条件复杂的导热区域。对异型坯连铸热交换问题的研究则以有限元法更为得力。这里主要讨论有限差分法。

当将导热偏微分方程化为差分方程时，必须首先建立差分网格。假想在结晶器弯月面以下铸坯$\frac{1}{2}$厚度的区域（$0 \leqslant r < \frac{x}{2}$，$t \geqslant 0$）取一薄片，将它分成许多相等的格子。假设每个格子的温度均匀并以中心点代表一个结点，两个结点之间距离为 Δx（称作空间步长）；设 e 为铸坯的$\frac{1}{2}$厚度，有 n 个结点：

$$\Delta x = \frac{\frac{e}{2}}{n - 1} \tag{3-62}$$

同时薄片从结晶器弯月面开始随铸坯向下运动，到切割站所经历的时间分割为相等的时间增量 Δt（称作时间步长）；设拉速为 v，则每个格子的高度为：

$$\Delta x = v\Delta t \tag{3-63}$$

这样就构成了 $\Delta x \Delta z$ 矩形网格，以便计算不同时刻各结点的温度。

如图 3-29 所示，Δx，Δt 分别为空间步长和时间步长，用每个小格子的中心温度来代替整个格子的温度，对中心和边界的格子分法应使格子中心温度恰好是铸坯中心和表面。

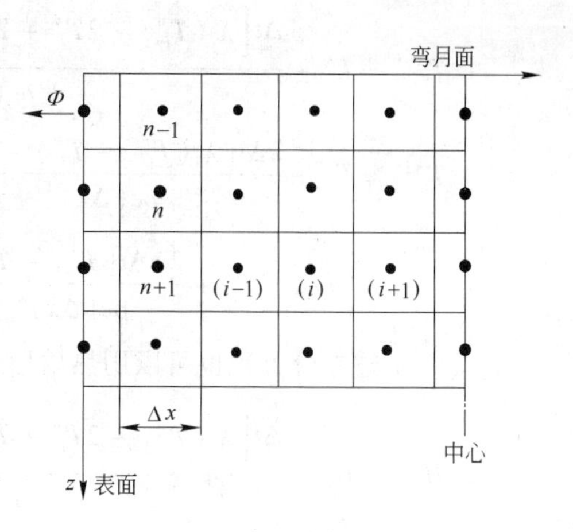

图 3-29 网格示意图

由泰勒级数展开式知：

$$\begin{aligned} T_{i+1}^{n} &= T_{i}^{n}(x_{i} + \Delta x) \\ &= T_{i}^{n} + \frac{\Delta x}{1!}\left(\frac{\partial T}{\partial x}\right)_{i}^{n} + \frac{(\Delta x)^{2}}{2!}\left(\frac{\partial^{2} T}{\partial x^{2}}\right)_{i}^{n} + \cdots \end{aligned} \tag{3-64}$$

$$T_{i-1}^{n} = T_{i}^{n}(x_{i} - \Delta x)$$

$$= T_i^n - \frac{\Delta x}{1!}\left(\frac{\partial T}{\partial x}\right)_i^n + \frac{(\Delta x)^2}{2!}\left(\frac{\partial^2 T}{\partial x^2}\right)_i^n + \cdots \tag{3-65}$$

式(3-64)和式(3-65)相加，省去高阶项得：

$$\left(\frac{\partial^2 T}{\partial x^2}\right)_i^n = \frac{T_{i+1}^n - 2T_i^n + T_{i-1}^n}{(\Delta x)^2} \tag{3-66}$$

同理可得：

$$\left(\frac{\partial T}{\partial x}\right)_i^n = \frac{T_i^{n+1} - T_i^n}{\Delta t} \tag{3-67}$$

令 $\frac{\lambda}{\rho c}$ = 常数，以式(3-66)、式(3-67)代入式(3-47)得：

$$T_i^{n+i} = T_i^n + \frac{\lambda \Delta t(T_{i+1}^n - 2T_i^n + T_{i-1}^n)}{\rho c(\Delta x)^2} \tag{3-68}$$

对铸坯表面点（$i=0$）得：

$$T_i^{n+i} = T_i^n + \frac{2\lambda \Delta t(T_{i+1}^n - T_i^n)}{\rho c(\Delta x)^2} - \frac{2\phi \Delta t}{\rho c \Delta x} \tag{3-69}$$

对铸坯中心点（$i=N$）得：

$$T_i^{n+i} = T_i^n + \frac{2\lambda \Delta t(T_{i-1}^n - T_i^n)}{\rho c(\Delta x)^2} \tag{3-70}$$

式(3-68)、式(3-69)、式(3-70)构成了导热偏微分方程式(3-47)的差分方程式组。以上是 λ 为常数的情况，如 λ 随温度而变化，$\lambda = a + bT$，则差分方程为：

$$\begin{aligned} T_i^{n+i} &= T_i^n + \frac{\Delta t\left[\lambda_i(T_{i+1}^n - 2T_i^n + T_{i-1}^n) + \frac{b}{4}(T_{i+1} - T_{i-1})^2\right]}{\rho c(\Delta x)^2} \quad (0 < i < N) \\ T_i^{n+i} &= T_i^n + \frac{2\Delta t[\lambda_i(T_{i+1}^n - T_i^n) - \Delta x\phi]}{\rho c(\Delta x)^2} + \frac{b\Delta t}{\rho c(\Delta x)^2}\left(\frac{\Delta x \phi}{\lambda_i}\right)^2 \quad (i = 0) \\ T_i^{n+i} &= T_i^n + \frac{2\lambda \Delta t[T_{i-1}^n - T_i^n]}{\rho c(\Delta x)^2} \quad i = N \end{aligned} \tag{3-71}$$

同时，上述差分方程也可以用热焓形式表示：

$$\begin{aligned} H_i^{n+i} &= H_i^n + \frac{\Delta t\left[\lambda_i(T_{i+1}^n - 2T_i^n + T_{i-1}^n) + \frac{b}{4}(T_{i+1} - T_{i-1})^2\right]}{\rho(\Delta x)^2} \quad (0 < i < N) \\ H_i^{n+i} &= H_i^n + \frac{2\Delta t[\lambda_i(T_{i+1}^n - T_i^n) - \Delta x\phi]}{\rho(\Delta x)^2} + \frac{b\Delta t}{\rho(\Delta x)^2}\left(\frac{\Delta x \phi}{\lambda_i}\right)^2 \quad (i = 0) \\ H_i^{n+i} &= H_i^n + \frac{2\lambda \Delta t[\lambda_i(T_{i-1}^n - T_i^n)]}{\rho c(\Delta x)^2} \quad i = N \end{aligned} \tag{3-72}$$

用差分方程代替微分方程要舍去泰勒级数展开项中高阶导数项，这样会引起误差（截断误差）。只要步长 Δx、Δt 取得足够小，近似代替是可行的。差分方程收敛和稳定的必要条件是：

板坯一维传热
$$\frac{\lambda \Delta t}{\rho c_p (\Delta x)^2} \leqslant \frac{1}{2} \tag{3-73}$$

方坯二维传热：
$$\frac{\lambda \Delta t}{\rho c_p}\left[\frac{1}{(\Delta x)^2} + \frac{1}{(\Delta y)^2}\right] \leqslant \frac{1}{2} \tag{3-74}$$

计算中物性参数的处理包括以下内容。

3.4.2.1 钢的液固相线温度

钢的液固相线温度取决于化学成分。常用计算低碳钢液相线温度的公式为：

$$T_L = 1539 - (70[\%C] + 8[\%Si] + 5[\%Mn] + 30[\%P] + 25[\%S] + 4[\%Ni] + 1.570[\%Cr]) \quad (℃) \tag{3-75}$$

常用计算固相线温度的公式为：

$$T_S = 1536 - (415[\%C] + 12.3[\%Si] + 6.8[\%Mn] + 124.5[\%P] + 183.9[\%S] + 4.3[\%Ni] + 1.4[\%Cr] + 4.1[\%Al]) \quad (℃) \tag{3-76}$$

文献中计算钢液固相线温度有多种公式，计算误差一般在2～5℃。

3.4.2.2 凝固潜热的释放

凝固潜热是指在液相线温度和固相线温度之间（即 $T_L \sim T_S$）放出的热量。由于合金材质不同，潜热释放的形式也不同，在数值计算中也应采取不同的潜热处理方法。

A 温度补偿法

纯金属或共晶合金都是在同一温度上发生凝固，也是在该温度上将所有的凝固潜热释放完毕。用有限差分对这类合金的铸件进行计算时，因其恒温凝固的特点，需做如下处理。

铸件内任一单元 i、设其初始温度高于凝固点 T_S。计算时要满足条件为：

$$\sum_{i=1}^{m} \Delta T_i \geqslant \Delta T^* \tag{3-77}$$

即将潜热的释放折合成等效温度区间 ΔT^* 内显热的释放，并保持计算温度为常数 T_S，只有当所有的补偿温度之和大于或等于等效温度区间 ΔT^* 时才意味着凝固结束，温度才可能继续下降。

但对于多项式第 m 步计算，温度不能再补偿到 T_S，而应是：

$$T_i = T_S - \left(\sum_{i=1}^{m} \Delta T_i - \Delta T^*\right) \tag{3-78}$$

此后不再对该单元进行潜热处理。

B 等效比热法

在数学模型计算时，对凝固潜热的释放的处理方法是人为地增加液相线和固相线温度之间的比热容，采用等效比热法处理凝固潜热，即将凝固潜热平均分配到固、液两相区内，即平均比热法。式中 c_{eff} 为有效比热容；c_L 为液体比热容；L_f 为凝固潜热。

$$c_{eff} = \frac{c_S + c_L}{2} + \frac{L_f}{T_L - T_S} \tag{3-79}$$

C 热焓法

有的研究者认为潜热完全在两相区中释放；有人认为75%潜热在两相区释放，25%在固相线温度放出；也有人认为使用热焓与温度的关系式来考虑潜热的释放更为方便。

3.4.2.3 导热系数

导热系数λ与钢种和温度有关。对固相区的导热系数，一般视为常数，$\lambda = 0.294\mathrm{W}/(\mathrm{cm}^2 \cdot ℃)$，或取为温度的线性关系$\lambda = a + bT$。对碳素钢，$\lambda = 0.033 + 0.265 \times 10^{-4}T$。对于液相区，由于注流动能或电磁搅拌引起钢水强制对流运动，会加速过热度的消除。一般用相当于钢液的导热系数的m倍来综合考虑对流传热的作用，即$\lambda_{\mathrm{eff}} = m\lambda$，$m$为经验常数，一般取$m = 4 \sim 7$。对于固液两相区，树枝晶的生长削弱了钢水对流运动，所以两相区的等效导热应处于固相与液相之间，有以下处理方法：

其一，
$$\lambda_{\mathrm{eff}} = \lambda_{\mathrm{S}} + \frac{\lambda_{\mathrm{L}} - \lambda_{\mathrm{S}}}{T_{\mathrm{L}} - T_{\mathrm{S}}}(T - T_{\mathrm{S}}) \tag{3-80}$$

其二，液体对流传热作用随固相分率f_{S}增大而减小，即
$$\lambda_{\mathrm{eff}} = \lambda_{\mathrm{S}}[1 + (m-1)(1-f_{\mathrm{S}})^2] \tag{3-81}$$

其三，λ_{eff}取液相导热系数的一半，
$$\lambda_{\mathrm{eff}} = \frac{1}{2}m\lambda \tag{3-82}$$

其四，λ_{eff}取固相和液相导热系数的平均值，
$$\lambda_{\mathrm{eff}} = \frac{1+m}{2}\lambda \tag{3-83}$$

总之,对导热系数的处理方法多种多样,计算时需作具体分析,使其反映实际的凝固过程。

3.4.2.4 比热容

钢的比热容与钢种和温度有关。一般来说，比热容随温度升高而增大，但高温下比热容变化不大，故可把比热容作为常数处理。$c_{\mathrm{L}} = 0.84\mathrm{kJ}/(\mathrm{kg} \cdot ℃)$，$c_{\mathrm{S}} = 0.67\mathrm{kJ}/(\mathrm{kg} \cdot ℃)$。也可处理为与温度的线性关系$c_{\mathrm{S}} = a + b\Delta T$。

3.4.2.5 密度

钢水在凝固冷却过程中体积会发生变化，其密度ρ与钢种、温度和相变有关。一般来说，对碳钢，液相密度为$\rho_{\mathrm{L}} = 7.0\mathrm{g/cm^3}$，高温固相密度为$\rho_{\mathrm{S}} = 7.4\mathrm{g/cm^3}$，常温下钢密度为$7.8\mathrm{g/cm^3}$。

3.4.2.6 二冷区传热系数

二冷区的传热系数h是反映二冷区冷却效果的指标。它主要受喷水水流密度的影响，它们之间的关系以经验公式表示：$h = Aw^n$，式中，A为常数；w为水流密度；$n = 0.5 \sim 0.7$。h值还受喷水压力、铸坯表面温度和表面的氧化铁皮等因素的影响。最好能结合具体的连铸机的二冷条件进行模拟测定，以求得合适的h与w的经验式，在计算中应用。

铸坯凝固传热数学模型计算过程中，所涉及的输入量和输出量关系以框图形式表示（图3-30）。

3.4.3 计算程序

用计算机求解连铸板坯传热方程简化计算流程框图如图3-31所示。它描述了计算机

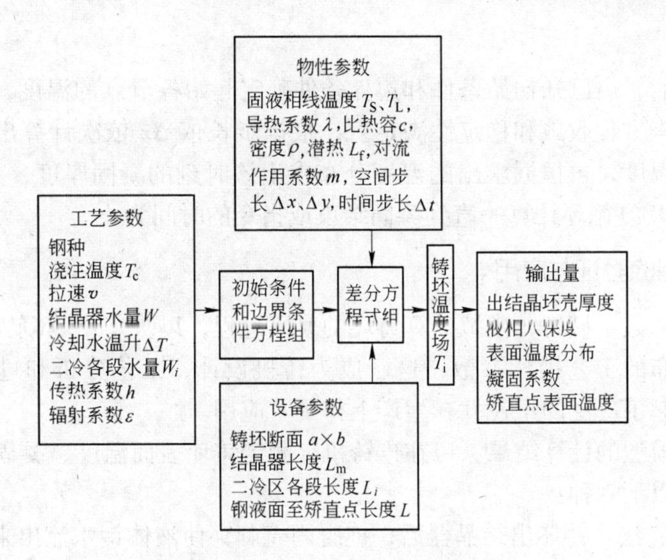

图3-30 输入量和输出量框图

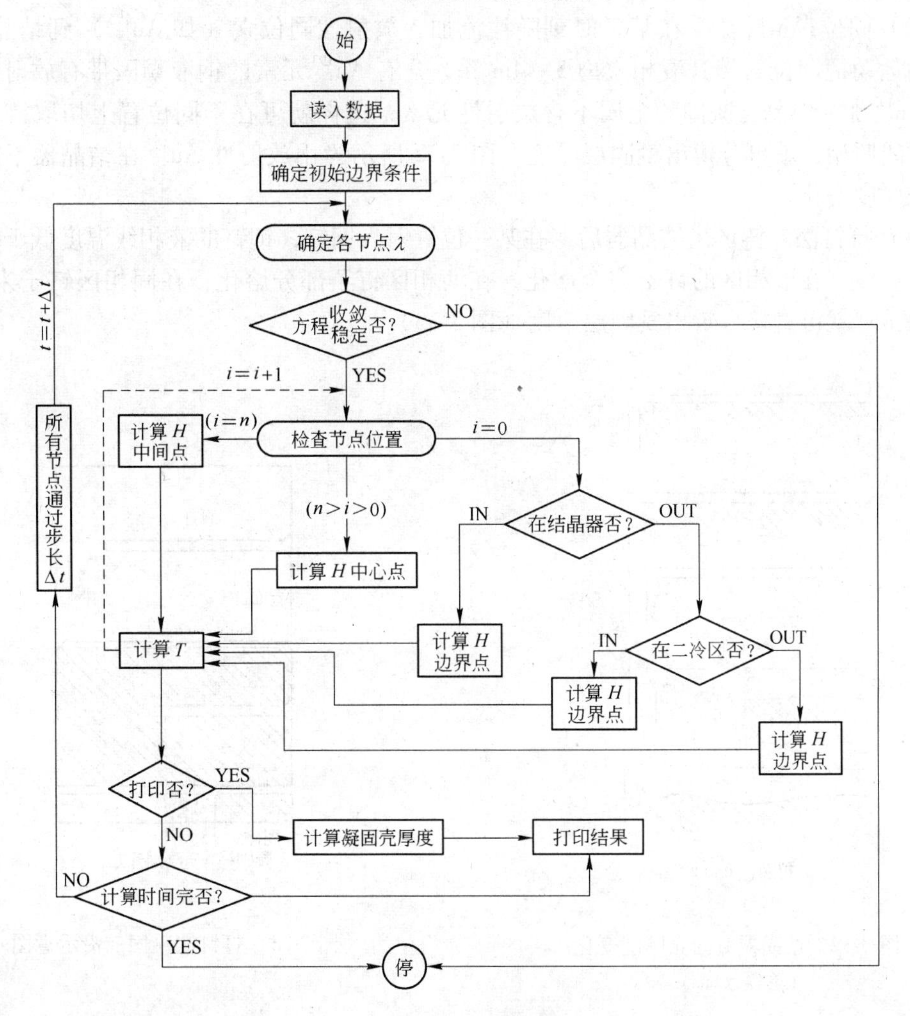

图3-31 计算流程框图

的运算逻辑。

在读入数据后，由已知初始条件和边界条件确定起始各节点的温度，由此计算各节点的导热系数，检查方程收敛和稳定性满足后，根据步长依 Δx 依次计算出该时刻的各节点的热焓并转化为温度，再根据求出的温度分布求出该时刻的凝固厚度，并定期打印结果。时间按增加 Δt，反复循环计算一直到凝固结束或指令的时间为止。

3.4.4 数学模型的验证与应用

根据所建立的数学模型，模拟计算铸坯的凝固过程，以决定影响凝固厚度、液相穴深度和表面温度分布的工艺操作参数，这已成为铸机设计、工艺分析和过程控制的重要手段，在国外已引起了广泛的重视并在生产上得到了应用。

为验证数学模型的计算结果，可在连铸机上测定铸坯表面温度、凝固壳厚度和液相穴长度，其方法有以下六种：

（1）刺穿坯壳法。铸坯出结晶器后，把凝固壳刺穿使液体钢水流出来，然后测定凝固壳厚度，以决定凝固壳厚度与时间关系。

（2）同位素示踪法。在某一时刻随注流加入放射性同位素（如 Au^{193}）到结晶器内，注流的运动把同位素带到液相穴内 3～4m 深，含有 Au^{193}元素的钢液凝固带有放射性，而加入 Au^{193}那一时刻已凝固的金属不含放射性元素，这样就可在不同位置上切取铸坯试样做自射线照相，就可分辨出凝固层厚度。图 3-32 所示为用放射性 Au^{193} 在结晶器不同高度凝固壳厚度变化。

（3）打钉法。铸坯出结晶器后，在某一位置射入钢钉，钢钉的液相线温度低于钢种的液相线温度，在液相区的钉子完全熔化，在两相区钉子部分熔化，在固相区钉子未熔化。这样取试片就可直接分辨出凝固层厚度（图 3-33）。

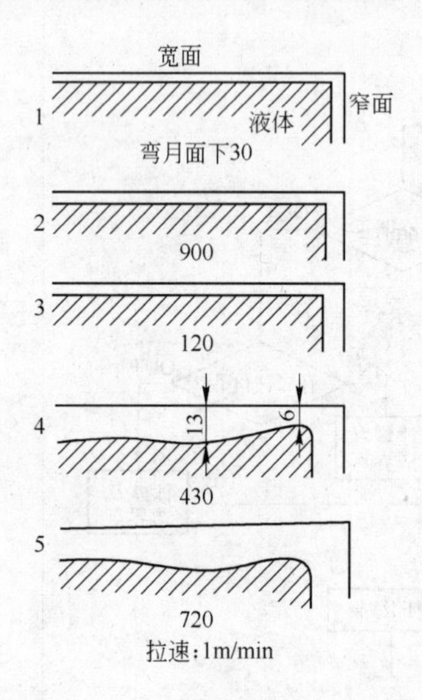

图 3-32 结晶器凝固壳厚度变化
（单位为 mm）

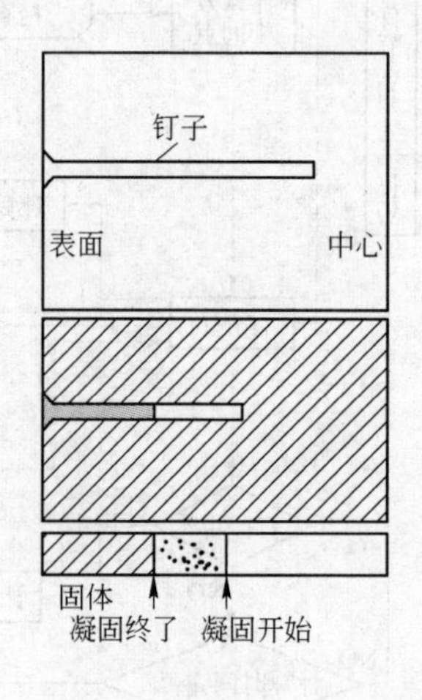

图 3-33 打钉法凝固前沿示意图

（4）测定板坯鼓肚以决定液相穴的位置。在接近矫直点前某一位置，把支承辊的开口度适当加大，如铸坯内还有液相，则就有鼓肚。用此可以粗略估计液相穴的深度。此法简便但不大精确。

(5) 从结晶器上面放入比重大、包有放射性的球（如钨球），此球以相当大的速度下降到液相穴底部，然后用盖格（Geiger）计数器测定出现放射性时铸坯所在位置，以确定液相穴长度。

(6) 测定铸坯表面温度。在二冷区的不同冷却段直到拉矫辊处，选择几个测温点，用高温计测定不同时刻铸坯的表面温度，得到 T_S-t 曲线，并与模型计算的表面温度分布对比。

概括来说，数学模型的应用有以下几方面：

(1) 连铸工艺操作参数的优化。利用数学模型，可分别计算浇注工艺参数（如浇注温度、拉速、冷却水量等）对凝固壳厚度、液相穴长度和表面温度的影响，以得出满足铸机产量和铸坯质量要求的合理操作参数。如提高拉速，就会减少钢水在结晶器的停留时间，导致出结晶器坯壳厚度变薄，增加了拉漏的危险性。为此，使用数学模型可以计算不同拉速和不同结晶器长度与出结晶器坯壳厚度的关系。经常使用的结晶器有效工作长度为625mm，出结晶器坯壳厚度，板坯约20mm、小方坯约10mm才能保证不拉漏。因此，增加拉速，需保持铸坯出结晶器时坯壳厚度不变，为此必须适当增加结晶器长度，以保持钢水在结晶器内停留时间不变。

(2) 二次喷水冷却的合理设计。曾经发现，铸坯中间裂纹是铸坯表面传热速率突然减少使表面回热所致。这种现象可能是在二冷区的两个冷却段，或是在同一冷却段喷嘴不良使冷却不均匀造成的。表面回热是产生中间裂纹的驱动力。显然，要防止中间裂纹的产生，就必须尽可能地把铸坯表面回热减到最小。对板坯连铸机，二冷区喷水冷却应保证矫直点铸坯表面温度大于900℃，以防止形成表面横裂纹。在生产上就是改进喷水冷却条件，把铸坯回热与喷水条件(如喷水压力、喷射距离)联系起来。为保持铸坯表面温度稳定,要求冷却水流量连续地变化,使控制系统复杂化。因此把二冷区分成若干个冷却段,而每个冷却段流量是一样的。铸坯出结晶器进入二冷区的冷却是非常重要的,凝固壳薄导热快,冷却水量要大些。

为此，使用数学模型就可计算为避免产生中间裂纹，在二冷区铸坯所要求的热流分布，然后转换为传热系数分布。根据传热系数与喷水水流密度的关系式，得到二冷区合理的水量分布，以选择合适的喷嘴和喷水参数。

二冷喷水设计方法是：

1）根据传热条件和铸坯质量要求，由数学模型决定铸坯表面温度分布；

2）由模型计算传热系数 h 的分布；

3）使用 h-w 经验公式计算二冷区冷却水量；

4）决定二冷区各段水量分布；

5）选择喷嘴，决定喷水压力和喷嘴分布等。

(3) 连铸机的优化设计。在设计连铸机时，根据实际条件，在数学模型的计算程序中输入断面尺寸、浇注温度、钢成分、拉速、结晶器和二次冷却水量等参数，计算多种方案以选择满足生产率和产品质量的最佳方案。

3.5 近终形连铸的凝固传热特点

当今世界能源日益紧张，为进一步降低能耗，提高产品质量，对材料的加工成型技术提出了更高的要求，因而发展出了近终形连铸技术。近终形连铸（Near Net Shape Casting）是当代钢铁工业一次大的变革，是当前最具有竞争力的短流程工艺，与传统工艺比，具有流程短、效率高、建设投资小、生产成本低等优点，越来越受到人们的重视。近终形连铸包括薄板坯连铸、薄带连铸和异型坯连铸等。

目前，世界各国有色金属连铸设备多达数十种，已成为铸坯生产中的重要的组成部分。有色金属连铸设备可以按结构形式可分为：双辊式连铸设备；轮带式连铸设备；双带式连铸设备；水平式连铸设备；特殊形式的连铸设备。

钢铁和有色合金铜镁铝等金属连续铸造时凝固方式有很大差异，其结晶器的设计和选材也有所不同。钢的固液两相区较深，铝的固液两相区较浅。因为钢具有比较高的熔点，冷却过程需要释放大量热量，而且钢的热扩散系数比较低，热量释放较缓慢，而铝合金熔点要比钢低很多，铝合金热扩散系数也比钢高约一个数量级，所以铝的固液两相区也较浅。钢的连铸通常采用热导率好的纯铜或者铜合金制作结晶器，结晶器长度较长，二次冷却装置比较复杂。铝合金的连铸通常采用短结晶器，二次冷却的方式也比较简单。铝合金连铸的结晶器制作材料可以采用导热系数高的铜、也可以采用导热系数相对较低的铝和不锈钢等多种材质。

3.5.1　薄板坯连铸的主要特点

与中厚板坯连铸相比较，薄板坯连铸的最大特点是铸坯的比面积大，一般是中厚板坯的2.5～3倍，薄板坯的拉速可达6～7m/min，是普通板坯的4～5倍。凝固时间短，例如50mm厚的薄板坯，其全凝固时间仅为1min左右，而250mm厚板坯全凝固时间需23min。因此，薄板坯连铸是一个高温快速的凝固过程。而钢液在结晶器内的换热方式，与其他铸坯无质的区别。

与传统的板坯连铸生产相比。连铸薄板坯断面小、凝固快、速度高。单位时间进入结晶器的钢液量较大，使得结晶器的热负荷较大，从而使具有特殊结构形状的薄板坯连铸结晶器的工作条件更加恶劣。

薄板坯连铸结晶器的形状，尽管在早期差别颇大，但发展到今天，却出现了一种趋向，即逐渐接近。为便于在薄板坯连铸中使用传统的浸入式水口和保护渣技术，薄板坯结晶器的弯月面区域必须有足够的空间，以插入浸入式水口，且必须满足水口壁与结晶器壁之间无凝固桥生成；弯月面区有足够容积，使钢水温度分布均匀，有利保护渣熔化；弯月面区钢水流动平稳，防止过大紊流而卷渣；结晶器几何形状应使坯壳在拉坯过程中承受最小的应力。

目前开发的结晶器类型有：（1）立弯式结晶器，如ISP工艺；（2）漏斗形结晶器，如CSP工艺；（3）平行板形结晶器，如CONROLL工艺；（4）凸透镜形双高结晶器，如FTSRQ工艺。四种不同类型的常用结晶器形状如图3-34所示。

结晶器内热电偶测试表明，平行板形结晶器在宽度方向上传热一定（图3-35），可以得到均匀的凝固坯壳，二维温度解析结果则显示漏斗形结晶器传热不均。平行板形结晶器有利于钢液横向流动（由水口喷出的钢液引起）和由温差引起的横向对流，因而对减少熔池各部位的温差有利。漏斗形结晶器由于漏斗区扩大，影响对流，弯月面附近区域温度较低，易形成“搭桥”现象。平行板形结晶器则需要解决在板坯厚度方向上浸入式水口与结

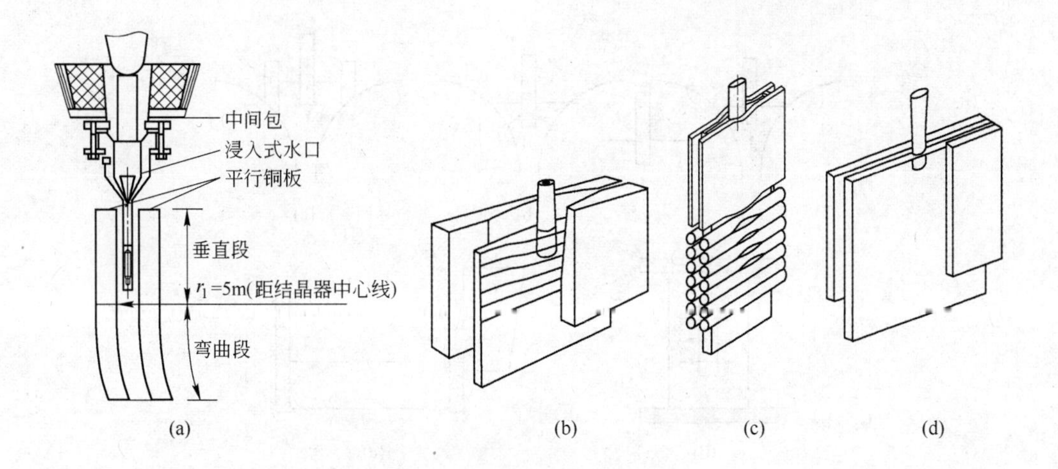

图 3-34 四种类型的薄板坯连铸结晶器

（a）立弯式结晶器（第一代），德马格公司 ISP 工艺；（b）漏斗形结晶器，西马克公司 CSP 工艺；（c）凸透镜形结晶器，达涅利公司 FTSRQ 工艺；（d）平行板形结晶器，奥钢联的 CONROLL 工艺

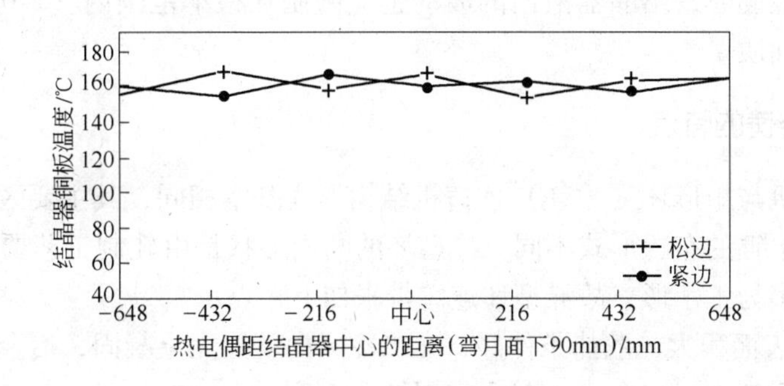

图 3-35 结晶器铜板的温度分布

（低合金钢，铜板宽度 1580mm，v = 3.9m/min）

晶器壁间的距离，以保证不凝钢。

3.5.2 薄带连铸的主要特点

薄带连铸生产的主要工艺有双辊法（又分垂直法、水平法和导辊径法）和单辊法。通常双辊法适合浇注 2～10mm 的薄带，其产品的冷却组织对称；单辊法适合浇注 1～3mm 的薄带，由于单面冷却，其产品组织不够均匀。目前开发较有前途的薄带有 10 余种，已经过中试并接近实用化的有 5 种。

钢水如何浇注到结晶器中是薄带连铸的核心，图 3-36 所示为各种双辊液态钢水浇注到结晶器的方式。

图 3-36(c)所示为热顶结晶器，使初生凝固坯壳与弯月面钢水相分离。图 3-36(e)是以塞流代替循环的湍流来浇注，但由于其结构复杂，并没有为大规模采用。这些浸入式喷嘴都具有各方向的流向控制，流动方向主要根据薄带宽度来定。结晶器内弯月面是自由

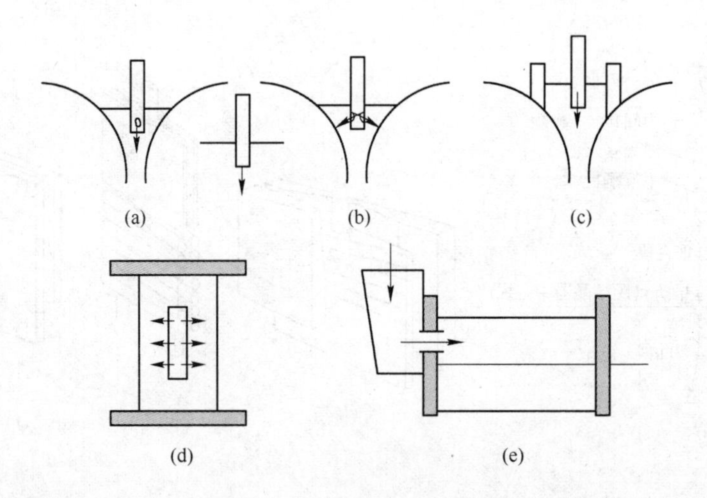

图3-36 液态钢水浇注方式

面，但都有惰性气体对它进行保护，钢水进入到结晶器内的动量同传统连铸一样，但有不同之处，由于结晶器的空间很有限，需要对流入的钢水进行阻尼，使进入结晶器钢水的动量尽量衰减。与此同时，结晶器液面的波动也应限制在很窄范围内（1.6mm），这样才可以保证薄带的表面质量。

3.5.3 异型坯连铸的特点

异型坯连铸机与矩形坯（方坯）连铸机结构形式基本相同，其主要区别在于结晶器的形状和二冷区支承辊的布置形式不同。异型坯的断面形状是由轧制工艺要求确定的。由于异型坯断面形状多为工字形，故异型坯连铸带来如下特点：

（1）异型坯表面积大，散热条件好，在二冷区内就能完全凝固，冶金长度短，所以矫直为固相矫直，矫直许用应变（ε）较大，对矫直有利。

（2）异型坯矫直后形状变化大，主要影响因素是翼板尺寸 H。H 确定后，只有通过增大连铸机半径来改善异型坯矫直后的断面形状。

（3）异型坯断面形状复杂，断面上各点的散热条件差别很大。若铸坯在铸机内停留时间过长，断面上各点温差就大，易于产生裂纹缺陷。因此，异型坯连铸机的半径和拉坯速度就受到限制。铸机半径小，影响矫直形状，而半径过大或拉坯速度过低都会延长铸坯在铸机内的停留时间，导致异型坯断面上各点温差增大。拉坯速度过高，二冷段支撑就有困难，特别是异型坯刚拉出结晶器时，由于坯壳较薄，要得到很好的支撑很困难。而且提高拉速，冶金长度增长，二冷段支撑长度相应加长，增大了设备的复杂程度。

如果采用近终形异型坯，由于腹板和翼板尺寸薄，钢水热量几乎由结晶器冷却水全部带走，铸坯拉出结晶器很快就完全凝固，冶金长度很短，二次冷却水耗量也很少，很容易获得温度均匀的高温铸坯。

结晶器是异型坯连铸机的心脏，它直接关系到异型坯能否正常浇注以及铸坯的质量。

异型坯冷却条件好，冶金长度短，二冷段相对也短。由异型坯形状所决定，凝固终点必须控制在二冷段内。

由于异型坯断面形状复杂，冷却面积大，而且断面各点散热条件不同，所需的冷却强度也不一样。为使铸坯得到均匀冷却，需要设计一种合理的冷却方式。

对于异型坯连铸机，二次冷却水喷到内弧侧铸坯腹板和两翼缘之间形成的凹槽内时，若不能被及时蒸发掉，就会有多余的冷却水沿内弧侧腹板表面向下流，这不仅造成铸坯冷却和凝固不均匀，而且可能流到铸机出口处的切割区，从而影响切割作业。因此，要在铸机二冷区内弧侧若干处配置喷吹式或吸取式排水装置。这是普通连铸机上没有的，而对异型坯连铸机则是必不可少的设备。

3.6 非晶合金连铸凝固传热的特点

大块非晶合金体系普遍遵循井上明久提出的井上三原则：（1）合金由3种以上组元构成；（2）各组元原子尺寸差一般要大于12%；（3）组元具有负的混合热。该原则对大多数非晶合金体系来说都是适用。当前，大块非晶合金的开发已经不仅仅局限于三元或者三元以上的合金。许多两元或者组元之间有正混合热的合金成分也可以形成大块非晶合金。一般非晶合金由纯度较高的组元组成，以减少作为异质形核核心的杂质元素对非晶形成能力的影响，合金熔点较低，适合于铸造成型。

高黏度对非晶合金铸造组织和性能并无负面作用，但对非晶合金浇注时流动和填充型腔能力会受到高黏度特性的影响。

在凝固过程中，非晶合金的导热系数、比热容和密度不同于一般晶体合金。

大块非晶合金凝固过程中不存在液相到晶体相的转变，所以其凝固时体积收缩很小。非晶合金凝固收缩约为晶体合金凝固收缩的十分之一左右。非晶合金凝固时的低凝固收缩特性可以简化铸型锥度设计，为连续铸造铸型的设计带来方便。

非晶合金凝固时，过冷液体的比热值随温度降低呈现连续增加的趋势，并且大于其所对应的稳态晶体合金的比热值，非晶合金凝固过程中比热值变化特点表明，过冷液体在温度降低过程中释放出的热量越来越多，这就需要冷却介质（铸型）具有良好的导热性来导出热量以保证非晶合金的形成。基于非晶合金比热特点考虑，非晶合金连铸铸型也应该选择导热性好的材料制作。

非晶合金的导热系数比晶体合金的导热系数要小1~2个数量级。

众所周知，晶体合金在凝固过程中潜热释放是不可避免的，铝合金潜热释放热量占整个铸造过程中释放热量的比例可达40%左右，钢的凝固过程中释放潜热在整个释放热量中的比例更高。非晶合金过冷液体在温度降低形成非晶合金过程中不存在潜热释放过程。非晶合金过冷液体温度区间远远高于晶体合金，因此，非晶合金凝固过程的热量可以在高比热和宽温度范围情况下经历一种持续而平缓的释放过程逐渐导出，直到过冷液体冻结形成稳定存在的非晶合金为止。

非晶合金的导热系数一般在5~10W/(m·K)之间，且随温度变化不明显，因此，可假定导热系数不随温度变化；非晶合金的热扩散系数与钢比较接近。

非晶合金连铸与晶体合金连铸一样，都需要一定的过热度。但是，非晶合金金属液的过热度存在一个临界值，高于过热度临界值的金属液凝固时能够获得深过冷液体，并形成完全非晶，低于临界过热温度的金属液凝固时将析出结晶相，形成非晶合金复合材料或者完全晶体合金。非晶合金的这一特点为非晶合金连铸时浇注温度的选择提供了理论指导。

大部分非晶合金的制备都是在真空环境中进行或者高纯惰性气体保护下进行，以减少氧气和氮气的污染对非晶合金形成能力的影响。其他条件相同的情况下，浇注时凝固气氛不同，热交换系数也会有所不同。选用合理的凝固气氛和气体压力也可以改善空隙的热交换系数，促进过冷液体热量的导出，提高非晶合金的形成能力。

晶体合金凝固过程中，要释放大量潜热，通常都需要对铸锭进行二次冷却，以及时导出凝固潜热。二冷水的施加位置和方式以及流量大小等参数也需要比较严格的设计，这就大大增加了连铸过程的不确定性。而当前连铸技术所能达到的冷却速度已经超过很多大块非晶合金的临界冷却速度。更重要的是非晶形成过程中没有潜热释放，二次冷却发挥的作用十分有限。二冷装置的设计可以大大简化，去除二冷装置且并不会对非晶合金的最终形成产生决定影响。

非晶合金的热扩散系数与钢相当，而且随着温度降低比热逐渐增加，所释放的热量逐渐增多。因此，非晶合金连铸所用铸型的选材应为导热性非常好的材料，如铜和高纯石墨等。铜具有很好的导热性，也是制作结晶器的常用材料。之所以考虑选择石墨作为非晶合金连铸的铸型制作材料，是因为石墨具有较高的强度、热导率，具有良好的抗热震性，高温润滑特性，可以减小摩擦阻力便于铸坯的拉出。另外，制备非晶合金所需要的真空非氧化环境，也有利于发挥石墨的这些优点。

液体凝固形成非晶合金时，液体原子犹如被原位冻结，几乎不存在晶体合金形成时的大相变收缩，凝固过程体积变化很小。这使得非晶合金连铸时的结晶器在设计时相对比较简单，甚至可以不采用锥度设计。非晶合金的熔点一般要比钢铁低很多，有些成分的熔点比镁、铝或铜及其合金的还要低，因此非晶合金连铸用结晶器可以采用与铝合金连铸类似的短铸型。

参 考 文 献

[1] 蔡开科．浇注与凝固[M]．北京：冶金工业出版社，1987.
[2] 胡汉启．金属凝固原理[M]．北京：冶金工业出版社，2009.
[3] 李东辉，刘相华，邱以清，等．方坯连铸机结晶器凝固传热的数学模型[J]．东北大学学报，2004，(8)：774 ~ 777.
[4] 魏巍．板坯连铸结晶器内流场和温度场的研究[D]．燕山大学，2009.
[5] 蔡开科．连续铸钢[M]．北京：科学出版社，1991.
[6] Mahapatra R B，Brimacombe J K，Samarasekera I V. Metallurgical Transactions B，1991，22b：875 ~ 888.
[7] Koenig P J，Stahl und Eisen. 1972，92：678 ~ 685.
[8] Alberny R，Leclercq A，Amaury D，et al. C. I. T.，1976，(11)：2469 ~ 2491.
[9] Singh S N，Blazek K E. Journal of Metals，1974：17 ~ 27.
[10] 孙蓟泉，赵爱民．连铸及连轧工艺过程中的传热分析[M]．北京：冶金工业出版社，2010.
[11] 朱立光，王硕明，张彩军，王书桓．现代连铸工艺与实践[M]．石家庄：河北科学技术出版

社，1999.
[12] 张小平，梁爱生．近终形连铸技术[M]．北京：冶金工业出版社，2001.
[13] 闫小林．连铸过程原理及数值模拟[M]．石家庄：河北科学技术出版社，2001.
[14] 张金柱，潘国平，杨兆林．薄板坯连铸装备及生产技术[M]．北京：冶金工业出版社，2007.
[15] 张涛．非晶合金连续制备技术与强磁场处理研究[D]．大连：大连理工大学，2011.
[16] 邹德宁．22Cr-5Ni-3Mo-N 高合金钢高温变形本构模型研究[J]．材料研究学报，2011，25(6)：591~596.

4 铸坯组织及控制

铸坯凝固组织包括两个方面：

（1）宏观组织，指用肉眼观察到的铸坯内部的组织情况，通常包括晶粒的形态、大小、取向和分布等情况，也就是针对铸坯的宏观状态而言，也称为“凝固结构”、“低倍组织”和“低倍结构”。

（2）显微组织，指借助于显微镜观察到的晶粒内部的结构形态，如树枝晶、胞状晶以及枝晶间距等，也就是针对铸坯的微观形态而言，也称为“金相组织”、“微观组织”。

两者表现形式不同，但其形成过程却密切相关，并对铸坯的各项性能，特别是力学性能产生强烈的影响。本章侧重于分析铸坯宏观组织的成因以及各种因素的影响，在理论分析基础上，总结生产中控制铸坯结晶组织的各种有效方法。

4.1 铸坯典型宏观组织

从连续铸钢的铸坯上切取试样，用硫印或酸浸方法可以显示出铸坯横断面或纵断面内部结晶组织结构的情况，用肉眼所观察到的组织即为宏观组织（低倍组织）。

铸坯的低倍结构与铸锭的相比无本质差别，铸坯内部组织结构（低倍组织）由外向内一般也由三个晶带所组成（图 4-1 和图 4-2），即外层是激冷生成的细小等轴晶带，接着是柱状晶带，中心是较粗大的等轴晶带。根据铸坯凝固过程中冷却条件的不同，各带的发展情况不一，可以得到不同类型的结晶结构。与铸锭相比较，铸坯的柱状晶带非常发达，中心等轴晶带小。

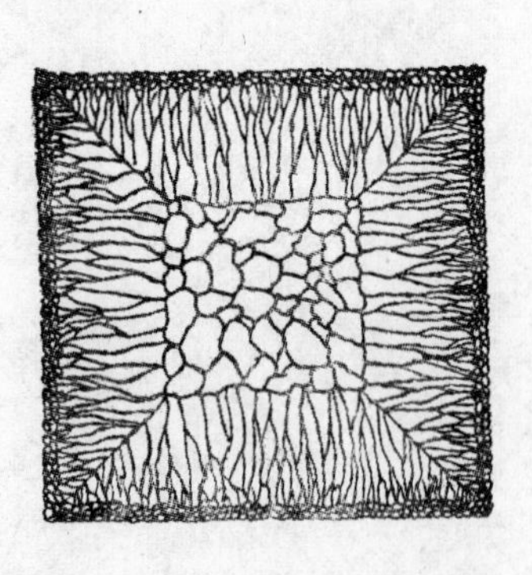

图 4-1 锭子结晶器结构示意图

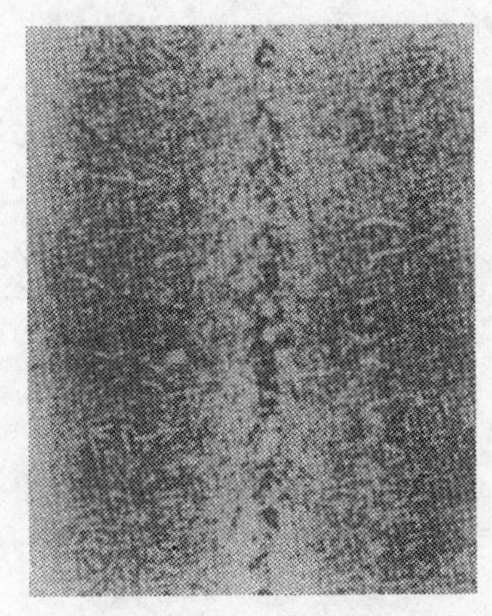

图 4-2 铸坯低倍结构

铸坯的低倍组织，对材料的加工性能和力学性能都有很大影响。而柱状晶和等轴晶对这两种性能的影响是不一样的。除某些特殊用途的钢要求柱状晶组织外，绝大部分钢都希望能得到等轴晶带大的铸坯组织。因此，铸坯在凝固过程中，想办法抑制柱状晶生长而扩大等轴晶区，就可以改善铸坯的低倍组织。

4.1.1 铸坯典型宏观组织的形成

4.1.1.1 表面细小等轴晶（激冷层）

外层等轴晶区也叫“激冷层”，它相当于在结晶器内最初快速凝固条件下形成的硬壳，其宽度约2~5mm，主要取决于金属液的过热度。它是在结晶器弯月面处最快冷却速度（100℃/s）下形成的，浇注温度高时薄一些，浇注温度低时厚一些。

4.1.1.2 柱状晶区

紧接激冷层向中心生成的柱状晶区是在凝固前沿的过冷度减小而又有定向热流时开始生长的。靠近激冷层的柱状晶很细，其方向平行于散热方向，从纵断面看，柱状晶并不完全垂直于铸坯表面，而是向上倾斜一定角度（如10°），这说明在液相穴内的凝固前沿有向上的液体流动。从横断面看，树枝晶呈竹林状，即柱状晶的发展是不规则的，在某些部位柱状晶发达时可贯穿铸坯中心形成穿晶结构。对于弧形连铸，其铸坯低倍结构具有不对称性。由于重力作用液相穴内晶体下沉阻止了外弧侧柱状晶生长，故内弧侧柱状晶比外弧侧要长，以致铸坯内裂纹常集中在内弧侧。

4.1.1.3 中心等轴晶区

中心等轴晶区是随着凝固前沿的推移，两相区的宽度不断扩大，心部金属液温度降至液相线温度后，而有大量等轴晶产生并迅速长大而形成的。柱状晶区和中心等轴晶区的宽度受许多因素影响，如金属液的过热度、化学成分（特别是钢液含碳量的高低）、铸坯尺寸、浇注速度和铸坯的冷却条件等。

树枝晶较粗大无规则排列，中心区有可见的不致密的缩孔和疏松。虽然铸坯的低倍结构与铸锭的无本质上的差别，但也不尽相同。首先是铸坯液相穴很长，金属液补缩不好，易产生中心疏松和缩孔；其次，铸坯在二冷区接受喷水冷却，坯壳温度梯度大，柱状晶发达，但冷却速度快，树枝晶较细。

4.1.2 铸坯宏观组织结构凝固的特点

许多金属都可用连铸进行生产，但这些金属的凝固特征不尽形同。钢液与纯金属的凝固特征的区别在于：（1）纯金属是在一个固定温度下完成凝固。在定向凝固时，凝固前沿无过冷，凝固前沿或凝固区域为一个等温平面。（2）钢是碳合金，钢液凝固是在一定的温度范围内完成的。由于溶质再分配产生成分过冷，以树枝晶生长方式完成凝固，即凝固发生在一定范围内，而不再位于一个平面内。

由于连铸技术的日趋完善，铸坯质量不断提高，现在几乎大多数钢种都能采用连铸技术生产钢坯，铸坯已经成为轧钢用坯的主要来源。钢液凝固过程是一个热量释放和传递的过程，在凝固过程中，采取铸坯表面冷却，从而形成了由内部向表面的定向传热方式。从钢液内部到坯壳表面温度逐渐降低，即铸坯内外存在较大的温度梯度 G。连铸时，钢液注入结晶器后受到激冷形成坯壳，坯壳边向下移动，边放出热量，边向中心凝固。由于拉速通常都比结晶速度快，因此其内部有一相当长的呈倒锥形的未凝区，称为“液相穴”。到进入二冷区再经喷水或喷雾冷却后才完全凝固成为铸坯。

铸坯低倍结构是经历了两个阶段的凝固形成的。

第一阶段，钢液在结晶器内形成初生坯壳。钢水浇入水冷结晶器，在弯月面很快形成了一定厚度的初生坯壳，随着坯壳厚度的继续生长，高温坯壳发生 δ→γ 的相变，坯壳向内收缩脱开铜壁，而钢水静压力的作用又使坯壳向外鼓胀，当坯壳的收缩力与钢水的鼓胀力处于平衡状态时，在坯壳与铜壁之间形成了气隙，使热阻增加，传热减慢，凝固速度降低。不同研究者指出，气隙热阻占整个结晶器传热热阻的70%～90%。要提高结晶器传热能力，重要的就是改善气隙传热，而改善气隙传热主要从结晶器设计和工艺操作两方面着手。结晶器合适的材质、长度、厚度、锥度，良好的保护渣，合适的水缝尺寸和水的流速以及良好的水质等，对改善结晶器传热、增加坯壳厚度是非常重要的。

第二阶段，在二冷区凝固壳稳定生长。结晶器内约有20%钢水凝固，带有液芯的坯壳从结晶器拉出来进入二冷区接受喷水冷却，喷雾水滴在铸坯表面带走大量热量，使表面温度降低，这样在铸坯表面和中心之间形成了大的温度梯度。垂直于铸坯表面散热最快，使树枝晶平行生长而形成了柱状晶。同时在液相穴内的固液交界面的树枝晶被液体的强制对流运动而折断，打碎的树枝晶一部分可能重新熔化，加速了过热度的消失，另一部分晶体可能下落到液相穴底部，作为等轴晶的核心而形成等轴晶。铸坯在二冷区的凝固直到柱状晶生长与沉积在液相穴底部的等轴晶相连接为止，此时铸坯就完全凝固，构成了铸坯的凝固结构，即低倍结构。

铸坯与铸锭相比，铸坯的凝固及其内部组织结构具有下列特点：

（1）与铸造和模注工艺相比，连铸采用了强制冷却方式，冷却强度高。由于使用水冷结晶器和二冷区喷水或喷雾冷却，铸坯的冷却强度比铸锭的大，即使在空冷区，铸坯的冷却强度也大于砂模铸造和模注。铸坯凝固速度快，铸坯的激冷层较厚，晶粒更细小，而且可以得到特有的无侧枝的细柱状晶，内部组织致密。

（2）在正常情况下，铸坯凝固时，沿连铸机任一位置的凝固条件都不随时间变化，因此，除铸坯头尾两端外，铸坯沿长度方向内部组织均匀一致。

（3）铸坯相对断面都较小，而液相穴很深（有的可达十几米），金属液如同在一个特大的高宽比的钢锭模内凝固。因此内部未凝固金属液的强制循环区小，自然对流也弱，加之凝固速度快，使铸坯成分偏析小，比较均匀。

（4）连铸时金属液的凝固过程可以控制，可以通过对冷却和凝固条件的控制和调整，获得健全的也较理想的铸坯内部结构，从而改善和提高铸坯的内在质量。

4.1.3 形成理论发展

对三个晶区形成机理的认识，经历过一个由浅入深的历史发展过程。

在过去的一段时间内，人们认为铸坯中的每一个晶粒都有一个独立的生核过程，而铸坯结晶组织的形成则是这些晶核直接生长的结果。然而这种静止的观点并没有反映出铸坯结晶的全部真实过程。致使在以往对三个晶区形成机理的解释中，留下了许多难以理解的问题。只是在近二三十年来，当逐步认识到晶粒游离在铸坯结晶组织形成过程中所起的重大作用以后，对于三个晶区的形成机理才有了一个基本明确而日趋一致的认识。

铸造理论比连铸理论研究得更深入。实际上，在铸坯结晶过程中，由于各种因素（特别是钢液流动作用）的影响，除了直接借助于生核以外，还会通过其他方式在液芯内部形成大量处于游离状态的自由小晶体（即“游离晶”）。这些小晶体就相当于无数的“晶核”，而这些“晶核”自由生长就形成了铸坯中的等轴晶粒。

游离晶的形成过程及其在液芯中的漂移和堆积，影响到等轴晶的数量、大小和分布状态，直接决定了铸坯宏观凝固组织。研究晶粒游离过程，对分析铸坯宏观结晶组织的形成原因，以及理解和确定改善措施都是十分必要的。

因此，在讨论三个晶区形成机理之前，必须深入研究连铸过程中的晶粒游离现象。

4.1.3.1　铸坯凝固过程中的晶粒游离

在凝固过程中，由于各种因素（尤其是流动的作用），在液相内部形成大量的处于游离状态的自由小晶体，这种现象称为“晶粒游离”。

试验研究表明，在连铸过程中存在以下几种晶粒游离。

A　过冷金属液中的非均质生核

在金属液进入结晶器后，结晶器铜壁对相邻金属液产生激冷作用而产生过冷；同时，在金属液内部存在大量质点，在过冷的推动下，通过非均质生核生成大量处于游离状态的小晶体。在液芯内金属液持续流动，带动游离晶向液芯深处漂移，从而形成晶粒游离。在铸坯凝固过程中，由于存在结晶器激冷作用和非均质生核条件，这种晶粒游离现象总是存在的。

B　结晶器铜壁上晶粒脱落

晶粒在生长过程中必然要引起界面前方金属液中溶质再分布，结果将引起界面前沿金属液凝固温度降低，从而造成过冷度降低。溶质偏析程度越大，过冷度减少越多，晶粒的生长速度就越缓慢或停止。直到传热带来金属液温度降低而重新获得过冷，再重新生长。

在结晶器铜壁上生成的晶粒，在生长过程中向液相中析出溶质。在扩散和对流的作用下，前端析出的溶质很容易进入金属液内部，使界面处溶质浓度基本保持不变，从而前端过冷度依然较高，并保持较快的生长速度。

与此同时，在与铜壁接触的晶粒根部，溶质向液体中扩散的条件最差，偏析程度最为严重，使此处生长受到严重抑制或停止。因此，晶体在生长过程中将产生根部“缩颈”现象，生成头大根小的晶粒。

金属液流动对铜壁上的晶粒产生机械冲刷，同时局部温度反复波动对晶粒引起热应力冲击。晶粒缩颈部位熔点最低而又最脆弱，在机械冲刷和热应力综合作用下极易断开，致使晶粒自器壁脱落而导致晶粒游离（图4-3）。

大野笃美利用显微镜对Sn-Bi合金的凝固过程进行了直接观察和连续摄影，证实了凝固初期通过器壁晶粒脱落而产生的晶粒游离过程。对于连铸过程来说，注流持续冲刷凝固

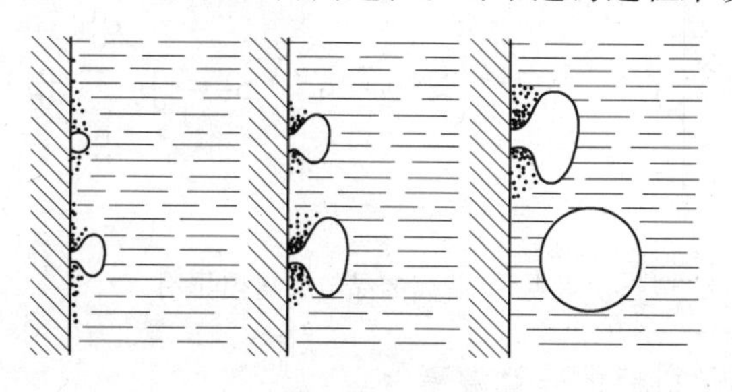

图4-3　器壁晶粒脱落示意图

前沿（尤其是采用 M-EMS 时），在结晶器上部必然存在晶粒游离现象。

C　树枝晶上的枝晶分枝熔断

实际上，缩颈现象不仅存在于结晶器铜壁上晶粒的根部，而且也存在于树枝晶各次分枝的根部。这是因为，枝干侧面的分枝根部区域，由于溶质扩散最为不利而形成缩颈。两相区内树枝晶同时受到金属液流动冲刷和热应力的作用，最脆弱的根部缩颈处容易熔断，随金属液流卷入液芯内部而产生晶粒游离（图 4-4）。

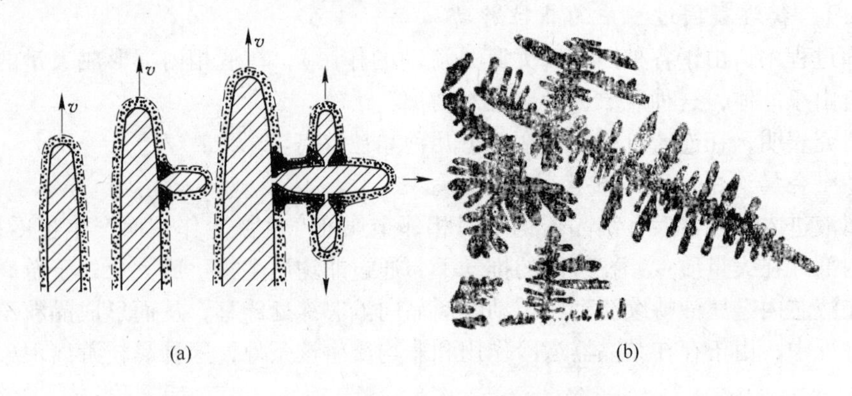

图 4-4　枝晶分枝“缩颈”的形成

（a）二、三次分枝缩颈形成示意图，其中虚线表示溶质富集层，v 为枝晶生长方向；
（b）环己烷的枝晶，可明显看出分枝的缩颈

D　游离晶的晶粒增殖

一般来说，处于自由状态下的游离晶本身都具有树枝晶结构。当游离晶在液流中漂移时，要通过不同的温度区域和浓度区域，其表面处于反复熔化和生长的状态之中。同样，在生长中分枝根部同样受到限制而形成缩颈，在高温和流动作用下根部就可能断开，一个晶粒将破碎成几部分，然后在低温下各自生长为新的游离晶粒（图 4-5）。这个过程称为“晶粒增殖”，也是一种非常重要的晶粒游离现象。

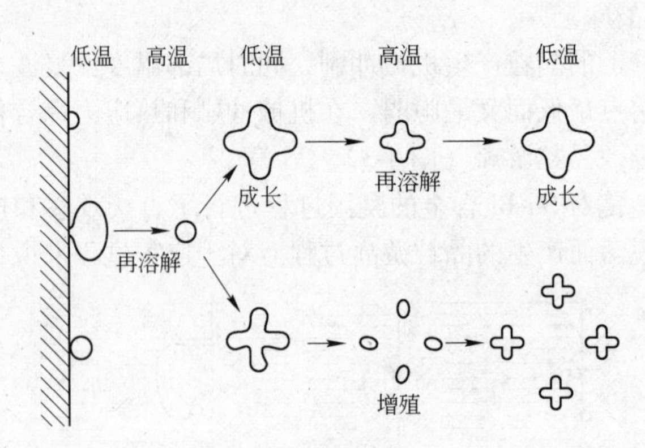

图 4-5　游离的晶粒的增殖作用

E　液面晶粒沉积所引起的晶粒游离

在凝固过程中，金属液面受到冷却生成晶粒，晶粒未与壁部晶粒形成连接。由于其密

度比液体大而下沉，导致晶粒游离。这种现象在模注和铸造工艺中更为常见，在连铸过程中，弯月面不断更新，温度较高，同时又受到保护渣的保温作用，液面处不容易形成结晶。

4.1.3.2 金属液流动对晶粒游离的作用

在铸坯凝固过程中，金属液流动对铸坯组织和质量（如中心偏析、表面夹渣及黏结等）影响较大。在铸坯液芯中存在着多种形式的金属液流动，可分为自然对流和强制对流。

(1) 自然对流。由于密度差别而引起自然对流，主要指的是热对流，它是由于铸坯受到冷却，凝固前沿附近的金属液温度降低、密度变大而下沉，中心部分液体则由于温度较高、密度较小而上浮，形成自然对流。

(2) 强制对流。在浇注过程中的中间包注流冲击和电磁搅拌所形成的剧烈对流，另外还包括鼓肚、内裂等导致的晶间对流。

研究表明，在铸坯凝固过程中，金属液流动对晶粒游离有三个作用途径：

(1) 通过传热影响。在传热方面，金属液流动的宏观作用在于加速金属液过热散失，有利于游离晶粒在漂移过程中残存而不被熔化。

(2) 通过传质影响。在传质方面，金属液流动的最大作用是促进游离晶粒的漂移和堆积，保证各种游离现象不断进行。

(3) 对机械冲刷作用。即动量传递，通过金属液流动对坯壳的机械作用力，使枝晶根部折断，促进了晶粒游离。

4.1.3.3 表面等晶粒区的形成

根据传统理论，当金属液浇入温度较低的铸型（结晶器和铸模）中时，器壁附近金属液由于受到强烈的激冷，同时器壁表面也为非均质形核提供了良好条件，因此形成大量晶核。这些晶核在过冷金属液区中迅速生长并互相抑制，从而形成了无方向性的表面细等轴晶组织，故也把表面细等轴晶区称为“激冷层”。

传统理论认为，表面细晶粒区的形成与器壁的非均质生核和剧烈冷却有关。因此，表面细晶粒区的大小和等轴晶的细化程度主要取决于器壁散热条件所决定的过冷度和凝固区域的宽度，同时也与器壁和金属液中杂质微粒的生核能力有关。

然而，这种观点在解释铸坯和铸锭激冷层厚度时遇到困难，与模注锭相比，铸坯表面等轴晶区的厚度较小。铸锭表面等轴晶区的厚度较大，一般厚度在几毫米到十几毫米；铸坯表面等轴晶区的厚度不超出5mm，通常为1~3mm。连铸结晶器的冷却能力比模壁大得多，按过冷理论铸坯表面应该形成更大的激冷层。

现代理论主要涉及了晶核来源和形成条件两个方面：

(1) 晶核来源。晶核来自非均质生核过程和各种形式的晶粒游离。表面细晶粒区中的等轴晶粒不仅直接来源于激冷产生的过冷金属液中的非均质生核，而且也还来自包括器壁晶粒脱落、枝晶熔断和晶粒增殖等各种形式的晶粒游离过程。

(2) 形成条件。器壁附近金属液内部存在大量晶核是形成晶核的必要条件；抑制铸坯表面形成稳定的凝固层则是其充分条件。研究认为，形成稳定凝固层导致定向传热，促使等轴晶向柱状晶转变。因此，凝固壳形成得越早，等晶粒向柱状晶转变得也就越快，等轴晶区也就越窄。一旦器壁上晶粒互相连结而构成稳定的凝固壳层，晶粒就直接向内发展成柱状晶，表面细晶粒区将停止生长。具体包括以下两方面：

1）晶粒游离的作用。研究指出，器壁上晶粒游离抑制了稳定凝固壳层的形成，从而促进了表面等轴晶发展。器壁晶粒游离的内因是溶质偏析形成的根部缩颈，外因则为液芯内钢液流动。大野笃美试验证实，在无对流和纯金属凝固时，即使借助于激冷也无法形成表面细晶粒区。这也从另一个方面证实了晶粒游离对抑制形成稳定坯壳的作用。

2）器壁的激冷作用。激冷对于等轴晶的形成存在两个互相矛盾的作用。首先，器壁激冷增大其附近金属液的非均质生核能力，使晶核数目大大增加；同时，强冷也促使晶粒很快连接成稳定的凝固壳，而最终阻止表面细晶粒区进一步生长。大野笃美将750℃的Al-Ti合金浇注到用冰水激冷的不锈钢杯子中，其铸坯组织由外部的柱状晶区和内部的等轴晶区组成，没有表面等轴晶区，从而证实了上述结论。因此，过强的器壁冷却能力反而不利于表面细晶粒区的形成。

4.1.3.4　柱状晶区的形成

A　形成机理

在一般情况下，柱状晶区是由表面细晶粒区发展而成的。其形成机理涉及晶体学特征和传热两个方面：

(1) 晶体学上择优生长。铁属于立方晶格，在〈100〉结晶方向上，原子排列密度最小，结晶潜热最少、散热速度最快。因此，在〈100〉方向上枝晶生长最快，成为枝晶的主轴方向。

(2) 定向传热。稳定的凝固壳层一旦形成，凝固前沿就会产生定向传热。在定向传热的作用下，在垂直于器壁的方向上温度梯度最大，过冷度最大，枝晶将向前延伸生长。由于各枝晶主干方向互不相同，那些主干与热流方向相平行的枝晶生长得更为迅速，同时也抑制了相邻枝晶的生长。在逐渐淘汰掉取向不利的晶粒过程中发展成柱状晶组织（图4-6）。

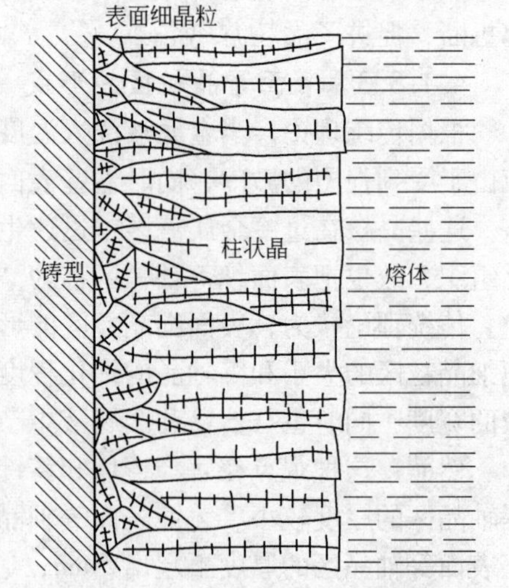

图4-6　柱状晶择优生长示意图

这个互相竞争与淘汰的晶体生长过程称为晶体的择优生长。由于择优生长，在柱状晶向前发展的过程中，离开器壁的距离越远，取向不利的晶粒被淘汰得就越多，柱状晶的方向就越集中，同时晶粒的平均尺寸也就越大。

B　铸坯中柱状晶的特点

铸坯中的柱状晶有如下特点：

(1) 柱状晶区的宽度。由于连铸的定向传热和冷却强度很大，柱状晶比较发达。在某些情况下，如果中心没有形成等轴晶，则柱状晶区将一直延伸到铸坯中心，形成“穿晶结构”（小方坯的特有组织）。

从实际凝固组织来看，柱状晶区开始于稳定凝固壳层的产生，而结束于内部等轴晶区的形成。因此，柱状晶区的大小取决于上述两个因素的综合作用。由于连铸工艺的限制，表面等轴晶区不易控制，因此控制柱状晶区的关键措施是促使中心形成内部等轴晶。

（2）柱状晶的方向。从铸坯的纵断面看，柱状晶并不完全垂直于表面，而是向上倾斜一定角度（约10°），这是由凝固前沿钢液流动造成的。当金属液从上向下流动时，对柱状晶的迎流面产生冲刷，此处的富集溶质被带到铸坯中心的液芯内，导致迎流面局部的液相线温度提高、过冷度增加，致使生长偏离热流方向而向过冷度更大的方向生长。

（3）柱状晶的对称性。弧形连铸机生产的铸坯，低倍结构不对称。内弧比外弧的柱状晶更宽，最终凝固点不在铸坯的中心，而是偏向外弧侧。关于这一现象存在三种解释：

1）游离晶在重力作用下在外弧侧沉积，抑制了外弧柱状晶的发展；但无法解释以下事实，即外弧上游离晶沉积应加速外弧发展，而实际上外弧凝固变缓，最终凝固点向外弧偏移；而且，在不存在中心等轴晶区时内弧柱状晶同样较宽。

2）由于冷却水在内弧侧容易滞留，形成大面积流动；而外弧冷却水冲击表面后直接离开表面，因此使内弧侧传热量大于外弧，凝固速度加快。

3）水口注流对外弧的凝固前沿产生了更多的冲刷，抑制了外弧坯壳的生长。

（4）柱状晶具有枝晶结构。在纯金属的凝固过程中，凝固前沿基本上呈平面生长，形成柱状晶组织。而铸坯凝固前沿为非平面凝固，其柱状晶是柱状枝晶。成分过冷是产生枝晶生长的前提，但并非产生柱状晶的必要条件；适于微观组织的成分过冷理论，不能用于分析铸坯的宏观组织的形成过程。

4.1.3.5 内部等轴晶区的形成

从本质上说，内部等轴晶区的形成是金属液内部晶核自由生长的结果。但是，关于等轴晶晶核的来源，至今仍是尚未彻底解决的课题。目前，等轴晶晶核来源理论主要有两类。

A 成分过冷理论：过冷金属液直接生核理论

成分过冷理论认为，随着凝固层向内推移，固相定向散热能力减弱；液相中的溶质原子越来越富集，从而使界面前方成分过冷逐渐增大。当成分过冷大到足以发生非均质生核时，便导致内部等轴晶的形成（这也涉及了另一种固体质点理论）。

支持证据：向单向结晶的金属液中加入生核剂而引起等轴晶形成的事实说明，当存在大量有效生核质点时，成分过冷所导致的非均质生核仍然可能是内部等轴晶晶核的有效来源。

反对证据：凝固时的热分析结果往往与以上的分析不相符合；柱状晶生长所需的过冷度比液芯内部的非均质生核要求的过冷度还要小；无法解释大量有关内部等轴晶形成的实验现象。

B 晶粒游离理论

连铸是一个连续生产过程，中心液芯始终存在并保持相对稳定。在金属液流动和重力的作用下，铸坯上部形成的游离晶，会向液芯的深处沉积。液芯深处过热度基本消失，沉积下来的游离晶在中心处自由生长，形成中心等轴晶。电磁搅拌（M-EMS和S-EMS）对铸坯中心组织的改善效果，证实了这种机理。

上述理论与看法均有各自的实验根据，然而也受到其实验条件的限制。虽然有关细节问题尚需进一步探讨，但是轻率地否定任何一种说法似乎都是片面的。目前比较统一的看法是，中心等轴晶区的形成很可能是多种途径的，各自作用的大小当由具体的凝固条件所决定。

4.2 铸坯凝固组织的控制

4.2.1 铸坯凝固组织对质量的影响

铸坯的质量和性能与其凝固组织密切相关。就宏观组织而言，表面细晶粒区一般比较薄，并且其可变化范围很小，对铸坯的质量和性能影响相对较小。铸坯的质量与性能主要取决于柱状晶区与等轴晶区的比例以及晶粒的大小。

铸坯的低倍结构既影响金属的加工性能也影响其力学性能，而等轴晶和柱状晶这两种结构对性能影响是不同的。对于一般的钢铁产品来讲，柱状晶带越小越好，中心等轴晶带越宽、晶粒越细小越好。这是因为钢铁铸坯塑性较差，相邻柱状晶的晶界比较平直，晶粒间彼此结合的不如等轴晶牢固，特别是沿不同方向延伸的柱状晶交接处往往出现脆弱界面，因此在轧制时容易开裂。柱状晶在铸坯中也易产生内部裂纹，柱状晶间偏析较严重，热变形后使组织具有带状特性（纤维状组织），使钢的力学性能具有明显的方向性。在柱状晶的交界面，由于硫、磷等杂质的富集，构成了薄弱面，是裂纹容易扩展的地方，加工时易脆裂。柱状晶充分发展，会在铸坯中形成穿晶结构，造成中心疏松和缩孔，降低了致密度。而中心等轴晶区没有明显的弱面，等轴晶结构致密，各个等轴晶彼此互相嵌入，晶粒间搭扣得很牢固，因而热加工时不易开裂，钢材力学性能呈各向同性；中心等轴晶区在铸坯中也不易产生内部裂纹。一般情况下等轴晶粒较为粗大，若能人为将其细化，就将进一步提升产品综合力学性能与延展性。此外，扩大和细化中心等轴晶，可以减轻中心偏析与中心疏松。因为缩小铸坯柱状晶区，扩大中心等轴晶区，就降低了铸坯中心部位柱状晶产生“搭桥”的概率，使液芯钢水可以比较充分地补充钢水的凝固收缩，同时稀释了中心部位含有较高碳、磷、硫的钢水，从而减轻了中心偏析与中心疏松。

铸坯优质低倍组织必须是柱状晶区较小、中心等轴晶区较大，且晶粒较为细小。铸坯柱状晶发达，这是由连铸的冷却过程决定的。在铸坯凝固过程中，抑制柱状晶生长而扩大中心等轴晶区，是改善铸坯质量的一个重要任务。

4.2.1.1 柱状晶的特点

柱状晶有如下特点：

（1）柱状晶组织比较致密。在生长过程中受到的冷却强度大、凝固区域较窄，同时其横向生长受到相邻柱状晶的阻碍，树枝晶得不到充分发展，分枝较少。

（2）柱状晶具有明显的方向性。晶界面积小、位向一致，加工后材料的力学性能具有明显的方向性，即横向性能明显降低。

（3）柱状晶之间结合力差，容易产生裂纹。柱状晶间常富集有害元素（S、P）和夹杂，大量夹杂与气体等在该处聚集，使此处更容易产生裂纹，或者使铸坯在以后的塑性加工中产生裂纹。

（4）柱状晶过分发达时，在铸坯中心可能产生搭桥，形成穿晶结构。在小方坯连铸中，柱状晶发达，常常导致穿晶，形成小钢锭结构，使铸坯中心存在偏析、疏松和缩孔等缺陷。这些缺陷在以后的轧制过程中无法彻底消除，对最终产品质量产生严重影响。

生产中可以通过提高钢水纯净度、改进连铸浇注工艺和增加电磁搅拌等措施，减轻柱状晶比例。但受到具体生产条件的限制，如过热度不能太小、普钢连铸机无电磁搅拌设备、普钢厂无炉外精炼设备、高拉速以及相应的高冷却强度等，柱状晶依然会存在。

4.2.1.2 等轴晶特点

等轴晶有如下特点：

(1) 等轴晶没有方向性。等轴晶是晶粒自由生长的结果，且各晶粒之间位向各不相同。因此，等轴晶具有各向同性的特征。

(2) 组织性能均匀而稳定。晶界面积大，杂质和缺陷分散分布。一般说来，晶粒越细，杂质和缺陷分布越分散，其综合性能就越好。

(3) 铸坯中心质量好，缺陷少。中心呈体积凝固、晶粒自由生长，中心集中缩孔消失，中心裂纹大大减少。

(4) 显微组织不够致密。中心过冷度大，枝晶比较发达，显微缩松较多。

4.2.1.3 控制方向

控制柱状晶、等轴晶的途径有：

(1) 采用定向凝固技术，可以获得没有横向晶界的柱状晶组织铸件，其横向性能和寿命大幅度地提高，如航空发动机叶片、磁性材料和单晶硅。

(2) 在生产有色金属及其合金、奥氏体不锈钢铸锭时，为获得较高的致密度，往往在提高纯净度的前提下，希望得到较多的柱状晶。

(3) 对一般钢种，为避免柱状晶区的危害，希望获得最大程度的等轴晶组织。

抑制柱状晶、发展等轴晶，这是炼钢工作者的追求目标之一。

4.2.2 影响铸坯宏观组织形成的因素

铸坯中三个晶区的形成是相互联系、彼此制约的。稳定凝固壳层的产生决定着表面细晶粒区向柱状晶区的过渡，而阻止柱状晶区进一步发展的关键则是中心等轴晶区的形成。因此，从本质上说，晶区的形成和转变乃是过冷熔体独立生核的能力和各种形式晶粒游离、漂移与沉积的程度这两个基本条件综合作用的结果。铸件中各晶区的相对大小和晶粒的粗细就是由这个结果所决定的。凡能强化熔体独立生核，促进晶粒游离及有助于游离晶的残存与堆积的各种因素都将抑制柱状晶区的形成和发展，从而扩大等轴晶区的范围，并细化等轴晶组织。这些因素包括以下几个方面。

4.2.2.1 金属性质方面

从金属性质方面看，影响铸坯宏观组织形成的因素有：

(1) 强生核剂在过冷熔体中的存在。

(2) 宽结晶温度范围的合金和小的温度梯度 G_M，这既能保证熔体有较宽的生核区域，也能促使较长的脆弱枝晶的形成。

(3) 合金中溶质元素含量较高、平衡分配系数 k_0 值偏离 1 较远。因此凝固过程中树枝晶比较发达，缩颈现象也就比较严重。

(4) 熔体在凝固过程中存在着长时间的、激烈的对流。

(5) 钢液化学成分的影响。

1) 碳含量。在没有电磁搅拌工艺的条件下，研究者通过对 86 炉数据的统计得出以下结果（试验条件为，90t 电炉冶炼，浇注 280mm × 350mm 铸坯，切除头坯和尾坯）：

① [C] < 0.2%，$\Delta T > 10$℃，全部柱状晶组织；

② [C] = 0.2% ~ 0.4%，$\Delta T < 50℃$，存在中心等轴晶区；

③ [C] = 0.4% ~ 0.7%，与[C] < 0.2% 相似；

④ [C] > 0.7%，产生分叉柱状晶（即枝晶发达）；

⑤ $\Delta T < 10℃$，产生细小等轴晶区。

一般认为，碳含量对宏观组织的影响与凝固过程中包晶反应有关。由于包晶反应是在液相成分富集到一定程度后才能发生的，因此往往发生在枝晶的根部。包晶反应阻碍了枝晶根部生长，使根部缩颈更加严重，从而容易产生更多的枝晶游离。在C为0.2% ~ 0.4%的范围内，在枝晶根部包晶反应量最大，枝晶游离也最多，因此中心等轴晶区也最大。由于生产条件的不同，得到的试验结果可能会有所差别，但总的趋势基本一致。

2）硅含量。硅含量的多少对低碳钢铸坯凝固组织等轴晶率有明显影响。对不同硅含量的试验钢，采用常规连铸工艺处理和施加电磁搅拌、电脉冲冶金工艺处理后，取整个铸坯横断面（1150mm × 230mm）或2/3横断面（760mm × 230mm）的300mm厚试样，经铣和磨制备，用冷酸蚀方法显示铸坯的凝固枝晶组织形态，再利用大型扫描仪将枝晶形态扫描成像。当硅含量小于0.7%时，铸坯的凝固组织等轴晶率基本保持在20%左右，当硅含量增加至1%时，凝固组织的等轴晶率明显减少，采用电磁搅拌、电脉冲处理的方法处理，对各种硅含量低碳钢铸坯的等轴晶比率都有明显增加的效果。铸坯凝固组织的枝晶间距与铸坯的成分和冷却速度具有相关性，随硅含量的增加铸坯凝固的一次枝晶间距加宽，二次枝晶间距变小。对硅含量小于1.5%的试验钢铸坯而言，随着硅含量的增加，铸坯中的各类低倍组织缺陷会大大减少，因而相对提高硅含量有利于增加铸坯组织的均匀性。

4.2.2.2　浇注条件方面

从浇注条件方面，影响铸坯宏观组织形成的因素有：

（1）低的浇注温度。这时熔体的过热度较小，当它与浇道内壁接触时就能产生大量的游离晶粒。此外，低过热度的熔体也有助于已形成的游离晶粒的残存，这对等轴晶的形成和细化有利。图4-7所示为等轴晶大小、柱状晶区宽度和浇注温度之间的关系。

（2）合适的浇注工艺。凡能强化液流对型壁冲刷作用的浇注工艺均能扩大并细化等轴晶区。

4.2.2.3　铸坯断面尺寸

铸坯断面尺寸决定了金属液的散热状况，它们之间的相互关系比较复杂：

（1）薄板坯和小方坯等轴晶率低。在相同的喷水条件下，比表面积大，铸坯受到的冷却强度较高，有利于柱状晶生长，中心甚至无等轴晶区，柱状晶贯穿铸坯中心形成穿晶结构。

（2）厚板坯和大方坯等轴晶率高。在相同的喷水条件下，冷却慢、显微偏析大，有利于形成晶粒游离，等轴晶率较高。

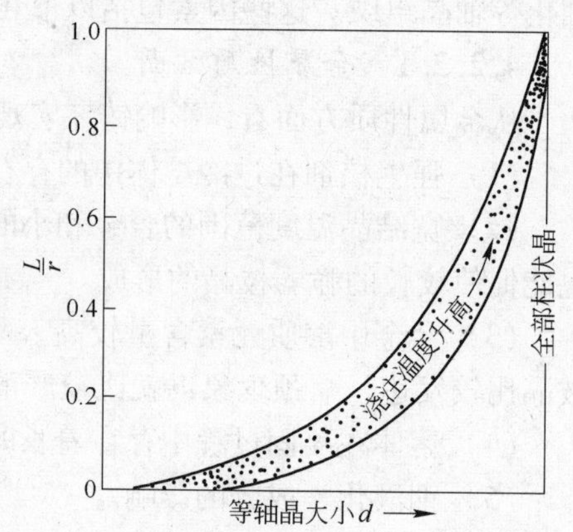

图4-7　等轴晶大小 d 与柱状晶长度 L 的关系（r 为试样半径）

4.2.2.4　复式结晶器

连铸过程中结晶器的传热特征对钢液的凝固进

程有显著的影响。因此，对结晶器传热进行控制具有重要的意义。多年来，控制结晶器的传热主要集中在保护渣的研制和浇注工艺参数的优化等方面，实际上改变结晶器的材质也可以有效地控制结晶器的传热。复式结晶器的基本原理是通过改变结晶器上段的材质，使其导热能力减弱，从而降低钢液凝固前沿的温度梯度，以抑制柱状晶的生长来达到扩大等轴晶区的目的。复式结晶器浇注铸坯的等轴晶率为80%，而传统结晶器浇注铸坯的等轴晶率仅为40%。复式结晶器内钢液凝固前沿的温度梯度 G 以及温度梯度与凝固速度 R 的平方根之比值 $G/\sqrt{R}$ 均小于传统结晶器。理论上，这有助于钢液凝固过程中柱状晶向等轴晶的转变。

4.2.3 凝固组织的控制

4.2.3.1 铸坯结晶组织对其质量和性能的影响

铸坯的质量和性能与其结晶组织密切相关。就宏观组织而言，表面细晶粒区一般比较薄，对铸坯的质量和性能影响不大。铸坯的质量与性能主要取决于柱状晶区与等轴晶区的比例以及晶粒的大小。

柱状晶在生长过程中凝固区域较窄，其横向生长受到相邻晶体的阻碍，树枝晶得不到充分的发展，分枝较少。因此结晶后显微缩松等晶间杂质少，组织比较致密。但柱状晶比较粗大，晶界面积小，并且位向一致，因而其性能具有明显的方向性：纵向好、横向差。此外，其凝固界面前方常汇集有较多的第二相杂质，特别是当不同方位的柱状晶区相遇而构成晶界时，大量夹杂与气体等在该处聚集将导致铸坯热裂，或者使铸坯在以后的塑性加工中产生裂纹。尽管改进铸坯结构可以减轻这种影响，但在柱状晶区发达的铸坯中，其不利作用是难以避免的。

等轴晶区的晶界面积大，杂质和缺陷分布比较分散，且各晶粒之间位向也各不相同，故性能均匀而稳定，没有方向性。其缺点是枝晶比较发达，显微缩松较多，凝固后组织不够致密。等轴晶细化能使杂质和缺陷分布更加分散，从而在一定程度上提高各项性能。一般说来，晶粒越细，其综合性能就越好，抗疲劳性能也越高。

基于上述原因，在生产中对一些本身塑性较好的有色金属及其合金和奥氏体不锈钢铸坯，为使其致密度增加，往往在控制易熔杂质和进行脱气处理的前提下，希望得到较多的柱状晶。对一般钢铁材料和塑性较差的有色金属及其合金铸坯，特别是异形铸坯，为避免柱状晶区不利作用的危害，则希望获得较多的甚至是全部细小的等轴晶组织。

在绝大多数情况下，铸坯的等轴晶率越高，铸坯质量越好。因此，在满足生产的条件下，浇注工艺应促进中心等轴晶的形成。等轴晶生成理论已经给出扩大等轴晶率的原则：

（1）强化金属液生核；

（2）促进晶粒游离；

（3）有助于游离晶的残存。

满足这些原则的工艺因素都将抑制柱状晶区的形成和发展，扩大等轴晶区的范围，并细化等轴晶组织。

4.2.3.2 等轴晶组织的获得和细化

通过强化非均质生核和促进晶粒游离以抑制凝固过程中柱状晶区的形成和发展，就能获得等轴晶组织。非均质晶核数量越多，晶粒游离的作用越强，熔体内部越有利于游离晶的残存，则形成的等轴晶粒就越细。

A　合理控制热学条件

a　低温浇注和采用合理的浇注工艺

铸件形成中的热学条件不仅影响到等轴晶的获得和细化，而且也与多种工艺性能密切相关。

在实际生产中，各浇注工艺因素在生产、质量和成本等方面往往是互相矛盾的，因此必须进行合理的控制。一般情况下，在满足生产要求的前提下，应尽量改善浇注工艺，以有利于等轴晶的形成和晶粒细化。如为了保证多炉连浇、保证整个生产系统顺行和降低成本，有时必须适当提高浇注温度。尤其是中间包开浇的第一包钢水必须比连浇炉次的温度高出 20 ~ 40℃。

（1）浇注温度

铸坯中柱状晶带和等轴晶带的相对大小在不人为干预的情况下主要决定于浇注温度。有效扩大等轴晶区的办法是接近于液相线温度浇注。浇注温度高，有利于柱状晶生长，柱状晶带越宽。

对钢液连铸，因为一方面靠近结晶器壁的钢液由于溶质再分配，液相线温度较低，过冷度小，形核率低；另一方面，一部分晶核会因为钢液温度高而重新熔化，因而不易形成等轴晶。与此相反，低温浇注时，则钢液容易形成数量较多的结晶核心，而这些晶核长大形成等轴晶时，可进一步阻止柱状晶的长大，如图 4-8 所示。因此接近钢种液相线温度浇注是扩大等轴晶带最有效的手段，但是钢液过热度太低，易使水口冻结，且钢水过黏而不利于夹杂物上浮。因此，通常情况下应保持中间包钢液有一定的过热度（15 ~ 30℃）浇注。在保证水口不被冻结的情况下，浇注温度尽量接近恒定的下限温度。

低温浇注是改善宏观组织的最基本和最有效的工艺措施，同时也是采用电磁搅拌等措施改善宏观组织的基础条件。大量实践证实，降低浇注温度是减少柱状晶、获得细等轴晶的有效措施（图 4-7 和图 4-9）。其原理为过热度较小，过热度消失加快，容易达到非均质形核的温度；且低过热度有助于已有的游离晶粒残存。

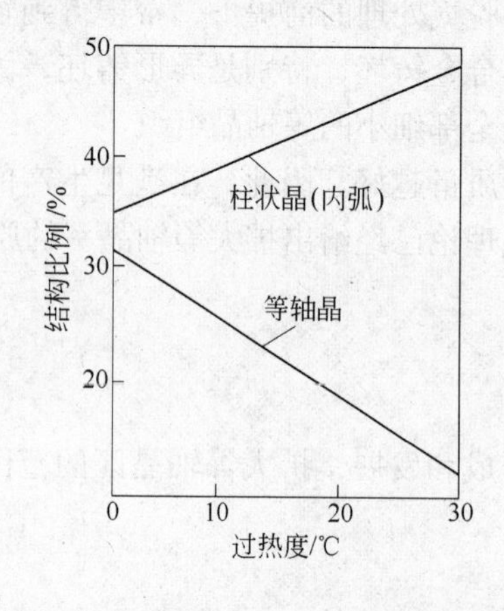

图 4-8　过热度对凝固结构的影响

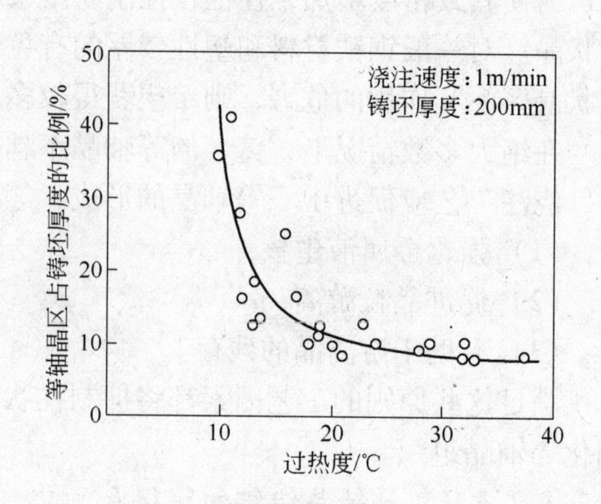

图 4-9　等轴晶凝固区的比例与中间包钢水过热度

但是在实际生产中，低温浇注会受到其他条件的限制：

1）浇注温度过低，钢包浇注后期中间包内钢水温度低，导致中间包水口冻结。

2）浇注温度低不利于夹杂上浮。

3）无法保证保护渣正常熔化，尤其在薄板坯连铸中要求更加严格。

4）低温浇注势必要求提高拉速，同时导致鼓肚、压扁等缺陷；显热降低对坯壳生长影响不大。

5）拉速高浇注周期缩短，钢水供应必须保证连浇；通常控制中间包过热度在20～40℃内。

低恒温浇钢的措施有：

1）为了保证低温浇钢，正常浇钢期间钢包钢水应严格按照目标温度（过热度40～55℃）控温。

2）浇钢期间难免使中间包钢水过高或过低，此时需采用中间包冶金功能进行调温，以保证钢水温度正常。当钢水温度偏高时，向中间包钢水均匀加入小块状废钢或钢铁片及钢带等进行降温，同时进行吹氩，以均匀温度。当钢水温度偏低时，对中间包钢水采用感应加热与等离子加热等来提升温度，同时进行吹氩，以均匀温度。中间包车上要安装连续测温仪，以对中间包钢水温度随时监测。

（2）结晶器钢水降温

结晶器钢水降温途径如下：

1）在结晶器内添加微型冷却剂，如钢带或微型钢块的方法，可降低钢液的过热度，加速凝固。其缺点是冷却剂熔化不良，易污染钢水。为此意大利冶金研究中心提出了加速凝固的新工艺，此法是通过中间包塞棒芯孔向结晶器喂入直径4～9mm的包芯线，包芯线的成分为铝、钛、铁等粉剂，用以降低钢液过热度，增加异质晶核，从而加速凝固，提高等轴晶率。如在140mm方坯的结晶器喷入金属粉量为1%～1.5%，拉速可提高40%～50%，铸坯等轴晶区扩大，中心疏松和偏析明显减少。

2）喷吹金属粉剂。在结晶器内喷入不同尺寸的金属粉，可吸收过热并提供结晶核心，增加等轴晶宽度。试验指出，在140mm×140mm方坯结晶器内喷入金属粉量为1%～1.5%时，拉速可提高40%～50%，铸坯等轴晶宽度扩大，中心缩松和偏析减轻。另外芬兰冶金研究中心提出以氩气为运载气体，通过专用喷枪向钢包注流喷吹铁粉的工艺，可以使铸坯等轴晶率提高35%。

欧洲采用在结晶器内喷吹不同尺寸的金属粉末，或从中间包内的塞棒加入金属丝的FAST法，以吸收过热度和提供结晶核心，增加等轴晶区，改善产品性能。在结晶器内加入铁粉或薄钢带等微型冷却剂，消除钢水的过热度，使其在液相线温度凝固，以增加等轴晶。

为了降低进入结晶器的钢水的温度，同时避免对中间包浇钢的影响，有人提出了“水冷水口”的设想。在铸造行业，已经有了类似的生产工艺，但由于安全和可操作性等原因，至今未进入实用阶段。

b 合理控制冷却条件

控制冷却条件的目的是形成较宽的凝固区域和较大的过冷度，促进熔体生核和晶粒游离。小的温度梯度和高的冷却速度可以满足上述要求。

凝固条件对于不同的合金有着不同的作用。导热能力强的合金（如 Al 及 Cu 合金）的导热系数高，强冷效果可能使整个断面同时产生较大的过冷，整个溶液的生核能力增强，因此在相同的情况下，采用强冷比弱冷（金属型铸造比采用砂型铸造）更易获得细等轴晶组织。

对于各钢种的连铸过程而言，不可能同时满足这两个冷却条件。

首先，连铸过程中冷却能力很大，而钢的导热能力差、凝固潜热较大。在这样的前提下，铸坯表面受到的强冷，只能使凝固期间的铸坯表面层产生过冷，因此无法实现整个断面上的同时过冷。表面冷却强度增加1000倍，也不能在结晶器出口消除液芯和过热。

其次，表面强冷促使稳定凝固层的形成，同时也使界面处温度梯度变大，凝固区域变窄，有利于柱状晶的发展。因此，在一般生产中，强冷更易获得柱状晶。特别是在高温下浇注更是如此。

因此，在实际生产条件下，通过控制冷却速度来改善铸态组织的作用不明显。从理论上来说，降低冷却速度可以对抑制柱状晶的发展有积极作用。但是，在连铸的实际生产中，冷却的可调范围较小。原因如下：

(1) 在铸坯表面不喷水冷却，辐射散热量也很大，达不到砂型铸造的弱冷；同时，即使在砂模冷却速度下同样也存在柱状晶。因此，实际控制的弱冷对柱状晶的抑制效果并不明显。

(2) 控制二冷区冷却水量。二冷区水量大，铸坯表面温度低，横断面温度梯度大，有利于柱状晶生长，柱状晶区就宽。降低二冷水量可使柱状晶宽度减少，等轴晶区宽度增加。故二冷水量是控制柱状晶生长的一个积极因素。二冷水量又直接影响到液芯长度、鼓肚和铸机生产率，其可调范围会进一步受到限制。

因此，在确定冷却强度时，应首先重点考虑控制裂纹、拉矫温度、液芯长度等工艺因素，而把控制柱状晶放在次要位置，组织的控制通过采用其他方法来实现。原因是：1) 强冷促进了柱状晶发展；2) 弱冷不能促使柱状晶向等轴晶转变；3) 强冷导致冷却速度增加，二次枝晶减少，组织细化；4) 冷却制度首先应考虑生产因素，通过其他措施增加等轴晶率。

c 合理控制拉速

拉速对铸坯凝固结构无明显影响。如连铸 180mm × 180mm 方坯，拉速为 1.32m/min 和 3.4m/min 时，铸坯晶区结构分布基本相同。提高拉速降低中心致密性，因为高拉速下液芯深度增加，降低了中心凝固时的补缩能力，会产生中心缩孔。在浇注需要拉拔、冷镦等冷加工的钢材时，应采用低拉速保证中心致密性。

B 变质处理

变质处理是向钢液中添加少量物质以达到细化晶粒、改善组织为目的的一种方法。目前这种方法的技术术语很不统一。如在铸铁中一律称“孕育”，在有色合金中常称“变质”，在钢中则两种混用。

孕育剂的种类很多，其作用机理也各不相同。根据目前对孕育剂作用原理的认识，可将孕育剂归纳为如下两类。

a 生核剂

生核剂的主要作用是强化非均质生核过程。其种类又可包括：

（1）直接作为外加晶核的生核剂。这种生核剂通常是与欲细化相（人为想要细化的金相）具有界面共格对应的高熔点物质或同类金属、非金属碎粒，它们与欲细化相间具有较小的界面能，润湿角小，直接作为有效衬底促进非自发生核，如高锰钢中加入锰铁。在结晶器内加入生核剂，以增加结晶核心的数量，扩大等轴晶区。对生核剂要求是：在金属液温度下为固体；在金属液温度下不分解为元素而进入金属中；不上浮而存在于凝固前沿；生核剂尽可能与金属液润湿，其晶格类型与金属晶格相接近，与液体有黏附作用。连铸钢常用生核剂有 Al_2O_3、TiO_2、V_2O_5、AlN、VN、ZrN 和 ZrO_2 等。这是一些高熔点物质或同类金属碎粒。它们在钢液中可直接作为有效衬底而促进非均质生核。已经证明，在高锰钢中加入锰铁，可以细化高锰钢的奥氏体组织，在高铬钢中加入铬铁，都可以直接作为非均质晶核而细化晶粒并消除柱状晶组织。在铸钢工艺中使用较多，但在连铸生产中很少应用。

（2）通过与液态金属的反应而形成的生核剂。生核剂中的元素能与液态金属中的某元素形成较高熔点的稳定化合物，这些稳定化合物与欲细化相间具有界面共格对应关系和较小的界面能。如钢中加入含 V、Ti 的生核剂就是通过形成含钒或钛的碳化物或氮化物，促进非均质形核达到增加及细化等轴晶的目的。Ⅲ级钢筋中加入 VN 合金和 TiFe，就是通过形成碳化物和氮化物，从而达到细化晶粒和增加等轴晶的目的，目前已经成为通过微合金化提高钢材性能的主要措施。

（3）通过在液相中造成很大的微区富集而造成结晶相通过非均质形核而提前弥散出的生核剂。例如，把硅加入铁液中，瞬间形成了很多富硅集区造成局部的共晶成分，迫使石墨提前析出，而硅的脱氧产物 SiO_2 及某些微量元素形成的化合物可作为石墨析出的有效衬底而促进非均质形核。

b 强成分过冷元素孕育剂

强成分过冷元素即为偏析系数（$1-k_0$）大的元素（k_0 为溶质分配系数，$k_0 = C_S/C_L$。C_S 为固相浓度，C_L 为液相浓度），作用如下：

（1）这类元素通过在生长的固液界面前沿富集，使晶粒根部或树枝晶分枝根部产生细弱缩颈，易于通过熔体流动及冲击产生游离晶粒。

（2）这类生核剂产生的强成分过冷也能强化界面前沿熔体内部的非均质形核。

（3）强成分过冷元素的界面富集对晶体生长具有抑制作用，降低晶体生长速度，也使晶粒细化。偏析系数越大，晶体和枝晶的根部缩颈越厉害，非均质形核作用越强，抑制晶体生长的作用越大，最终对组织细化的效果越好。

这类孕育剂的主要作用是通过在生长界面前沿的富集而使晶粒根部和树枝晶分枝根部产生缩颈，从而促进晶粒的游离。由于受到钢种成分的要求，因此此类方法也不实用。

需要注意的是，大多数生核剂（孕育剂）的有效性与其在液态金属中的存在时间有关，即随着存在时间的延长，孕育效果减弱甚至消失，这种现象称为孕育衰退现象。此外，孕育处理的温度越高，孕育衰退越快。在保证孕育剂均匀溶解的前提下，应采用较低的孕育处理温度。孕育剂的粒度也要根据处理温度和具体的处理方法、液态金属的体积等因素来选择。

C 动态晶粒细化

在铸件凝固过程中，采用振动（机械振动、电磁振动、音频或超声波振动），搅拌

（机械、电磁搅拌或利用气泡搅拌）或旋转等各种方法，均能有效地缩小或消除柱状晶区，细化等轴晶组织。所有方法都涉及到某种程度的物理扰动，其区别仅在于产生这种扰动方法的不同，故将此过程统称为动态晶粒细化。其作用机理可能存在有动力生核的影响，但大多数研究者认为已凝固晶体在外界机械冲击，特别是由此而引起的内部流体激烈运动的冲击下所发生的脱落、破碎、熔断和增殖等晶粒游离过程则可能是更重要的原因。必须指出，各种动态晶粒细化措施对于单相合金及固溶体型初生相的良好效果已被无数实验所证实，但对共晶型合金则比较复杂。

电磁搅拌是改善金属凝固组织，提高产品质量的有效手段。电磁搅拌引起金属液运动，其原理与电动机基本相同。大野笃美指出，在凝固初期，给凝固壳尚处于不稳定的部位，即型壁附近的液面以强烈的机械搅拌，可以获得良好的细等轴晶组织。电磁搅拌则是一种适用面较广的方法。

在连续铸钢过程中，电磁搅拌工作原理就是钢水切割磁力线、磁场运动切割钢水或磁场方向交替变化时就在钢水中产生感应电流，载有电流的钢水在磁场中会受到磁场的作用，即电磁力，该电磁力作用在钢水上，推动钢水的运动。高速运动的钢水把正在生长的柱状晶冲击打碎，以扩大等轴晶区，同时细化等轴晶，大大降低中心偏析和中心缩孔缩松指数，降低内部裂纹的产生概率，并且促使液芯区域夹杂物上浮，减轻内弧夹杂物聚集。

在铸坯周围安装电磁搅拌设备，铸坯就像电动机转子一样放在旋转磁场中。液芯内的钢液不断切割磁力线，在电磁力的作用下像转子一样旋转，达到了搅拌钢水的作用。由于坯壳无法旋转，因此旋转的钢液对正在凝固中的坯壳形成不断冲刷。

a　电磁搅拌的作用

电磁搅拌的作用如下：

（1）增加铸坯等轴晶率。采用电磁搅拌使钢水产生强制对流，使凝固前沿的树枝晶熔断或折断，促进晶粒游离。枝晶碎片作为等轴晶核心长大而扩大等轴晶区，如图 4-10 所示。

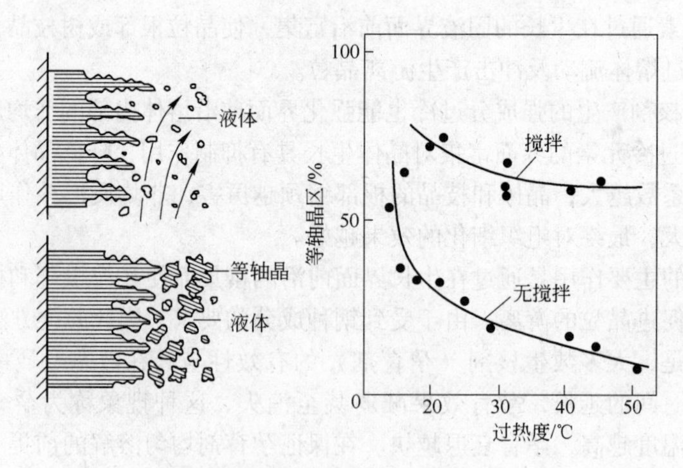

图 4-10　枝晶打碎示意图

（2）消除搭桥，提高铸坯中心质量。消除了树枝晶搭桥，使等轴晶增加，改善铸坯中心疏松和缩孔，减轻了中心偏析。

(3) 消除皮下气孔和皮下夹杂，改善铸坯表面质量。M-EMS 可消除皮下气孔和夹杂，改善表面质量。

(4) 均匀夹杂物分布，提高纯净度。对于弧形连铸来说，S-EMS 消除了夹杂在内弧的聚集；同时，钢液内夹杂聚集上浮，提高了钢的纯净度。

(5) 均匀坯壳厚度，减少铸坯纵裂纹和凹陷。M-EMS 抑制了枝晶的快速生长，使初生坯壳更加均匀。

b 电磁搅拌的影响

电磁搅拌的影响有：

(1) M-EMS 位置太高或强度较大时液面稳定，容易卷渣；

(2) M-EMS 促使钢水旋转，在弯月面上产生驻波，同时使保护渣向中心聚集，不利于液渣层流入坯壳与结晶器间形成渣膜；

(3) S-EMS 强度过大容易导致白亮带（负偏析）。

c 电磁搅拌器安装位置

电磁搅拌器可以安装在结晶器（M-EMS）、二冷区（S-EMS）和凝固末端（F-EMS）：

(1) M-EMS。改善铸坯表面质量，消除皮下针孔和表面夹渣，加宽中心等轴晶带。又可分为内置式和外置式：

1) 内置式。电磁搅拌器安装在结晶器水箱里面，其冷却水与结晶冷却水串联共用。

2) 外置式。电磁搅拌器安装在结晶器水箱外面，电磁搅拌器有独立的冷却水系统。

(2) S-EMS。消除夹杂内弧聚集，形成晶粒很细的中心等轴晶带，减轻中心偏析和缩孔。二冷区电磁搅拌器生产上应用的主要有两种形式：

1) 平面搅拌器。在内外弧各装 1 台与支撑辊平行的搅拌器，或在内弧支撑辊后面安装搅拌器，或者把感应器的铁芯插入内弧两辊之间搅拌器。

2) 辊式搅拌器。外形与支撑辊类似，辊子内装有感应器，既支撑铸坯又起搅拌器作用。

二冷区电磁搅拌器安装在二冷区的位置大约相当于凝固壳厚度为板坯厚度的 1/4 ~ 1/3 液芯长度区域。

(3) F-EMS。在接近凝固末端时，再次搅拌含等轴晶和钢液组成的两相区，可以进一步减轻铸坯中心偏析（包括高碳钢在内）。

凝固末端电磁搅拌器安装在液芯长度的 3/4 处。该搅拌器的作用主要是使液相穴末端区域的富集溶质的液体分散在周围区域，降低中心偏析，减少中心缩孔和缩松。但是，凝固末端不易确定，主要用于板坯连铸。这 3 种电磁搅拌器主要应用于板坯与方坯。

d 电磁搅拌的效果

使用电磁搅拌的效果决定于钢中 C 量。[C] = 0.1% 左右，钢液凝固承受 $L \rightarrow \delta \rightarrow \gamma$ 的转变，坯壳与结晶器铜壁气隙最大，导出热流最小，柱状晶比较发达，使用 EMS 铸坯等轴晶区由 20% 增加到 40%；[C] > 0.6%，显微偏析严重，柱状晶发达，使用 EMS 等轴晶由零增加到 40%；[C] = 0.1% ~ 0.6%，使用 EMS 可加速柱状晶向等轴晶的转变。

e　电磁搅拌的应用

电磁搅拌器应用于板坯和方坯的情况如下：

（1）电磁搅拌器在板坯上的应用。板坯一般采用二冷区电磁搅拌器和凝固末端电磁搅拌器进行组合使用，这主要是由经济、技术难易和对铸坯质量的影响等综合因素所决定。国内生产实践证明，这种组合在扩大等轴晶区和改善中心偏析等内部质量方面效果显著。

（2）电磁搅拌器在方坯上的应用。方坯所用结晶器电磁搅拌器优于二冷区电磁搅拌器，原因如下：

1）结晶器电磁搅拌器可以很好地改善方坯表面和皮下质量，如方坯表层气孔和夹杂物数量显著减少，并减少表面和皮下裂纹。而二冷区电磁搅拌器则勉为其难。

2）结晶器内的坯壳最薄，方坯液芯面积相对最大，结晶器电磁搅拌器能产生比二冷区更高的等轴晶率。如果凝固前沿有足够的晶核和足够大的温度梯度，那么凝固就会转向等轴晶。

3）结晶器电磁搅拌能起到二冷区电磁搅拌的大部分冶金效果，如过热度迅速消失、铸坯温度分布较均匀、等轴晶区扩大。

4）二冷区电磁搅拌特别是二冷区旋转搅拌不可避免地在铸坯内部产生白亮带，但结晶器电磁搅拌不会出现白亮带。结晶器电磁搅拌过强时，只会在皮下产生很轻微的负偏析。

综合考虑各种因素，结晶器电磁搅拌器和凝固末端电磁搅拌器进行组合使用效果较好。生产实践证明，在300mm×400mm大方坯连铸机上，浇注弹簧钢，在结晶器和凝固末端均安装电磁搅拌器后，中间包钢水过热度为50℃，铸坯中心等轴晶区达40%，消除了铸坯中心偏析和疏松。在125mm×125mm小方坯连铸机上，浇注碳钢（[C]=0.12%～0.15%），拉速为2.5m/min，采用该组合电磁搅拌后，铸坯内外弧区等轴晶扩大；而不搅拌时，内外弧区均无等轴晶出现。但在浇注超高碳钢方坯时，从冶金效果看，进行多段组合，即结晶器电磁搅拌器和二冷区电磁搅拌及凝固末端电磁搅拌器进行组合使用效果更好。不仅能扩大等轴晶区而且细化等轴晶，还可以使中心偏析和中心缩孔缩松显著减少。

D　铸机类型

立式连铸机，铸坯低倍结构是对称的；弧形连铸机，内外弧结构是不对称的，也就是内弧柱状晶长，外弧柱状晶短，这是弧形铸机的特点。其原因是：由于注流循环运动冲刷凝固前沿，打碎的树枝晶在重力作用下而下沉到外弧的柱状晶上，阻止了柱状晶的生长，下沉的树枝晶生成等轴晶或分叉的柱状晶。另外，水口注流运动的不对称性也会阻止外弧侧柱状晶的生长。

参考文献

[1] 雷玉成，汪建敏，贾志宏．金属材料成型原理[M]．北京：化学工业出版社，2006.

[2] 安阁英．铸件形成理论[M]．北京：机械工业出版社，1989.

[3] 文九巴，负自均，李安铭，等．机械工程材料[M]．北京：机械工业出版社，2002.
[4] 冯捷，史学红．连续铸钢生产[M]．北京：冶金工业出版社，2005.
[5] 陈平昌，朱六妹，李赞．材料成型原理[M]．北京：机械工业出版社，2001.
[6] 蔡开科，潘毓淳，赵家贵，等．连续铸钢500问[M]．北京：冶金工业出版社，2004.
[7] 高小峰．铸坯优质低倍组织控制技术的探讨[J]．连铸，2012，1(1).
[8] 刘增勋．凝固理论讲义．2007.
[9] 隋晓红，谢广群，等．硅含量对低碳钢连铸坯凝固组织的影响[J]．物理测试，2008，6(26).
[10] 仇圣桃，陶红标，张慧，赵沛．复式结晶器传热特征及其对铸坯凝固组织的影响[J]．钢铁研究学报，2005，(17)：4.

5 铸坯的收缩

5.1 金属凝固收缩

液态金属冷凝为固态的过程中所发生的体积减小的现象，称为收缩。收缩的结果，在固态金属中留下了缩孔和缩松，这是凝固时不可避免的自然现象。表5-1是不同金属凝固时的体积变化情况。

表5-1 金属凝固时的体积变化

金属	体积变化 ΔV/%	金属	体积变化 ΔV/%
铝	-6.0	汞	-3.7
镁	-5.1	铅	-3.5
镉	-4.7	铁	-2.2
锌	-4.2	钙	+3.2
铜	-4.1	铋	+3.3
银	-3.8		

液态金属凝固时体积的变化包括：

(1) 液态收缩。液态金属从浇注温度 T_C 冷却至液相线温度 T_L 所产生的收缩 V_1 为：

$$V_1 = V(T_C - T_L)\alpha \tag{5-1}$$

式中 V——液态金属体积；

α——温度每降低1℃金属的液态收缩率。

液态收缩危害并不大，尤其对于铸坯而言，液态收缩被连续注入的钢液所补充，对已经凝固的外形尺寸影响很小，可以忽略。

(2) 凝固收缩。从液相线温度到固相线温度之间的收缩为凝固收缩。共晶成分的合金或纯金属，是在恒温下结晶，凝固收缩较小。而有一定结晶温度范围的合金，随其结晶温度范围的增大，凝固收缩增大。凝固收缩阶段体积收缩 V_2 为：

$$V_2 = (V - V_1)\alpha_S \tag{5-2}$$

式中 α_S——凝固收缩率。

由于液态收缩和凝固收缩使体积缩小，如果减少的体积得不到外来金属液的补充，则会在铸坯中形成集中于某处或分散的孔洞——缩孔或缩松。因此，液态收缩和凝固收缩是产生缩孔和缩松的基本原因。

(3) 固态收缩。从固相线温度 T_S 至室温 T_0 的收缩为固态收缩。固态收缩不会在固态金属中留下缩孔，而是表现为铸坯各个方向上的线尺寸的缩小，其收缩量 V_3 为：

$$V_3 = (V - V_1 - V_2)\alpha_t(T_S - T_0) \tag{5-3}$$

式中 α_t——每降低1℃金属的线收缩率。

若低碳钢在1600℃时的密度为7.06g/cm³，室温下固态钢的密度为7.86g/cm³，则凝固的收缩量为11.3%。它包括：

（1）过热的钢液冷却到液相线温度产生的液态收缩，大约为1%。

（2）由液相线温度冷却到固相线温度产生的凝固收缩，大约为3%~4%。凝固温度范围越大，收缩量越大。表5-2列出了碳钢含碳量及其相应的凝固收缩量，可以看出，钢的含碳量增加，收缩量加大。

表5-2 碳钢含碳量及相应的凝固收缩量

碳钢含碳量/%	体积变化 ΔV/%	碳钢含碳量/%	体积变化 ΔV/%
0.1	2.0	0.45	4.3
0.35	3.0	0.7	5.3

（3）由固相线温度冷却到室温产生的固态收缩，大约为7%~8%。

液态收缩可以忽略不计，凝固收缩和固态收缩对钢锭质量有重要的影响。

由于钢在液态时的密度很难准确测定，不同研究者测定的钢液密度在较大范围内波动，但有一个共同规律：含碳高的钢密度更低。由图5-1可以近似估计凝固和冷却过程中钢的体积变化。

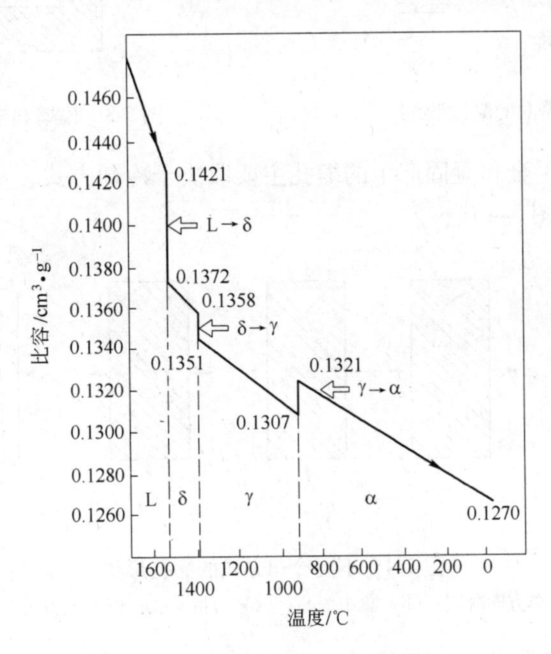

图5-1 纯铁比容与温度的关系

5.2 铸坯中的缩孔和缩松

钢锭中缩孔的形状和位置决定于传热条件。不同传热条件下缩孔的形成如下：

（1）仅从模底传热。如图5-2所示，模子放在底板上，模壁为绝热体，凝固时热量仅从底部传走。凝固等温线从下向上移动，最后凝固的表面是水平的。由于凝固收缩没有得到液体金属的补充，固体钢低于原先液体钢的水平，这个多出来的自由空间就是缩孔。在这种情形下，凝固后从外观上是看不出来缩孔的。

（2）仅从模壁传热。钢液与模壁之间形成了一层凝固层，由于继续冷却凝固收缩，液体金属逐步在这个壳内下降，每凝固一层，高度比前一层要低一些，凝固前沿向中心扩展，直至最后凝固，形成的缩孔为漏斗状，连续铸钢时铸坯的凝固就是这个形式。由于结晶器内不断有液体钢水补充凝固收缩，因此不会产生缩孔，只有在浇注结束的时候才能在铸坯中看到这种缩孔。

（3）从模壁和模底同时传走热量。如图 5-3 所示，凝固等温线从钢锭外部向中心，从底部向上部移动。凝固结束后，缩孔是不规则的几何形状。

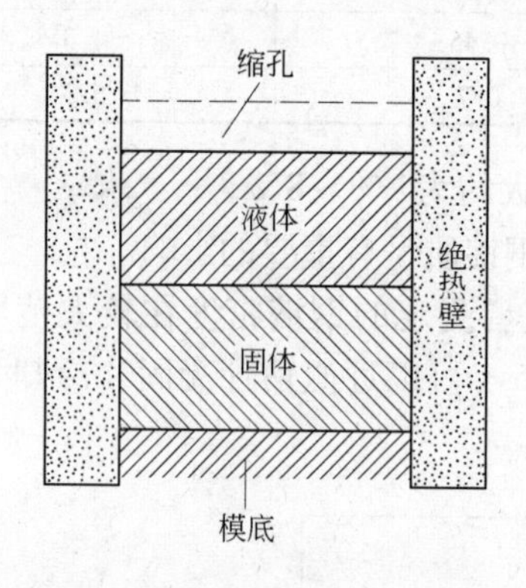

图 5-2 绝热模内的凝固收缩

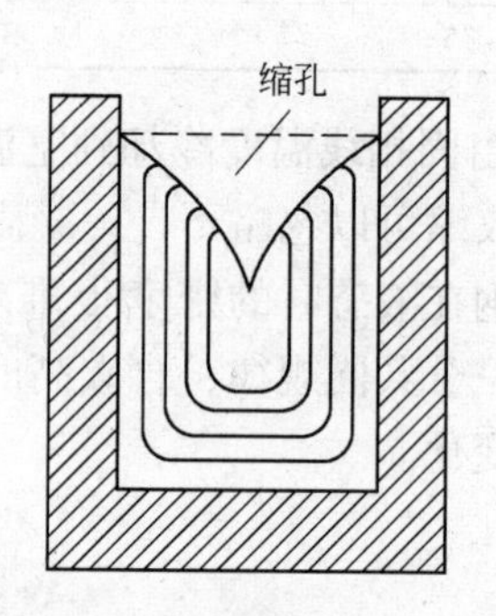

图 5-3 模壁和模底同时凝固收缩

从以上讨论可知，金属凝固产生的缩孔主要取决于冷却方式，不同的冷却方式决定了缩孔的形状及分布（图 5-4）。

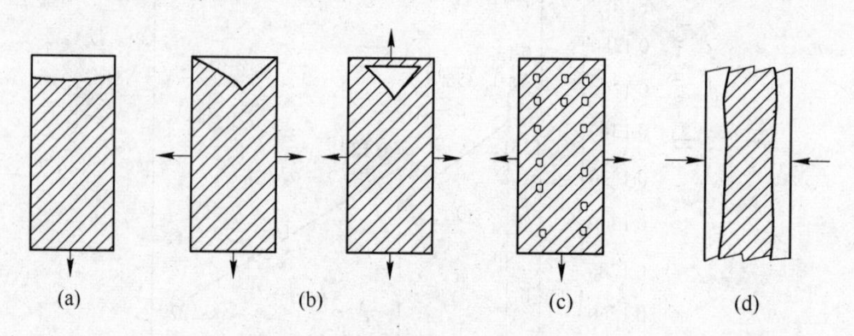

图 5-4 不同冷却方式的缩孔形状

（a）单方向凝固；（b）集中缩孔；（c）分散缩孔；（d）特殊方式缩孔

单方向凝固。冷却仅从底部进行，收缩面低于液面，缩孔是平的。电渣重熔钢锭的浇注与凝固同时进行，缩孔形状与此类似。

集中缩孔。缩孔形状取决于从两边模壁冷却和从底部冷却的相对程度。镇静钢缩孔就是这种形式。

分散缩孔。凝固过程中产生的分散气孔的体积补偿了凝固收缩体积。在钢锭轧制过程中气孔可以焊合。沸腾钢锭的缩孔就是这种形式。

一种特殊方式凝固。在钢液中沉入冷铁以造成向内的热流，使其凝固收缩分布在整个表面上而不产生集中缩孔。

在镇静钢的头部有集中缩孔，在钢锭内部还存在着分散的微小孔隙，称为缩松。缩松分为宏观缩松和显微缩松两类。宏观缩松用低倍检验就可发现，例如沿钢锭中心分布的称为中心缩松，它是在结晶的最后阶段，树枝晶相互交叉和搭桥，以至钢液变黏，不能补充凝固收缩的体积而产生的。显微缩松分布在树枝晶之间，需高倍检验才能发现。因为在生长的树枝晶空间存在着“液体通道”（长1mm，内径0.01mm），钢液可以沿通道流动以补偿凝固收缩（图5-5）。但是如图5-5所示，*A*点的液体变黏，流动摩擦阻力增大到一定程度后液体就不能流入通道，因而无法补偿收缩，导致形成显微缩松。在缩松周围往往有杂质富集，如果很严重时对性能危害很大。

连铸时钢水不断补充到液相，故铸坯中无集中缩孔。连铸时从结晶器拉出来带有液芯的坯壳，在连铸机内边传热、边凝固、边运行而形成很长液相穴的铸坯（少则几米，多则十几或二十几米），由于受凝固、传热、传质和工艺的限制，沿液相穴路径常常发生钢水补缩不好，在铸坯完全凝固后，从铸坯中取试样做纵断面的硫印检验，发现铸坯中心线区域有明显的微小缩孔和疏松，常称为中心缩松、中心缩孔，由于与小钢锭低倍结构相似，故称为“小钢锭结构”。小钢锭结构形成示意图如图5-6所示。它的形成过程是：柱状晶开始是均匀生长的；在二次冷却区凝固过程中，由于喷水冷却的不均匀，柱状晶生长不规则，铸坯在传热快的局部区域柱状晶优先发展，在某一局部区域两边相对优先生长的柱状晶往往会连接在一起，产生了搭桥，从铸坯断面中心来看，这种搭桥是有规律的，每隔5～10mm就会出现一个；这样“凝固桥”就把液相穴内上下钢水分隔开了，桥下面的钢水继续凝固时，由于搭桥的阻隔，上面的钢水不能流下来补充下面钢水的凝固收缩，就会使桥下面钢水凝固后有明显的缩孔和疏松。

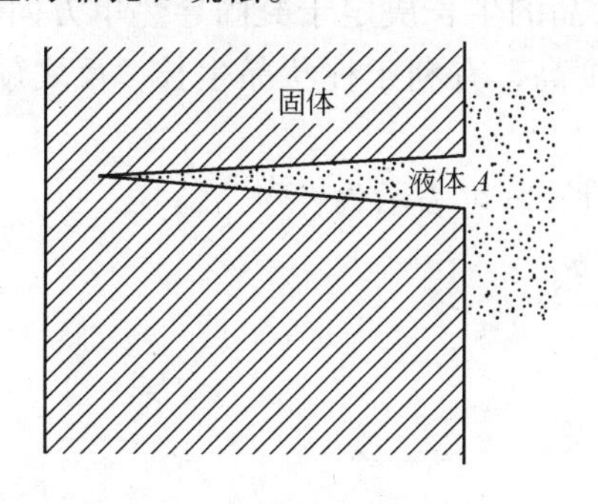

图5-5　显微缩松的形成

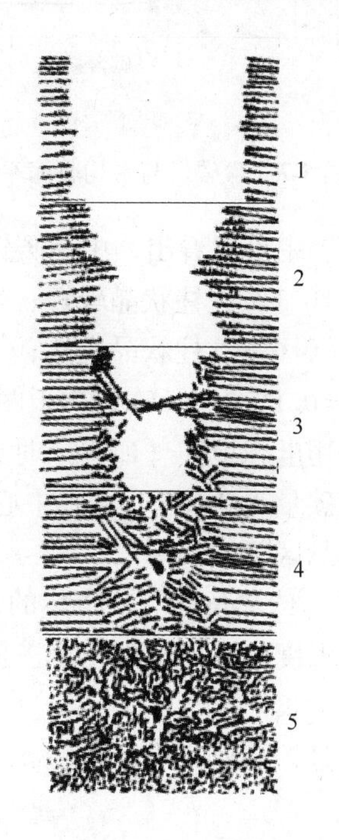

图5-6　“小钢锭”结构形成示意图

1—柱状晶均匀生长；2—某些柱状晶优先生长；3—柱状树枝晶搭接成“桥”；4—“小钢锭”凝固并产生收缩；5—铸坯的实际宏观结构

5.3 防止铸坯产生缩孔和缩松的途径

铸坯中心凝固末端的凝固收缩得不到补充或外部的补偿，便在铸坯中心形成疏松，严重时会形成断续几毫米的缩孔。通常在压缩比为3～5的情况下，中心缩松和缩孔可以焊合，对成品并无危害。

铸坯中心缩松及缩孔的严重程度取决于铸坯低倍结构中的柱状晶与等轴晶的比例，中心等轴晶区达到30% ~40%则中心疏松较轻微甚至消失。防止铸坯产生缩松及缩孔就要求在铸坯凝固过程中抑制铸坯中柱状晶生长。

柱状晶的生长取决于以下几个方面：

（1）钢的含碳量。钢水凝固冷却收缩特性与钢中碳含量有关（图5-7），因而钢的碳含量与柱状晶长短有关（图5-8）。

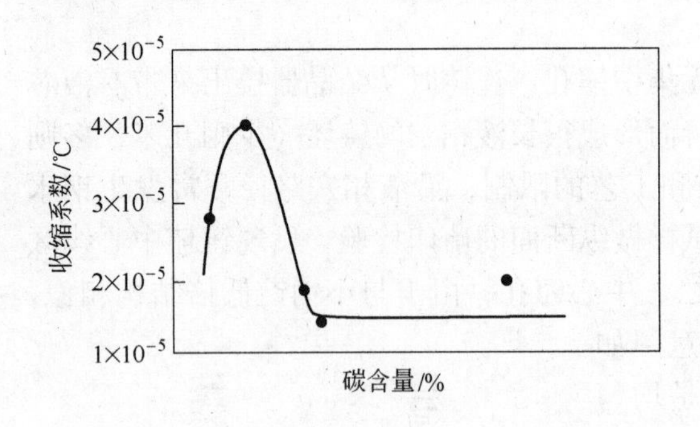

图5-7　含碳量与平均收缩系数的关系

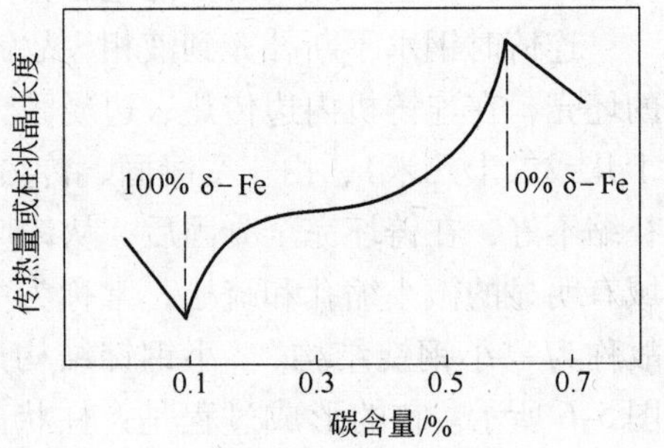

图5-8　含碳量与柱状晶的关系

从图中可以看出，中高碳钢的柱状区较低碳钢发达。

C=0.1%，柱状晶较短；

C=0.6%，柱状晶发达；

C=0.1% ~0.6%，介于两者之间。

采用电磁搅拌（EMS）时，含碳量为0.1%的钢，中心等轴晶可由20%增加到40%，而当含碳量为0.6%时，则中心等轴晶可由0%增加到40%。故使用电磁搅拌的铸坯其中心等轴晶区可改善。

（2）传热条件。从传热的角度看，铸坯柱状晶的生长决定于凝固导热单方向性、固/液界面温度梯度和冷却速度。固/液界面温度梯度高，有利于柱状晶生长，反之就有利于等轴晶生长。

通过控制铸坯冷却速度ε可以控制柱状晶生长。ε可表示为：

$$\varepsilon = \frac{T_C - T_S}{\Delta t} \tag{5-4}$$

式中　T_C——钢水浇注温度；

T_S——钢的固相线温度；

Δt——从浇注温度冷却到固相线温度的时间。

冷却速度ε控制柱状晶生长，而冷却速度ε是由二冷区喷水强度来决定的。一般来说，二冷区采用强冷，铸坯表面与凝固前沿温度梯度大，ε快是有利柱状晶生长的，但树枝晶较细，中心缩松严重。反之二冷区采用弱冷，铸坯内外温度梯度小，则ε慢，是有利于等轴晶生长的，中心缩松较轻。

（3）钢水过热度。从理论上说，当钢水过热度等于零接近液相线温度凝固时，铸坯中心等轴晶区可达60%以上，可消除中心缩松和缩孔。然而中间包钢水过热度太低了，会影响钢水中夹杂物上浮和中间包水口冻结。因此，对薄板用钢，过热度可高一些（如30℃）；对中厚板中高碳钢，过热度可取低一些（如20～15℃）。

钢水过热度是控制铸坯中心等轴晶的主要措施(图5-9)。采用低过热度时中心等轴晶区大。

（4）拉速。拉速快则液相穴变长变尖，钢水补缩不好易造成缩松和缩孔。图5-10所示为275mm×300mm大方坯拉速对中心缩松的影响，可见随着拉速提高，中心缩松加重。

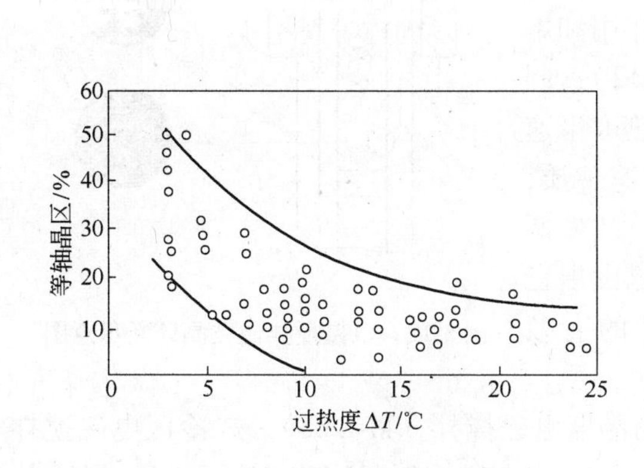

图5-9 过热度对等轴晶的影响

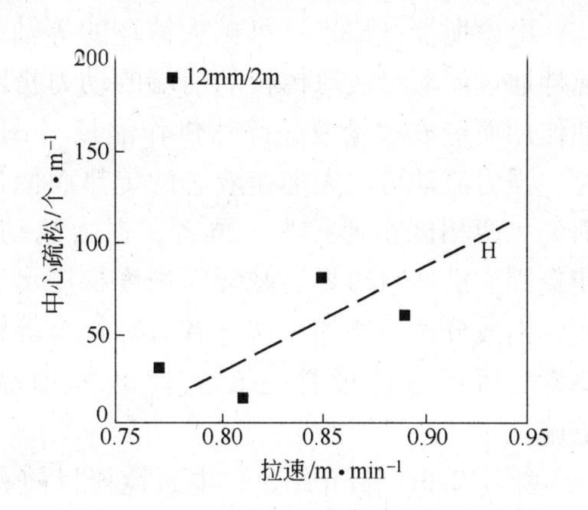

图5-10 拉速对中心疏松的影响

拉速决定了连铸机生产效率。我国推广高拉速、高连浇率、高作业率和高铸坯质量的高效率连铸机，然而高拉速和高铸坯质量往往是相互矛盾的，因此，要根据生产的钢种和产品质量，把连铸机的拉速和铸坯质量要求统一起来，既要生产率高也要质量好。

综上所述，防止铸坯缩松和缩孔的措施可以归结为两个方面：

一是从冶金凝固方面，控制柱状晶与等轴晶凝固条件；

二是从外加控制技术方面，采用电磁搅拌、轻压下、凝固末端强冷、零过热度凝固等技术。

5.3.1 控制工艺参数

由以上分析可知，钢水过热度、拉速、二冷水量都会影响铸坯的缩孔与缩松。在连铸机设备已定的情况下，根据所浇钢种优化三种工艺参数可以最大限度地减少铸坯中心的缩孔与缩松。如抑制柱状晶生长，扩大中心等轴晶区，可采用“三低”的路线，即低过热度、低拉速、低水量。其技术措施包括：

（1）降低进入结晶器钢水的过热度，接近于液相线凝固。可采用的方法如结晶器加铁粉，喂钢带；结晶器电磁搅拌；采用低过热度浇注技术(LSH)，如比利时CRM公司和卢森堡ARBED公司共同开发的降低钢水过热度的热交换水口技术(图5-11)。热交换水口就是在浸入式水口上方安装一个空心喷射器的耐火材料室，钢水由中间包

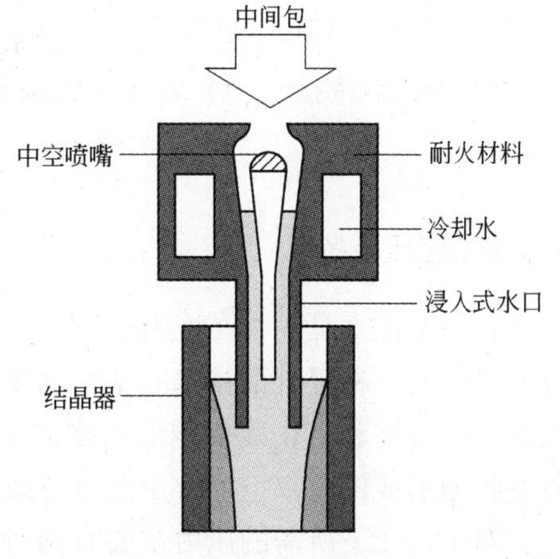

图5-11 低过热度浇注

进入这个耐火材料室，沿水冷壁流动，起了热交换作用，达到降低过热度的目的。

（2）采用弱冷或中等冷却强度。

（3）选择合适的拉速。

5.3.2 电磁搅拌

电磁搅拌（EMS）可扩大铸坯的等轴晶区。电磁搅拌通过流动母液对树枝晶前端的动力折断作用和熔蚀作用而造成大量枝晶碎片供作晶核（图5-12）；同时，强力流动可大大加速液芯的传热而使过热度迅速消失，两相区迅速扩大；再者，强力流动加速传质，使凝固前沿扩散边界层减薄而浓度梯度增大，故使两相区内成分过冷增加。这三者恰好符合等轴晶发展三要素，所以电磁搅拌是扩大铸坯等轴晶带的有效措施。

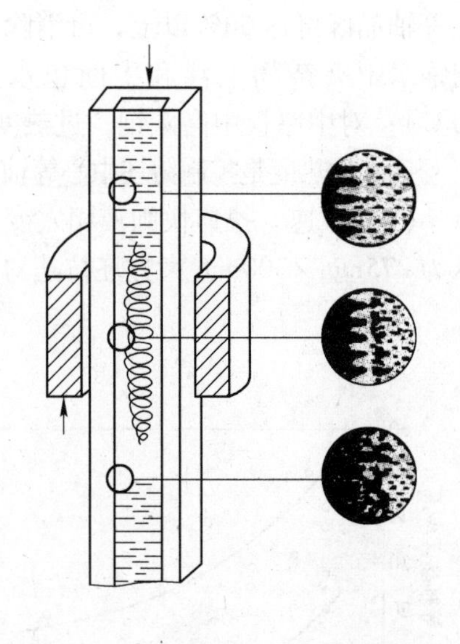

图5-12 电磁搅拌使枝晶碎断示意图

第4.2.3.2节介绍过，电磁搅拌目前有结晶器电磁搅拌（M-EMS）、二冷区电磁搅拌(S-EMS)、凝固末端电磁搅拌（F-EMS），还有联合式电磁搅拌(M + F、M + S + F)-EMS等不同的方式（图5-13）。但目前人们认为M-EMS和(M + F)-EMS是最佳选择。

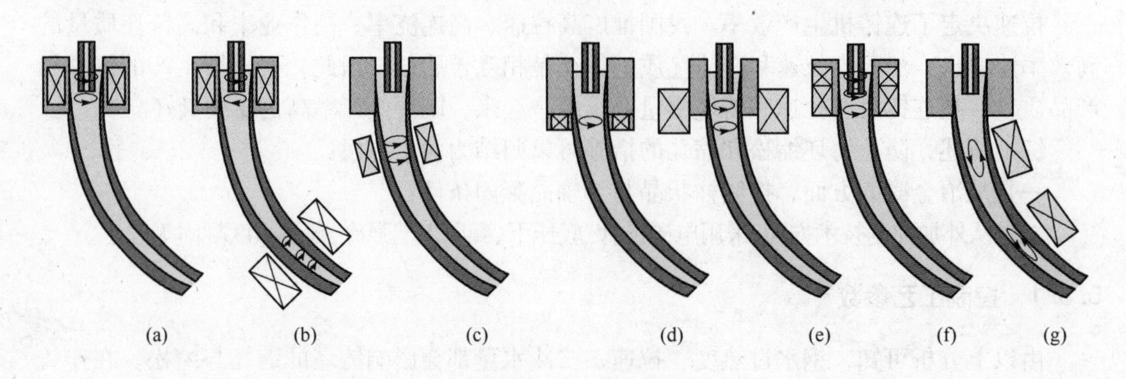

图5-13 EMS使用方式

（a）结晶器电磁搅拌；（b）结晶器＋凝固末端电磁搅拌；（c）二冷区电磁搅拌；（d）结晶器下电磁搅拌；（e）Kombi电磁搅拌；（f）双结晶器电磁搅拌；（g）行波磁场电磁搅拌

5.3.3 轻压下技术

轻压下技术是一种在连铸过程中对凝固率在指定范围内的某一段铸坯进行轻微压缩的技术。任何一种轻压下技术的基本思想都是在铸坯凝固某区域施加合适的压下量以补偿坯壳的凝固收缩和阻止残余钢液的横向流动，其原理如图5-14所示。压下可以消除或减少铸坯收缩形成的内部空隙，由此可以减少缩孔及缩松的形成。

对于轻压下所需的压力主要有两种：一种是热应力，即采用铸坯强冷技术，使凝固坯壳向内收缩，产生于机械力压下类似的作用，该法对于大断面、表面裂纹敏感的钢种收效

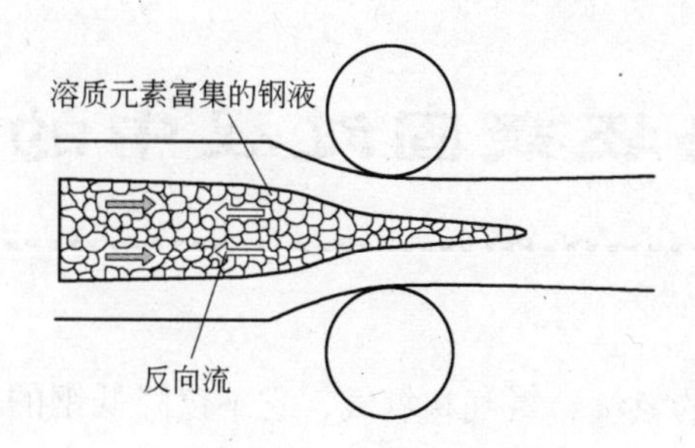

图 5-14 轻压下原理示意图

甚微，应用甚少；另一种便是机械应力，即用机械压下的方法补偿铸坯收缩，该法依据设备又可分为辊式轻压下和锻式轻压下，如图 5-15 所示。由于辊式轻压下易于操作，避免了锻式轻压下的高精度锥度及两块板对称性要求，所以成为目前最为广泛应用的轻压下方法。

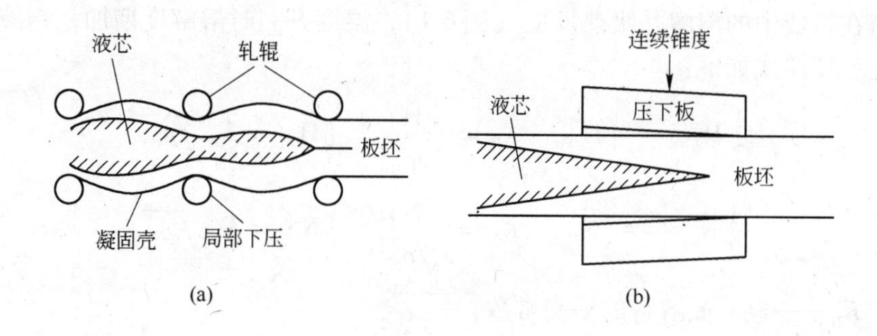

图 5-15 两种轻压下方法示意图
（a）辊式轻压下法；（b）锻式轻压下法

5.3.4 凝固末端强冷

在凝固末端设置强制喷水冷却区，强冷增加坯壳强度，压实铸坯芯部，使中心疏松和缩孔大为改善，其效果不亚于轻压下。

参 考 文 献

[1] 曲英．炼钢学原理（第二版）[M]．北京：冶金工业出版社，1994.
[2] 蔡开科．浇注与凝固[M]．北京：冶金工业出版社，1987.
[3] Ralf Thome, Klaus Haste. Principles of billet soft—reduction and consequences for continuous casting[J]. 2006, 46(12): 1839 ~ 1844.
[4] Masafumi Zeze, Hideyuki Misumi, Shuji Nagata, et al. Improvement of semimacro segregat ion in continuously cast slabs by controlled plane reduction[J]. 鉄と鋼, 2001, 87(2): 72 ~ 141.

6　铸坯凝固过程中的气体

钢中的气体是指钢中的氢气、氮气和氧气，它不仅降低钢的力学性能，而且是形成裂纹、皮下气泡、中心疏松等缺陷的主要原因。氢气还是产生白点的元素，为此，掌握冶炼浇注过程影响气体含量的因素，了解去气的内在规律，把气体含量降低到最低限度，是提高钢质量、降低成本的重要内容。

6.1　炼钢过程中气体的溶解和排除

6.1.1　气体在钢液中的溶解

氢和氮在铁液中的溶解是吸热反应（图6-1），温度升高时溶解度增加，钢液中气体以单原子存在，反应式如下：

$$\frac{1}{2}H_2 \rightleftharpoons [H],\quad K_H = \frac{[H]}{\sqrt{p_{H_2}}},\quad [H] = K_H\sqrt{p_{H_2}} \tag{6-1}$$

$$\frac{1}{2}N_2 \rightleftharpoons [N],\quad K_N = \frac{[N]}{\sqrt{p_{N_2}}},\quad [N] = K_N\sqrt{p_{N_2}} \tag{6-2}$$

式中　K_H，K_N——氢、氮溶解的平衡常数；

p_{H_2}，p_{N_2}——铁液上氢、氮的分压力，大气压；

[H]，[N]——氢、氮在铁液中的溶解度，以 $cm^3/100g$ 表示，或以百分数表示，每 $1cm^3/100g$ 的氢和氮其质量分数为0.0000894%和0.00125%。

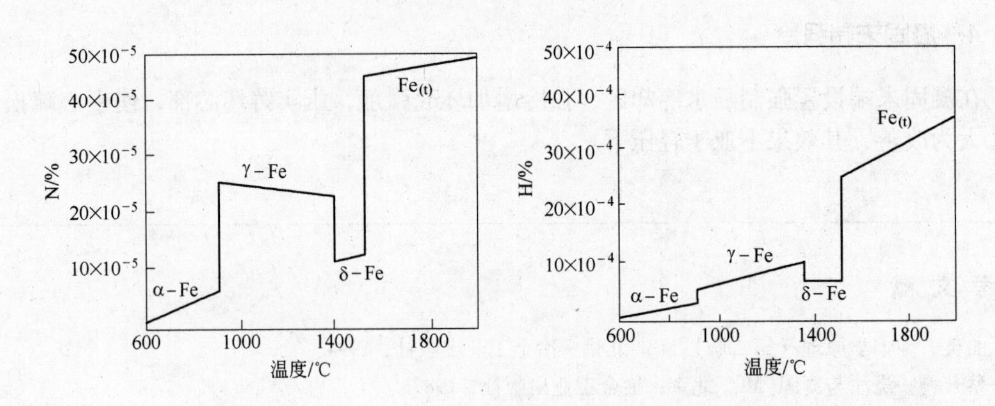

图6-1　氢和氮在铁液中的溶解度与温度的关系

在炼钢过程中，炉中的氮、水气以及炉料带入的水分在高温下通过吸附分别离解为氮和氢原子，溶解于钢液中。但在强烈的脱碳过程中，溶解的气体又可随着CO气泡的排出而减少。

钢液吸收气体的反应可表示为 $X_2 = 2[X]$。反应过程由以下三个环节组成：

（1）气体向钢液表面扩散：$X_2 = X_2^*$

$$r_1 = \frac{\beta}{RT}\frac{A}{V_m}(p_{X_2} - p_{X_2}^*) \tag{6-3}$$

式中　p_{X_2}，$p_{X_2}^*$——气体分子在气相中及钢液表面的标准分压数。

（2）吸附化学反应：$X_2^* = 2X_{(g),吸}^* = 2[X]$

$$r_2 = \frac{d([X])}{d\tau} = k_+ p_X^2 - k_-[X]^2 \tag{6-4}$$

（3）气体原子在钢液中的扩散

$$r_3 = \frac{d([X])}{d\tau} = -\beta\frac{A}{V_m}([X] - [X]^*) \tag{6-5}$$

在不同的条件下，可出现不同的限制环节，其速率的积分式可导出如下：

（1）气体分子向钢液表面的扩散是限制环节由平方根定律：

$$[X]_平 = K_X(p_{X_2})^{\frac{1}{2}}, [X]_平 = K_X(p_{X_2}^*)^{\frac{1}{2}} \tag{6-6}$$

将其代入式（6-3）得：

$$\frac{d([X])}{d\tau} = -\frac{\beta}{K_X^2}\frac{1}{RT}\frac{A}{V_m}\left([X]^2 - [X]_平^2\right) \tag{6-7}$$

在0—τ 及相应的 $[X]_0$—$[X]$ 界限内积分上式，得：

$$\ln\frac{[X]_平 + [X]}{[X]_平 - [X]} + \ln\frac{[X]_平 + [X]_0}{[X]_平 - [X]_0} = \beta'\frac{A}{V_m}[X]_平\tau \tag{6-8}$$

式中，$\beta' = 2\beta/K_X^2 RT$。

（2）吸附化学反应是限制环节：

$$\frac{d([X])}{d\tau} = K_+ p_X^2 - K_-[X]^2 \tag{6-9}$$

平衡时 $K_+ p_X^2 = K_-[X]_平^2$，故 $p_X^2 = (K_-/K_+)[X]_平^2/K$。式中 $K = K_+/K_-$（平衡常数），于是

$$\frac{d([X])}{d\tau} = \frac{K_+}{K}\left([X]_平^2 - [X]^2\right) \tag{6-10}$$

在时间 $\tau = 0$ 时，$[X] = [X]_平$，从 $[X]_0 - [X]$ 内积分上式，得：

$$\ln\frac{[X]_平 + [X]}{[X]_平 - [X]} + \ln\frac{[X]_平 + [X]_0}{[X]_平 - [X]_0} = 2\frac{K_+}{K}[X]_平\tau \tag{6-11}$$

（3）气体原子在钢液中扩散是限制环节：

在 $\tau = 0$ 时，$[X] = [X]_平$，从 $[X]_0 - [X]$ 内积分，得：

$$\ln\frac{[X]_0 - [X]_平}{[X] - [X]_平} = \beta\frac{A}{V_m}\tau \tag{6-12}$$

从现有的实验研究认为，钢液吸收气体时，气相中组分的扩散并不显著地影响它在钢

液中的溶解度。但气体分子的键很牢固，必须经过吸附减弱其键，才能溶解，而氮分子的键又比较强，所以在某些条件下，氮的吸附化学反应可能成为溶解的限制环节。例如，钢液的温度不高或表面活性物（O、S）的存在。由于表面活性物占据着部分表面积，使H及N分子难于直接钢液作用，从而降低了总溶解过程的速率。但表面活性物对扩散环节却没有影响，因为它们在吸附层外的钢液中浓度很低（0.01%～0.04%）。此外，钢液中引入了Al、Si时，吸气的速率增加，因为它们降低了氧的浓度，同时提高了D_H、D_N。

6.1.2 钢液中气体的排出

气体从钢液的排出和其吸收的过程有大致相同的组成环节，仅它们进行的方向相反。因此动力学的方程类似。但在吸附环节上，则有差别，因为吸气时是一对气体原子在表面上两个活性点上同时吸附，但向钢液中脱附。它们的速率式为：

$$r_{吸} = K_+ p_{X_2}(1-\theta) - K_- \theta^2 \quad r_{脱} = K_+ \theta - K_- [X](1-\theta)$$

钢液排气时，溶解的气体原子则是一个原子在钢液表面一个活性点吸附，然后再向气相中吸附。

在脱碳过程中，钢液内有大量CO气泡放出，由于气泡中氢和氮的分压都很低，钢液中溶解的[N]、[H]原子就能进入这些气泡内，形成N_2、H_2分子，并随CO气泡从钢液中排出。

在脱碳过程中，溶解气体[X]的排出速率可根据从钢液中进入CO气泡内气体物质的质量平衡关系导出。

假定CO气泡中气体（X_2）的分压p_{X_2}与钢液中溶解气体[X]处于平衡，而析出的一个CO气泡的体积$dV_{CO}(m^3)$，那么由此气泡带走的溶解气体的摩尔量为dn_{X_2}，其值为：

$$dn_{X_2} = \frac{p_{X_2}dV_{CO}}{RT} = \frac{p_{X_2}(T/273)dV_{CO}^{\ominus}}{RT} = \frac{p_{X_2}dV_{CO}^{\ominus}}{22.4 \times 10^{-3}} \tag{6-13}$$

或

$$M_{X_2}dn_{X_2} = \frac{p_{X_2}dV_{CO}^{\ominus}}{22.4 \times 10^{-3}}M_{X_2} \quad (kg) \tag{6-14}$$

式中 M_{X_2}——气体X_2的摩尔质量，kg；

$V_{CO}^{\ominus}$——标准状态下CO气体的体积，m^3。

而相应的，钢液中溶解气体[X]减小的量为$W\frac{d([X])}{100} \times 10^3$kg，式中，$W$为钢液的重量，t。于是，由气体的质量平衡关系，得：

$$\frac{dV_{CO}^{\ominus}p_{X_2}}{22.4 \times 10^{-3}}M_{X_2} = -\frac{W \times 10^3}{100}d([X]) \tag{6-15}$$

又如CO气泡中CO的分压为p_{CO}。如由于放出CO气泡而引起钢液含碳量下降[%C]，那么利用碳的质量平衡关系，可得：

$$\frac{dV_{CO}^{\ominus}p_{CO}}{22.4 \times 10^{-3}} \times 12 = -\frac{W \times 10^3}{100}d([C]) \tag{6-16}$$

比较式(6-15)和式(6-16)，得式(6-17)～式(6-19)：

$$\frac{d([X])}{d([C])} = \frac{p_{X_2}}{p_{CO}} \frac{M_{X_2}}{12} \tag{6-17}$$

又由平方根定律 $[X] = K_X p_{X_2}^{1/2}$，故

$$p_{X_2} = [X]^2 / K_X^2 \tag{6-18}$$

将式（6-18）代入式（6-17）中，得：

$$d([X]) = \frac{M_{X_2}[X]^2}{12K_X^2 p_{CO}} d([C]) \tag{6-19}$$

用 $d\tau$ 去除式（6-19）两边，得：

$$\frac{d([X])}{d\tau} = \frac{M_{X_2}[X]^2}{12K_X^2 p_{CO}} \frac{d([C])}{d\tau}$$

或

$$r_{X_2} = \frac{M_{X_2}[X]^2}{12K_X^2 p_{CO}} r_C \tag{6-20}$$

由上式可分别得出氢和氮的排出速率与脱碳速率的关系式：

$$r_{H_2} = \frac{([X])^2}{6K_H^2 p_{CO}} r_C; \quad r_{N_2} = \frac{7}{3} \frac{[X]^2}{K_N^2 p_{CO}} r_C \tag{6-21}$$

可见，钢液的脱碳速率越大，沸腾越强烈，则排出的气体就越多。此外，在真空中及吹氩时，由于 p_{CO} 降低，也可使脱气速率提高，得到气体量低的钢。

在实际生产中，木耙、打结炉衬使用的黏结剂（焦油、沥青、卤水），浇注时使用的水玻璃等都是氢的主要来源。所以在冶炼对氢气敏感的钢种时应减少以上材料使用的数量，并且强化脱气措施，甚至采用真空脱气等措施。

钢中氢气的另一个来源是石灰中的含水量。冶炼中采用的煤气、煤粉和油燃烧时产生的水蒸气，以及氧气中的水分也要控制在很低的范围。

石灰中的水和 CaO 结合成 $Ca(OH)_2$，大约在 507℃时才能完全解离，反应式如下：

$$Ca(OH)_2 \xlongequal{} CaO + H_2O$$

$$\lg p_{H_2O} = \frac{-5350}{T} + 6.86$$

当 $p_{H_2O} = 1.01325 \times 10^5 Pa$，$T = 780K(507℃)$，$H_2O$ 在高温下产生分解反应，如：

$$H_2O \xlongequal{} H_2 + \frac{1}{2}O_2$$

$$\lg \frac{p_{H_2} p_{O_2}^{1/2}}{p_{H_2O}} = \frac{-13130}{T} + 3.04$$

解离得氢和炉渣产生反应，在 1650℃时，H_2 仅占 0.3%。

在还原气氛下，H_2O 反应成氢气的量更大，利于氢气溶于渣或钢液中，反应式可表示成以下形式：

$$CO_2 + H_2 \xlongequal{\quad} CO + H_2O$$

$$\lg \frac{p_{CO}p_{H_2O}}{p_{CO_2}p_{H_2}} = \frac{-1430}{T} + 1.382$$

当1650℃时，$K_{CO\text{-}H_2O} = 4.35$，在$\frac{p_{CO}}{p_{CO_2}} = 10$的还原气氛下，$\frac{p_{H_2}}{p_{H_2O}} = 2.3$，这时的$p_{H_2}$比在氧化性气氛下的$p_{H_2}$大得多。可见还原气氛下水汽多时钢液溶解氢气的数量要显著增大。缩短电炉还原期，可减少成品中的氢含量。

从钢液氧含量分析，钢中氧含量越高，溶解氢的数量越小。钢液氧和气相中水的平衡关系式为：

$$H_2O_{(g)} \xlongequal{\quad} 2[H] + [O]$$

$$\lg \frac{[H]^2[O]}{p_{H_2O}} = \frac{-10850}{T} + 8.01$$

上式表明，在相同的条件下，脱氧良好的钢液吸氢能力很强。在电弧炉冶炼过程中，电弧炉温度高达4000～7000℃，高温加速了气体的解离和溶解，氢通过炉渣溶解在钢液中。通常在电极下取钢样分析[N]，高于炉壁处钢液中的[N]，表明电弧对溶解气体的加速作用。

6.2　铸坯凝固过程中气泡的析出条件

在钢液凝固过程中，氢、氮、氧等呈气态析出，在铸坯中留下气孔或显微气孔，破坏钢的致密性。铸坯气孔来源是：凝固过程钢中溶解的[H]、[N]的析出和凝固过程钢中溶解的[C]和[O]反应析出CO。对于镇静钢来说，主要是溶解的气体析出后成为显微气孔存在于铸坯中。

气体在纯铁中的溶解度是随温度而下降的，并且在凝固温度突然下降。如在凝固时，钢液中的气体含量超过δ-Fe中的溶解度，例如，熔铁中[H]溶解度为$25\times10^{-4}\%$（28mL/100g），而在δ-Fe中溶解度为$7\times10^{-4}\%$（8mL/100g），则在钢液开始凝固时就有气体析出。即使钢液中气体含量未达到饱和，但溶解度随温度下降而减低，凝固过程中树枝晶间富集了[H]和[N]，气体含量最后也能达到饱和，在树枝晶间或凝固交接面上析出气体。从钢液中析出的主要气体是氢。析出的气体大部分排出，而少量残留于铸坯中形成显微气孔。

6.2.1　凝固过程中气体浓度的富集

在凝固过程中，由于气体溶解度降低，[H]、[N]在树枝间母液中富集。在熔点温度，[N]、[H]的扩散能力强，[N]的平衡分配比$K = C_S/C_L = 0.38$，母液中[N]的富集浓度近似地表示为：

$$C_L = C_0/(1 - 0.62g_S) \tag{6-22}$$

[N]在铁中的平衡常数$K_N = [N]/\sqrt{p_{N_2}} = 0.045$（1525℃）

[H]的平衡分配比$K = C_S/C_L = 0.27$，母液中[H]的富集浓度近似表示为：

$$C_L = C_0/(1 - 0.73g_S) \quad (6\text{-}23)$$

[H]在铁中的平衡常数 $K_H = [H]/\sqrt{p_{H_2}} = 25.3 \times 10^{-4}$（1525℃）

如钢中含有0.5%[Mn]、0.01%[O]、$20 \times 10^{-4}\% \sim 50 \times 10^{-4}\%$[N]，在1525℃，用式(6-22)和式(6-23)计算出平衡分压 p_{H_2}、p_{N_2} 与凝固百分数的关系如图6-2所示。

此种钢凝固过程中 p_{H_2}、p_{N_2} 很小，一般不会析出气体。如果钢液中[H]含量较高，在凝固过程中，在镇静钢中形成显微气孔或皮下针孔。

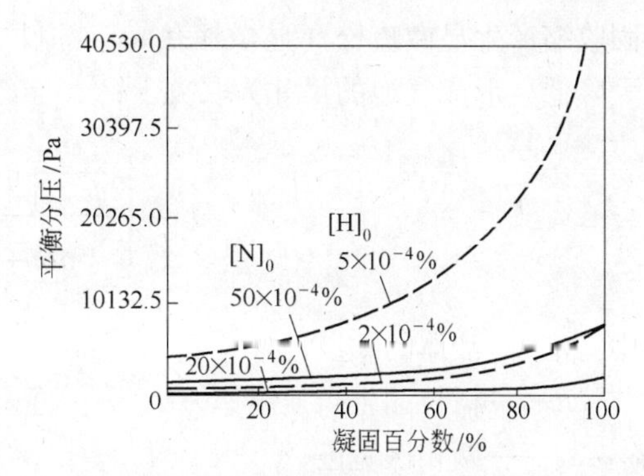

图6-2 富集液体的 H_2、N_2 平衡分压随凝固过程的变化

6.2.2 铸坯凝固过程中气体的析出条件

凝固时由于气体溶解度下降，有过剩的气体析出，或树枝间气体的富集也可能有气体析出。析出的气体以气泡形式从液体中排出，或残留于树枝晶间形成显微气孔。气泡核心的产生、长大和金属结晶或夹杂物生核长大规律相近似。如果溶解气体为双原子，其溶解度服从于西华特定律：

$$V_S = K_S\sqrt{p_G} \quad (6\text{-}24)$$

$$V_L = K_L\sqrt{p_G} \quad (6\text{-}25)$$

式中 V_S，V_L——分别为固相和液相中气体溶解度；

p_G——溶解气体平衡分压；

K_S，K_L——分别为固相和液相的平衡常数。

根据质量守恒：

$$V_S(1 - g_{(t)}) + V_L g_L = V_0 \quad (6\text{-}26)$$

式中 V_0——液体中的原始气体含量；

g_L——残余液体的分率。

如令 $K = K_S/K_L$，把式（6-24）、式（6-25）代入式（6-26）得：

$$p_G = V_0^2/[g_L(1 - K) + K]^2 \quad (6\text{-}27)$$

式中 p_G——结晶前沿母线液中富集气体的平衡分压力。

当 p_G 等于金属静压力和生成气泡需克服的毛细管压力 $2\sigma/r$ 时，气泡就能生成，即：

$$p_G = p_0 + \rho H + 2\sigma/r \quad (6\text{-}28)$$

式中 p_0——大气压力；

ρ——钢液密度；

H——钢液的高度；

σ——表面张力；

r——气泡半径。

上式是形成稳定气泡的条件。要形成气泡核心，必须克服毛细管压力。但是由于金属凝固收缩产生显微疏松（显微缩孔），或凝固交界面和树枝晶间的凹坑，形成气泡的压力大大降低，形成气泡的尺寸 r 取决于：

$$r \propto \left[\frac{\frac{\Psi}{\Psi - 1}\eta R(x_{\mathrm{L}} - x_{\mathrm{S}})}{\rho H + \frac{2\sigma}{r} - p_{\mathrm{G}}} \right]^{\frac{1}{2}} \tag{6-29}$$

式中　η——液体的黏度；

R——树枝晶生长速度；

$x_{\mathrm{L}} - x_{\mathrm{S}}$——两相区宽度。

由上式可知，溶解气体析出生成气泡与许多因素有关。由于最重要的是凝固收缩，结晶速度和两相区尺寸。如生成的气泡被树枝晶捕集，就是铸坯中形成气泡。

6.2.3　铸坯中气泡的形成

由于钢液凝固收缩，往往导致树枝间显微疏松或中心疏松；由于凝固时气体的放出，也会在树枝间形成显微气孔。

图 6-3 所示为铸坯凝固气泡形成示意图。在固液两相区互相生长的树枝晶浸在未凝固的液体中(图 6-3(a))，如有气体形成，气体从液体中上升推动树枝晶，如气体上升速度大于树枝晶生长速度，则气体逸出而没有留下痕迹。如树枝晶生长速度大于气体上升速度，树枝晶互相连接，留下气体通道，被树枝晶的富集液体填充，而成为铸坯中偏析线的来源之一。如在糊状区，气体既要推动液体，又要推动树枝晶(图 6-3(b))，阻力增加，气体被封闭在树枝晶区而形成的气孔。树枝晶间的显微疏松也是与析出气体的程度密切相关的。如钢中的气体含量很高，会导致影响形成大量很小的显微气孔，如图 6-4、图 6-5 所示，含量很低，会形成少而大的气泡。

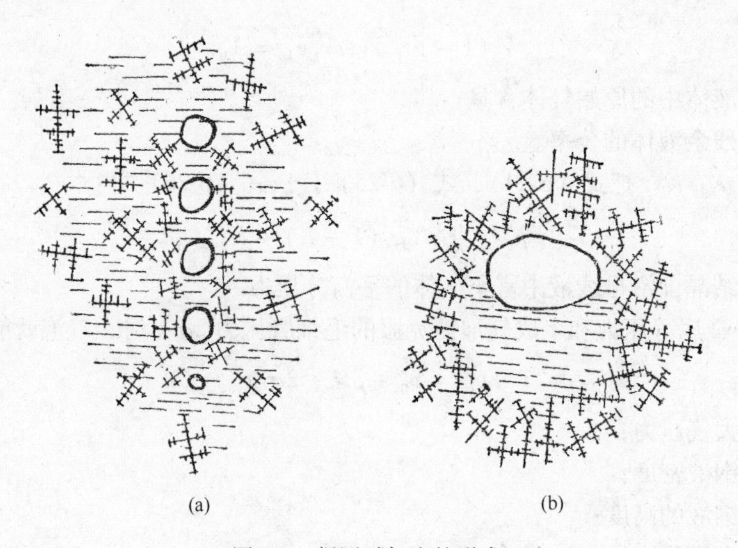

图 6-3　凝固时气泡的形成

（a）两相区气体的放出；（b）糊状区气泡形成

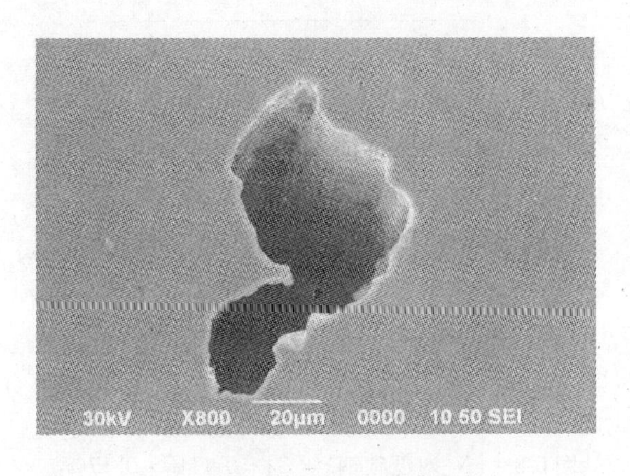

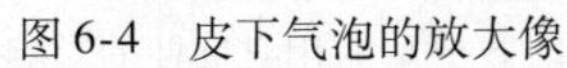
图6-4 皮下气泡的放大像

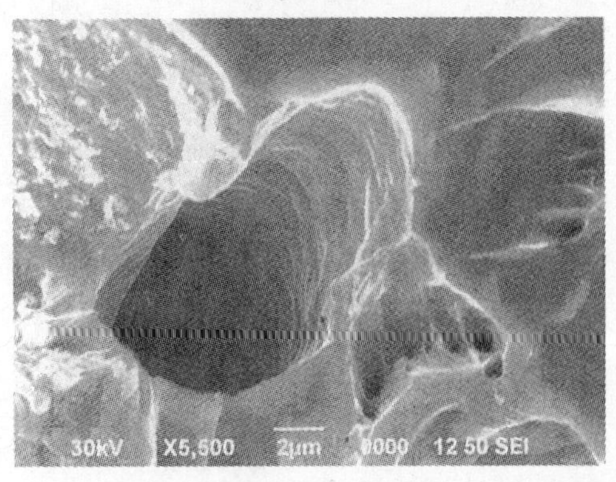

图6-5 显微孔洞

6.3 气体对连铸坯质量的影响

钢：在钢中气体主要含有 N、H、O 三种元素，除 N 有时可作为合金元素外，其他对金属性能的影响大都有害。

氧：氧在钢中［O］>0.003%时，会形成氧化夹杂物。低浓度氧对金属强化有利，能增加硬度；高浓度氧对金属的塑性带来不利影响，使塑性下降，脆性增加。碳素钢的脱氧程度不同，使其氧含量也不同，影响钢脆性转变温度的高低。氧能降低低碳钢的塑性，影响钢的强度。氧对钢的作用是通过夹杂物的形状、大小与数量而显现的，钢的缺口处常含有夹杂物，合金钢中出现裂纹也是与夹杂物有关。

氮：所有的钢都含有氮，当钢液中 Cr 为 20%时，其氮含量会增高。液态钢中氮的溶解度远远超过固态钢中氮的溶解度。氮在钢中以间隙相存在，溶解于铁的晶格和位错旁，可使铁硬化。氮可形成氮化物，增加钢的强度和硬度，钢中可形成 75 种氮化物（与 B、Al、Mn、Cr、V、Mo、Ti、W、Nb 等结合），以碳氮化物存在于金属中的氮，对冶金学及分析都有重要意义。Fe-N 相图如图 6-6 所示，［N］对铁、低碳钢 α_K 值降低率的影响如图6-7所示，［N］对低碳钢（［C］=0.11%～0.17%）时效前后的相对韧性的影响如图 6-8所示。

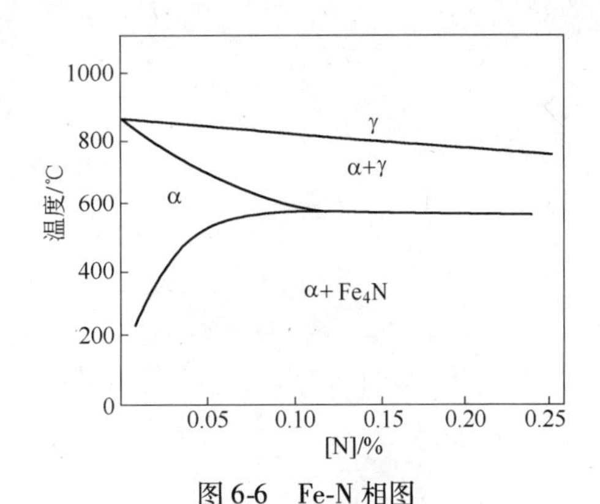

图6-6 Fe-N 相图

氢：氢是个不稳定元素，在金属中受压力和温度的影响，可溶解于金属的晶格中，或结合为分子态（H_2），或形成氢化物，具有高度游动性。许多研究证明，当引入大量非平衡量氢到金属中，就会产生裂纹。氢分子聚合于金属中，产生一种残余张应力，加速了裂纹的成核与扩展。氢使金属变脆，钢的强度越高，氢脆越敏感，在高强度钢中，有时 H<1×10^{-4}%就会出现氢脆，如图6-9～图6-11 所示。Fe-H 相图如图6-12 所示，［H］对20 钢

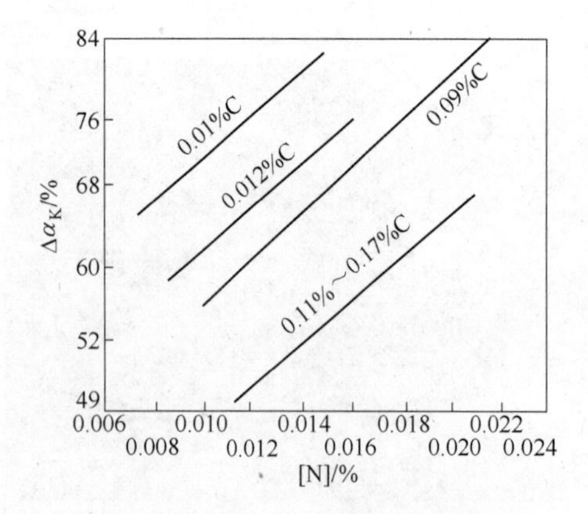

图 6-7 [N]对铁、低碳钢 α_K 值降低率的影响（常温，加工度 10%）

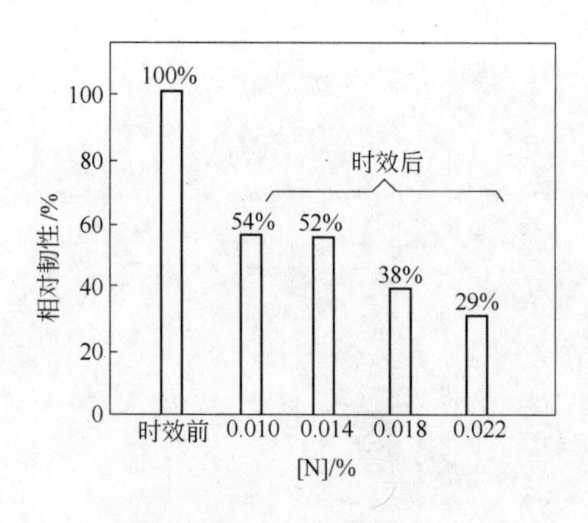

图 6-8 [N]对低碳钢（[C]=0.11%~0.17%）时效前后的相对韧性的影响

图 6-9 热酸蚀检验的矩形坯内的白点形貌

图 6-10 热酸蚀检验的连铸圆坯内的白点形貌

图 6-11 氢析出造成的断口白点

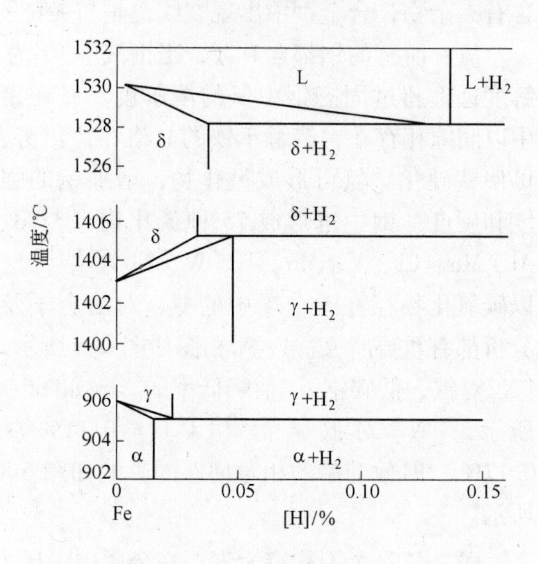

图 6-12 Fe-H 相图

力学性能的影响如图 6-13 所示，[H]对 Cr18Mo、GCr15 疲劳强度的影响如图 6-14 所示，[H]对普通钢断面收缩率的影响如图 6-15 所示，[H]对 GCr15 钢中显微孔隙评级的影响如图 6-16 所示，[H]对 Cr14% 钢中气孔率的影响如图 6-17 所示。

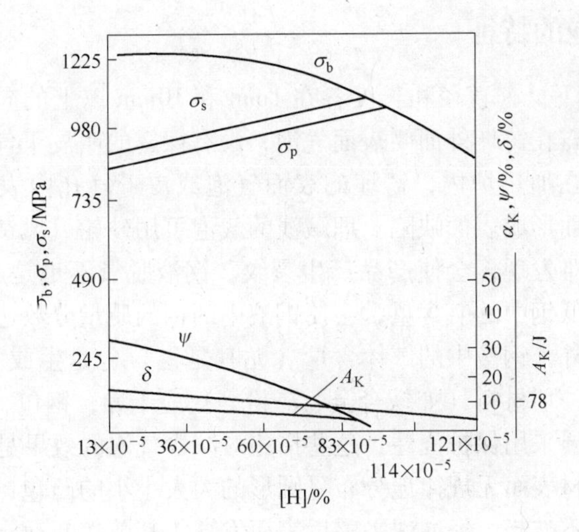

图 6-13 [H]对 20 钢力学性能的影响

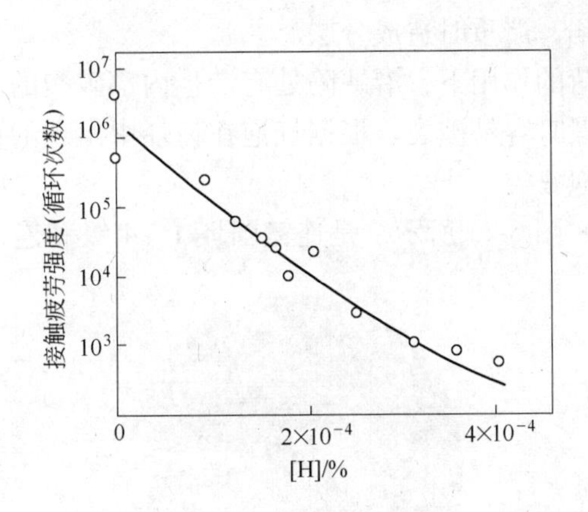

图 6-14 [H]对 Cr18Mo、GCr15 疲劳强度的影响

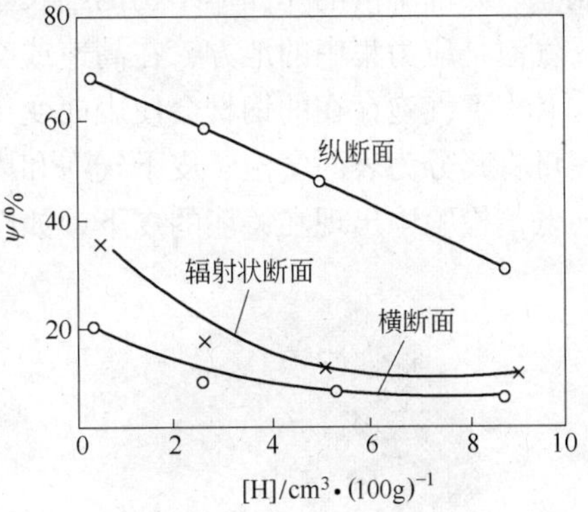

图 6-15 [H]对普通钢断面收缩率的影响

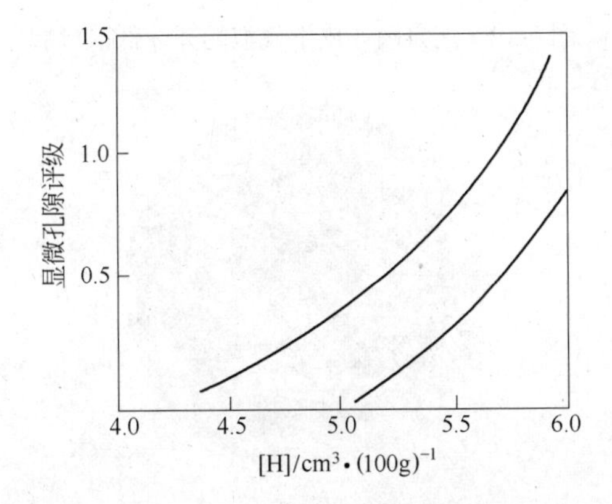

图 6-16 [H]对 GCr15 钢中显微孔隙评级的影响

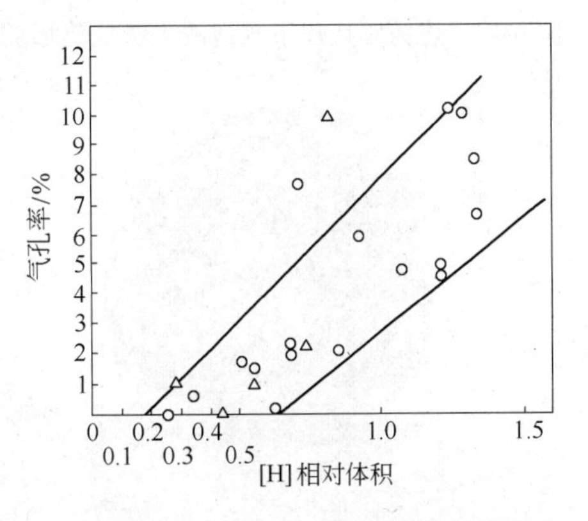

图 6-17 [H]对 Cr14% 钢中气孔率的影响

6.4　铸坯皮下气泡的特征

位于铸坯表皮以下，有直径和长度各在1mm和10mm以上的向柱状晶方向生长的大气泡。这些气泡如裸露在铸坯外面叫表面气泡，没有裸露的叫皮下气泡，比气泡小呈密集的小孔叫皮下针孔。在加热炉内，铸坯的表面气泡或皮下气孔内表面被氧化而形成脱碳层，轧制后不能焊合而形成表面缺陷。埋藏浅的气泡可用砂轮、风铲和火焰清理等办法清除；埋藏深的气泡很难发现，会使产品产生裂纹。钢液脱氧不足是产生气泡的主要原因，如采用强化脱氧，降低钢中的氧含量，会使钢液中的铝的质量分数达到0.01%～0.015%，从而使气泡消除。另外，钢液中的气体含量（尤其是氢）也是生成气泡的一个重要原因。因此，加入钢液中的一切材料（如铁合金、渣粉等）应干燥，钢包、中间包应烘烤，润滑油用量要适当，注流要采用保护浇注，这些措施对减少气泡的效果是明显的。

宏观上观察，钢材表面无规律地分布呈圆形的大大小小的凸包，其外圆比较圆滑，大部是鼓起的，也有的不鼓起，经酸洗平整后表面发亮，其剪切断面有分层。这些都是铸坯皮下气泡的特征。

气泡在纵向低倍试样上呈平行于轧制方向的小裂纹。在纵向断口上，沿纤维方向呈内壁光亮、底部平滑的非晶体结构的细长条状缺陷，严重时造成分层。

气泡是应力集中的地方，在高速或交变载荷的作用下，沿缺陷处有产生内部破裂的可能。有皮下气泡存在的钢材会使表面变坏，顶锻时容易破裂。根据气泡在铸坯中出现的位置，可将其分为表面气泡、皮下气泡和内部气泡三类。

低倍检验中出现在铸坯的皮下，如图6-18～图6-23所示，是连铸圆坯1～4级和连铸

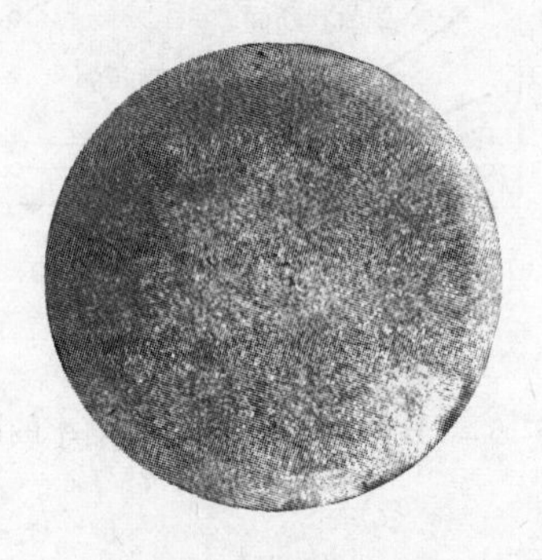

图6-18　连铸圆坯皮下气泡的1级低倍形貌

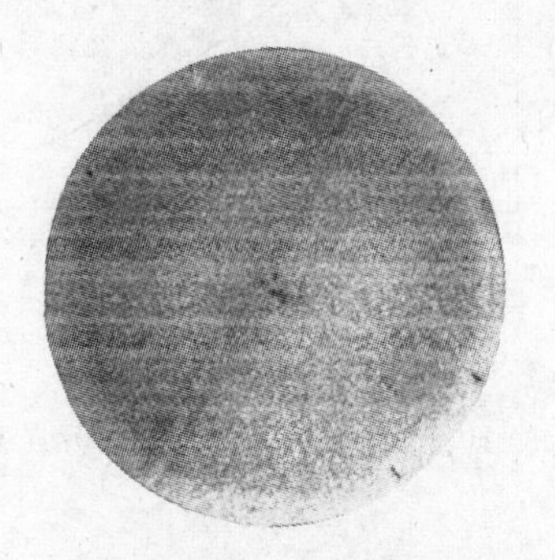

图6-19　连铸圆坯皮下气泡的2级低倍形貌

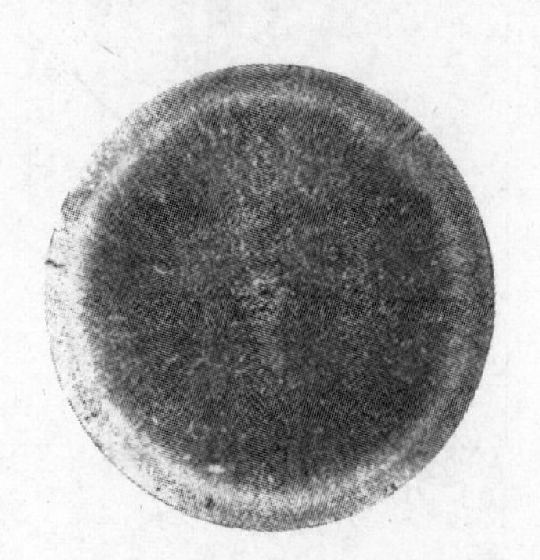

图6-20　连铸圆坯皮下气泡的3级低倍形貌

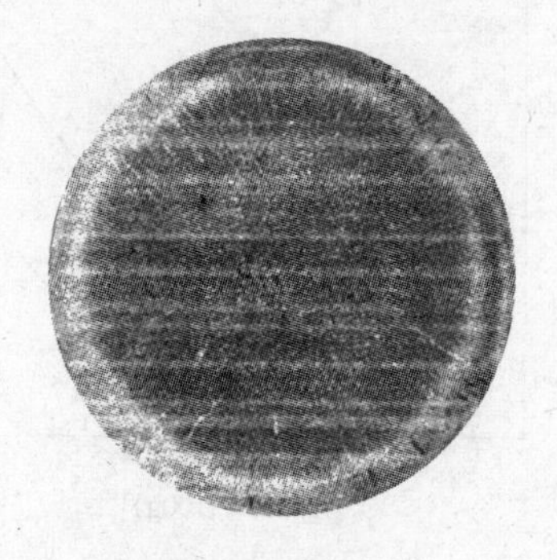

图6-21　连铸圆坯皮下气泡的4级低倍形貌

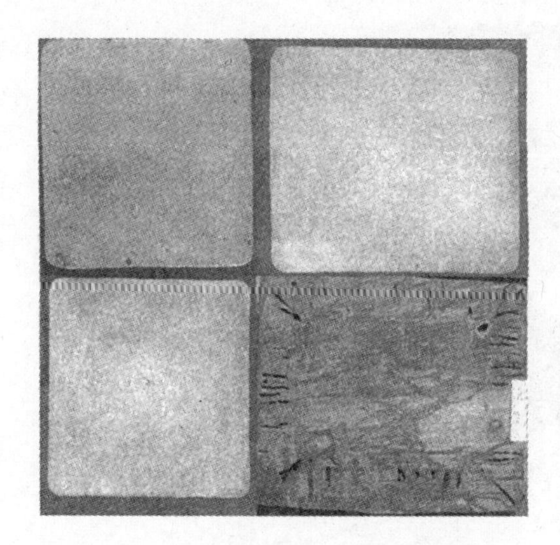

图 6-22 连铸方坯皮下气泡的低倍形貌

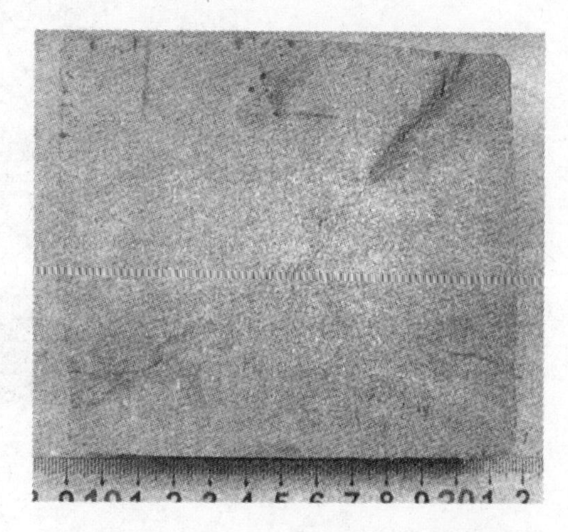

图 6-23 铸坯皮下气泡的低倍形貌(坯边缘黑线)

方坯皮下气泡图例，轧制时造成结疤缺陷，如果气泡不被氧化，轧制时会焊合，小方坯生产中这种情况较多，一般都不影响钢材使用。

在铸坯表面下看到的密集分布的显微气孔，有圆形、椭圆形、长条形等形状各异的气孔，铸坯表面已经严重脱碳，脱碳层约 300μm。密集分布的显微气孔已经破坏了金属的连续性。低碳高硫高铅易切削钢连铸方坯横断面的四个边的内部都发现肉眼可见的气孔，在距表面 6mm 的深度内都观察到大小不等的气孔，如图 6-24 ~ 图 6-29 所示。

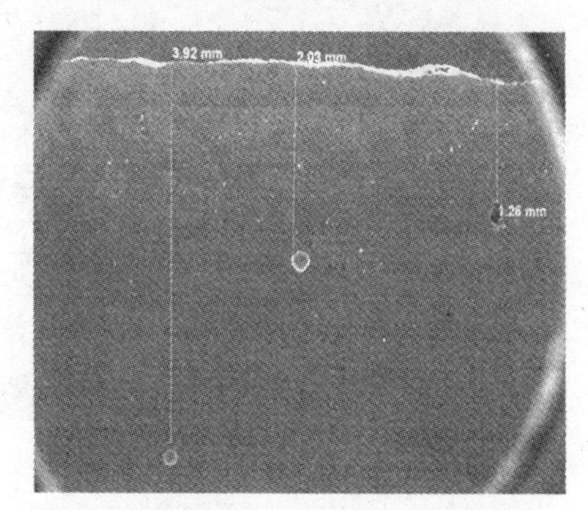

图 6-24 距表面约 6mm 的深度内观察到的几个气孔形貌

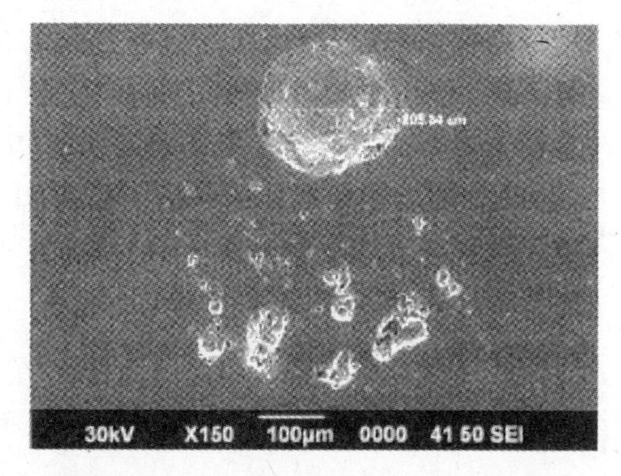

图 6-25 一个局部密集分布的气孔群形貌
(气孔呈现向钢坯表面上升的趋势)

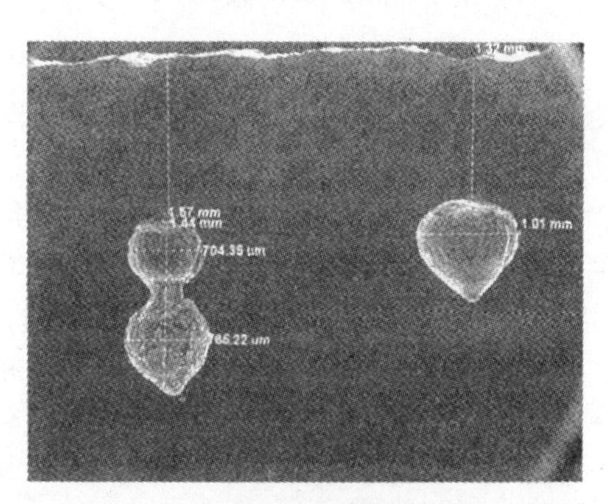

图 6-26 两个连在一起的气泡像氢气球一样向钢坯表面漂浮

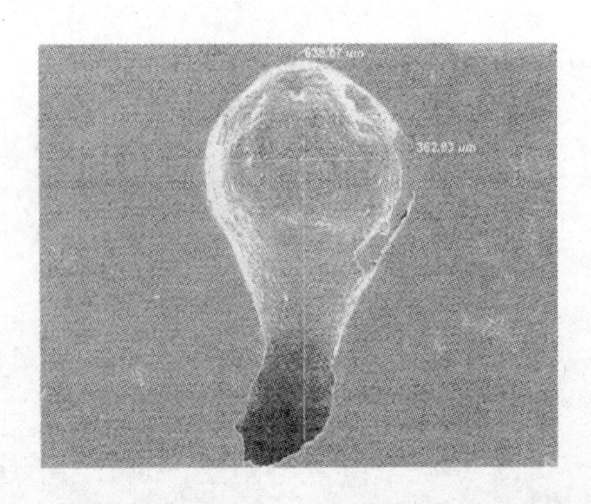

图 6-27　上升气泡放大像（下边有一个长长的气孔管道）

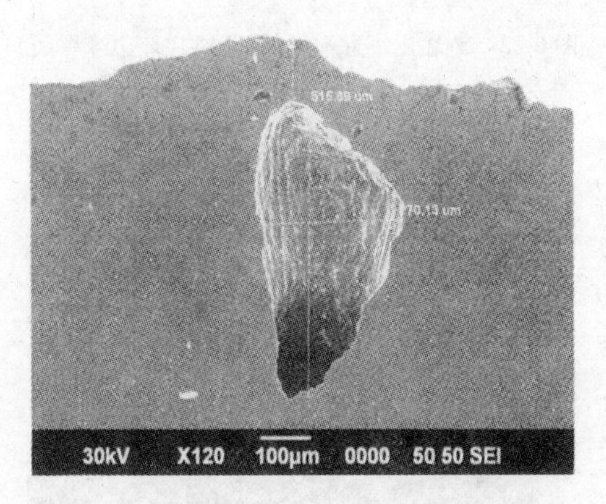

图 6-28　距表面仅有 101μm 的一个气孔形貌（在气孔的底部有一个孔洞深向内部，充分表现气孔上升的趋势）

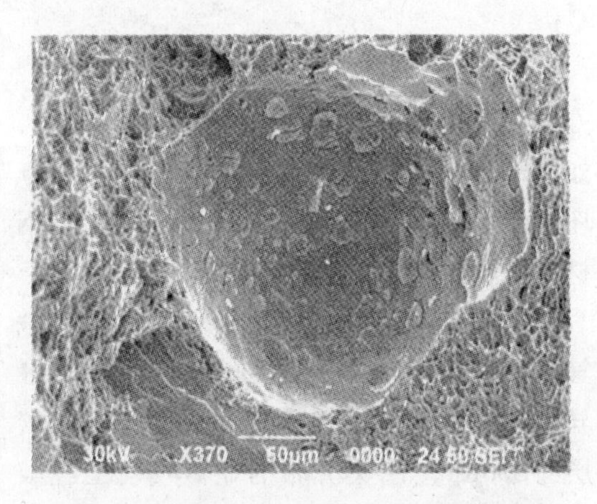

图 6-29　断口上的气孔形貌（气孔壁光滑，壁上有密集分布的球形硫化物，气孔周围基体为解理断裂和韧窝韧性断裂）

6.5　铸坯中气泡的形成原因

根据炼钢理论及经验，连铸过程产生气泡（包括针孔）的主要原因有三种：脱氧不良、外来气体（空气、保护性气体）、水蒸气（潮湿的填加料和耐火材料，铁合金干燥不良）。当脱氧不良时，产生的气泡为 CO 气泡，这是因为空气中的 CO_2 会部分地与钢中的 C、Si、Mn、Al 等发生反应，生成金属氧化物和 CO 气体。钢液吸入空气导致二次氧化产生 CO 气泡的行为与钢液脱氧不良产生 CO 气体的行为相同。另一方面，未溶解的空气（混合气体）以气泡的形式进入钢液，其行为与氩气等保护性气体相似。

溶解在钢液中的少部分氮、氧、氢等原子，当与钢中已经存在的气泡边界接触时，也会以原子形式扩散至气液界面，形成氮、氧、氢分子，进入气泡。

冶炼时未充分脱氧使钢液中碳元素和氧化铁发生化学反应，生成一氧化碳气体又来不及排除，滞留在钢中形成气泡。

$$FeO + C \xlongequal{} Fe + CO$$

析出型气泡是金属在熔融状态时能溶解大量的气体，在冷凝过中，由于气体溶解度随温度的降低而急剧地下降，特别是在金属凝固时，由于气体溶解度的剧烈下降而析出大量的气体。当金属完全凝固，气体不能逸出时，在铸坯内部形成了气泡。

反应型气泡是金属在凝固过程中，析出型气泡来不及上浮逸出而形成的气泡。气泡一般是圆形，表面较光滑。压力加工时气泡可被压缩，但难以压合，常常在热加工和热处理过程中产生起皮起泡现象。

6.5.1 各因素对钢液二次氧化的影响

出钢或浇注过程中的钢液接触空气产生的二次氧化，增氧、增氮量与钢液成分、钢气界面和接触的时间有关，进氧量和进氮量决定于下式：

$$\Delta[\mathrm{O}] = r_{\mathrm{O_2}}^{Me}\bar{A}tQ^{-1} \times 100\% \tag{6-30}$$

$$\Delta[\mathrm{N}] = r_{\mathrm{N_2}}^{Me}\bar{A}tQ^{-1} \times 100\% \tag{6-31}$$

式中 $r_{\mathrm{O_2}}^{Me}$，$r_{\mathrm{N_2}}^{Me}$——二次氧化时的吸氧、吹氮的传质通量，kg/(m^2·s)；

Q——浇注钢液的重量，kg；

t——气液接触的时间，s（可由计算得到）；

$\bar{A}$——气液平均接触时间，m^2（可从实验中得到）。

各钢号（用铝脱氧的钢）氧的传质通量 $r_{\mathrm{O_2}}^{Me}$ 见表6-1，各钢号（用铝脱氧的钢）氮的传质通量 $r_{\mathrm{N_2}}^{Me}$ 见表6-2。

表6-1 各钢号（用铝脱氧的钢）氧的传质通量

钢 号	碳活度 a_C/%(1600℃)	$r_{\mathrm{O_2}}^{Me}$/kg·(m^2·s)$^{-1}$	钢 号	碳活度 a_C/%(1600℃)	$r_{\mathrm{O_2}}^{Me}$/kg·(m^2·s)$^{-1}$
10	0.012	3.05×10^{-3}	40Cr	0.499	3.78×10^{-3}
20	0.223	2.95×10^{-3}	GCr15	1.60	2.95×10^{-3}
40	0.60	2.59×10^{-3}	0Cr13	0.1	4.16×10^{-3}
T8A	1.233	2.07×10^{-3}	0Cr17Ni2	0.077	3.87×10^{-3}
T10A	1.68	1.51×10^{-3}	0Cr18Ni9	0.047	3.44×10^{-3}
T12A	2.326	0.98×10^{-3}	30CrMnSiNiA	0.455	4.5×10^{-3}
15Cr	0.182	4.09×10^{-3}			

表6-2 各钢号（用铝脱氧的钢）氮的传质通量

钢 号	$r_{\mathrm{N_2}}^{Me}$/kg·(m^2·s)$^{-1}$	钢 号	$r_{\mathrm{N_2}}^{Me}$/kg·(m^2·s)$^{-1}$
2Cr13	0.91×10^{-3}	40Cr	0.456×10^{-3}
1Cr18Ni9	0.795×10^{-3}	GCr15	0.41×10^{-3}
20CrMoTi	0.664×10^{-3}	20Cr	0.26×10^{-3}
W18Cr4V	0.46×10^{-3}	9CrSi	0.23×10^{-3}
45Mn2	0.456×10^{-3}		

6.5.1.1 出钢时钢液的二次氧化

A 转炉出钢时钢液的氧化

转炉（200t）出钢时钢液的氧化情况如图 6-30 所示。

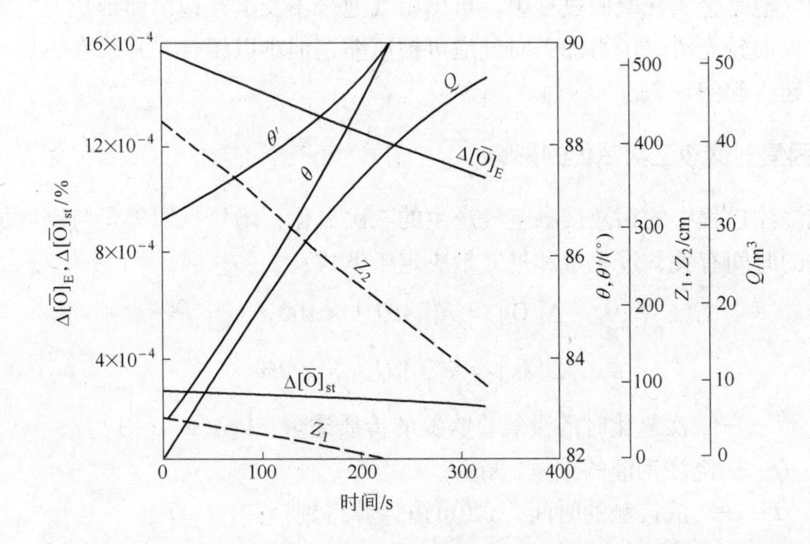

图 6-30 转炉（200t）出钢时钢液的氧化情况

（钢包、转炉半径分别为 165.7cm、300cm；转炉高度为 1000cm；出钢口直径为 15cm；出钢口长度为 90cm；最终出钢高度为 100cm；倾炉时转炉内钢水表面到出钢口的距离为 40cm，$T_{钢液}=1600℃$）

$\Delta[\overline{O}]_E$—气泡卷入的增氧，%；$\Delta[\overline{O}]_{st}$—钢流暴露的增氧量，%；$\theta$—转炉出钢时的倾角；$\theta'$—钢流在包中钢液面的入射角；$Q$—气体卷入总量；$Z_1$，$Z_2$—钢流高度

B 钢液中的氧含量对气泡卷入和钢液暴露时吸氮率的影响

钢液中的氧含量对气泡卷入和钢液暴露时吸氮率的影响情况如图 6-31 所示。

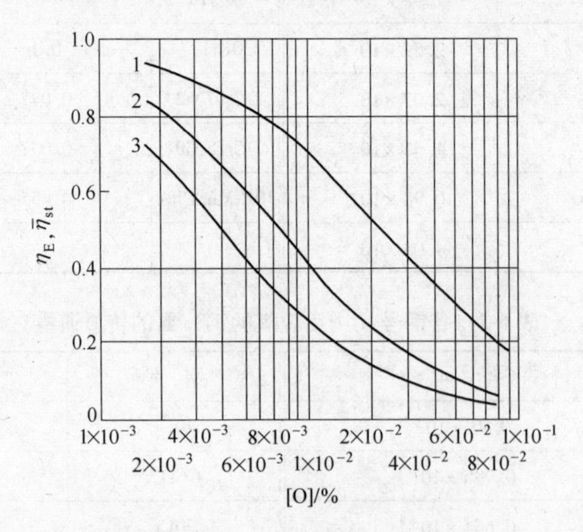

图 6-31 钢液中的氧含量对气泡卷入和钢液暴露时吸氮率关系（$p_{N_2}=0.08$MPa）

1—$\overline{\eta}_{st}$；2—$\eta_E(K_L=0.1\text{cm/s})$；3—$\eta_E(K_L=0.2\text{cm/s})$；$\eta_E$—进入钢液气泡的吸氮率；$\overline{\eta}_{st}$—钢流与周围大气的吸氮率

C 转炉出钢时钢液的平均吸氮量与时间的关系

转炉出钢时钢液的平均吸氮量与时间的关系如图 6-32 所示。

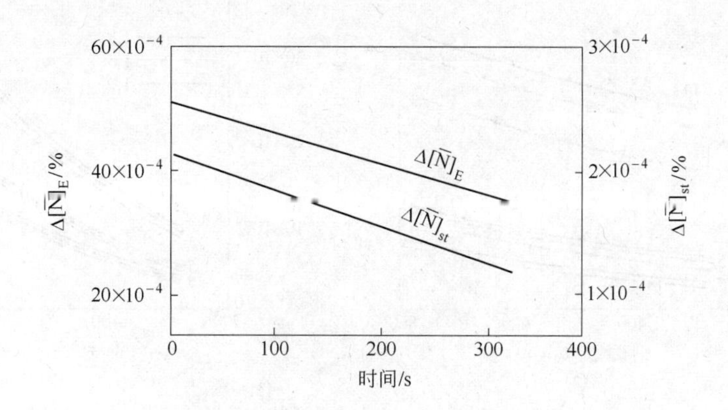

图 6-32 转炉出钢时钢液的平均吸氮量与时间的关系

（转炉工艺参数与图 6-30 相同）

$\Delta[\overline{N}]_E$——气体卷入时的平均吸氮量；$\Delta[\overline{N}]_{st}$——裸露钢液的平均吸氮量

D 转炉出钢时[O]对吸氮量的影响

转炉出钢（80t）时[O]对吸氮量的影响如图 6-33 所示。

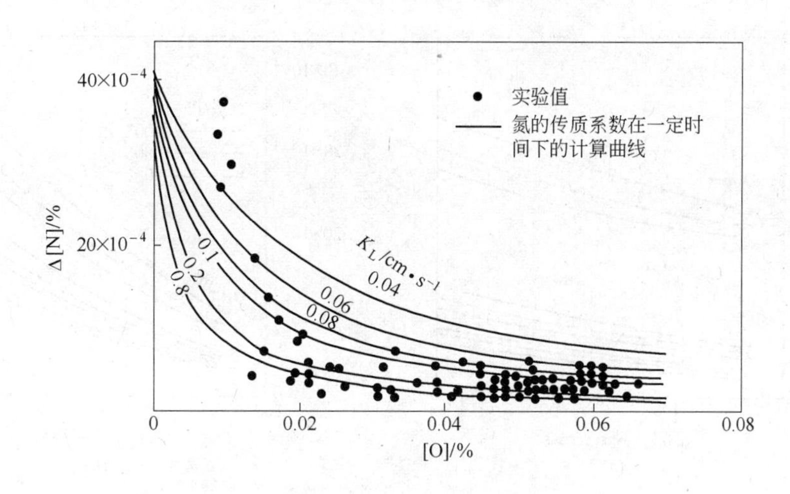

图 6-33 转炉出钢（80t）时[O]对吸氮量关系

（转炉工艺参数与图 6-30 相同）

6.5.1.2 注流的二次氧化

A 钢液表面张力和钢流注流速度与二次氧化增量的关系

钢液表面张力和钢流注流速度与二次氧化增量的关系如图 6-34 所示。

B 钢液黏度和钢流注流速度对二次氧化增量（卷气）的影响

钢液黏度和钢流注流速度对二次氧化增量（卷气）的影响如图 6-35 所示。

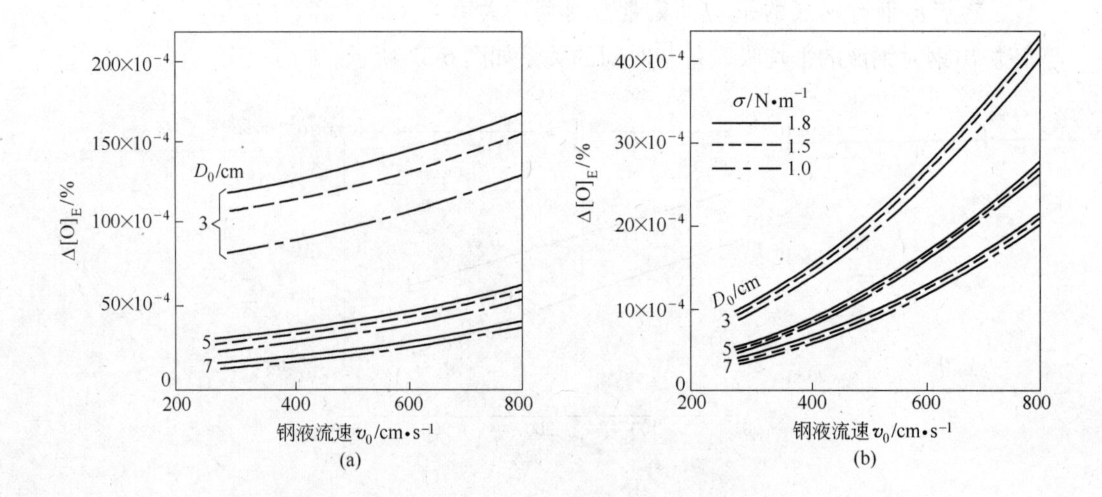

图6-34　钢液表面张力和钢流注流速度与二次氧化增量的关系

（a）注流高度 $Z=250$cm；钢液密度 $\rho=7\text{g/cm}^3$；钢液黏度 $\mu=0.005$Pa·s；

（b）注流高度 $Z=50$cm；钢液密度 $\rho=7\text{g/cm}^3$；钢液黏度 $\mu=0.005$Pa·s

$\Delta[O]_E$—空气卷入使氧含量增加量，%；v_0—注流的流速，cm/s；

σ—钢液表面张力，N/m；D_0—水口直径，cm

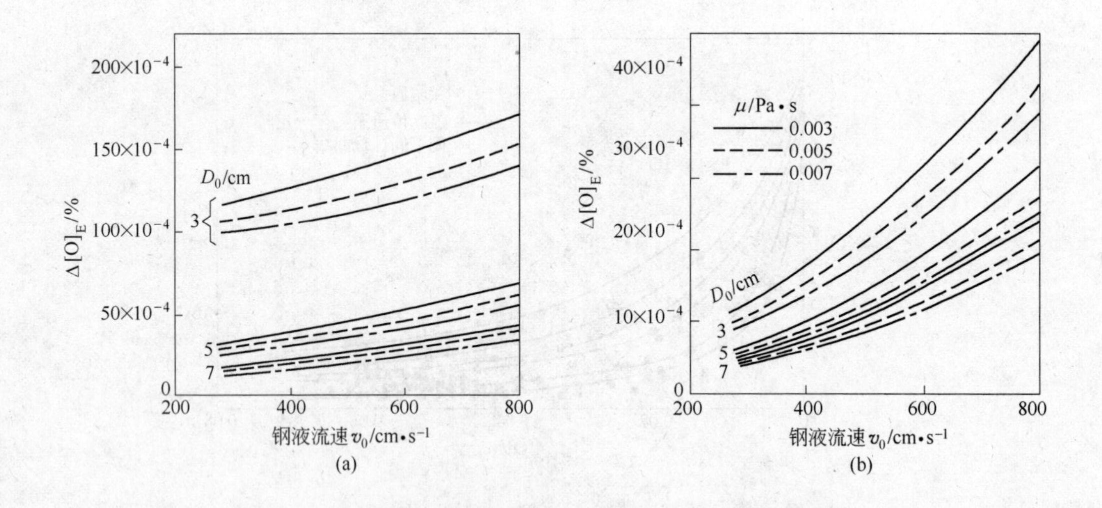

图6-35　钢液黏度和钢流注流速度对二次氧化增量关系

（a）注流高度 $Z=250$cm；钢液密度 $\rho=7\text{g/cm}^3$；钢液表面张力 $\sigma=1.5$N/m；

（b）注流高度 $Z=50$cm；钢液密度 $\rho=7\text{g/cm}^3$；钢液表面张力 $\sigma=1.5$N/m

C　上注时的钢液二次氧化增量与时间的关系

上注时的钢液二次氧化增量与时间的关系如图6-36所示。

D　钢包—中间包注流的气体卷入量与卷入速度的关系

钢包—中间包注流的气体卷入量与卷入速度的关系如图6-37所示。

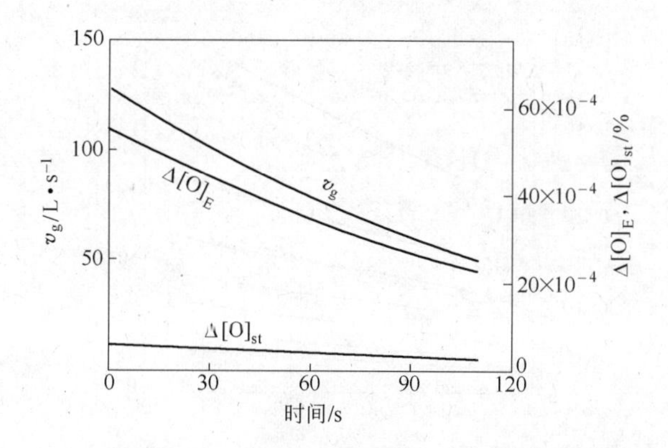

图 6-36 上注时的钢液二次氧化增量与时间的关系

（钢包半径为 150cm；钢包中钢液面最初高度为 250cm；方形结晶器的宽度为 88.6cm；

水口直径为 5cm；水口长度为 30cm；注流高度为 250cm）

v_g—气体卷入速度，L/s；$\Delta[O]_E$—注流卷入气体的增氧量，%

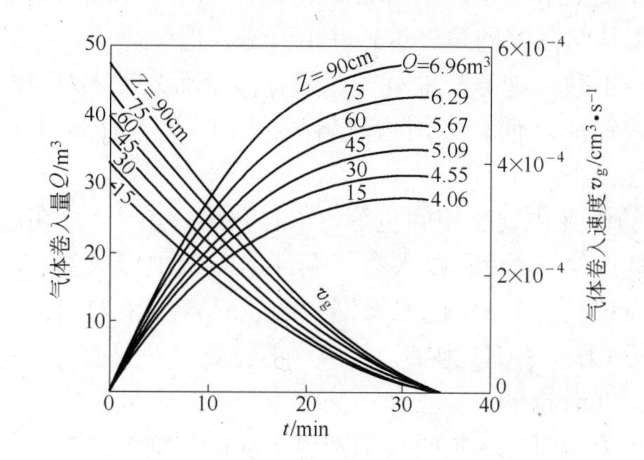

图 6-37 钢包—中间包注流的气体卷入量与卷入速度的关系

（注钢量为 100t；注速为 3t/min；水口长度为 20cm）

t—浇注时间，min；Z—注流高度，cm；Q—总的气体卷入量，m^3；v_g—气体卷入速度，cm^3/s

E 钢包—中间包不同注流高度下的增氧量和 Δ[Al] 的变化

钢包—中间包不同注流高度下的增氧量和 Δ[Al] 的变化如图 6-38 所示。

6.5.2 水蒸气的影响

水蒸气的来源有以下几个方面：

（1）精炼过程中添加的合金元素、造渣料、钢包覆盖剂、结晶器保护渣，如果这些材料含有水分，其中绝大部分的水会分解成 H、O 原子进入钢液中。为此，必须保证添加材料的干燥，或采取烘干措施，保证覆盖剂、保护渣的水分在 0.5% 以下，并防止受潮。

（2）连铸机水冷系统产生水蒸气，由于抽风能力不足，水蒸气会沿铸机零段上升，在

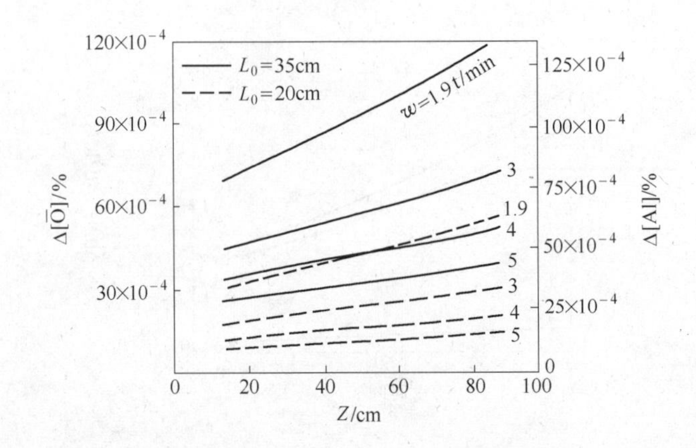

图6-38 钢包—中间包不同注流高度下的增氧量和 Δ[Al]关系

（钢包半径为 120cm，钢液为 100t）

Z—注流高度，cm；w—注速，t/min；L_0—水口长度

结晶器上盖板的下表面凝成水滴，并从结晶器铜板上口的边缘流入结晶器，进入结晶器保护渣，甚至部分水蒸气从结晶器的角缝进入并上升进入保护渣中，导致保护渣受潮，并在弯月面结渣，造成连铸不顺。这部分水蒸气，只有很少部分进入烧结层，分解成 H、O 原子，而 H、O 原子进入钢液之前，必须透过熔渣层，因此，只有极小部分能最后进入钢液，产生气泡的可能性极小。

（3）耐火材料中的水（主要指中间包等耐火材料烘烤不干），在浇注的前一阶段（主要是连浇炉的头几块坯或第一炉），以水蒸气全部进入钢中形成 H、O 原子。最后，若形成气泡，其化学成分应该是以 CO（但如果钢中的脱氧合金，如铝含量较高时，主要形成氧化夹杂物，不会形成 CO）和 H_2 为主，其气泡的特点是：只有浇次的头一炉的头几支坯出现气泡，越到后面，气泡越少。

当全程保护浇注且采用氩气保护时，从钢包下水口与钢包浸入式长套之间的缝隙进入钢液中的氩气，随后从中间包的钢液表面上浮逸出，正常情况下气泡基本不会进入结晶器。从中间包的塞棒、中间包上水口透气砖、中间包上下水口缝隙等位置进入钢液中的氩气，随钢液进入结晶器。一方面，氩气防止了水口结瘤，抑制了组合式水口吸入空气导致二次氧化，另一方面，气泡从结晶器钢液的逸出活跃了结晶器保护渣，再者，氩气泡边随钢液流运动边向上浮，加速了钢液中夹杂物的上浮。但是，进入结晶器的氩气泡，随钢液运动至结晶器一定深度的不同部位，在固液界面，凝固的树枝晶会捕捉气泡，导致铸坯气泡的形成。

6.6 铸坯皮下气泡的分布

皮下气泡主要分布在铸坯表面下 60mm 以内，气泡分布与气泡的大小无关；在宽度方向，气泡分布不均匀，主要分布在窄面及靠近窄面的宽面皮下。外来气泡的分布特点，主要是取决于连铸钢液的流场分布。

钢板坯气泡主要分布在靠近板坯窄面的钢板表面 60mm 宽度范围内，对于不切边的 40mm 以上钢板，纵边侧面也明显存在气泡，如图 6-39 ~ 图 6-41 所示。当靠近钢板位置的气泡密度、尺寸较大时，钢板表面的中间部位也存在少量气泡。当板材压缩比较大（钢板较薄）时，气泡成为重皮或被氧化掉。对铸坯进行火焰清理和车削加工也发现，气泡主要分布在铸坯窄边及靠近窄边的宽面位置，在皮下数个毫米处，直径不超过3mm，肉眼可见的以0.5mm居多。这类气泡废品主要是由钢液中的气体产生的，当钢中 $p_{CO}+p_{H_2}+p_{N_2}$ 之和超过钢液静压力时，即产生气泡。这类气泡的产生主要与烟罩漏水、钢液终点过氧化、中间包干燥不良或中间包钢液高氧等因素关系有关。

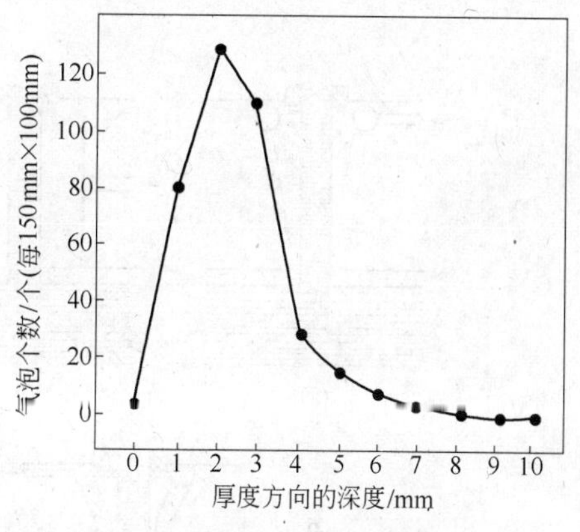

图 6-39 钢板坯气泡分布宽度

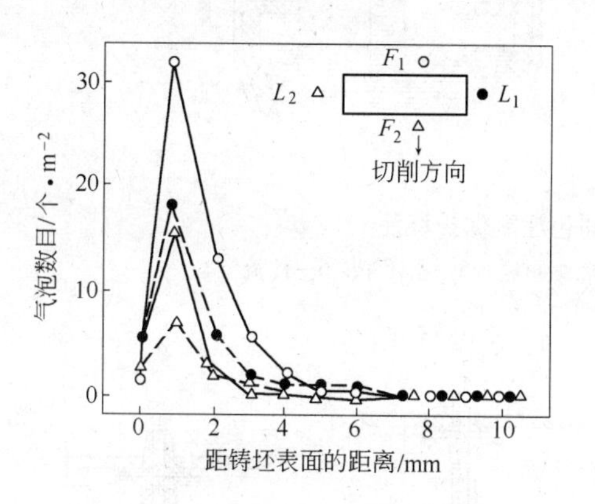

图 6-40 钢板坯气泡分布宽度

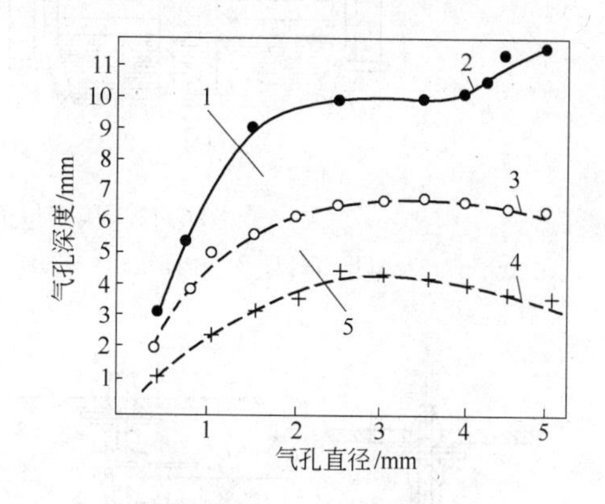

图 6-41 钢板坯气泡分布宽度

1—有缺陷区；2—0.2mm厚镀锡板；3—1mm厚冷轧薄板；4—2mm厚热轧薄板；5—无缺陷区

6.7 铸坯气泡的改进措施

通过对铸坯气泡的成因及表现形态的分析，除了在冶炼过程中采取各种措施减少钢液对气体的吸入外，在连铸过程中还要防止钢液的二次氧化。

6.7.1 防止二次氧化

从钢包至中间包注流的保护浇注（氩气、氮气保护装置）的形式如图6-42所示。从钢包至中间包注流的保护浇注（长水口式）形式如图6-43所示。

6.7.2 保护浇注质量效果

6.7.2.1 钢包至中间包钢流保护浇注对吸氮量的影响

钢包至中间包钢流保护浇注对吸氮量的影响见表6-3。从表6-3看出采用长水口并用氩气环封的效果最好。

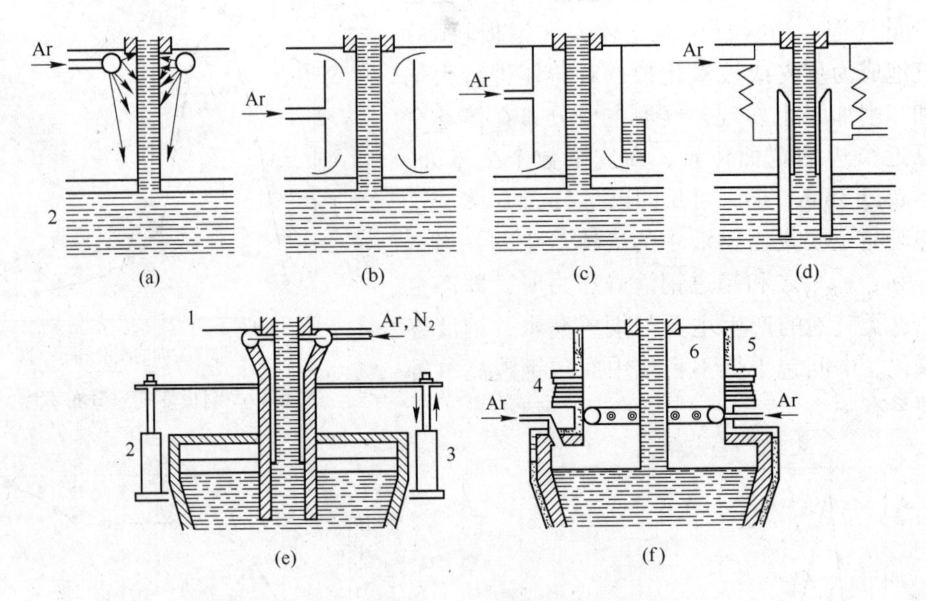

图 6-42　从钢包至中间包注流保护浇注

1—钢包；2—中间包；3—气缸；4—密封材料；5—密闭罩；6—注流

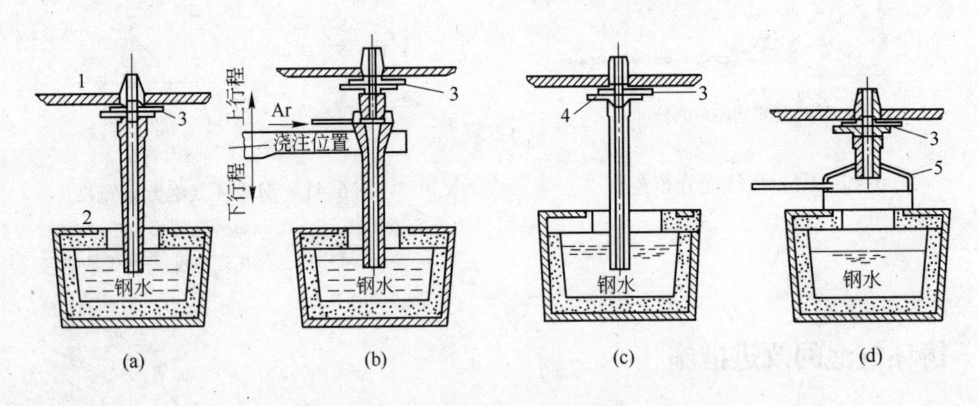

图 6-43　从钢包至中间包注流保护浇注（长水口式）

1—钢包；2—中间包；3—滑动水口；4—吹氩用水口；5—罩

表 6-3　钢包至中间包钢流保护浇注对吸氮量的影响

形　式	无保护	氮气保护	氩气保护	长水口保护	长水口 + 吹氩	长水口 + 氩环封
吸氮量/%	14×10^{-4}	17×10^{-4}	7×10^{-4}	11×10^{-4}	5×10^{-4}	3×10^{-4}

6.7.2.2　水口细长比与带入空气量的关系

水口细长比与带入空气量的关系如图 6-44 所示。

6.7.2.3　敞开浇注、浸入式水口、气体保护浇注对铸坯气孔数的影响

敞开浇注、浸入式水口、气体保护浇注对铸坯气孔数的影响如图 6-45 所示，三者比较可清晰地看出气体保护的效果最好。

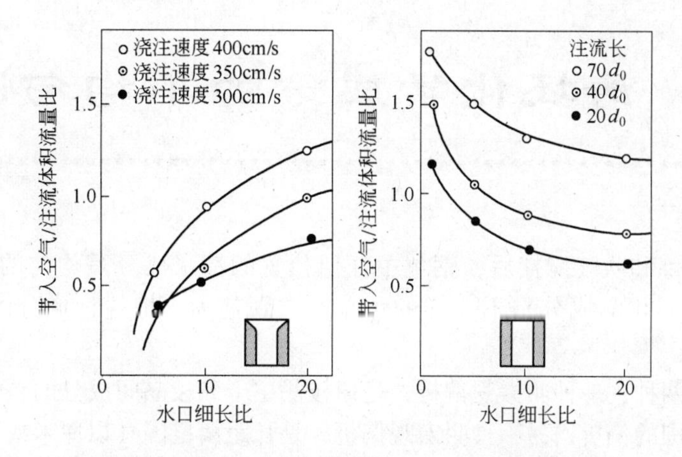

图6-44 水口细长比与带入空气量的关系

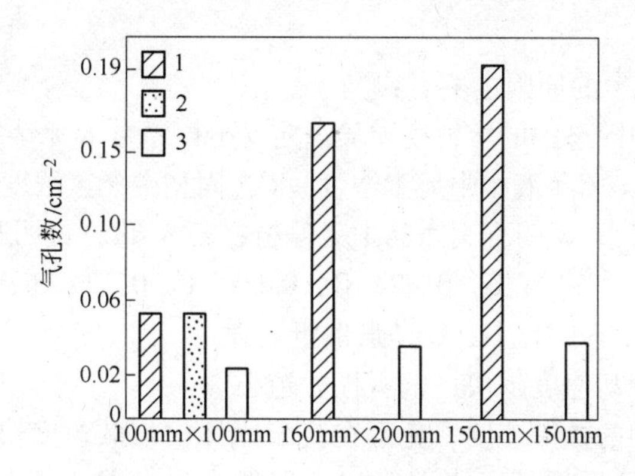

图6-45 敞开浇注、浸入式水口、气体保护浇注对铸坯气孔数的影响

1—敞开注口；2—采用浸入式水口；3—气体保护

6.7.2.4 注流保护的质量效果

有套管保护和无保护的增氮量、夹杂含量及大小都有明显的差别，见表6-4。

表6-4 有套管保护和无保护的增氮量、夹杂差别

质量指标	增氮/%	酸溶 Al/%	铝酸盐夹杂/%	大于2μm 夹杂数量/个·mm^{-2}
无保护	$+18\times10^{-4}$	−0.021	+0.092	+36
套管保护	$+8\times10^{-4}$	−0.009	+0.013	+3

参 考 文 献

[1] 蔡开科．连铸坯质量控制[M]．北京：冶金工业出版社，2010.

[2] 王志道．低倍检验在连铸生产中的应用和图谱[M]．北京：冶金工业出版社，2010.

[3] 陈家祥．连续铸钢手册[M]．北京：冶金工业出版社，1991.

[4] 鲁开嶷．连续铸钢实用技术与计算方法[M]．西安：陕西科学技术出版社，1993.

[5] 巨建涛，吕振林，张敏娟．炼钢过程中钢液氢含量的变化及分析[J]．钢铁研究学报，2011，(04).

[6] 姜锡山．连铸钢缺陷分析与对策[M]．北京：机械工业出版社，2012.

7　铸坯化学成分的不均匀性

经过炉外精炼和吹气搅拌后，钢包中任何位置的钢水成分是均匀的。而凝固之后，铸坯从表面到中心化学成分是不一样的，有的差别甚大，把这种成分的不均匀性叫做偏析。

偏析可分为两种：一种叫微观偏析，是树枝晶主干和枝晶间成分的差异，一般距离很小，是几微米范围的偏析；另一种叫宏观偏析，是长距离范围（以厘米或米来计算）内的成分差异。从铸坯取纵断面或横断面试样，做硫印或酸浸检查，可用肉眼观察偏析的状况，也叫低倍偏析。

总体来讲，偏析产生的原因主要有：

（1）元素在液态和固态中的溶解度差异。定义分配系数 K 来表征偏析程度：

$$K = C_L(\text{液相中元素浓度})/C_S(\text{固相中元素浓度})$$

若 $K=1$，则 $C_L=C_S$，说明凝固产品中无偏析；若 $K<1$，说明凝固产品有偏析。测定不同元素的 K 值为：C，0.13；S，0.02；O，0.02；P，0.13；Si，0.66；N，0.28；Mn，0.84；Cr，0.95。可见，S、P、O、C 是强偏析元素。

（2）冷却速度。冷却速度越快，偏析程度越小。

（3）元素在固相中的扩散速度。元素在高温固体中扩散速度快，可减轻偏析。例如，碳的 K 值为 0.13，也是强偏析元素，但在高温退火时，碳原子扩散能力强，有利于均匀化。

（4）凝固前沿液相中的流动越强，则宏观偏析越严重。如铸坯鼓肚是造成铸坯严重中心偏析的重要原因。

微观偏析对铸坯力学性能的影响是明显的。由于成分不均匀造成组织上的差别，导致冲击韧性和塑性下降，增加铸坯的热裂倾向性，有时还会使铸坯难以加工。

宏观偏析使铸坯各部分的力学性能和物理性能产生很大差异，影响铸坯的使用寿命和工作效果。铸坯的中心和上部碳、硫、磷的含量往往较高。硫偏析破坏了金属的连续性，锻造时引起钢坯的热脆，也是零件疲劳破坏的主要原因；磷偏析使铸坯产生冷脆性和回火脆性。在空气中或在腐蚀介质中工作的铸坯，偏析部位更容易遭受腐蚀破坏。

因此，偏析是铸坯的主要缺陷之一。认识铸坯的形成规律，对于防止偏析的产生，寻求消除偏析的工艺措施，改善铸坯组织，提高铸坯性能有着重要意义。偏析也有有益的一面，利用铸坯现象可以实现净化或提纯金属的目的。通过控制铸坯的凝固过程，使有害的杂质偏析到指定位置而将其除去。

7.1　微观偏析

微观偏析按其形式分为胞状偏析、枝晶偏析和晶界偏析。它们的表现形式虽不同，但形成的机理是相似的，都是合金在结晶过程中溶质再分配的必然结果。

7.1.1 枝晶偏析

固溶体类型的合金在结晶时发生各组元原子在相内和相间的扩散。这种扩散，特别是固相中的扩散极其缓慢。由于溶质原子的扩散系数只是热扩散率的 $10^{-5}\sim10^{-3}$，因此在实际生产条件下，铸坯的凝固是非平衡结晶过程。在合金结晶时，因冷却速度快，固相中的溶质还未充分扩散，液体温度降低，固液界面向前推进，又结晶出新成分的晶粒外层，致使每个晶粒内部的成分存在差异。这种存在于晶粒内部的成分不均匀性。称为晶内偏析。由于固溶体合金多按枝晶方式生长，分枝本身（内外层）、分枝与分枝间的成分是不均匀的，故也称枝晶偏析。

在枝晶偏析区，各组元的分布规律是，使合金熔点升高的组元富集在分枝中心和枝干上；使合金熔点降低的组元富集在分枝的外层或分枝间，甚至在分枝间出现不平衡第二相，其他部位的成分介于两者之间。

在铸钢组织中，初生奥氏体枝晶的枝干中心含碳量较低，后结晶的枝晶外围和多次分枝部分则含碳量较高，树枝晶中这种化学成分不均匀的现象，即枝晶偏析。图 7-1 所示为用电子探针所测定的低合金钢溶液中生成的树枝晶各截面成分的等浓度线，清楚地显示了晶内偏析情况。产生晶内偏析的程度取决于合金的冷却速度、偏析元素的扩散能力和受液相和固相线间隔所支配的溶质的平衡分配系数。在其他条件相同时，冷却速度越大，偏析元素的扩散能力越小，平衡分配系数越小，晶内偏析越严重。但冷却速度增大时，晶粒可以细化，晶内偏析程度反而可以减轻。若冷却速度达 $10^6\sim10^7$℃/s 时，偏析来不及发生，可得到成分均匀的非晶态组织。

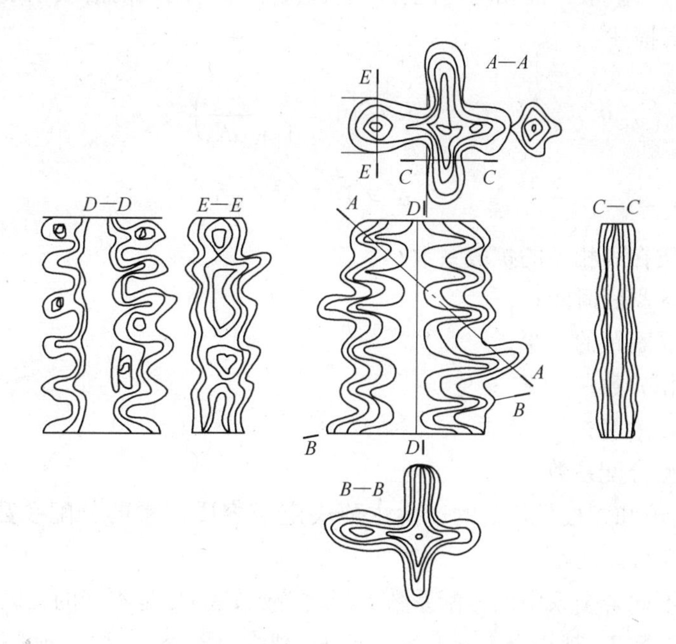

图 7-1 树枝晶偏析示意图

研究表明，金属以枝晶方式生长时，虽然分枝的伸展和继续分枝进行得很快，但在整个晶体中 90% 以上的金属是以充填分枝间的方式凝固（即分枝的侧面生长）。分枝的侧面生长往往采取平面生长方式。

图 7-2 所示为 Cu-Sn 8% 合金单相凝固时铸态组织中 Sn 在枝晶间表面分布的等浓度线。可见，分枝各处 Sn 的分布极不均匀，枝干中心 Sn 的浓度最低，仅有 6%，而在分枝间 Sn 的含量高达 23%。已知 Cu-Sn 合金的平衡分配系数 $K_0=0.30$，如不考虑溶质在固相中的扩散，枝干中心 Sn 的浓度应为 $K_0C_0=2.9\%<6\%$。这说明溶质在固相中的扩散是不可忽略的。

图 7-2 Cu-Sn 8% 合金单相凝固铸态组织 Sn 在枝晶截面分布等浓度线

当考虑固相中有扩散，液相均匀混合时，固液界面上固相的溶质浓度 C_S^* 与固相分数 f_S 的关系可用下式描述：

$$C_S^* = K_0C_0\left(1 - \frac{f_S}{1+\alpha K_0}\right) \tag{7-1}$$

$$\alpha = D_S\tau/s^2 \tag{7-2}$$

式中 D_S——溶质在固相中的扩散系数；

τ——局部凝固时间；

s——枝晶间距的一半；

f_S——固相分数；

C_0——原始浓度；

K_0——平衡分配系数。

由式（7-1）可知，枝晶偏析的产生主要决定于溶质元素的分配系数 K_0 和扩散系数 D_S，冷却条件 τ 和枝晶间距。

各种元素在不同合金系中的分配系数 K_0 和扩散系数 D_S 是不同的，因此，枝晶偏析程度也不同。分配系数 K_0 越小（$K_0<1$ 时）或 K_0 越大（$K_0>1$ 时），或扩散系数 D_S 越小，则枝晶偏析越严重。因此，可用 $|1-K_0|$ 定性地衡量枝晶偏析的程度。$|1-K_0|$ 越大，枝晶偏析越严重，$|1-K_0|$ 称为偏析系数。几种元素在铁中的 K_0 和 $|1-K_0|$ 示于表 7-1。可以看出，在碳钢中，硫、磷、碳是最易产生枝晶偏析的元素。

表 7-1 元素在铁中的分配系数和偏析系数

元素	元素的含量和 K_0 值						平均值 K_0	偏析系数 $\|1-K_0\|$
	$w_i/\%$	K_0	$w_i/\%$	K_0	$w_i/\%$	K_0		
P	0.01	0.04	0.02	0.05	0.03	0.08	0.06	0.94
S	0.01	0.08	0.02	0.10	0.04	0.11	0.10	0.90
H	0.002	0.10	0.01	0.16	0.10	0.14	0.13	0.87
C	0.3	0.28	0.6	0.27	1.0	0.08	0.26	0.74
V	0.6	0.35	2.0	0.37	4.0	0.40	0.38	0.62
Ti	0.2	0.48	0.5	0.46	1.2	0.17	0.47	0.53
Mo	1.0	0.42	2.0	0.50	4.0	0.56	0.49	0.51
Mn	1.0	0.11	1.5	0.16	2.5	0.16	0.14	0.86
Ni	1.0	0.35	3.0	0.35	4.5	0.37	0.35	0.65
Si	1.0	0.64	2.0	0.66	3.0	0.06	0.65	0.35
Cr	1.0	0.62	4.0	0.63	8.0	0.72	0.66	0.34

枝晶偏析的大小可用枝晶偏析度 S_t 度量，即

$$S_t = \frac{C_{max} - C_{min}}{C_a} \tag{7-3}$$

式中 C_{max}——某组元在枝晶偏析区内的最高浓度；

C_{min}——某组元在枝晶偏析区内的最低浓度；

C_a——某组元的原始平均浓度。

S_t 若越大，枝晶偏析越严重。表 7-2 为 2 ~ 3t 铸坯中一些元素的枝晶偏析度。

表 7-2 几种元素在铸坯中的枝晶偏析度 S_t

元素	S	P	C	W	V	Mo	Si	Cr	Mn	Ni
S_t	2.0	1.5	0.6	0.6	0.4	0.4	0.2	0.2	0.15	0.05

枝晶偏析程度还可以用枝晶偏析比 S_R 表示，即

$$S_R = \frac{\text{枝晶中的最高溶质浓度}}{\text{枝晶中的最低溶质浓度}} \tag{7-4}$$

这些数值可由电子探针直接测得。

冷却速度 v_0 对枝晶偏析的影响是通过 τ 和 s（见式(7-2)）体现的。

冷却速度对镁合金铸坯中 Ca 枝晶偏析的影响如图 7-3 所示。可以看出，即使冷却速度很小，S_R 仍大于 1，这表明铸坯中仍存在枝晶偏析，且随冷却速度 v_0 的增大而增大；当冷却速度增大到某一值后，再继续增加冷却速度，枝晶偏析程度减轻。

在产生枝晶偏析的同时，常在枝晶偏析生成不平衡第二相。几种合金出现不平衡第二相时的溶质浓度与冷却速度 v_0 的关系如表 7-3 所示。其结果与上述情况基本相似。

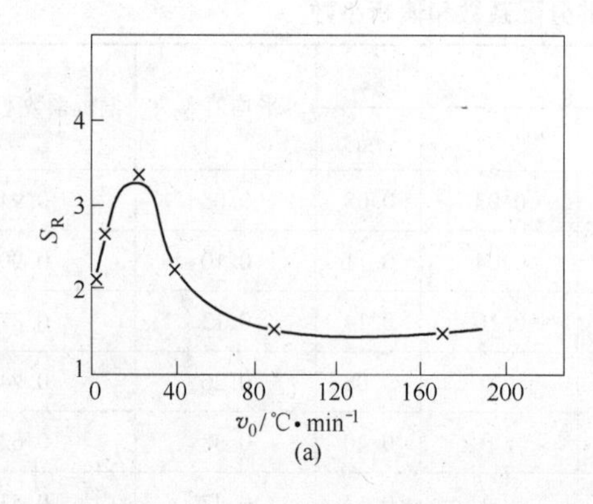

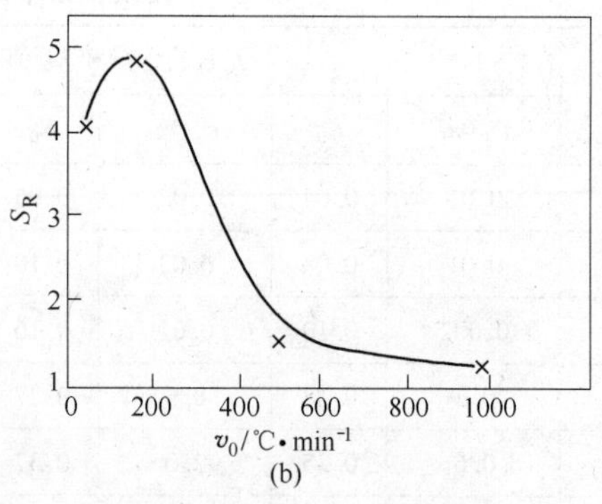

图 7-3 冷却速度 v_0 对铸坯中 Ca 偏析的影响

(a) Mg-Ca 合金 (Ca = 0.2%); (b) Mg-Mn-Al-Ca 合金 (Ca = 0.13%)

表 7-3 冷却速度对合金形成不平衡共晶物的影响

合金系	最大溶解度质量分数/%	冷却速度 v_0/℃·s^{-1}		
		0.03～0.08	1.3～1.7	7
		出现共晶物时溶质的临界含量/%		
Al-Co	5.65	0.1	0.1	0.8
Al-Mg	14.35	4.5	0.5	0.3
Mg-Al	12.90	2.0	0.1	0.3
Cu-Sn	13.50	1.8	4.0	4.0
Cu-Al	7.60	7.0	7.0	7.0

以前普遍认为，冷却速度越大，枝晶偏析越严重。由上述结果可知，这种看法是不全面的。增大冷却速度有时反而减轻枝晶偏析，甚至当冷却速度增大到某一临界值（10^6～10^8℃/s）时，不仅固相的扩散不能进行，液相中的扩散也被压制，反而得到成分均匀的非晶态组织。

某元素在铸坯中的枝晶偏析程度因其他元素存在而有相当大的变化。例如硫、磷在碳钢中的枝晶偏析程度与碳含量有关，如图 7-4 所示。

随着碳含量的增加，硫磷在碳钢中的枝晶偏析程度明显增加。这可能是由于碳改变了硫、磷在钢中的分配系数和扩散系数的缘故。

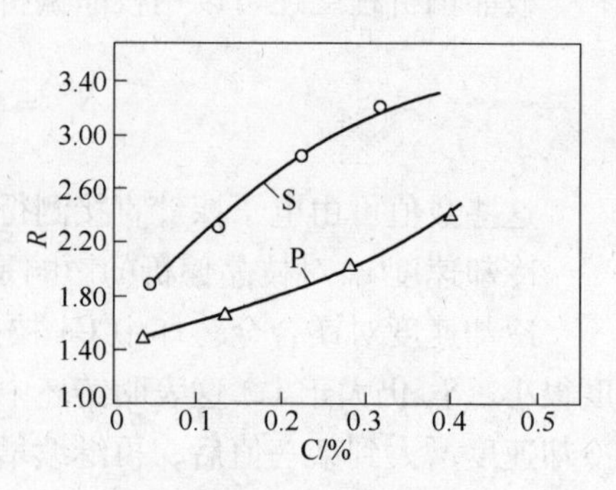

图 7-4 碳对硫、磷在铸坯中枝晶偏析的影响

枝晶偏析使晶粒的物理和化学性能不均匀，铸坯的力学性能下降，特别对塑性和韧性的影响更为显著。

枝晶偏析是不平衡结晶的结果，在热力学上是不稳定的，如能设法使溶质原子进行充分扩散即能消除枝晶偏析。把铸坯加热到低于固相线 100～200℃，长期保温，使溶质原子充分扩散，则可减轻或消除枝晶偏析。

图7-5所示为Cu-Ni合金经均匀化退火后的组织及与之相对应的特征X射线强度曲线。可以看出，枝晶偏析已基本消除。

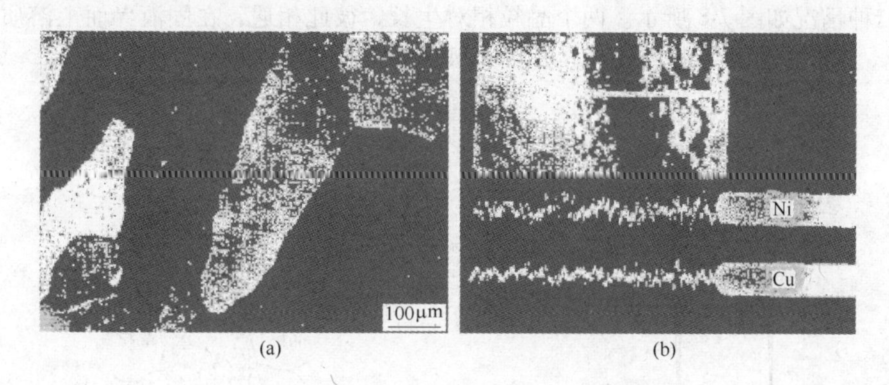

(a) (b)

图7-5 Cu-Ni合金扩散退火后的组织

(a) 退火后的显微组织；(b) Ni和Cu的特征X射线强度线

假设枝晶偏析值近似地为正弦波（图7-6），根据扩散第二定律可解出在一定温度下经τ时间后的偏析幅度值：

$$A = A_0 \exp\left(-\frac{\pi^2 D_S \tau}{s^2}\right) \quad (7\text{-}5)$$

式中 A_0——铸态合金枝晶偏析的初始幅值，$A_0 = C_{max} - C_{min}$；

D_S——扩散系数；

s——枝晶间距的一半。

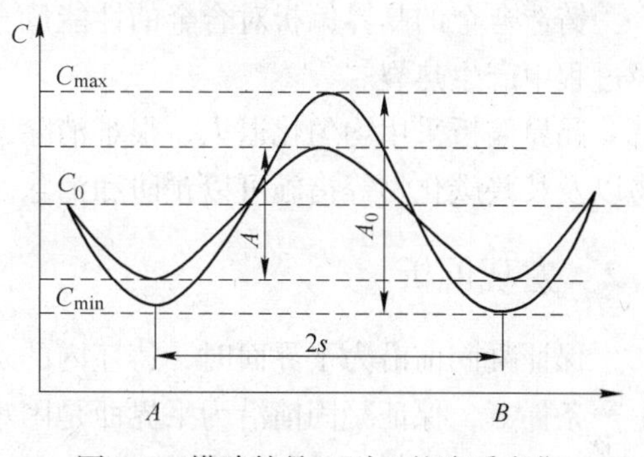

图7-6 横跨枝晶A到B的溶质变化

可见，均匀化时间取决于枝晶间距和扩散系数。

枝晶间距越小，均匀化退火时原子扩散路程越短。故均匀化时间越短。因此，凡能细化枝晶的各种工艺措施均有利于以后的均匀化退火。

偏析元素的扩散系数越大，在其他条件相同时，均匀化退火时间越短。

在进行均匀化退火时，退火温度不可超过固相线温度，否则，会发生晶界熔化（过烧现象），破坏铸坯的性能。

晶内偏析完全消除后，力学性能则明显提高。

在某种情况下，合金的晶内偏析也有它有益的一面。例如，作为轴承合金的锡青铜，由于晶内偏析而具有良好的耐磨性。

7.1.2 晶界偏析

在不少情况下，晶粒中心只有不明显的负偏析（或正偏析），而晶界区域却显示出明显的正偏析（或负偏析），这种偏析称为晶界偏析。

铸坯在凝固过程中，在以下几种情况下将产生晶界偏析：如果晶界平行于生长方向，由于表面张力平衡条件的要求，在液体与晶界交界处出现凹槽（图7-7）。此处有利于溶质原子的富集，形成晶界偏析。实验证明，这种情况多产生于以胞状界面生长的情况，当晶体以枝晶方式生长时，情况较为复杂。

第二种情况如图7-8所示。两个晶粒相对生长，彼此相遇，在固液界而上溶质被排出（$K_0<1$）。这样，在最后凝固的晶界处将堆积较多的溶质和其他低熔点物质。

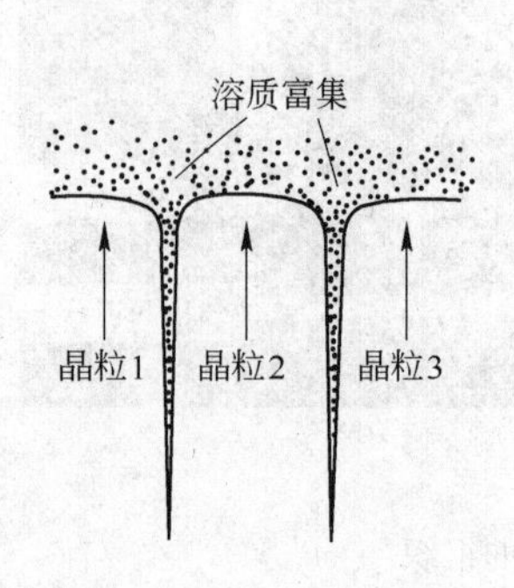

图7-7 晶粒平行于生长方向形成的晶界偏析

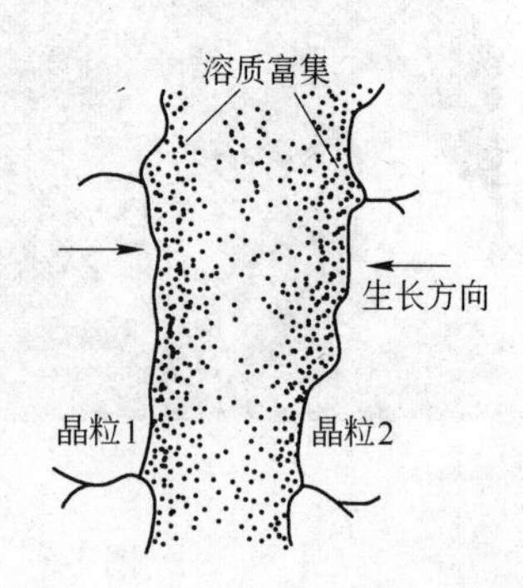

图7-8 晶粒相碰形成的晶界偏析

铸造合金的晶界偏析对合金的性能危害很大，使合金的高温性能降低，促使铸件在凝固过程中产生热裂。

晶界偏析采用均匀化退火，很难消除，只有采用细化晶粒和减少合金中氧化物和硫化物以及某些碳化物等措施可以预防和消除。

7.2 宏观偏析

保证凝固前沿为平界面时，铸坯内的宏观偏析可用Scheil方程近似地描述。但在实际生产条件下，保证凝固前沿为平界面是困难的，往往存在固液两相区。此时，铸坯产生宏观偏析的途径：（1）在铸坯凝固早期，固相或液相的沉浮；（2）在固液两相区内液体沿枝晶间的流动。

7.2.1 枝晶间液体的流动对宏观偏析的影响

近期的研究发现，液态金属沿枝晶间的流动对铸坯产生宏观偏析起着重要的作用。液态金属沿枝晶间流动的原因主要是：

（1）熔体本身的流动驱使固液两相区内的液体流动；

（2）由于凝固收缩的抽吸作用促使液体流动；

（3）由于密度差而发生的对流。

在凝固过程中，铸坯中存在误差，因此，在同一时刻铸坯各处未凝液相的数量是不同的。一般来说，冷端凝固速度较快，未凝的液相较少。由Scheil方程可知，冷端未凝液相中的溶质浓度较热端高（$K_0<1$）。当枝晶间有液相流动时，如果液相从热端流向冷端，铸坯溶质含量较低的区域流向含溶质较高的区域，则降低该区的溶质浓度，使该区的C_S降低，产生负偏析，反之，液体由冷端流向热端，使C_S升高，产生正偏析。

当考虑枝晶间有液相流动时，枝晶的溶质分布可用下式描述：

$$C_S^* = K_0 C_0 (1 - f_S)^{(K_0-1)/q} \tag{7-6}$$

$$q = (1-\beta)\left(1-\frac{v}{u}\right) \quad q>0 \tag{7-7}$$

式中 β——凝固收缩率；

u——等温线移动速度；

v——液体沿 u 方向的流动分速度；

C_S^*——固液界面上固相的溶质浓度；

K_0——平衡分配系数；

C_0——原始浓度；

f_S——固相分数。

由式（7-6）可知，枝晶间有液体流动时，枝晶的溶质分布随 q 值的变化而变化，进而使铸坯某区域的平均成分发生变化。由式（7-7）可知，在合金成分一定时，β 可视为定值，q 值的大小只取决于 u 和 v。因此，u 和 v 是影响铸坯产生宏观偏析的主要原因。

当 $q=1$，即 $\frac{v}{u}=-\frac{\beta}{1-\beta}$ 时，式（7-6）与 Scheil 方程完全一样，此时，该区域的平均成分 $C_S=C_0$，不存在宏观偏析。

当 $q<1$，即 $\frac{v}{u}>-\frac{\beta}{1-\beta}$ 时，对于 $K_0<1$ 的合金，由式（7-6）可知，C_S 值变大，从而使该区域的平均成分 $C_S>C_0$，即产生正偏析。

当 $q>1$，即 $\frac{v}{u}<-\frac{\beta}{1-\beta}$ 时，对于 $K_0<1$ 的合金，C_S 值变小，使该区域的平均成分 $C_S<C_0$，即产生负偏析。

通过上述分析可知，可用 v/u 判断铸坯某一区域是产生正偏析还是负偏析。

以 Al-Cu 4.5% 合金为例，分析 v/u 对宏观偏析的影响（图 7-9）。该合金的凝固收缩系数 $\beta=0.057$，则有下面三种情况：

当 $v/u=-\beta/(1-\beta)$，$v/u=-0.006$ 时，$C_S=C_0$，无宏观偏析；

当 $v/u<-\beta/(1-\beta)$，即 $v/u<-0.006$ 时，液体流动速度的绝对值变化没有宏观偏析时大，且方向与等温线移动的方向相反，即液相在两相区内由热端流向冷端，亦即液体从含 C_0 较低的热区流向含 Cu 较多的冷区，降低了该区的平均成分 C_S，产生负偏析。

当 $v/u>-\beta/(1-\beta)$，即 $v/u>-0.06$ 时，与上述情况相反，因此产生正偏析。

等温线移动速度 u 取决于铸坯的冷却速度，而液体沿枝晶间的流动近似地遵守 Darcy 定律，即

$$v = \frac{K}{\eta f_L}(\nabla p + \rho_L g) \tag{7-8}$$

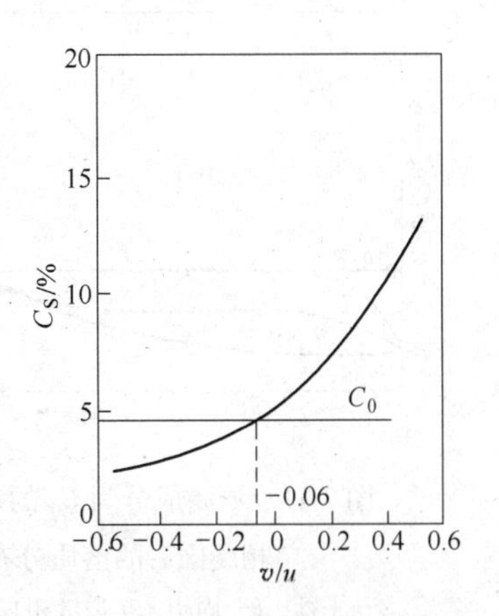

图 7-9 Al-Cu 4.5% 合金固相平均成分与 v/u 的关系

式中　ρ_L——液体的密度；

g——重力加速度；

f_L——液相的体积分数；

η——液体的黏度系数；

p——作用在枝晶间液体上的压力；

K——渗透系数，$K = \nu f_L^n$，$n = 2 \sim 3$，ν 为与枝晶结构和枝晶间隙有关的常数。

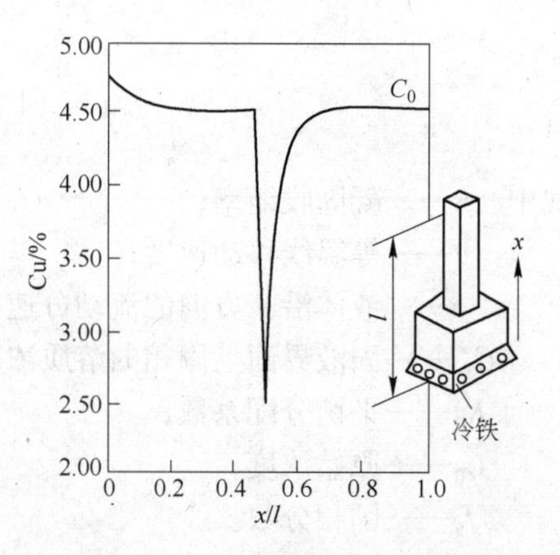

图 7-10　单向由下至上凝固时的 Al-Cu 4.5% 合金铸坯中 Cu 的分布

在决定 ν 值的诸因素中，ν 值显然与冷却速度有关，冷却速度越大，枝晶间隙越小，ν 也越小，压力 p 还与凝固收缩有关，凝固收缩产生的负压对液体有抽吸作用，促使液体流动。图 7-10 右边所示的铸坯，从高度 $L/2$ 起，截面积减少到 1/9，浇注 Al-Cu 4.5% 合金，自下而上单相凝固。在凝固前沿的固相两相区内，靠近下部的液相铜含量高，沿凝固推进方向铜含量逐渐减少。密度大的液体始终在下部，液体的密度差不能引起液体流动，液体流动仅有凝固收缩所致，因此，流动方向与等温线移动方向相反，即 v/u 为负值。可想而知，在铸坯截面积突然变细的地方，液体流速最大。由宏观偏析的判别式可知，此处应产生较大的负偏析。图 7-10 示出该铸坯沿高度方向上的铜分布，可以看出在 $L/2$ 处存在较大的负偏析，与上述分析完全吻合。

通过上述分析可知，液体在枝晶间的流动对宏观偏析的产生起着重要作用。因此，了解液体在枝晶间流动的规律和影响因素，对认识宏观偏析的产生规律、防止和消除宏观偏析有着重要意义。但目前这方面工作刚刚起步，有待进一步深入。

7.2.2　正常偏析

当金属液凝固区域很窄时（逐层凝固），固溶体初生晶生长成紧密排列的柱状晶，凝固前沿是平滑的或为短锯齿形，枝晶间液体的流动对宏观偏析的影响则降为次要地位，宏观偏析的产生主要是与结晶过程中的溶质再分配有关。

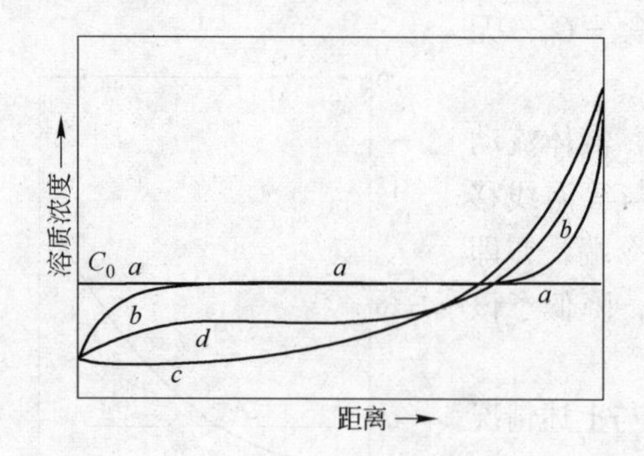

图 7-11　原始成分为 C_0 的合金在单相凝固后的溶质分布

a—平衡；b—固相无扩散液相只有扩散；c—固相无扩散液相均匀混合；d—液相部分扩散

随着凝固前沿向中心推进，“多余”的溶质原子（$K_0 < 1$）被排斥在周围的液体中。这部分的液体的溶质浓度逐渐升高，后结晶的固相溶质浓度不断增加，导致铸坯先凝固区域（铸坯的外层）的溶质浓度低于后凝固区。$K_0 > 1$ 的合金则与上述情况相反。按照异分结晶的规律，这是正常现象，故称正常偏析。

图 7-11 所示为原始成分为 C_0 的合金（$K_0 < 1$）以平面界面单向凝固后，沿试样凝面方向上的溶质分布，曲线 b、c、d 都是正常偏析。

图 7-12 所示为单向凝固的 Al-Cu 3% 铸坯沿凝固方向上的溶质分布。可以看出，溶质分布规律与图 7-11 曲线 d 基本相同，属于正常偏析。

下面以厚板为例，讨论碳、磷、硫等溶质元素的分布规律。

铸坯表面细晶粒区内，钢液来不及在宏观范围内选择结晶，其平均溶质浓度为 C_0（原始的平均浓度）。

与细等轴晶区相连的柱状晶区，凝固由内向外依次进行，且凝固区域很窄，先凝固的部分溶质较低，“多余”的溶质被排斥在周围的液体中，使未凝固的液体中的溶质浓度逐渐增高，后结晶的固相溶质浓度随之增高，结晶开始温度则相应降低，当铸坯中心部位的液体降至结晶温度时，生长出粗大的等轴晶。含溶质浓度较高的液体被阻滞在柱状晶区与等轴晶区之间，该处磷、硫、碳的含量较高，如图 7-13 所示。中心粗大等轴晶区的平均成分也为 C_0。

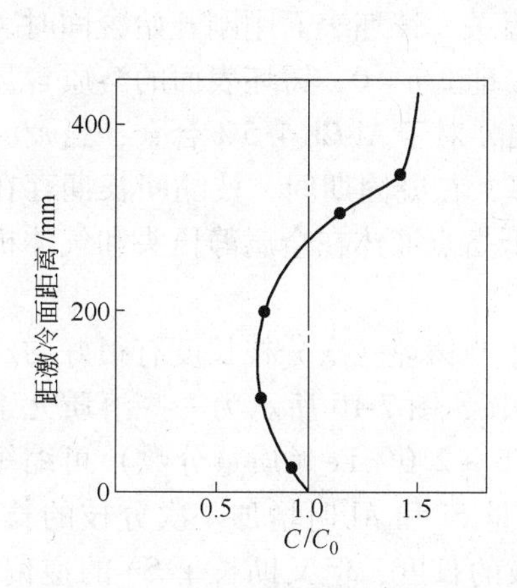

图 7-12 Al-Cu 3% 合金铸坯单向凝固时的溶质分布

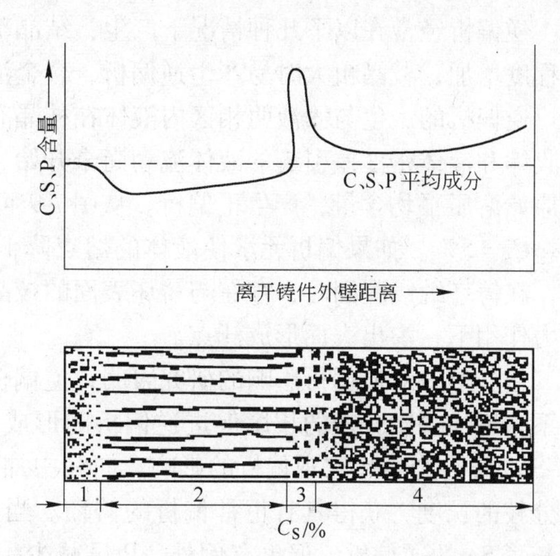

图 7-13 厚壁铸钢件断面 C、S、P 偏析规律与结晶特点的关系

1—细晶区；2—柱状晶区；3—偏析的富集区；4—粗等轴晶区

通过上述分析可知，铸坯产生宏观偏析的规律与铸坯的凝固特点密切相关。当铸坯以逐层凝固方式凝固时，凝固前沿是平滑的或短锯齿形，溶质原子（$K_0<1$）易于向垂直与凝固界面的液体内传输。此时，枝晶间液体的流动对宏观偏析的影响降至次要地位，凝固层的铸坯内外层之间溶质浓度差大，正常偏析显著。

当铸坯凝固区域较宽时，枝晶得到充分的发展，排出的溶质在枝晶间富集，且液体在枝晶间可以流动，从而使正常偏析减轻甚至完全消除。

正常偏析随着溶质偏析系数 $|1-K_0|$ 值的增大而增大。但对于偏析系数较大的合金，当溶质含量较高时，铸坯倾向体积凝固，反而减轻正常偏析或不产生正常偏析。

正常偏析的存在使铸坯性能不均匀，随后的加工和处理也难以根本消除，故应采取适当措施加以控制。

利用溶质的正常偏析现象，可以使金属达到提纯的目的。“区熔法”就是利用正常偏析的规律发展起来的。

7.2.3　逆偏析

逆偏析（也叫反偏析）与正偏析相反，它使易熔物质富集在铸件表面上。它是指在 $K_0<1$ 的合金中，虽然结晶是由外向内循序进行，但在表面层的一定范围内溶质的浓度分布却由外向内逐渐降低，恰好与正常偏析相反，故又称反常偏析，如图 7-14 所示。Cu-Sn 和 Al-Cu 合金是易于产生逆偏析的两种典型合金，Cu-Sn 1.0% 合金铸坯表面含锡量有时高达 20% ~25%。冷硬铸铁轧辊有时也会在表面上出现磷共晶的“汗珠”。

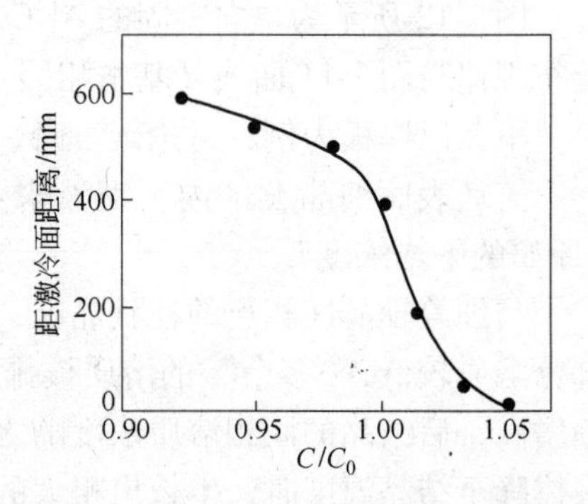

图 7-14　Al-Cu 9.1% 合金铸坯的逆偏析

逆偏析经常在以下几种情况下产生：结晶范围宽的固溶体合金，铸坯缓慢冷却时逆偏析程度增加，枝晶粗大时易产生逆偏析，合金液含气量较高时易出现逆偏析。

逆偏析的产生与固液两相区内液体在枝晶间流动有关。铸坯表面刚刚开始凝固时，凝固收缩和液体密度差引起的液体流动尚未开始，$v=0$，即 $v/u=0$，铸坯表面的溶质含量大于原始溶质平均含量，产生正偏析。从图 7-9 可以看出，对于 Al-Cu 4.5% 合金，当 $v/u=0$ 时，$C_S=5\%$。如果偏析元素使液体的熔点降低得很多，在凝固期间，枝晶间长期存在液体，在铸坯继续凝固时，存在与铸坯表面的枝晶间的低熔点液体在金属静压头和气体析出压力作用下，渗出表面形成汗点。

枝晶形态对逆偏析影响的研究表明，逆偏析的产生与铸坯一次分枝长度有很好的对应关系。增加一次分枝的长度促进逆偏析的形成。图 7-15、图 7-16 所示为一些溶质元素对 Cu-Sn 8% 合金铸坯宏观偏析的影响。向其中加入 1.2% ~2.0% Fe（质量分数）可缩短一次分枝的长度，获得具有正常偏析的铸坯。当加入少量 Si 和 Al 时增加一次分枝的长度，助长了 Sn 的逆偏析。但也有例外，P 虽减少一次分枝的长度，但又助长了 Sn 的逆偏析。

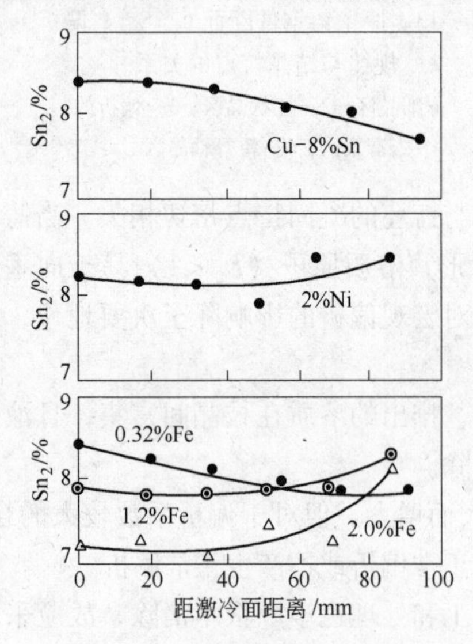

图 7-15　添加元素对 Cu-Sn 8% 合金铸坯中 Sn_2 分布的影响

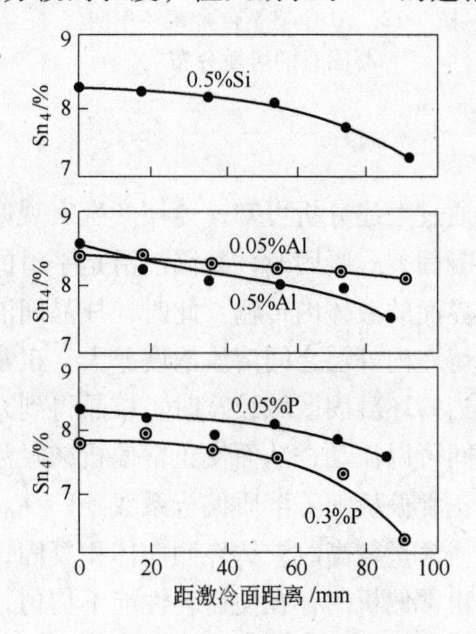

图 7-16　添加元素对 Cu-Sn 8% 合金铸坯中 Sn_4 分布的影响

这一事实说明逆偏析不是只与枝晶形态有关。

逆偏析还与铸坯凝固区域的宽度、凝固收缩以及在凝固过程中液态金属所受到的压力有关。凝固区域宽，凝固收缩大（如铝合金、镁合金和一些铜合金）以及含气量较高时都促进逆偏析的产生。

7.2.4 V形和逆V形偏析

在镇静钢铸坯中常常观察到V形和逆V形偏析带，其中富集碳、硫和磷。图7-17所示为铸坯纵剖面上的V形和逆V形偏析。

一般认为，凝固初期，晶粒从型壁或固液界面脱落沉积，堆积在下部。凝固后期堆积层的收缩下沉对形成V形偏析起着重要的作用。

在铸坯凝固的各个阶段向液面添加同位素Ir，由于铸坯凝固过程中有晶体沉积，则可借助同位素的不同时刻界面的位置，如图7-18所示。可以清楚地看到，凝固后期堆积层中央的下部发生下沉。用有机物做凝固模拟实验也可观察到，随着晶体堆积层中央下部位的下沉，侧向发生逆V形龟裂的现象。

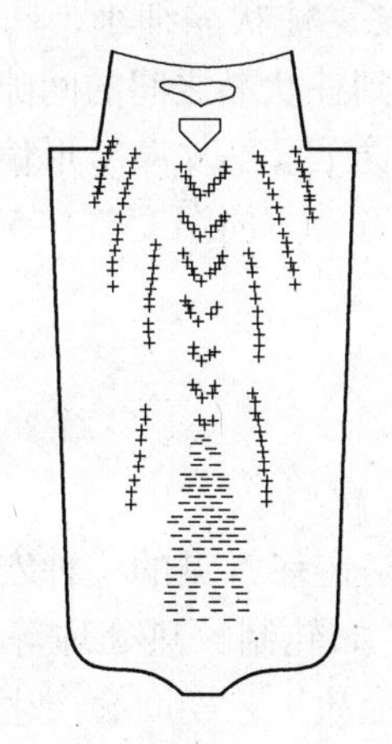

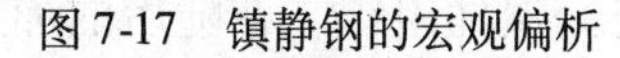
图7-17 镇静钢的宏观偏析

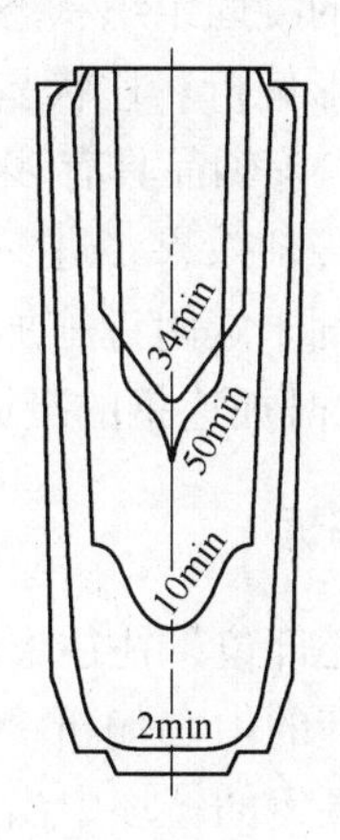

图7-18 根据同位素确定的铸坯凝固界面

铸坯凝固初期，堆积层中央下部的晶体收缩下沉，而上部的晶体不能同时下沉，在堆积层中则产生V形裂痕，其中被富溶质的液体充填，形成V形偏析带。

铸坯中心部分下沉的同时，侧面向斜下方产生拉应力。在此拉应力作用下，铸坯产生逆V形裂缝，其中被富集溶质的低熔点液体充填，形成逆V形偏析带。

另一种看法认为，逆V形偏析是由于密度小的溶质浓化液在固液两相区内上升而引起的。例如，铸坯的残余熔体中富集着硫、磷、碳等溶质元素，其密度小，熔点低。该富集溶质的液体沿枝晶间上升，在其流经的区域，枝晶发生熔断，形成沟槽，残余液体沿沟槽继续上升产生逆V形偏析。

降低铸坯的冷却速度，枝晶粗大，液体沿枝晶间的流动阻力减小，促进富集液的流动，增加V形和逆V形偏析的倾向。

影响钢中V形偏析的因素有钢中偏析元素的含量、钢水过热度、钢液流动、拉速、压下量、冷却及凝固等。

减少铸坯V形偏析的措施有：

(1) 钢中偏析元素（C、P、S等）质量分数越高，偏析度也越高。因此必须控制钢水中磷、硫的质量分数，使之越低越好。要严格控制钢水中的易偏析元素的质量分数，特别是对于特殊要求的品种钢（如探伤钢板）必须进行铁水预脱硫操作，尽可能降低连铸钢水的硫、磷质量分数。

(2) 严格控制钢水过热度，同时避免浇注过程中温度大幅波动，结合生产组织理想的过热度范围采用低过热度浇注，将过热度严格地控制在20℃以内。

(3) 采用各种方法控制钢液的流动，如电磁搅拌等。

(4) 在拉坯方向，凝固末端位置，上游钢液补充下游钢液的凝固收缩，会形成V形偏析，因此，控制和稳定拉速，实现"恒速浇注"，既保证了生产组织和工艺的稳定，又保证了二冷水供水的稳定，减少液相穴的频繁变化，有利于有效控制V形偏析。

(5) 合适的扇形段辊缝压下量和压下区间的选择是解决常规板坯生产时凝固V形偏析的有效手段。

(6) 严格控制铸机开口度和对弧精度。采用合适的铸坯断面。

(7) 铸坯的凝固组织状态决定了V形偏析的严重程度。柱状晶细小，同时等轴晶狭窄，会加重V形偏析。柱状晶的粗大，大量溶质元素分布到柱状晶之间的间隙中，有助于改善中心偏析；等轴晶具有多个凝固界面，有助于分散溶质元素，改善V形偏析。

(8) 优化冷却效果，进一步降低二冷水量，控制板坯宽度方向温度差在50℃之内。

(9) 在凝固末端附近施加轻压下。

(10) 浇注时加速钢的凝固，限制V形偏析的发展。

7.2.5 中心偏析

在铸坯中心部位，往往形成元素富集的偏析带，这就是铸坯常见的一种宏观缺陷——中心偏析。铸坯的中心偏析一旦形成，无法在后续工序（如轧制、热处理等）中完全消除。在生产高碳钢的铸坯中出现高碳含量的中心偏析，在冷却工艺期间会产生硬的马氏体和（或）贝氏体结构。铸坯心部生成的网状渗碳体一类低塑性组织，在随后的加工过程中会发生断裂。中心偏析往往伴有中心疏松和中心裂纹，这进一步降低了铸坯的内部致密性和轧材的力学性能。所以中心偏析是应当设法使之消除或减轻的一种内部缺陷。

由于国内绝大部分生产高碳钢的企业受现有冶炼设备的限制，造成高碳钢化学成分不稳定，铸坯中心偏析、夹杂、缩孔等缺陷严重。例如碳含量从标准下限波动到上限，甚至超标，这样造成制品企业拉拔后的产品强度、韧性等指标波动范围大，成品合格率低，在拉拔中容易造成脆断，严重时无法加工。

7.2.5.1 中心偏析的成因

A 中心偏析形成机理

中心偏析形成机理有各种理论解释，主要有如下几种：

(1) 小钢锭理论。钢液在凝固过程中，溶质元素在固液相间发生再分配，柱状晶的生长使枝晶间未凝固钢水的溶质元素得到了富集，而钢坯的鼓肚和液相穴末端的凝固收缩使中心产生强大的抽吸力。根据"小钢锭凝固模式"（图5-6），铸坯中心偏析的形成，大体上可分为四个阶段。首先是柱状晶的生长；其次是由于某些工艺因素的影响，柱状晶的生长变得很不稳定，即某些柱状晶生长快，而另一些柱状晶生长慢；在这种情况下，优先生长的柱状晶在铸坯中心相遇，形成了所谓的晶桥；晶桥形成后上部钢水受阻不能对下部钢水的凝固收缩进行及时补充，因而在晶桥下边，钢水按一般钢锭凝固的模式凝固。其结果形成了上部有缩孔疏松和正偏析带，而下部有V形偏析或负偏析带，这正是铸坯的中心偏析带。由于晶桥的形成是在铸坯凝固过程中断续出现的，所以“小钢锭”的凝固也是断续出现的。因此铸坯的整个凝固过程，可以看作是无数“小钢锭”断续凝固的结果。

(2) 溶质元素析出与富集理论。铸坯从表壳到中心结晶过程中，由于钢中一些溶质元素（如碳、锰、硫等）在固液边界上溶解并平衡移动，发生再分配，从柱状晶析出的溶质元素排到尚未凝固的金属液中，随着结晶的继续进行，把富集的溶质推向最后凝固中心，即产生铸坯的中心偏析。

(3) 铸坯心部空穴抽吸理论。铸坯在结晶末期，一是液相穴末端的凝固收缩使中心产生强大的抽吸力而产生一定的空穴；二是铸坯的鼓肚使其心部同样产生空穴，这些在铸坯心部的空穴具有负压，致使富集了溶质元素的钢液被吸入心部，造成中心偏析。对方坯而言，在凝固区域末端的铸坯鼓肚量小于铸坯的凝固收缩量。因此，方坯的中心偏析主要起因于铸坯凝固末端固液两相区（也称糊状区）的凝固收缩。

B 中心偏析与其他

a 中心偏析与V形偏析

化学分析表明，V形偏析率与中心偏析级别有着一样的规律，这说明中心宏观偏析的变化可能与V形偏析的形成有关。在钢坯内部凝固过程的两个不同时期形成两种流动方式。一种主要向下，稍微向内指向中心；另一种直接向内，沿着V形偏析线。

中心的结晶结构类型（柱状晶和等轴晶）是中心钢液流动控制的主要因素。由于结晶结构不同，有两种类型的V形偏析：当中心是等轴晶时，由于钢液流动有很多通道，形成束状的V形偏析；另一种，中心为柱状晶结构时流动通道少，形成大的单一的V形偏析，这种V形偏析经常出现。

V形偏析的形成有两种解释。一种解释是由于凝固收缩和热收缩使负压力更低，造成等轴晶驻留或塌落，然后流体将在塌落晶体聚合体之间的通道中流动。如果组织为柱状晶，凝固前沿不规则，突出前沿之间形成一种桥连接，在桥所处的位置，液体向下流动的通道被关闭，最终液体在桥的侧面形成V形通道，这种机制导致了单个的V形偏析和铸坯组织的形成。另一种解释是，糊状区在凝固过程中因受压应力，这种压力由坯壳中的温度变化所导致，应力场把枝晶间的流体压向铸坯中心，这种流体流动与向下的负压一起导致V形偏析通道的形成。

b 中心偏析与中心疏松

早期人们认为中心宏观偏析及中心疏松是由于钢从液体到固体相变凝固时体积减小，即凝固收缩而引起的；近几年又有人提出中心宏观偏析是在铸坯中心部分凝固期间由于凝固壳的热收缩而引起的。浇注操作期间很难验证这两个因素哪一个是主要的。

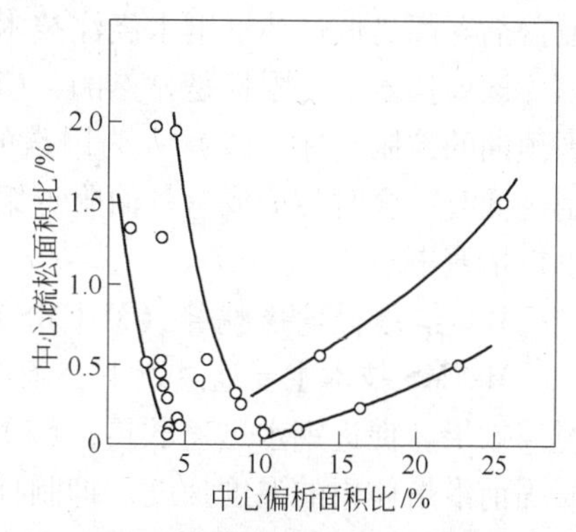

图7-19 连铸方坯的中心疏松与中心偏析的关系

中心偏析与中心疏松不是线性关系，如图7-19所示，中心疏松面积随着中心偏析面积的减少而减少，是由于溶质富集钢液不容易渗透到凝固收缩中；中心疏松面积随着偏析面积的增大而增大，溶质富集钢液容易渗透到凝固收缩中。

7.2.5.2　铸坯中心偏析评价方法

随着研究方法的不断完善，对于中心偏析的认识也不断深入。最早的方法是对中心偏析进行定性观察，即采用硫印法，确定中心偏析的形状和轻重。后来随着研究的深入，人们开始认识到定性评价尚缺乏严密性、科学性和可比性，已不能适应研究向更深层次的发展。同时，为了能够对形态各异、程度不同的中心偏析的产生原因作出统一的解释，首先必须有一个定量的评价标准，因此，人们开始了对中心偏析的定量研究。最简便的方法就是在上述定性观察的基础上，把铸坯横断面硫印内偏析线宽度定为 0 ~ 4 级的 5 个级别；也有人根据偏析形态和外围轮廓采用 A、B、C、D 四个级别来评定；还有人考虑了中心偏析线的连续性而采用了偏析线长度之比的概念来评定中心偏析的程度，这三种方法对中心偏析的评价只是一般性的，仍缺乏关于偏析程度更详细、更具体的定量分析。为了准确地对其进行定量描述，有人用钻头在所要研究的部位钻取试样，或沿厚度方向切片来进行化学分析。至于用钻头取样的方法，人们一直反映会由于钻头直径的差异而影响实验精度；切片法则能够比较准确地揭示铸坯内溶质分布的情况，对任意位置的偏析度给予准确的定量指示。曾有过这样的报告，在进行断面显微组织的观察的同时，用 EPMA 线型扫描中心偏析部位的 Si、Mn、P 等的最大偏析浓度和铸坯厚度 1/4 处的平均浓度的比值定义中心偏析率。

7.2.5.3　中心偏析的控制方法

铸坯凝固的特点是倾向于生成柱状晶组织，正因为这样，易产生柱状晶的搭桥现象，从而导致中心疏松和中心偏析的生成。高碳钢中由于碳偏析形成马氏体组织而影响钢丝的延展性。铸坯中心偏析控制措施虽然很多，但从铸坯凝固特点的角度对其控制机理进行分析，基本上可归纳为以下三种类型：（1）增加等轴晶比例（如低过热度浇注、结晶器电磁搅拌、等离子加热技术）；（2）改善凝固末期钢水的补缩条件（如凝固末端电磁搅拌技术）；（3）补偿凝固末期钢水的收缩，防止浓缩钢水的不正常流动（如轻压下技术）。

A　低过热度钢水浇注技术

浇注前钢水包及中间包的严格烘烤、浇注过程的钢水包加盖、钢水包及中间包液面加覆盖剂等都是低过热度钢水浇注技术的主要手段。

该项技术的局限性是显然的：（1）生产过程中影响钢水温度的因素很多，往往难以达到预期的控制目标；（2）人为因素的干扰大，难以获得预期的效果；（3）钢水过热度控制过低时，会时常造成弯月面附近钢水结壳，保护渣熔化不良，引起表面缺陷，甚至造成水口堵塞事故。

B　结晶器电磁搅拌（M-EMS）

M-EMS 技术主要通过以下三条途径来提高等轴晶比例：（1）在结晶器内产生强烈的搅拌效果，促进钢水迅速散热；（2）促进树枝晶的熔断，增加液芯内的晶核；（3）降低凝固前沿熔体内的温度梯度，抑制柱状晶的生长。

该项技术的主要优势表现在两个方面：（1）它是增加中心等轴晶比例的主要手段，而中心碳偏析指数的高低很大程度上取决于等轴晶比例的高低；（2）即使在较高的过热度下浇注，也能获得较高的等轴晶比例，解决了生产过程中过热度控制困难的难题，操作工操作起来得心应手。

最近的研究发现，搅拌器的安装位置对搅拌效果的影响很大。开始浇注时，希望在弯月面附近产生较强的搅拌，以加速夹杂物的集聚，便于捞渣；而保护浇注时，不希望弯月面附近存在较强的搅拌，以防止保护渣的卷入甚至浸入式水口的过度侵蚀破坏。因此，对于合金钢的保护浇注，搅拌器的安装出现了以下几种形式：

(1) 安装在结晶器下部。该安装法避免了弯月面附近出现强烈的搅拌，但由于结晶器的长度有限，因此搅拌器的搅拌范围及搅拌效果受到结晶器长度的限制。(2) 结晶器的出口处，相当于足辊部位。其特点是安装方便，可采用工频，缺点是由于该部位喷嘴多，搅拌器的长度受到限制，搅拌范围有限。(3) 安装在结晶器下部与足辊之间。其特点是外装式，更换结晶器方便，搅拌范围有保证，但功率配置较大。(4) 采用两组线圈，内装式或外装式。优点是可交替使用两组线圈，兼顾敞开浇注和保护浇注的不同要求，另外还可以满足低碳钢和高碳钢对搅拌功率大小的不同要求，具有较强的灵活性。

由此看来，选择搅拌器最佳的安装位置和安装形式仍然是今后重要的研究课题。

C 二冷区的电磁搅拌 (S-EMS)

S-EMS 安装在结晶器下某一距离内，其作用是可进一步增加等轴晶的数量，达到细化等轴晶的目的，对偏析改善的效果与 M-EMS 是基本一致的，其缺点是会引起凝固前沿溶质的“贫化”，即形成“白带区”。

D 末端电磁搅拌技术 (F-EMS)

研究表明，仅仅通过增加等轴晶比例还不能彻底改善中心偏析。这是因为在等轴晶部位常常出现程度不等的 V 形偏析。V 形偏析形成的机理是这样的，随着铸坯中心部位的凝固和体积收缩，液芯内的等轴晶与枝晶间的浓缩钢水在收缩力的影响下不断地向两相区的深处填充。如果等轴晶的尺寸足够小，等轴晶与浓缩液一起向液芯深处流动，形成了整体补缩；但是在一般情况下，等轴晶在两相区很容易相互聚合长大，使得枝晶间的液体流过等轴晶的网格向下补缩，浓缩液体流过的通道即成 V 形偏析。

F-EMS 通过强烈的搅拌，不断地将聚合的等轴晶打碎，并形成凝固前沿的向上流动以补偿因收缩而形成的向下流动，提高了凝固末端的整体补缩效果，从而减轻或消除 V 形偏析。该技术的最大缺点是要求对凝固末端的位置进行准确的判断，但由于浇注条件的变化，常常难以把握，因此其控制偏析的准确率受到影响。

E 轻压下技术

安装在拉矫机的压下装置或直接在拉矫机之间安装的压下辊对凝固过程的铸坯进行微量的轻压下（一般压下量为 6～10mm），补偿了一定的收缩量，防止了浓缩钢水的不正常流动，达到减轻甚至消除 V 形偏析的目的。

与 F-EMS 相似，同样要求对最佳压下点进行准确控制，否则会因压下时机掌握不好而出现异常的 V 形偏析或得不到改善效果。

F 等离子加热技术

某些钢种（如轴承钢、轮胎子午线钢）对铸坯中心疏松及偏析要求极高，要求中间包内钢水过热度为 10～12℃，这在实际生产中是很难做到的。美国能源公司等离子加热技术的出现，为生产此类的钢种提供了极大的方便。德国 SAARSTAILAG 厂于 1991 年投产的该系统成功地应用于生产高质量的轮胎钢丝，其生产量已达到世界市场份额的30%。

据了解，等离子加热技术已能将中间包钢水过热度的波动范围控制在±2℃内，取得了稳定拉速、提高产量、减少夹杂物、减少钢水损失、稳定并提高内部质量的效果，尤其是解决了高碳钢种过热度控制困难的问题。可以认为，等离子加热技术在碳偏析控制方面的应用前景是广阔的。对于大部分高碳钢种，可取消F-EMS或轻压下装置；由于该项技术为等过热度浇注提供了极好的保证，拉速稳定、浇注条件稳定，可以准确地判定凝固终端，因此可以充分发挥F-EMS或轻压下技术控制V形偏析的优势。对于少数高要求的品种，可与F-EMS或轻压下装置配合使用，以获得稳定而较高的质量。可以预见，滚动体用轴承钢的连铸问题不久将会得到解决。

G 连续锻压技术

连续锻压技术是日本川崎钢铁公司开发的，在铸坯的最后凝固阶段对铸坯进行锻压，当铸坯受到锻压后尺寸急剧变小，在液相穴末端形成致密的固相，从而防止富集溶质的钢液的流动，避免中心偏析的形成。该工艺不仅较好地消除中心偏析、中心疏松和中心裂纹，并可将V形偏析去除。以上各种中心偏析的控制方法是从改变凝固组织结构和抑制液相穴末端富集溶质的残余液的流动两方面入手的：通过改变凝固组织结构入手来改变中心偏析的方法有低过热度浇注、控制铸坯拉速、M-EMS（结晶器电磁搅拌）、二冷强冷技术；通过抑制液相穴末端富集溶质的残余液的流动入手来改变中心偏析的方法有轻压下技术、凝固末端强冷技术、F-EMS（末端电磁搅拌）、连续锻压技术。

7.2.6 带状偏析

在铸坯中有时会见到一种垂直于等温面推移方向的偏析带，被称为带状偏析。

离心铸造厚壁管时，铸管断面经腐蚀后有时可以看到不同颜色的环形带（图7-20），这是一种带状偏析。外界机械因素引起结晶器振动是这种偏析产生的主要原因。然而，在没有机械振动时，也会产生带状偏析。图7-21所示为Ni-C(2.2%)-S(0.015%)合金单向凝固时观察到的带状偏析：亮白条纹，石墨为点状；在硫的偏析部位，即暗带区石墨为条状。

在铸坯中经常观察到两种形式的带状偏析。其一是合金单向凝固，固液界以平面向前推进式所产生的带状偏析；另一种是合金以枝晶方式生长时所观察到的带状偏析。

图7-21 Ni-C-S合金中的带状偏析

图7-20 厚壁离心铸管的带状偏析

$K_0 < 1$ 的合金单向凝固，其平面界面进入稳定生长阶段时，生长速度对界面前沿液相中溶质分布的影响如图 7-22 所示。由图可见，随着晶体生长速度的减小，进入扩散边界层的溶质总量增加；若生长速度发生波动，则要求界面前聚积的溶质量发生变化，使局部区域晶体的生长偏离稳定状态。当晶体生长速度由 R_1 突然减小到 R_2，界面前聚积的溶质量增加，析出固相的溶质含量则局部减少，固相中出现溶质贫乏区。若晶体生长的速度由 R_2 突然增大到 R_1 时，情况则相反，在固相中出现溶质富集区（图 7-23），即由于生长速度的波动，在铸坯中产生带状偏析。

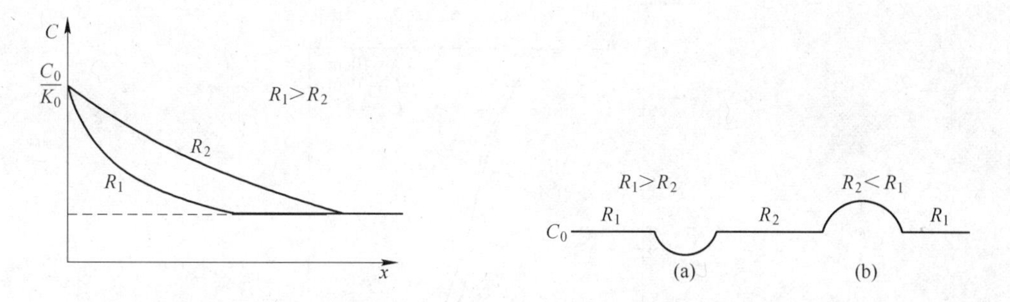

图 7-22 生长速度对界面前沿溶质分布的影响　　图 7-23 凝固速度 R 的改变对固相中溶质分布的影响

当合金以结晶方式增长时，铸坯中存在固液两相区，液体可以沿枝晶间流动。当等温线移动速度发生变化时，q 值随之变化，由前面分析可知，这将导致铸坯局部区域溶质中成分的改变，而产生带状偏析。

通过以上分析可知，晶体生长形态不同时，形成带状偏析的机理是不同的。

7.2.7 重力偏析

在铸坯中经常发现底部和顶部存在着明显的成分差异。这除了是由于沿垂直方向逐层凝固而产生的正常偏析外，在许多场合，是由于固、液相之间或互不相溶的液相之间有的密度不同，在凝固过程中发生沉浮现象而造成的，故称重力偏析。

重力偏析产生在铸坯凝固之前或刚刚开始凝固之际。绝大多数的合金，固相密度较液相大，所以初生晶总要下沉，“结晶雨”即指此而言，从而使铸坯上部和下部的化学成分不同。例如 Cu-Pb 合金，由于铜和铅的密度相差较大，液体存在分层现象，上部含 Cu 多，下部含 Pb 多，在浇注前即使搅拌，凝固后的铸坯也会产生重力偏析。Sn-Pb 合金也易出现此类现象。

此外，铸坯在凝固过程中，固液两相区内的液体存在密度差，在重力作用下，发生向上或向下流动，也形成重力偏析。

例如，一断面均匀的 Al-Cu 4.5% 合金，水平浇注，一端设置冒口，如图 7-24(a)所示。从另一端沿水平方向（x 轴方向）单向凝固，在凝固前沿的固液两相区内液体沿 x 轴方向存在温度、成分和密度差。靠近固相边界的液体含 Cu 量高，密度大，在重力作用下向下流动，导致重力偏析的产生，如图 7-24(b)所示。

在其他条件相同时，固液相之间或互不相溶的液体之间的密度差越大，则重力偏析越严重，因此，一些以钨、铅等重金属为溶质的合金或一些以铝镁等轻金属为溶质的合金，

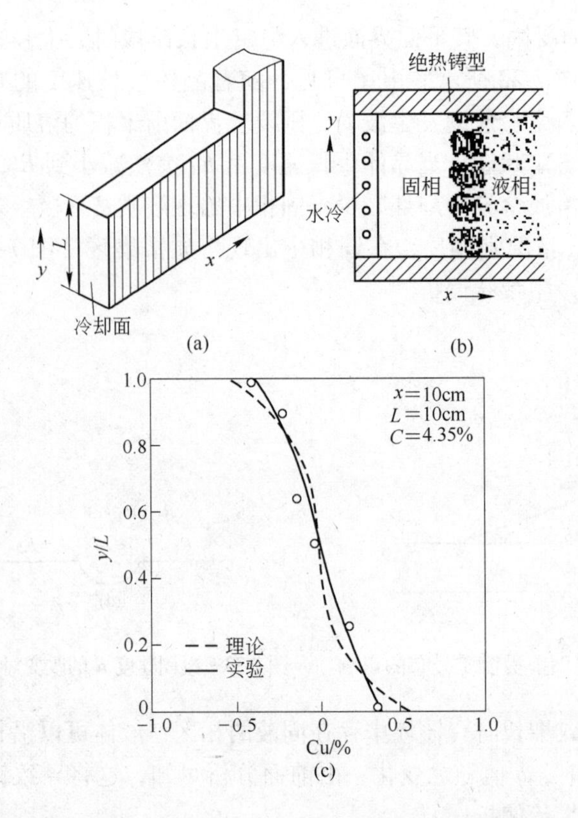

图 7-24　Al-Cu 4.5% 合金水平定向凝固的宏观偏析

如何防止或减轻重力偏析是生产中的主要问题之一。加快结晶速度，机械搅拌液态金属可以减轻重力偏析。加入第三组元，形成高熔点、密度与液相相近的固相，先形成枝晶骨架，可阻止偏析相浮沉。例如，向 Pb-Sn 17% 合金中加入 11.5% Cu（质量分数），首先形成 CuPb 骨架，即可减轻和消除比重偏析。

7.3　偏析控制

促进偏析发展的条件是：由于加入溶质元素钢液密度发生较大的变化；固液两相区较宽；凝固时间长；铸坯断面厚。为此，在工艺上采取下述措施以减轻偏析：

（1）增加冷却速度。加快冷却速度，可抑制凝固过程中溶质元素的液析，从而可减少显微偏析。

（2）合适的结晶器长度。增加结晶器长度可使偏析发展。因结晶器越长，在固液两相区内液体金属的静压力越大，造成流动循环加剧，偏析加重。

（3）调整合金元素。调整合金元素的种类和数量，是凝固时固相和液相密度差减小，以轻钢液流动，减弱偏析。有些合金元素能减少树枝晶间隙（如 Ti、B），有的元素能缩短固液相线间距使凝固加速，都有利于减轻偏析的发展。

（4）电磁力的作用。固液交界面树枝晶生长过程中，可施加外力，打碎树枝晶，细化晶粒以减弱偏析发展。或者外加磁场以控制凝固过程的液体流动，以减小宏观偏析。

（5）控制两相区宽度。如果两相区固相线位置保持不变，可改变液相线位置来缩短两相区宽度，以增加两相区温度梯度，缩短凝固时间。连铸二冷区喷水冷却可以保持均一的固相线运动速度，结晶器内钢液有一定的过热度，在凝固前沿有强的对流，可使液相线位置下移，达到缩小两相区的目的。但必须以保证铸坯出结晶时有足够厚度为前提。

（6）工艺因素。适当减小浇注温度和浇注速度，有利于减轻偏析；连铸时防止铸坯鼓肚，可消除富集杂质的钢液流入中心空隙，以减小中心偏析；浇注沸腾钢时控制钢水有适当的氧化性，控制模内钢水的沸腾强度和沸腾时间，有利于减弱铸坯的偏析。

参 考 文 献

[1] 弗莱明斯 M C. 凝固过程[M]. 北京：冶金工业出版社，1981.
[2] 朱立光，王硕明，张彩军，王书桓．现代连铸工艺与实践[M]．石家庄：河北科学技术出版社，2000.
[3] 蔡开科．浇注与凝固[M]. 北京：冶金工业出版社，1987.
[4] 安阁英．铸件形成理论[M]. 北京：机械工业出版社，1990.
[5] 蔡开科，程士富．连续铸钢原理与工艺[M]. 北京：冶金工业出版社，2008.
[6] 胡汉起．金属凝固原理[M]. 北京：机械工业出版社，2007.
[7] 干勇．现代连续铸钢实用手册[M]. 北京：冶金工业出版社，2010.

8　铸坯中的非金属夹杂物

在钢的冶炼和浇注过程中，由于钢液要进行脱氧和合金化，钢液在高温下和熔渣、大气以及耐火材料接触，在钢液中生成了一定数量的夹杂物。这些夹杂物若不设法从钢液中去除，就有可能使中间包水口堵塞或遗留在铸坯中，恶化铸坯质量。

连铸与模铸相比较，连铸过程钢中夹杂物的形成具有显著特点：其一，连铸过程钢液凝固速度快，夹杂物集聚长大机会少，因而尺寸较小，不易从钢液中上浮；其二，连铸过程多了一个中间包，钢液与大气、熔渣、耐火材料接触时间长易被污染，同时在钢液进入结晶器后，在钢液流股影响下，夹杂物难以从钢液中分离；其三，模铸铸坯的夹杂物多集中在铸坯头部和尾部，头尾切除可使夹杂物危害减轻，而连铸坯仅靠头尾切除则难以解决问题。基于这些特点，铸坯中的夹杂物问题比模铸要严峻得多。

铸坯中夹杂物的类型是由所浇注的钢种和脱氧方法所决定的。铸坯中较常见夹杂物为氧化物类夹杂，如以 Al_2O_3 和 SiO_2 为主并含有 Al_2O_3、MnO 和 CaO 的硅酸盐，以及以 Al_2O_3 为主并含有 SiO_2、CaO 和 CaS 等的铝酸盐。此外还有硫化物类夹杂，如 MnS、FeS 等。在铸坯中，若将尺寸小于 50μm 的夹杂物称为显微夹杂，尺寸大于 50μm 的夹杂物称为宏观夹杂，那么显微夹杂多为脱氧产物，而宏观夹杂除来源于耐火材料熔损外，主要是钢液的二次氧化所形成的。

一般来说，铸坯内夹杂物分布与钢流带入结晶器的夹杂物数量、液相穴内液体运动状态和铸机类型有关。对弧形连铸机，夹杂物沿铸坯厚度方向从内弧到外弧的分布是不对称的（图 8-1），不管浸入式水口形状如何，夹杂物聚集的位置在距内弧表面 40 ~ 60mm 处、约为铸坯定于铸机的弧形半径。随着弧形半径增加，大于 50μm 的夹杂物向内弧面聚集几率减少，而小于 20μm 的夹杂物与弧形半径无关。

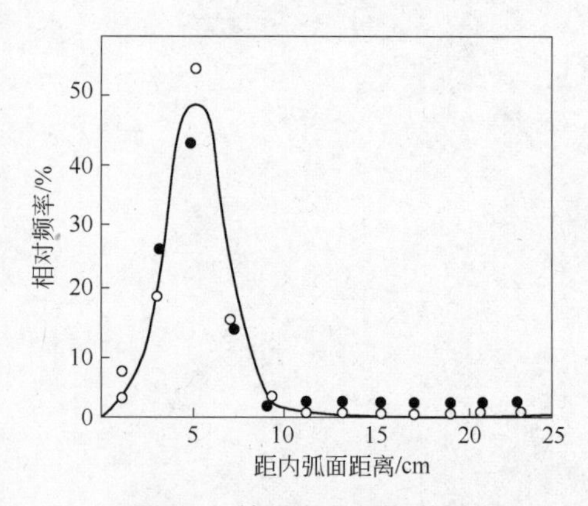

图 8-1　铸坯中夹杂物分布

沿铸坯宽度方向夹杂物分布主要决定于液相穴内的流动状态。它与使用的浸入式水口的形状有关。总的来说，由于注流引起了钢液的非对称性流动，导致夹杂物在铸坯宽度方向的分布也是不对称的。沿铸坯长度方向夹杂物分布是：浇注初期和后期夹杂物较多而中期较少。在稳定生产条件下，夹杂物沿长度方向的分布变化不大。

8.1　非金属夹杂物的分类、来源及对铸坯质量的影响

8.1.1　非金属夹杂物的分类

钢材及合金中的非金属夹杂物，从不同的角度出发，可以进行不同的分类。铸坯中的

非金属夹杂物可从夹杂物的化学组成、生成方式、夹杂物的尺寸等角度进行分类。

8.1.1.1 按夹杂物的化学组成分类

铸坯中的非金属夹杂物根据夹杂物的化学组成可分为以下五类：

（1）简单氧化物。如 FeO、CaO、Al_2O_3、MnO、SiO_2 等。

（2）复杂氧化物。通常用 $AO \cdot B_2O_3$ 表示，如 $MgO \cdot Al_2O_3$、$CaO \cdot Fe_2O_3$、$FeO \cdot Al_2O_3$ 等，这类夹杂物又称尖晶石。

（3）硅酸盐。通用化学式为 $l\mathrm{FeO} \cdot m\mathrm{MnO} \cdot n\mathrm{Al_2O_3} \cdot p\mathrm{SiO_2}$，其中 l、m、n、p 为系数。

（4）硫化物。如 FeS、MnS 和稀土硫化物。

（5）氮化物。如 VN、TiN、AlN 等。

前三类非金属夹杂物统称为氧化物夹杂物。

8.1.1.2 按夹杂物生成方式分类

铸坯中非金属夹杂物，如按其生成方式可分为内生夹杂和外来夹杂两类：

（1）内生夹杂，主要是指出钢时，加入的铁合金的脱氧产物和浇注过程中钢水和空气的二次氧化产物。

（2）外来夹杂主要是指冶炼和浇注过程中带入的夹杂物。如钢包、中间包耐火材料的侵蚀物，卷入的包渣和保护渣等。

8.1.1.3 按夹杂物尺寸分类

按非金属夹杂物尺寸分类，可分为：

（1）超显微夹杂物，指均匀分布在钢中，尺寸小于 1μm 的夹杂物，包括氮化物、氧化物、硫化物等。

（2）显微夹杂物，其颗粒尺寸小于 13μm，与钢中溶解的[O]含量有关。

（3）宏观夹杂物（DS 大颗粒夹杂物），其尺寸大于 13μm。这种夹杂物颗粒大、数量少，在钢中呈偶然性分布，对钢材质量影响很大。

（4）脱氧产物夹杂物，尺寸为 1～5μm，碰撞长大后尺寸可达 5～30μm。

（5）外来夹杂物，粒径很大，大于 50μm 甚至达几百微米。

8.1.2 非金属夹杂物的来源

铸坯中夹杂物主要来源于金属料、熔渣、耐火材料、脱氧产物、保护渣、覆盖剂以及出钢和连铸过程中的物化反应产物。从夹杂物的生成方式角度来讲，铸坯中非金属夹杂物主要来源于内生夹杂物和外来夹杂物。

8.1.2.1 铸坯中内生夹杂物

铸坯中内生夹杂物来源如下：

（1）脱氧、脱硫产物，特别是一些密度大的脱氧产物未及时排除；

（2）随着金属液温度的降低，硫、氧、氮等元素的溶解度相应下降，达到过饱和，这些过饱和析出的组元常以低熔点共晶或化合物的形式残留在金属中。

8.1.2.2 铸坯中外来夹杂物

铸坯中外来夹杂物主要来源如下：

（1）二次氧化产物，主要有钢流裸露在大气中引起的二次氧化和盛钢桶、中间包及结晶器内钢液暴露在大气中的二次氧化。炼钢氧化渣带入中间包后，也可与钢液作用，成为二次氧化的氧的来源。

（2）卷渣，包括漩涡卷渣和钢流冲击卷渣。漩涡卷渣指中间包浇注后期及液面较低时产生回流旋涡时产生的卷渣；钢流冲击卷渣主要是中间包或结晶器在出钢、浇注过程中由于钢流的冲击造成的卷渣。

（3）耐火材料损毁，是在高温炉衬、盛钢桶衬、中间包包衬及各种水口材料被钢液和渣损毁而进入钢液中，残留下来成为夹杂物存在或成为二次氧化的氧源。

连铸过程中的氧化物夹杂物来源如图 8-2 所示。

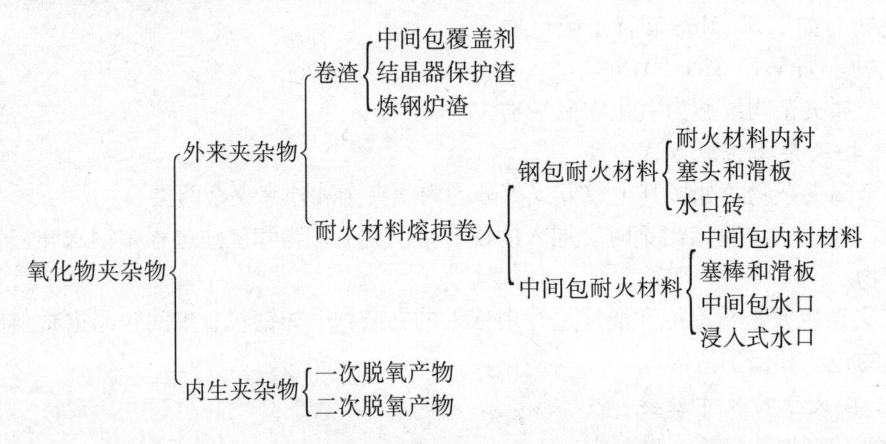

图 8-2　连铸过程中的氧化物夹杂物的来源

8.1.3　非金属夹杂物对铸坯质量的影响

铸坯中非金属夹杂物的特点有三个，一是来源广泛，组成复杂；二是结晶器液穴内夹杂物上浮困难；三是铸坯内弧夹杂物多于外弧。铸坯中的非金属夹杂物决定钢材产品的洁净度，对铸坯的质量（力学性能、铸造性能等）影响很大。

8.1.3.1　对力学性能的影响

宏观夹杂物对力学性能的影响显而易见，但是，各种“合格”铸坯中通常不可能避免地含有约 $10^7 \sim 10^8/cm^3$ 数量级的微观夹杂物，对铸坯的力学性能有很大的影响。图 8-3 所示为氧化夹杂物对钢冲击韧性的影响。可以看出，随着氧化夹杂数量的增多，冲击韧性（α_K 值）明显下降。

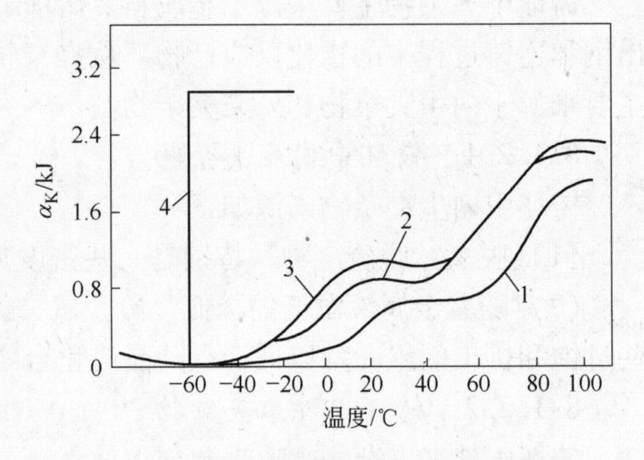

图 8-3　氧化夹杂物对钢冲击韧性的影响

1—富氧大气熔炼；2—大气熔炼；3—氮气保护；4—真空熔炼

夹杂物还会使材料的疲劳极限降低。试验表明，夹杂物的尺寸对材料疲劳极限的影响尤为显著；夹杂物越粗大，材料的疲劳极限越低。据统计，汽车零件的断裂，90% 是由疲劳裂纹造成的，其裂纹源为非金属夹杂物。尖角形的夹杂物引起应力集中，促使微裂纹的产生，加速零件破坏。

8.1.3.2　对铸造性能的影响

金属液中含有固体夹杂物时，其流动性

显著降低。

分布在晶界上的低熔点夹杂物是铸坯产生裂纹的主要原因之一。低熔点夹杂物（如钢中的FeO）促进铸坯产生微观缩孔和气缩孔（图8-4）。

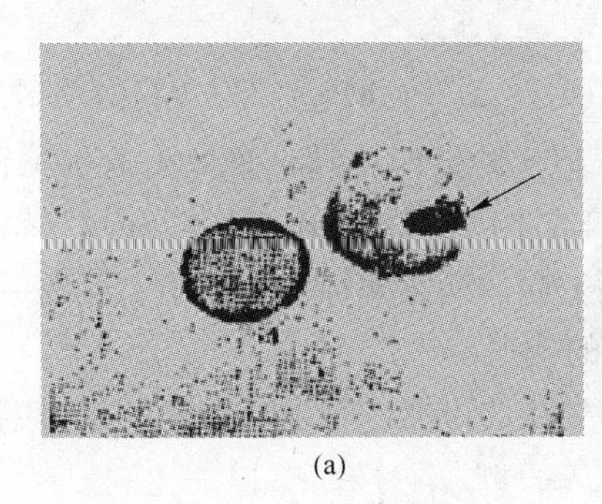

(a)

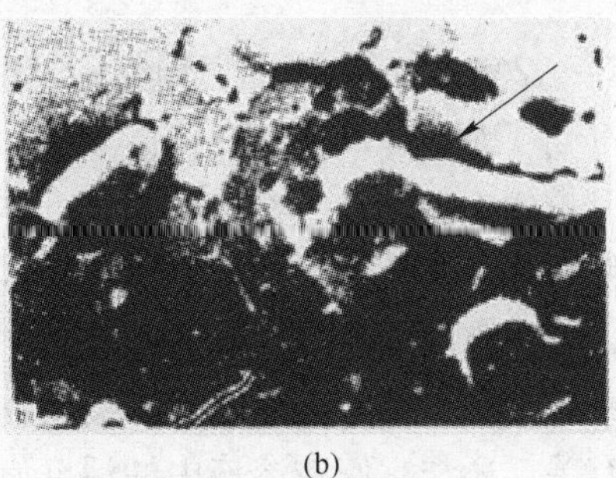

(b)

图8-4 夹杂物引起的缩气泡

（a）钢中FeO产生的缩孔；（b）可锻铸铁中MnS产生的缩气泡

在某些情况下，铸坯中的非金属夹杂物对铸坯质量有良好作用。例如，钢中的氧化物、碳化物和铸铁中的磷共晶能提高材料的硬度、增加耐磨性。钢中微量的钙和硫形成硫化物，分布在晶内，对力学性能影响不大，却能改变钢的切削性能。有些难熔的非金属夹杂物可成为非自发结晶的核心，细化铸坯的宏观组织。

8.2 连铸过程非金属夹杂物的生成

8.2.1 非金属夹杂物生成的热力学条件

从液态金属中析出非金属夹杂物，可以借助现代实验手段进行鉴定，诸如电子探针、X射线衍射和化学分析等；也可以从理论上进行分析，预测某些夹杂物生成的可能性、热力学条件和生成顺序。

从溶有非金属元素的金属液中生成非金属夹杂物，其化学反应方程式为：

$$m[Me] + n[C] \xlongequal{} Me_mC_n$$

在标准条件下，生成的标准自由能

$$\Delta F^{\ominus} = A + BT \qquad (8\text{-}1)$$

式中 Me，C——金属和非金属元素；

Me_mC_n——生成的非金属夹杂物；

A，B——系数；

T——热力学温度。

图8-5所示为几种常见的氧化物、硫化物和氮化物的标准生成自由能$\Delta F^{\ominus}$与温度的关系。$\Delta F^{\ominus}$是衡量化合物稳定性的标准。化

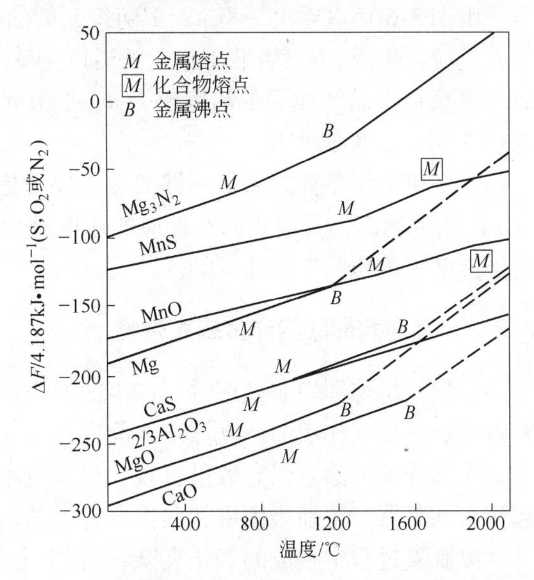

图8-5 氧化物、硫化物、氮化物的标准生成自由能—温度图

学反应进行的条件是 $\Delta F^{\ominus}<0$，$\Delta F^{\ominus}$越负，Me 与C的化学亲和力越强，化合物 Me_mC_n 则越稳定。在标准条件下，可利用 $\Delta F^{\ominus}$判断反应进行的可能性、方向和限度。

但是需要指出的是，以 $\Delta F^{\ominus}$作为判断生成非金属夹杂物的依据是有局限性的。例如，在钢液中：

$$[\mathrm{Si}]+2\mathrm{MnO(s)}=2[\mathrm{Mn}]+\mathrm{SiO_2(s)}\quad \Delta F^{\ominus}=8193-37.9T\ (\mathrm{J/mol}) \tag{8-2}$$

由上式可知，在钢液中，硅能还原 MnO。但实验证明，黏土砖浸入 1600℃ 的钢液中，经一段时间，钢液中的锰量下降硅量增加，钢液中的锰将黏土砖中的 SiO_2 还原。该例说明，必须在标准条件下才能以 $\Delta F^{\ominus}$判断反应的方向。而在非标准条件下，则需采用由化学反应等温方程计算出的 ΔF 作为判断化学反应的依据。

在多元素合金中，在非标准条件下夹杂物生成的可能性和生成顺序不仅与它们各自的化学亲和力有关，还与它们在溶液中的活度有关。例如金属液中溶有 A、A'和 B 三个组元，A、A'对 B 的化学亲和力与活度的关系如图 8-6 所示。假设 B 组元的活度 $a_B=1$，$\Delta F^{\ominus}_{AB}<\Delta F^{\ominus}_{A'B}<0$，且 AB，$A'B$ 都不溶于金属液，则有：

$$[A]+[B]=AB \tag{8-3}$$

$$[A']+[B]=A'B \tag{8-4}$$

$$|F_{AB}|=|F^{\ominus}_{AB}|RT\ln a_A \tag{8-5}$$

式中　ΔF_{AB}，$\Delta F_{A'B}$——AB、$A'B$ 的生成自由能；

R——气体常数；

T——热力学温度；

a_A，$a_{A'}$——A、A'两组元的活度。

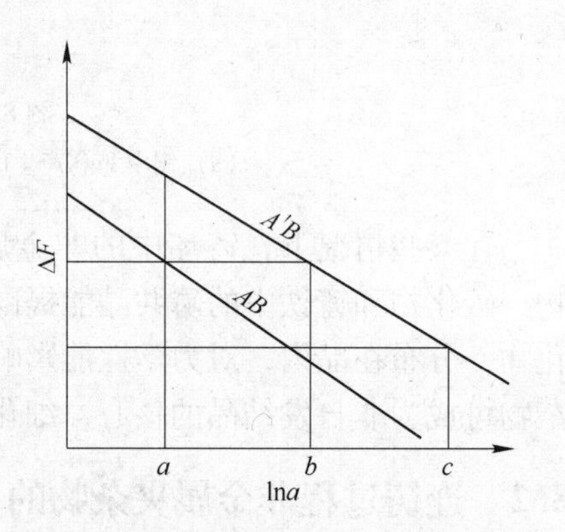

图 8-6　多元金属液中 AB、$A'B$ 的生成自由能与各自活度的关系示意图

由图 8-6 可以看出，当 A、A'两组元的活度相等时，$\Delta F_{AB}<\Delta F_{A'B}$，即 A 组元优先于 B 组元反应，生成 AB，如果 A 组元的活度为 a，A'组元活度为 b，$\Delta F_{AB}=\Delta F_{A'B}$，则 A、A'同时与 B 反应，若 A 组元的活度仍为 a，A'组元活度为 c，$\Delta F_{AB}<\Delta F_{A'B}$，此时首先与 B 反应的是 A'组元，生成 $A'B$。

仅从热力学条件判断是不够的，还要考虑反应的动力学条件。根据质量定律，[Me]、[C]的浓度越高，反应式向右反应的速度越快，则越有利于夹杂物的生成。反应速度还取决于温度、溶质的扩散速度等。

8.2.2　浇注前形成的非金属夹杂物

金属在熔炼和炉前处理时，产生的非金属夹杂物可能是脱氧、脱硫产物，也可能是金属液与炉衬相互作用的产物。浇注前许多尺寸较大的夹杂物上浮到金属液表面，经多次扒渣，大部分被清除，仍有数量可观、尺寸较小的非金属夹杂物残留在金属液内，随液流一起注入结晶器，铸坯凝固后，残留在铸坯的内部，成为非金属夹杂物。

以脱氧过程中生成的氧化夹杂物为例，讨论这类夹杂物的生成规律。

8.2.2.1　脱氧反应的进行条件

将与氧亲和力强的元素（Me）加入金属液中，（Me）与氧结合，生成不溶于金属液的氧化物。在实际生产中常用反应平衡常数 K 的倒数 m 判断反应能否进行，相应的反应方程为：

$$x[Me] + y[O] =\!=\!= Me_xO_y$$

$$K = \frac{1}{a_{Me}^x a_O^y}$$

$$m = a_{Me}^x a_O^y \tag{8-6}$$

式中 m——脱氧常数；

a_{Me}——反应达到平衡时脱氧元素 Me 的活度；

a_O——反应达到平衡时氧的活度。

以 m' 表示合金液中脱氧元素（Me）和氧的活度积，即：

$$m' = a_{Me(实际)}^x a_{O(实际)}^y \tag{8-7}$$

式中 $a_{Me(实际)}$——合金液中 Me 的活度；

$a_{O(实际)}$——合金液中氧的活度。

可以证明，上述反应进行的条件是：

$$m' > m \tag{8-8}$$

8.2.2.2 常见脱氧元素形成的非金属夹杂物

用硅铁对钢液脱氧时，瞬间在钢液中形成很多富硅区，硅和氧处于过饱和状态，析出 SiO_2，其反应为：

$$[Si] + [O_2] \rightleftharpoons SiO_2 \tag{8-9}$$

脱氧常数 m 为：

$$\lg m = (-3047/T) - 11.94 \tag{8-10}$$

由于[Si]和[O]在钢液中的浓度很低，可近似地认为它们的浓度等于活度。

图 8-7 所示为硅和氧在钢中的溶解度。图中的等温线表示在该温度下硅和氧的饱和浓度，硅和氧的浓度超出曲线就析出 SiO_2，并随着温度的降低，其溶解度逐渐减小，SiO_2 不断长大，或者生成新的 SiO_2。

在脱氧过程中，同一种脱氧剂能生成不同成分的脱氧产物。例如，用铝对钢水脱氧，脱氧夹杂物有 Al_2O_3 和 $FeO \cdot Al_2O_3$ 两种。其反应为：

$$2[Al] + 3[O] \longrightarrow Al_2O_3$$

$$\Delta F^{\ominus} = -293220 + 93.37T \tag{8-11}$$

$$2[Al] + 4[O] + Fe(l) \longrightarrow FeO \cdot Al_2O_3$$

$$\Delta F^{\ominus} = -328170 + 106.36T \tag{8-12}$$

根据式（8-11）得：

$$\lg m = -64090/T + 20.41 \tag{8-13}$$

根据式（8-12）得：

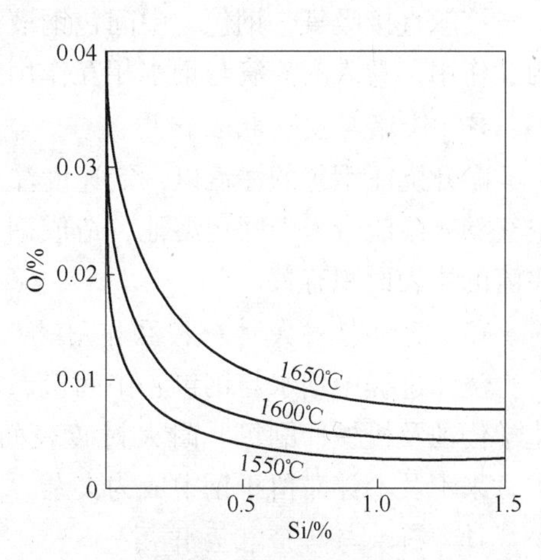

图 8-7 Si 及 SiO_2 相平衡的铁液中的氧含量

$$\lg m = -77300/T + 23.25 \quad (8\text{-}14)$$

在 $\lg a_{O}$ 和 $\lg a_{Al}$ 坐标中，在 $T = 1873K$（1600℃）时，式(8-11)和式(8-12)分别表示直线 ab 和 cd（图8-8）。在交点处氧和铝的活度值分别为 $a_{O} = 0.058\%$，$a_{Al} = 0.000091\%$。

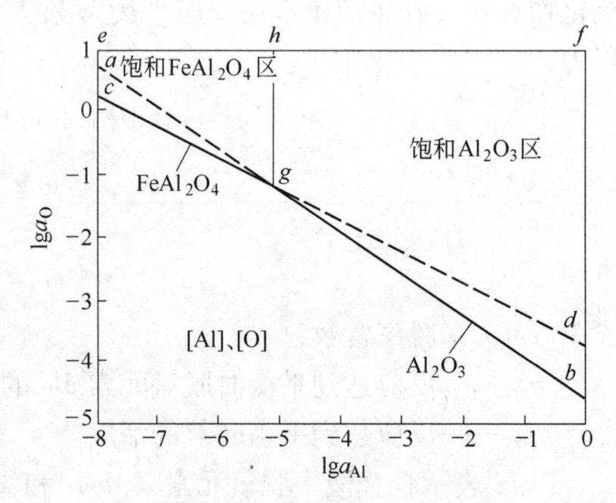

图8-8 1600℃时Fe-Al-O系的平衡图

线段 ab 和 cd 把图8-8分成三个区域：（1）$ehgc$ 区为 $FeO \cdot Al_2O_3$（或 $FeAl_2O_4$）饱和区，生成的脱氧产物为 $FeO \cdot Al_2O_3$；（2）$hfbg$ 区，为 Al_2O_3 饱和区，生成的脱氧产物为 Al_2O_3；（3）egb 线以下区，为[Al]和[O]未饱和区，不能进行脱氧反应。通过上述分析可知，在1600℃时，当 $a_{Al} < 0.00009\%$，脱氧产物为 $FeO \cdot Al_2O_3$，$a_{Al} > 0.00009\%$ 时，脱氧产物为 Al_2O_3。

这些脱氧产物若未能及时排除，则以非金属夹杂物存在于铸坯中。

8.2.3 浇注时形成的非金属夹杂物

8.2.3.1 浇注过程

在浇注过程中生成的非金属夹杂物主要是氧化物，故又称为二次氧化夹杂物。

A 二次氧化机理

液体金属与大气接触时，金属液表面层易氧化元素被氧化后，金属液内部该元素的原子则不断向表面扩散，又与被金属液表面吸附的氧原子相互作用，而被氧化，金属液表面很快生成一层薄膜。同时，表面吸附的氧原子也不断地向内扩散，氧化膜不断增厚，但氧原子向内扩散距离不大。当形成一层致密的氧化膜后，阻止氧原子继续向内扩散，氧化膜就不再加厚。如果氧化膜一旦遭到破坏，表面又会生成一层氧化膜。例如，铝合金液表面形成的氧化铝膜（熔点2045℃），一旦被扒掉，则立即生成一层新的氧化膜。在浇注过程中，金属液的断流并产生涡流、飞溅等都会把氧化膜卷入金属液内产生氧化夹杂。注流与空气接触直接吸氧，钢包、中间包钢液面与空气直接相互作用，钢水与耐火材料、保护渣相互作用，卷入的渣滴与钢水相互作用等都属二次氧化。

B 注流与空气相互作用

敞开浇注钢包的注流以一定速度注入中间包，在注流周围形成一个负压区，将四周的空气卷入注流带入中间包熔池，造成钢水的二次氧化。其二次氧化的程度与注流的形状即注流的比表面积有关。

C 钢水与耐火材料相互作用

浇注过程中钢水与钢包、中间包、水口、塞棒等耐火材料接触，它们的相互作用包括化学侵蚀及机械冲刷等。耐火衬砖表面和砖缝受高温作用软化，软化层被冲刷进入钢水中，来不及上浮滞留于钢中成为夹杂，其组成与耐火材料原始成分基本相近。

D 钢水与熔渣相互作用

出钢过程高FeO熔渣被钢水携带到钢包内，悬浮的渣滴与钢水中Si、Al、Mn等元素发生反应；吹氩气过程部分产物黏附于氩气泡表面随之上浮分离，另一部分进入结晶器成为钢中外来夹杂物。渣中 FeO 含量越高，铸坯中夹杂物也越严重。

总之，脱氧后，刚出炉的钢液与铸坯的含氧量对比发现，铸坯的含氧量明显增加。例如对轴承钢的分析，刚出炉钢水的含氧量为 0.0016% ~0.0036%，浇包中钢水的含氧量增至 0.0024% ~0.0044%，铸坯的含氧量为 0.0037% ~0.0048%，增加 2~3 倍。因此，浇注过程中的二次氧化是铸坯产生非金属夹杂的主要途径。经统计，钢中的二次氧化夹杂物占铸坯夹渣总量的 40% ~70%。

8.2.3.2 影响二次氧化物夹杂物形成的因素

二次氧化夹杂物的生成与合金液的成分、液流特征、浇注工艺和结晶器条件等因素有关。

A 合金成分

在合金液中合金元素的含量都不多，故可将合金液看作稀溶液，活度可近似以浓度代替。因此，合金元素含量的多少直接影响二次氧化物夹杂物生成的数量和组成。

例如，球墨铸铁在 1280~1400℃ 时，Fe、C、Si、Mn、Mg 以及稀土元素（Ce、La 等）都可能被氧化，Mg 和稀土元素的含量虽少，但其氧化性强。Si、Mn、C、Fe 的氧化能力依次减弱，但 Fe 含量最多，因此二次氧化夹杂物中 FeO 含量仍然较高，其组成见表 8-1。一次夹杂物中 MgO 含量高是由于球化处理时大量的 Mg 被氧化；二次夹杂物中 MgO 低是由于处理后的铁水 Mg 含量低（0.05%），而 SiO_2 含量相对提高。

表 8-1 镁球墨铸铁一次氧化夹杂物和二次氧化夹杂物的组成

样品来源	组成/%			
	SiO_2	Al_2O_3	FeO	MgO
浇包中的球墨铸铁（一次）	20.4	4.43	21.1	37.6
浇包中的球墨铸铁（二次）	20.6	2.70	23.8	33.9
铸坯表面渣	60	6.90	16.7	9.66

铸铁合金常含有多种易氧化成分，因此生成的二次氧化夹杂物是由多种氧化物组成，例如，在球墨铸铁中二次氧化夹杂物可能是 $2MgO \cdot SiO_2$、$FeO \cdot SiO_2$ 等。这些硅酸盐的熔点较低，必然影响合金的结膜温度（指金属液表面生成固体薄膜的温度）。若结膜温度低于金属液的温度，就不会产生固体薄膜。显然二次氧化夹杂物的熔点越低，结膜越困难，这些不被溶解的液态夹杂物将随液流进入结晶器。液态夹杂物易上浮、排除。因此，含稀土元素的球墨铸铁铁液，由于二次氧化的结膜温度低，呈液态，易排除，减少了铸坯中的二次氧化夹杂物。

若金属液表面逸出气体，则可降低金属液表面上大气中氧的分压，而减轻金属液氧化的程度。合金中若含有低沸点成分，在高温下蒸发或产生某种气体，就能起这种作用。如铜合金的磷（沸点为 280℃）与 Cu_2O 作用生成 P_2O_5 气体，从钢液表面逸出，则能减轻铜壁表面的氧化程度。又如，CO 生成的自由能随温度升高而减小，因此，含碳高的铁水，高温时碳易氧化生成 CO 气体，不断从铁液表面逸出，可保护铁液不被氧化。

由上可见，应该从元素的氧化难易、含量多少、结膜温度和逸出气体几个方面来综合考虑合金成分对二次氧化夹杂物的影响。

B　金属液流

金属液与大气接触的机会越多、接触面积越大、时间越长，则生成的二次氧化夹杂物就越多，且弱氧化物的含量也相应增多。

若金属液的流动产生涡流、飞溅，则会增加金属液与大气接触的机会，且容易将氧化夹杂物和空气卷入金属液内，使氧化夹杂物增多。

金属液内的对流也会将夹杂物和空气卷入内部。有些非金属夹杂物上浮到液面，由于金属元素与氧的亲和力大于与它结合的非金属元素的亲和力，则被氧取代而生成新的氧化物。如球墨铸铁液中的MgS，上浮到表面后，被MgO取代，S再回到铁液内，生成MgS后又浮到表面，如此重复，铁液表面不断被氧化。因此，Mg、S含量高，铸坯易产生夹杂物。

8.2.4　凝固时形成的非金属夹杂物

合金液在凝固过程中，由于溶质再分配的结果，液相中的溶质浓度不断增高，出现偏析液相。当枝晶间的偏析液达到过饱和时，则析出非金属夹杂物，又称偏析夹杂物。

以钢铁为例，讨论偏析夹杂物的形成过程。

钢液凝固时，由于温度降低和显微偏析的作用，在树枝晶间的液体富集了溶质元素。钢液中的合金元素如硅、锰等和钢中的氧、硫，由于凝固时浓度的富集，可以在生长的树枝空间发生一系列的反应，形成氧化物、硅酸盐和硫化物夹杂，而被封闭在树枝晶之间，残留于凝固的钢中。

8.2.4.1　氧化物夹杂的生成

在生长的树枝晶空间内，溶质元素富集到一定程度时，它们之间会发生反应形成夹杂物。特克道根为了计算钢中C、Mn、O、S等元素随着凝固进程而富集的程度，提出了以下计算方法。计算中假定：δ-Fe中和液体铁中C、O有较高的扩散能力；在小的凝固体积内固液相无碳、氧偏析；相图中固液相线近似为直线。因此，在凝固某一时刻溶质的浓度，可由许埃尔方程求得：

$$(C_L - C_0)/(C_0 - C_S) = g_S/(1 - g_L)$$

式中　g_S——已凝固的金属分率；

C_0——液体中原始溶质浓度；

C_L，C_S——分别为液相和固相中溶质浓度。

对Fe-C系，取 $K = C_S/C_L = 0.20$，则液体中[C]的富集浓度：

$$C_{(C)} = [\%C]_0/(1 - 0.8g_S) \tag{8-15}$$

对Fe-O系，取 $K = 0.054$，则液体中[O]的富集浓度：

$$C_{(O)} = [\%O]_0/(1 - 0.946g_S) \tag{8-16}$$

对Fe-Mn和Fe-Si系，取 $K = 2/3$，则液相中Si、Mn富集浓度：

$$C_L = C_0(1 - g_S)^{K-1}$$

$$C_L = C_0/\sqrt[3]{1 - g_S} \tag{8-17}$$

根据上述方程式，计算出凝固过程中两相区溶质元素富集的程度，如图8-9所示。计算所用钢成分为0.5% Mn、0.05% C、0.02% Si、0.01% O。由图看出，钢液凝固部分达到65%以上时，液相中元素浓度明显增大。当母液中氧含量超过平衡浓度时，就能和硅锰等发生反应，所形成的氧化物被树枝晶阻滞，不能上浮排除残留于钢中成为夹杂物。

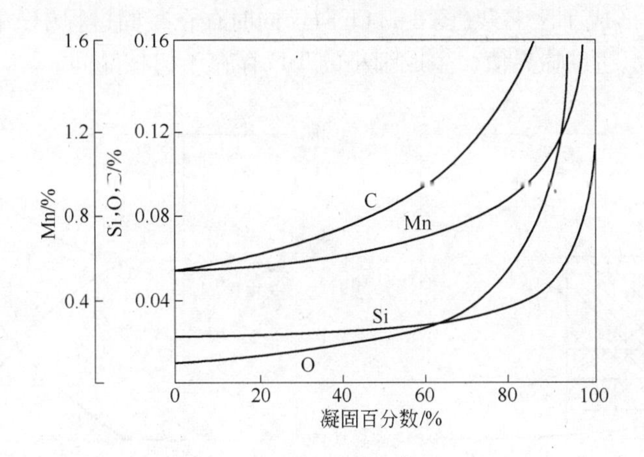

图8-9 凝固过程溶质的富集

8.2.4.2 硫化物夹杂生成

在凝固过程中，由于硫在固体钢中溶解度很小（$K = C_S/C_L = 0.05$），大部分以硫化物夹杂的形式在两相区沉淀出来，而被树枝晶捕获分布于铸坯中。在铸态结构中，硫化物夹杂主要是不同形态的MnS。

在Fe-S二元系中，硫的平衡分配系数K值是非常小，可近似认为等于零。因此树枝晶间液体[S]的富集浓度：

$$[\%S]_L = [\%S]_0/(1 - g_S) \tag{8-18}$$

图8-10所示为凝固树枝晶间母液中[Mn]、[S]浓度积与凝固分率的关系（钢成分为1.5% Mn、0.25% C、0.05% S）。图中上部曲线为[Mn][S]平衡溶解度积。液体凝固到90%时，树枝晶间母液[% Mn][% S]乘积等于溶解度积，此时MnS开始沉淀出来。事实上由于凝固过程中S不断析出，在凝固初期就有硫化物生成。随着凝固继续进行，只是[Mn]和[S]进一步富集，形成更多的MnS而已。在凝固的最后阶段，MnS夹杂可以在树枝晶母液大量生产，因此钢中MnS可作为指示出树枝晶间液体最后凝固位置的标记。

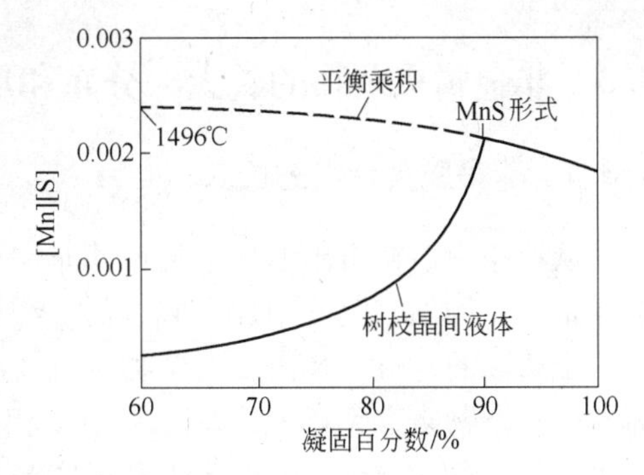

图8-10 凝固过程MnS形成

在凝固过程中产生的硫化物夹杂，其化学形态决定于加入钢中脱氧元素对硫亲和力的大小。如果钢中加入对硫有强亲和力的元素，则就会存在复杂硫化物（如（MnS · CeS）、（Mn、Ti、Zr）S等）和氧硫化物（如Ce_2O_3S、La_2O_3S等）。

8.2.4.3 氮化物夹杂生成

钢液中的氮化物含量一般高于液相线温度的平衡值。对含钛不锈钢，如图8-11(a)所示（1600℃和1450℃两条曲线是根据某钢厂钢水成分得到的[Ti]-[N]平衡浓度曲线，阴影区为实际钢水中的Ti、N含量），钢水经炉外处理后的N含量有显著变化，未经处理的钢水N含量远高于1450℃的平衡N含量，也高于1600℃下的平衡N含量，所以钢水在冷却中析出的N必然形成TiN夹杂(图8-11(b))，同时存在凝固过程中，由于树枝晶间元素的偏析，[Ti][N]积超过临界值，生成细小的TiN存在于树枝晶间。

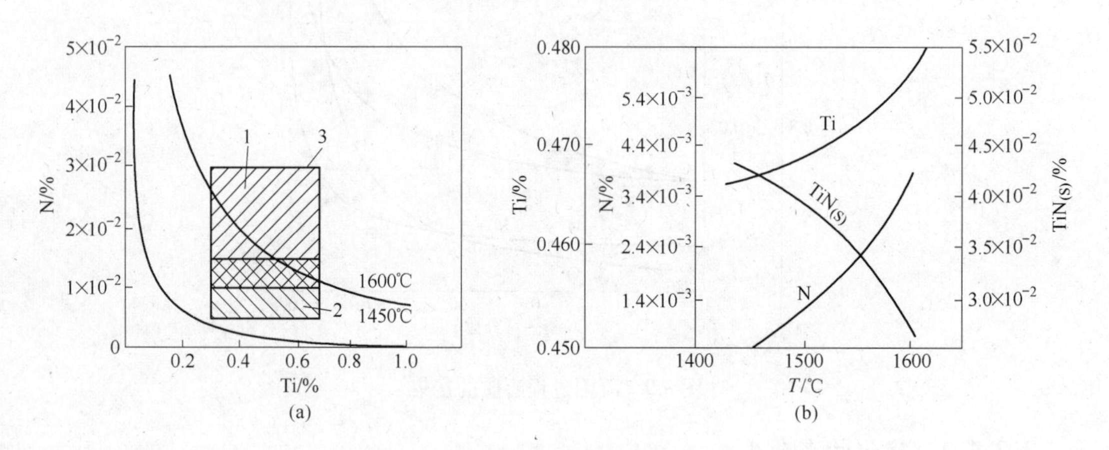

图8-11　含钛不锈钢中TiN夹杂物的生成

(a) [Ti]-[N]平衡浓度曲线与钢中实际Ti、N含量；(b) 凝固过程TiN夹杂形成

1—无炉外精炼；2—有炉外精炼；3—钢水中Ti、N的合计含量

热力学分析指出，钢中Al_2O_3、TiO_2都优先于TiN形成。TiN可以氧化物为核心（如Al_2O_3）长大而形成异质核心的TiN夹杂，也可以孤立地形成均质TiN夹杂。连铸含钛不锈钢时，结晶器渣面上形成（Ti＋铁珠）高熔点共存相，造成液面结壳，影响操作和铸坯表面质量。

8.3　非金属夹杂物的长大、分布和形状

8.3.1　非金属夹杂物的长大

从液相中最初析出的夹杂物尺寸非常小，仅有几微米。但是，实验表明，它长大的速度非常快，例如，钢液中加入脱氧剂，经10s，SiO_2就长大一个数量级。

金属液的对流以及由于夹杂物本身与液体的密度差而产生的上浮或下沉，使悬浮在液体中的夹杂物杂乱无章地运动，夹杂物相互碰撞，聚合长大。夹杂物相撞后，能否合并，取决于夹杂物的熔点、界面张力和温度等条件。

液态夹杂物的黏度较低，彼此碰撞，则容易聚合成一个完整的球状夹杂物(图8-12(a))。

当金属液温度较低时，夹杂物的黏度增大，碰撞后可黏连在一起，或单个靠在一块，即使聚合在一起也呈粗糙的多链球状（图8-12(b)）。

非同类夹杂物相碰撞，经烧结，形成组成成分更为复杂的夹杂物。例如，在碳钢中，经常遇到在氧化锰氧化铁的基体上混杂着大量的锰尖晶石（$MnO \cdot Al_2O_3$）和硅酸盐，在硅酸盐的表面上黏附二硫化锰，以及Al_2O_3、硅酸盐和硫化物混合在一起的非金属夹杂物。

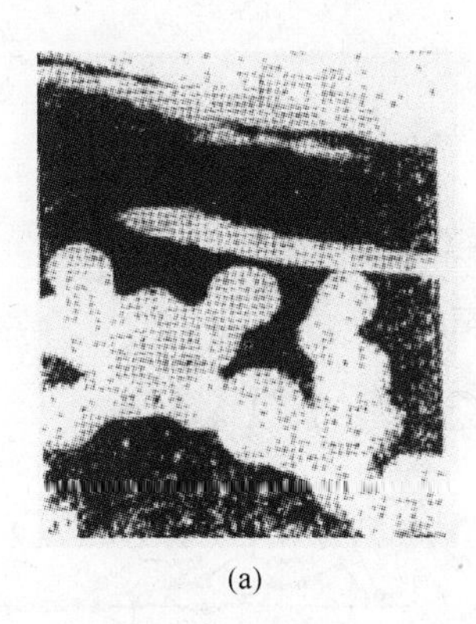
(a)

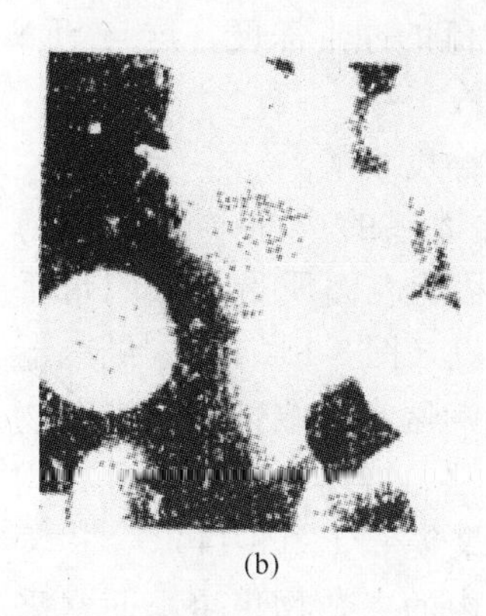
(b)

图 8-12 铁基合金中 SiO_2 形态
(a) 单球；(b) 多链球

8.3.2 非金属夹杂物的分布

从弧形连铸机的铸坯横断面取样，铸坯中夹杂物分布特征如下。

8.3.2.1 内弧铸坯厚度 1/4 处夹杂物集聚

在一定的工艺条件下，铸坯中的夹杂物数量和分布主要取决于连铸机机型，如图 8-13 (b)所示。对于弧形连铸机，在距内弧侧面弯曲区的固液界面容易捕捉上浮的夹杂物，在内弧侧铸坯厚度的 1/4 ~ 1/5 范围内有夹杂物集聚，沿宽度方向夹杂物分布也不均匀，这是弧形连铸机的一个缺点。

内弧侧夹杂物聚集取决于：

(1) 弧形半径 R。R 越小，内弧侧夹杂物聚集越严重。

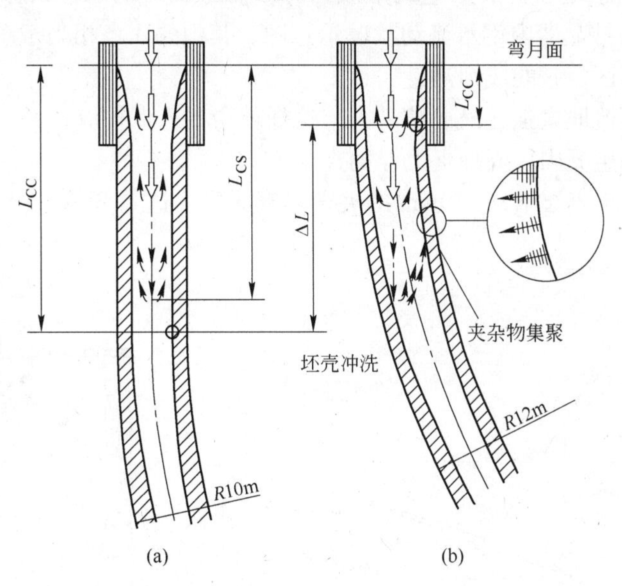

图 8-13 液相穴内夹杂物上浮示意图
(a) 带垂直段立弯式连铸机；(b) 弧形连铸机
L_{CC}—弧形结晶器直线临界高度；L_{CS}—垂直段临界高度

（2）结晶器注流的冲击深度，这与 SEN 结构和插入深度有关。

（3）钢中的洁净度水平。

对夹杂物非常敏感的产品（如深冲薄板），为了提高产品的表面质量，采用带垂直段的立弯式连铸机（图 8-13(a)）。结晶器注流冲击深度的影响区在直线部分，夹杂物在液相穴内容易上浮，铸坯中夹杂物分布均匀，可消除夹杂物聚集带（图 8-14）。

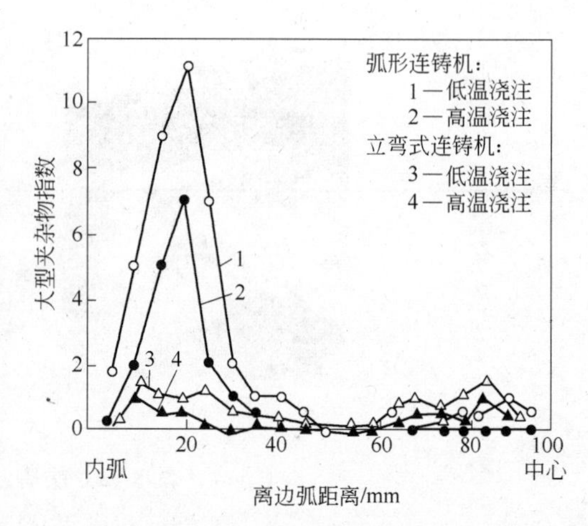

图 8-14　铸坯内夹杂物分布

为了消除铸坯内的夹杂物集聚，通常采用的方法有：

（1）加大弧形半径，可以减轻夹杂物集聚，然而铸机造价会加大。

（2）采用炉外精炼、保护浇注等有效措施，尽可能把钢水中夹杂物去除干净，减少夹杂物集聚几率。

（3）建设带有垂直段的(2～3m)立弯式连铸机是新的发展趋势。有的钢厂把弧形连铸机改造成立弯式连铸机，铸坯夹杂物无集聚，也降低了铸机造价。

8.3.2.2　铸坯表层皮下夹杂物集聚

张立峰等人研究发现，拉速为 1.2m/min，250mm×1300mm 板坯表皮下 15mm 的夹杂物数量比铸坯平均夹杂物高 21%～40%，这说明有夹杂物聚集现象。如图 8-15 所示，板坯表层下有两个夹杂物聚集区，一个是表皮下 2～4mm，另一个是表皮下 9～10mm（图中不同符号代表不同的试验样品）。它的形成与 SEN 流股流动的运动状态有关。

图 8-16 所示为结晶器内钢水流动状况示意图，其中的 *A* 点相当于图 8-15 中表层下 2～4mm 的夹杂物聚集区，它的成因是：

（1）SEN 向上流股太强，液面波动大，这样就会卷入保护渣；

（2）弯月面初生凝固坯壳捕捉上浮的夹杂物。

图中 *B* 点相当于表层下 9～10mm 的夹杂物聚集区。这是 SEN 出来的向下流股中夹杂

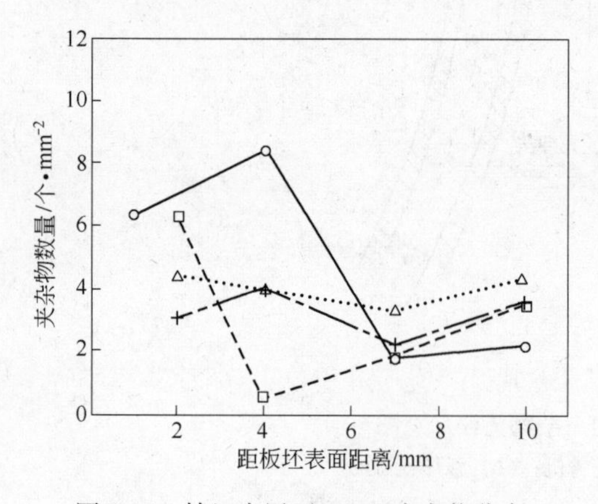

图 8-15　铸坯表层下 15mm 夹杂物分布

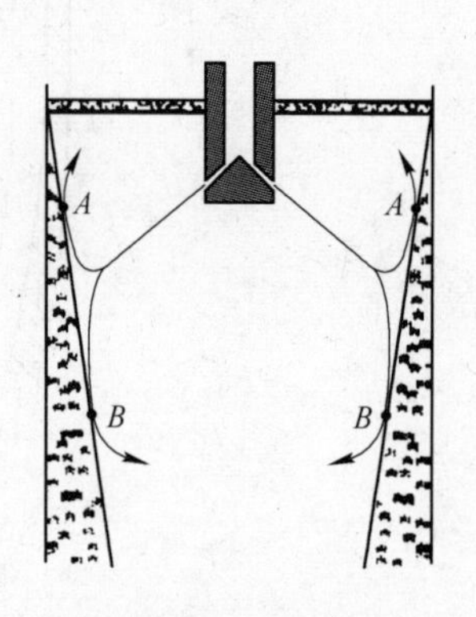

图 8-16　结晶器内钢水流动状况示意图

物被凝固壳捕捉所致。探针分析表明，2~4mm 处的夹杂物含有 Na 和 K 成分，这说明是保护渣卷入。而 9~10mm 处的夹杂物主要是 Al_2O_3 或含有 Al_2O_3 的复合夹杂物，这说明可能是水口堵塞脱落所致。

采用逐步切削法调查了 IF 钢板坯内夹杂物与气泡缺陷（210mm×1200mm，0.7~0.8m/min，试样尺寸 210mm×1200mm×300mm，每次切削 3mm）的数量和尺寸，结果如图 8-17 所示。由图 8-17 可知：

（1）观察到的缺陷 95% 为圆形或椭圆形，尺寸为 1~4mm；线性针孔（小于 0.5mm）为 5%。

（2）沿板坯厚度方向缺陷尺寸在 0.5~2.5mm 内，很少有大于 3mm 的缺陷。

（3）沿着板坯厚度方向小于 5mm 处缺陷增加，大于 5mm 处缺陷减少。

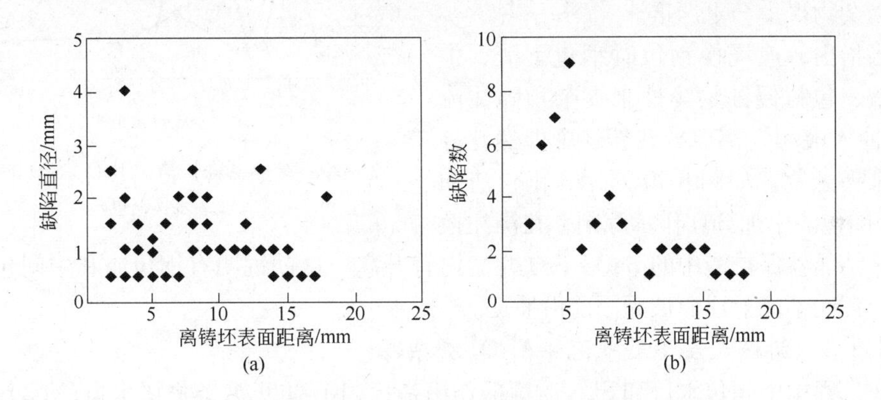

图 8-17 夹杂物缺陷与板厚度的关系

因此，在板坯表层下 10mm 范围内的夹杂物和气泡会遗传到冷轧板表面产生 Sliver 和 Blisters 缺陷。

8.3.2.3 铸坯中夹杂物偶然性的集聚

某钢厂立弯式连铸机浇注铝镇静钢，用硫印法检验，发现有的铸坯内弧厚度 45~75mm 处有夹杂物集聚现象（图 8-18），用金相法统计结果也证实了这一点（图 8-19）。

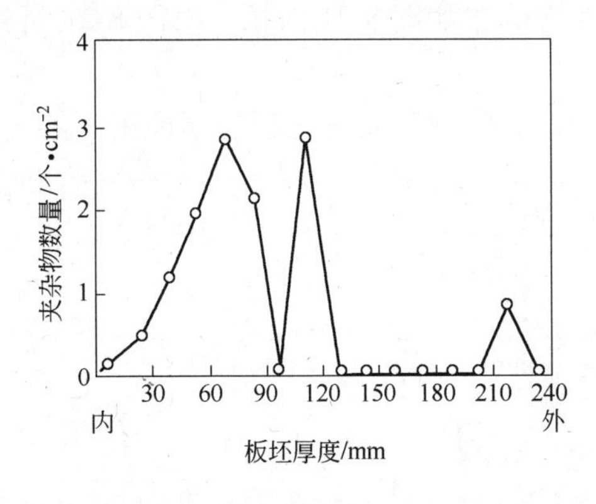

图 8-18 硫印法板坯厚度方向夹杂物的分布

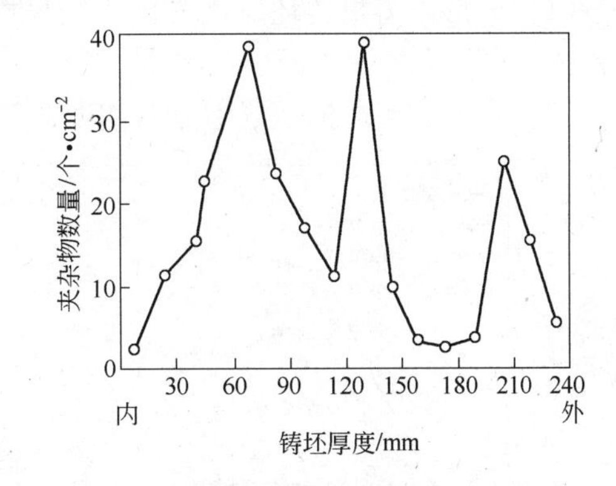

图 8-19 金相法铸坯厚度方向上夹杂物的分布

板坯中夹杂物成分与 SEN 水口堵塞物成分十分接近（表 8-2），这可以判断板坯中夹杂物来源于 SEN 水口的堵塞物脱落。

表 8-2　堵塞物与夹杂物的成分比较　(%)

名　称	Al_2O_3	SiO_2	S	FeO	Na_2O	ZrO_3
堵塞物	92.26	3.65	0.03	3.54	0.16	0.62
夹杂物	90.93	2.24	0.74	3.92	0	0.38

板坯中偶然性的夹杂物聚集的原因是：

(1) SEN 水口壁堵塞物被注流冲入液相穴或者随着注流运动的夹杂物未能上浮，被凝固前沿捕捉。

(2) 流股冲击深度过大，夹杂物未能上浮而被凝固前沿捕捉。对于弧形连铸机，铸坯内弧夹杂物聚集会更严重。

应当指出，连浇换钢包时钢包下渣、中间包卷渣、包衬侵蚀物等外来夹杂物随注流经 SEN 冲入液相穴都会导致铸坯中偶然性分布的外来夹杂物。如图 8-20 所示，钢包渣加 BaO、中间包渣中加 SrO 作示踪剂，在浇注换钢包时，结晶器保护渣中的 BaO、SrO 含量均有升高，这就说明有钢包渣和中间包渣流入液相穴，可能不能上浮而被凝固前沿捕捉。

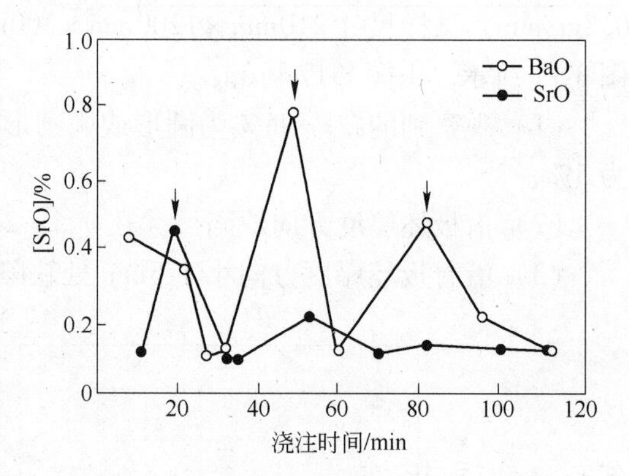

图 8-20　结晶器保护渣中 BaO、SrO 的变化
(↓表示换钢包)

8.3.2.4　铸坯表层下氩气泡 + Al_2O_3 夹杂物

浇注过程中中间包水口和 SEN 吹氩的作用是：(1) 防止夹杂物堵水口；(2) 有利于夹杂物上浮。但是从水口流出的氩气泡随流股进入液相穴深处，有一部分不能上浮到结晶器弯月面而被凝固前沿捕捉，轧制后会成为冷轧产品的表面缺陷。

低碳钢 (LC) 和超低碳钢 (ULC) 有由氩气泡或氩气泡 + 夹杂物引起的冷轧产品表面条状结疤 (Pencil Pipe Blister) 或起皮缺陷，也有由 Al_2O_3、铝酸钙夹杂物和夹渣引起的表面条状缺陷 (Sliver)。

采用定量图像 (QIA) 和 X 射线分析表明：

(1) 弧形连铸机铸坯厚度方向不同尺寸氩气泡分布如图 8-21 所示。由图 8-21 可知，留在铸坯中的大气泡少而小气泡多。

(2) 板坯宽度方向氩气泡分布如图 8-22 所示。氩气泡主要是在板坯窄面附近卷入液

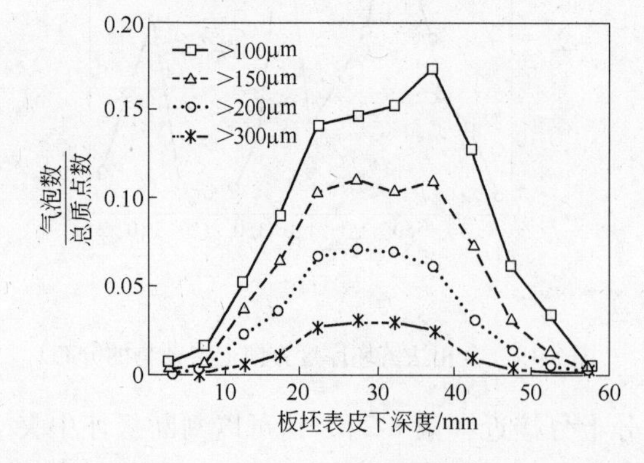

图 8-21　氩气泡在弧形连铸机铸坯厚度方向上的分布

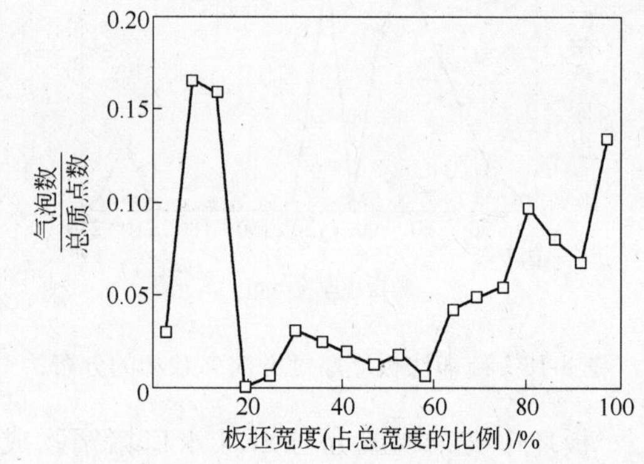

图 8-22　氩气泡在铸坯宽度方向上的分布

相穴。

低碳钢氩气泡尺寸在 50 ~ 300μm，在液相穴，有 55% 的氩气泡携带 Al_2O_3 夹杂物并聚合成大于 100μm 的夹杂物（图 8-23）上浮到结晶器弯月面，这样就使得结晶器钢水中夹杂物进一步减小，这也是从中间包到铸坯钢中 T[O] 降低 20% ~30% 的原因。而被凝固前沿捕捉位于板坯表层下 10 ~ 30mm 的气泡 + 夹杂物，轧制成薄板在退火时，氢原子聚集在气泡内引起气泡膨胀，附着在气泡上的 Al_2O_3 在冷轧板上形成线状起皮缺陷，如图 8-24 所示。

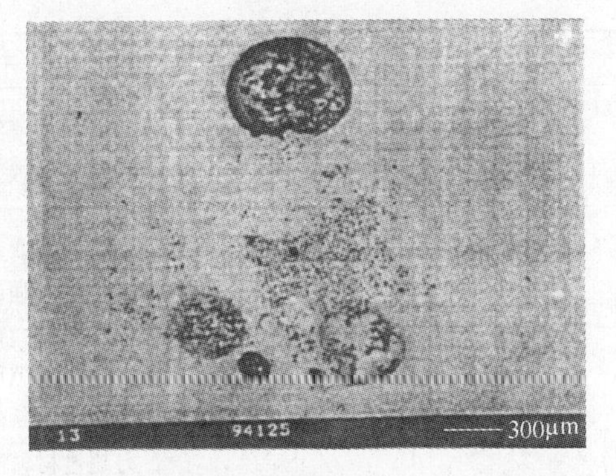

图 8-23 伴随着大氩气泡的小气泡和夹杂物

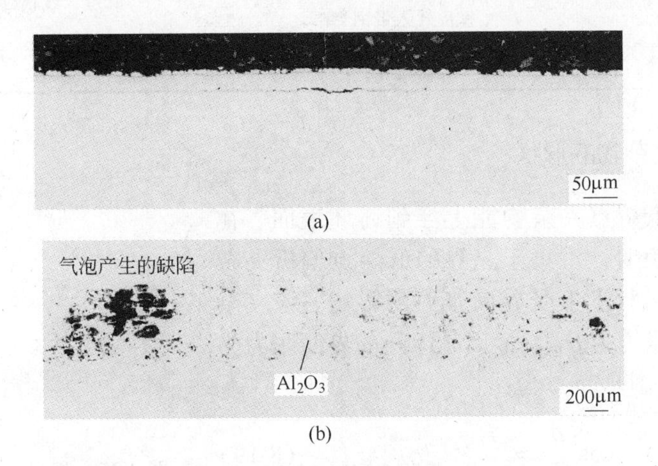

图 8-24 冷轧板表面的气泡缺陷
（a）横截面；（b）表面下 50μm

总之，铸坯中存在的夹杂物都可以导致热轧和冷轧板不同类型的缺陷（表 8-3）。由表 8-3 中可以看出，由炼钢造成的缺陷主要是气体、夹杂和夹层等。

表 8-3 热轧、冷轧板缺陷

缺陷分类	缺陷名称	主要产生原因	缺陷特征
气体夹杂	气泡和针孔	气体和针孔发生在连铸过程。由于大量气体在凝固过程中不能逸出，形成气体夹杂	产品表面产生圆顶状突起，暴露后为不连续塌陷
	气 孔	气体和针孔发生在连铸过程。气孔可被氧化并充满氧化铁皮	以凹透镜状的气泡出现或亮条纹的形式出现
夹层类缺陷	表面夹层	轧制表层含有大量非金属夹杂物的坯料时产生	材料搭叠，形状和大小不一，缺陷不规则分布在表面上
	带状表面夹层（飞翅）	变形时表皮下的带状夹杂强烈延伸、破裂，然后过压造成	类似于表面夹层，呈带状或线状不规则地沿轧向分布，以点状或舌状消失

续表 8-3

缺陷分类	缺陷名称	主要产生原因	缺 陷 特 征
夹层类缺陷	飞　翅	因加热、轧制时的氧化，且渗透到晶界导致撕裂或裂缝所致	不同尺寸箭形的微小折叠，主要表现在边部
裂　纹		在凝固或轧制过程中，局部产生超出材料强度极限的应力导致	表面为不规则裂纹，其长度和深度各异
孔　洞		材料撕裂产生孔洞，在轧制过程中，带钢断面局部疏松，该处的应力超过材料的变形极限	非连续，贯穿带钢上下表面的缺陷
氧化铁皮压入		轧制除鳞高压水应力不够，氧化铁皮轧入带钢	麻点、线状或大面积压痕
压入类缺陷		轧制过程中产生缺陷	

8.3.3　非金属夹杂物的形状

尺寸较大的低熔点夹杂物能上浮到铸坯表面。在合金凝固即将结束时，汇集于晶界的低熔点偏析夹杂物，其形状在很大程度上受界面张力的影响。该夹杂物—晶体的界面张力为 σ_{IC}，金属晶体间的界面张力为 σ_{CC}，平衡条件（图 8-25）为：

$$\cos\frac{\theta}{2}=\frac{\sigma_{CC}}{\sigma_{IC}} \quad (8\text{-}19)$$

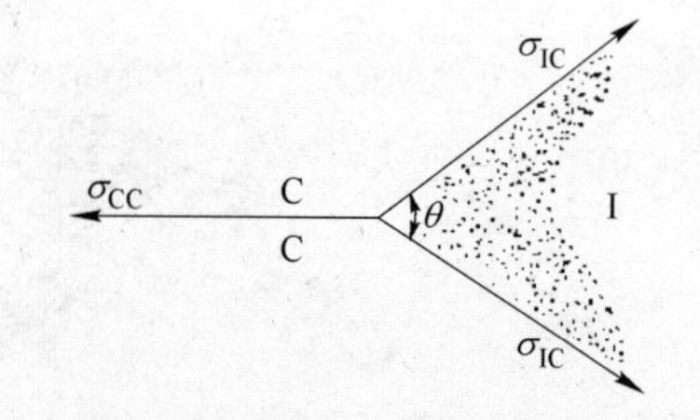

图 8-25　相间双边角与界面张力

只有当 $2\sigma_{IC} \geq \sigma_{CC}$ 时，才能处于平衡状态。双边角（两晶体间的夹角）θ 决定夹杂物的形状。θ 从 0°～180°变化，夹杂物形状由尖角状逐渐变化为球状（图 8-26）。如果 $2\sigma_{IC} < \sigma_{CC}$，平衡状态遭到破坏，夹杂物以薄膜分布在晶界上。

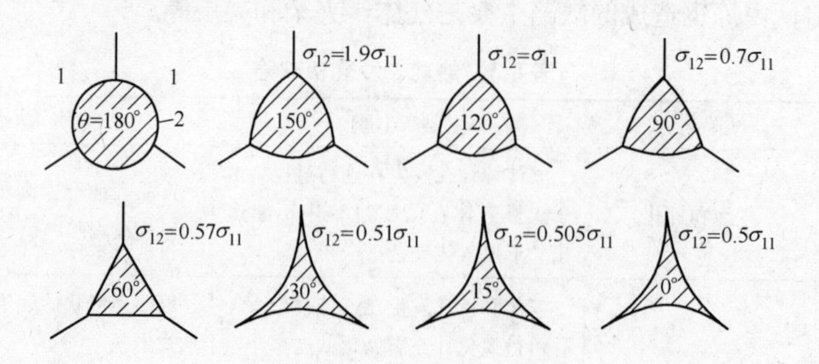

图 8-26　不同双边角晶间夹杂物的形状示意图

合金成分对夹杂物形状的影响是由于它改变了界面张力。例如，含硫的铁合金，硫是表面活性元素，降低铁液的界面张力，液体能很好地湿润晶体，硫化物沿晶界形成尖角薄膜状的硫共晶。

钢中加入锰，生成 MnS，可消除硫的有害作用。MnS 有三种形态，如图 8-27 所示，主要由氧含量决定。氧含量高于 0.012% 时，形成Ⅰ类硫化物；氧含量为 0.012% ~ 0.008%时，形成Ⅱ类硫化物；氧含量低于 0.008%时，形成Ⅲ类硫化物；碳、硅、铝量较高时，也易形成Ⅲ类硫化物。

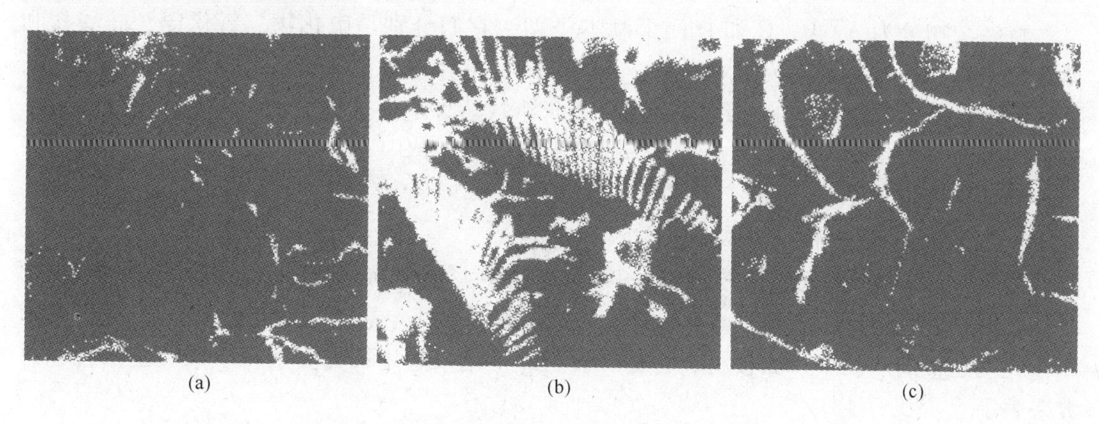

(a) (b) (c)

图 8-27 钢中 MnS 夹杂物的形态

夹杂物越近似球形，对金属基体力学性能的影响越小；夹杂物成尖角形，甚至包围晶粒形成薄膜时，对铸坯性能的危害甚大；夹杂物越细小而分散，且分布在晶内，其危害越小。因此，如何进一步利用非金属夹杂物的有益作用，控制其大小、形状和分布，消除和减轻其有害作用，仍是有待深入研究和解决的课题。

8.4 非金属夹杂物的评价

8.4.1 非金属夹杂物的评级

为了定量评价夹杂物的数量、尺寸、形态、分布和组成，随着技术发展有多种检测技术在生产科研中应用。夹杂物的评级不计较其组成成分和性能以及它们可能的来源，只注意它们的数量、形状、大小和分布情况等。一般在明视场下放大 100 倍时检验即可。

现在采用的方法有国标评级、瑞典 Jernkontoret(简称 JK)夹杂物评级图。美国试验及材料学会(ASTM)夹杂物评级标准也采用 JK 评级图。

8.4.1.1 国标评级

定量测定是优质钢以及高级优质钢的常规检测项目之一。夹杂物类型已知的条件下，采用标准等级比较法，以判定钢材质量的优劣或是否合格。夹杂物的取样、制样、评级按规定标准 GB/T 10561—2005（ISO 4967：1998E）执行。

国家标准评级图是在 100 倍横向抛光面上面积为 0.5mm^2 的视场下用显微镜观察，根据夹杂物的形态和分布，标准图谱分为 A、B、C、D 和 DS 五大类。

A 类（硫化物夹杂）具有高的延展性，夹杂物形态比（长/宽）较大，夹杂物呈灰色，一般端部呈圆角；B 类（氧化铝）大多数不变形，带棱角，形态比小（小于 3），呈黑色粒状，沿着轧制方向排列成一行（至少有 3 个颗粒）；C 类（硅酸盐）延展性好，形态比较大（一般大于3），夹杂物呈黑色或灰色，一般端部呈锐角；D类（球状氧化物）不变形，带棱角或圆形，形态比较小（小于3），无规则分布，呈黑色或者蓝色；DS类（单颗粒球状）夹杂物呈圆形或近似圆形，是直径大于13μm的单颗粒夹杂物。

8.4.1.2 JK标准评级

将夹杂物分为A、B、C和D四个基本类型，它们分别是硫化物、氧化铝、硅酸盐和球状氧化物。每类夹杂物按照厚度和直径的不同又可分为细系和粗系两个系列，每个夹杂物由表示夹杂物数量递增的五级图片（1~5）组成。评定夹杂物级别时，允许评半级。结果是用每个试样每类夹杂物最恶劣视场的级别数表示。钢中非金属夹杂物的评定方法可以参照GB/T 10561—2005标准。

8.4.1.3 ASTM标准评级

ASTM标准评级图又称修改的JK图，评级图中夹杂物的分类、系列的划分均与JK评级标准图相同，但评级图由0.5~2.5组成，它适用于评定高纯度钢的夹杂物，常用于承受较大压延量的产品中，如板材、管材和线材等。结果是用每类夹杂物不同级别的视场总数来表示。

8.4.2 非金属夹杂物的鉴定

8.4.2.1 金相法

把取好的试样分别在不同型号的砂纸上磨光，然后再进行抛光处理。借助金相显微镜的明场、暗场及偏振光来观察夹杂物的形状、分布、色彩及各种特征，从而对夹杂物做出定性或半定性的结论。但金相法不能获得夹杂物的晶体结构及精确成分的数据。

A 夹杂物的形状

鉴定夹杂物首先注意的是它们的形状，从它们的形状特点上，有时可以估计出它们属于哪类夹杂物，这有利于考虑下一步应采取的鉴定方法。

如玻璃质SiO_2呈球形；TiN一般呈淡黄色的四方形。在铸态时呈球形的夹杂物很多，但这些夹杂物有的具有一定的塑性，当钢在锻轧后，它们被压延拉长，如FeO和$2FeO \cdot SiO_2$共晶夹杂物，铸态时为球状，锻轧后被拉成长条状。

B 夹杂物分布

夹杂物的分布情况也有一定的特点，有的夹杂物成群，有的分散。成群的夹杂物经锻轧后，即沿锻轧方向连续成串，Al_2O_3夹杂就属此类。

有的夹杂物，如FeS及FeS-FeO共晶夹杂物等。因其熔点低，所以钢凝固时，这类夹杂物多沿晶界分布。

C 夹杂物的色彩和透明度

观察夹杂物的色彩及透明度一般应在暗场或偏振光下进行，可分为透明和不透明两大类。透明的还可分为透明和半透明两种。透明的夹杂物在暗场下显得十分明亮。如果夹杂物是透明的并有色彩，则在暗场下将呈现它们的固有色彩。

各种夹杂物都有其固有的色彩和透明度，再结合其他特征来进行判断。如某种夹杂物，它们的分布及外形呈有棱的细小颗粒并沿轧制方向连续成群，在明场下这些夹杂物多呈深灰略带紫色，而在暗场下则为透明发亮的黄色。那么这种夹杂物大致可以肯定是Al_2O_3。

D 夹杂物的各向同性及各向异性效应

利用偏振光照相研究夹杂物，可以把它们分为各向同性和各向异性两大类。

E 夹杂物的黑十字现象

凡呈球形而且透明的夹杂物，在正交尼科耳偏振光下都产生黑十字现象。玻璃质 SiO_2 即属于这类夹杂物。这类球状而透明的夹杂物若稍被锻轧变形，黑十字现象就将消失。

F 夹杂物的硬度及塑性

夹杂物具有不同硬度及塑性的特点，因此测定或观察它们的硬度及塑性有助于鉴定工作进行。夹杂物的硬度可用显微硬度计测定。如 TiN 及 Al_2O_3 夹杂物，因为它们很硬，经锻轧后只能改变它们的情况，却不能改变它们的外形。MnS 及硅酸盐夹杂有好的塑性，可以沿轧制方向变成长条形。若锻轧的变形量过大，也可能被拉断成不连续的条状。

G 夹杂物的反射本领

不同类型的夹杂物在被化学试剂浸蚀后将发生不同的变化：（1）完全被浸蚀掉，在夹杂物原来所在处留下坑洞；（2）染上不同颜色或色彩发生变化；（3）不被浸蚀，不发生变化。因此，在金相显微镜下观察被浸蚀前后的变化，也有利于对夹杂物的鉴定工作。

总之，用金相显微镜做定性定量鉴定夹杂物是最常用的方法。本节仅重点介绍定量分析方法。

试样经过粗磨、细磨和抛光之后，在显微镜下观察夹杂物形貌、尺寸、类型，放大倍数为640倍，观察视场100～200个。观察后可初步把夹杂物分为硅酸盐、铝酸盐、Al_2O_3、硫化物、夹渣等类型，按夹杂物尺寸分为0～5μm、5～10μm、10～20μm、>20μm 级别，用直线法进行统计。计算公式为：

$$I=\frac{\sum_{i=1}^{k}(d_i^2n_i)}{\frac{\pi}{4}D^2NB^2} \tag{8-20}$$

$$A=\frac{\sum_{i=1}^{k}(d_i^2n_i)}{D^2N}\times100\% \tag{8-21}$$

式中 I——单位面积上夹杂物相当于当量直径为 B 的夹杂物个数，个/mm²；

A——夹杂物总面积占所观察视场总面积的比例，%；

d_i——不同级别夹杂物的平均直径，μm；

n_i——各级夹杂物的个数；

B——夹杂物的当量直径；

D——视场直径；

N——视场数。

下面介绍某钢铁厂 RH 处理前后、中间包钢水中和铸坯中大型夹杂物的形貌，如图 8-28 ~ 图 8-30 所示。

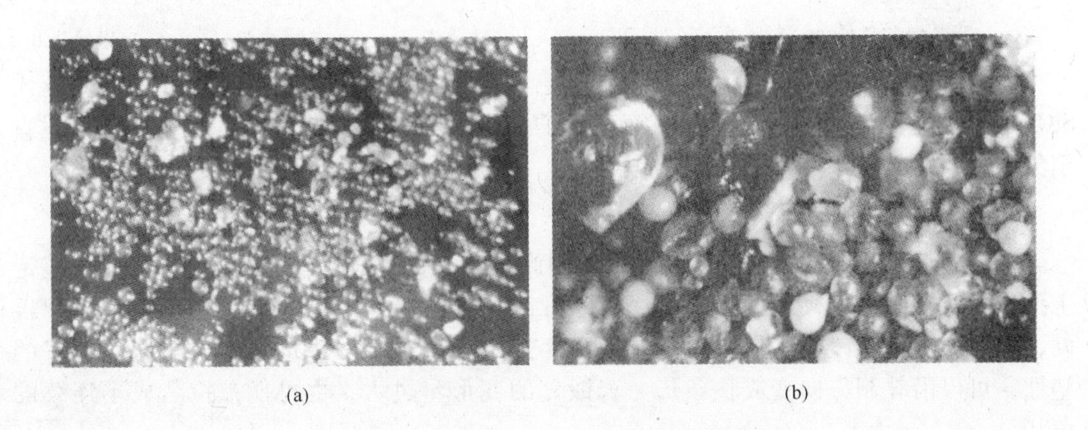

(a)　　(b)

图 8-28　RH 处理前后大颗粒夹杂物形貌

（a）RH 处理前，30 ×；（b）RH 处理后，40 ×

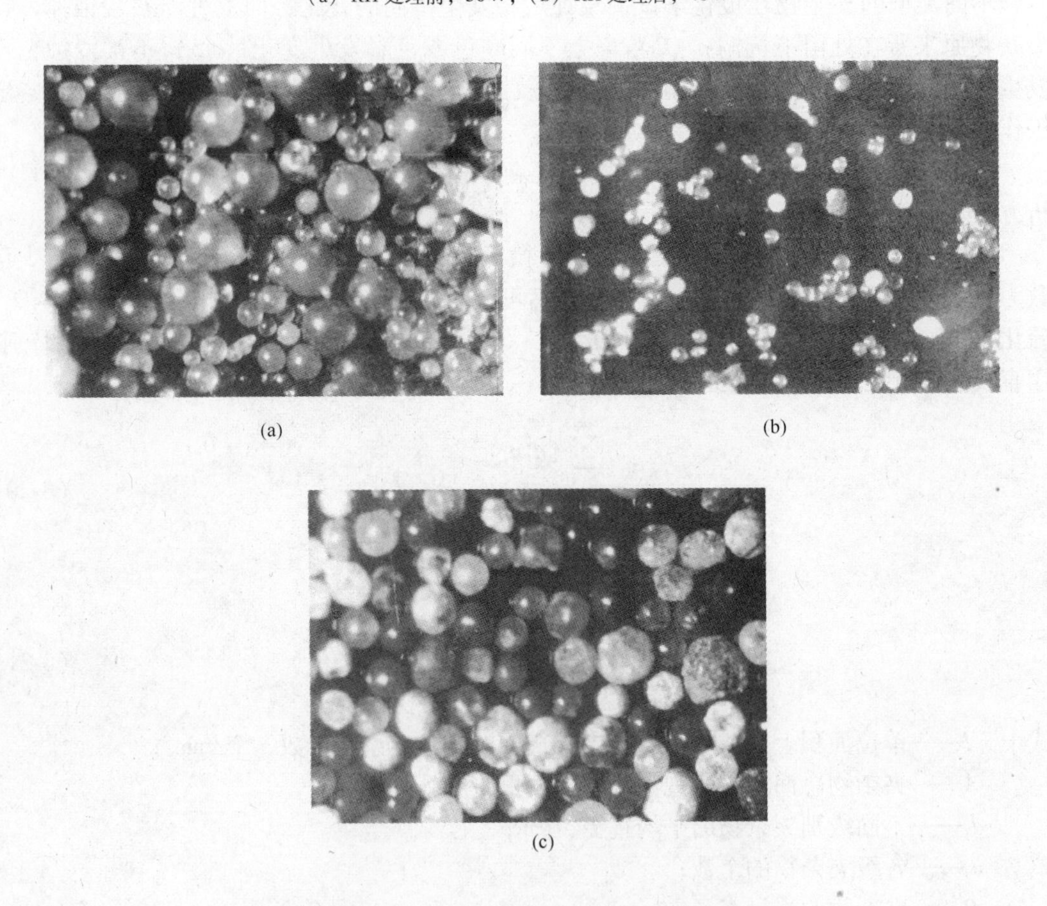

(a)　　(b)

(c)

图 8-29　中间包钢水大型夹杂物形貌

（a）30 ×；（b）<80μm，30 ×；（c）>300μm，15 ×

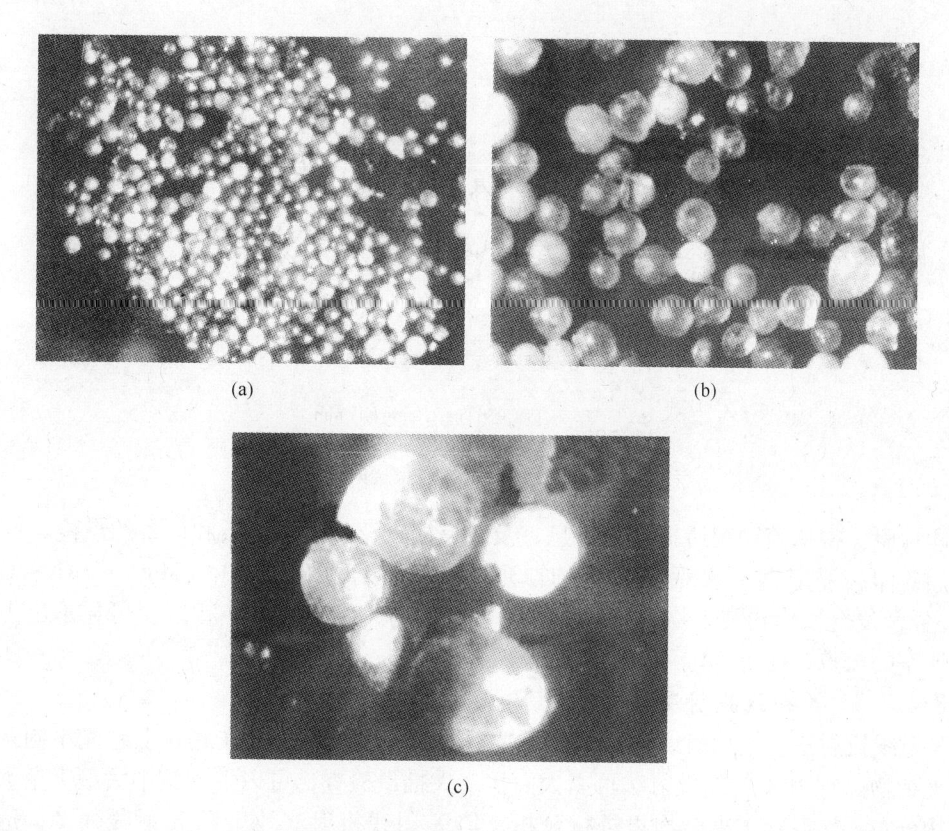

图 8-30 铸坯中大型夹杂物形貌

（a）<80μm，30×；（b）140~220μm，30×；（c）>300μm，30×

图 8-31 所示为 RH 处理过程中钢中夹杂物的变化。图 8-32 所示为板坯中微观夹杂物的变化。

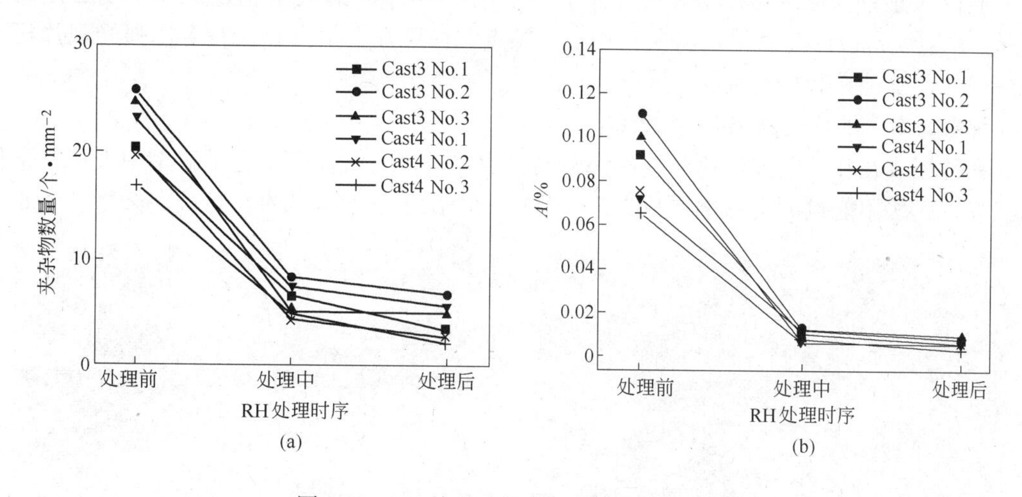

图 8-31 RH 处理过程中钢中夹杂物的变化

8.4.2.2 硫印法

在炼钢厂，每个浇次按规定在线切取铸坯横断面试样，按国家标准（GB 4236—84）

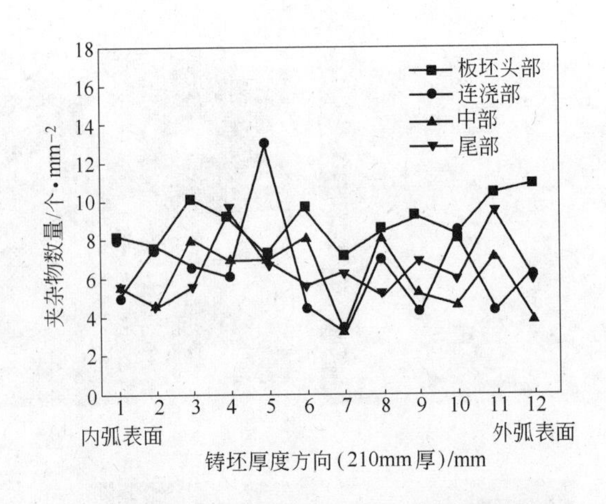

图 8-32　板坯中微观夹杂物的变化

做硫印检验。根据硫印图所提供的信息，及时反馈来调整工艺参数和设备的点检。

用硫印法评定钢中宏观夹杂物的原理是：铸坯存在的 Al_2O_3、$MnO \cdot SiO_2$、$CaO \cdot Al_2O_3$ 以及复合氧化物夹杂物表面都富集一层硫化物，用硫印法在相纸上可显示出黑色的不同形态的斑点，即可判定为宏观夹杂物。

8.4.2.3　X 射线投射法

X 射线投射法是利用射线通过金属时被不同程度地吸收从而在底片上感光不同来检查钢中夹杂物。利用 X 射线投射法可以大面积、大批量检查，可以发现钢中大型夹杂数量和夹杂物分布；然后锁定夹杂物再进行分析。但 X 射线投射法效果和 X 射线强度、透射时间、焦距、底片质量、试样厚度和加工质量等都有关系。其灵敏度（%）可表示为：

$$相对灵敏度 = \frac{可以发现最小缺陷尺寸}{被检测物体厚度} \tag{8-22}$$

假设 X 射线探测灵敏度为 2%，为了分出钢中 100μm 的夹杂物，试样厚度必须减至 5mm。X 射线透射试片后夹杂物在底片上呈黑点，在照片上呈白点，在专用强光观片机上观察底片，统计夹杂物数量。

8.4.2.4　超声波扫描仪分析法

在铸坯或在轧材上进行超声波探伤检测，根据报警的位置取样可了解钢中大型夹杂物的状况。此法不能检测出细小颗粒夹杂，只能检查出大于 50μm 的大颗粒夹杂物。图 8-33

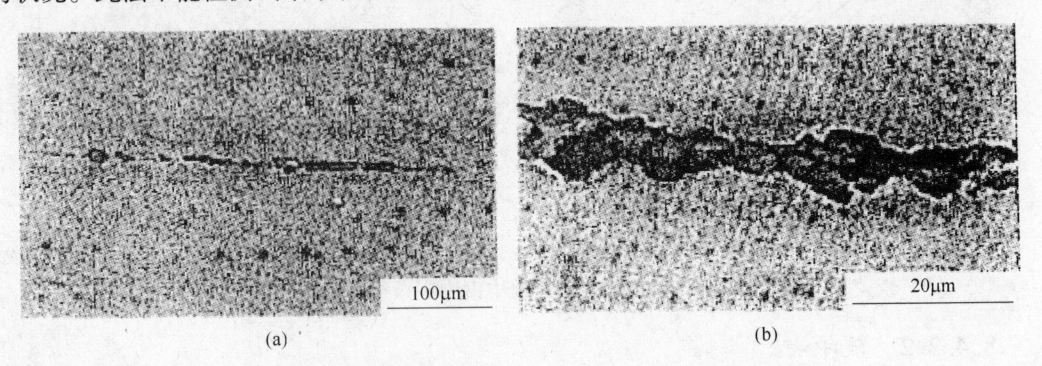

图 8-33　超声波法检查出的夹杂物

(a)所示为报警处取样用 EDX（Energy Dispersive X-Ray）分析得到的夹杂物照片。单个夹杂物延伸到 100μm，能谱分析为铝酸钙和尖晶石。

图 8-33(b)所示为钢板超声波探伤缺陷处取钢样用电解分离后大型夹杂物的形貌。夹杂物有棒状、多边形、球形等；尺寸不等，有 500μm、400μm、300μm 和 100μm；能谱分析主要为含硅锰氧化物，铝酸钙和含钙、硫、铝的复合夹杂物。

8.4.2.5 电解法

电解法是从钢中分离夹杂物的一个重要方法。常用小试样（200g）在硫酸盐溶液中电解，得到夹杂物和阳极泥，用酸把碳化物溶解，然后用化学方法分析夹杂物成分 SiO_2、CaO、Al_2O_3、MnO、Fe_2O_3 及 MgO 等，如图 8-34 所示。

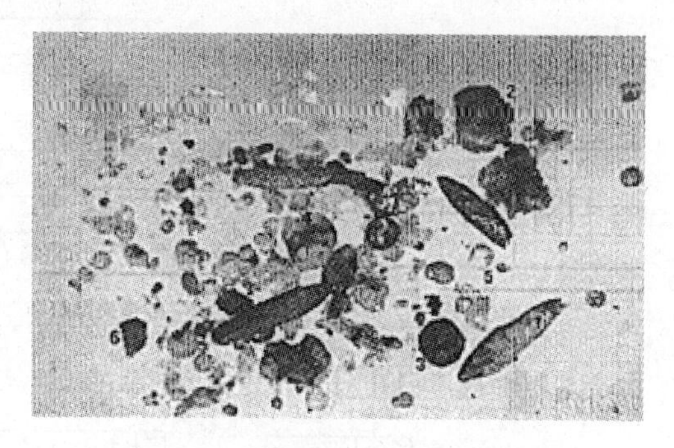

图 8-34 电解分离后的夹杂物形貌

大样电解法首先是德国人发明的，又叫 Slims 法。后来随着连铸的发展，对钢的洁净度要求越来越严格，这一方法在国外（如日本）得到广泛应用。刘新华等人在参考国外文献的基础上于 1981 年开始研制该方法，1985 年通过冶金工业部鉴定。这一方法相继推广应用到有关钢厂，为改进工艺、提高质量提供了依据。下面简要介绍大样电解法。

大样电解法的特点有：

（1）试样大，电解时间长。为了捕捉更多的大型夹杂物，试样尺寸大，为 $\phi(50\sim60)$ mm ×（120～150）mm，试样重 3～5kg，电解时间 7～15 天。

（2）使用物理方法分离碳化物。用淘洗法把碳化物淘洗掉，而夹杂物和铁的氧化物保留下来，用还原和磁选把夹杂物分离出来。

（3）可实现夹杂物尺寸的分级（约 50μm，50～100μm，>100μm 的比例），可分析夹杂物的成分（电子探针分析）。

（4）可以得到夹杂物数量（mg/10kg 钢），不足之处是不能完全保留云雾状的 Al_2O_3 夹杂物。

（5）把示踪法与大样电解法结合，追踪铸坯大颗粒夹杂物的来源，为改进工艺、生产洁净钢提供依据。

大样电解法主要用于分析钢中大于 50μm 的大型氧化物夹杂。其分析流程主要包括电解、淘洗、还原和分离。分解出夹杂物进行粒度分级、形貌照相和电子探针定量成分分析。大样电解分析流程如图 8-35 所示。

电解设备包括整流器（25V，20A）、电解槽体、淘洗槽、还原磁选装置、体视显微镜、分级筛、称重天平和照相机等。

8.4.2.6 图像分析法

对于小于 1.5μm 的夹杂物，金相显微镜下放大 640 倍时肉眼无法准确分辨，因此，可用德国产 Leica 大型偏光显微镜结合 Qwin 图像分析仪放大 1000 倍下连续观察 100 个视场，用图像分析仪分析软件自动统计试样中夹杂物颗粒的面积、颗粒大小和数量。

将图像分析仪得到的每个视场内夹杂物的信息汇集在一起得到每个试样内夹杂物的信

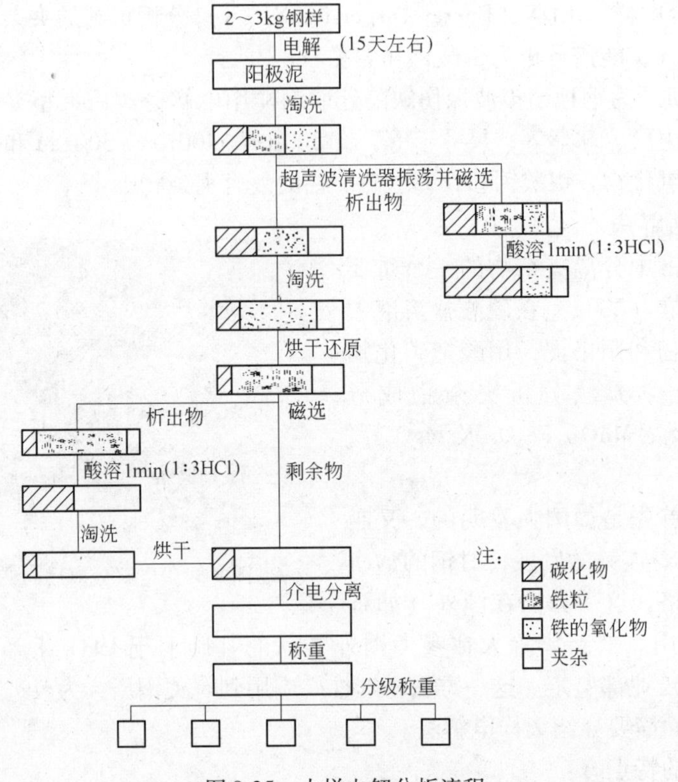

图8-35 大样电解分析流程

息，包括夹杂物的面积、周长、最大直径、最小直径以及夹杂物的总数量。由于夹杂物直径较小，因此把观察到的每个夹杂物截面按圆形处理后折算出每个夹杂物直径，经比较，根据面积折算的直径要比根据周长折算的直径更接近实际值。因此，由面积折算出每个微细夹杂物的直径，然后统计出0.11～0.20μm、0.21～0.30μm、0.31～0.40μm、0.41～0.50μm、0.51～0.60μm、0.61～0.70μm、0.71～0.80μm、0.81～0.90μm、0.91～1.00μm、1.01～1.50μm范围内的夹杂物数量。

在描述钢中夹杂物数量时，通常都采用单位面积上有多少个夹杂物来计算。为了对钢中的夹杂物数量有一个比较直观、形象的认识，郭艳水等人提出了用$1cm^2$钢中有多少个夹杂物和钢中夹杂物的面积分数两种表示方法来共同表征钢中夹杂物含量，这样可以比较全面地反映钢中夹杂物的信息。

基本思路为：

（1）假设夹杂物在钢中为均匀分布。计算$1cm^3$钢中某个尺寸范围内的夹杂物数量时，首先根据每个视场的面积和视场数计算出试样中被观测的总面积$S_{总}$，用该尺寸范围内夹杂物上限直径与$S_{总}$相乘求出试样中被观测部分的总面积$V_{总}$；然后根据夹杂物数量统计结果，用该尺寸范围内夹杂物数量N_j除以$V_{总}$即得到该尺寸范围内夹杂物在单位体积（$1cm^3$）钢中的夹杂物数量。由于计算被观察试样体积时选用某范围内夹杂物的上限直径，由式（8-21）可知，计算结果要比实际结果偏小。

（2）计算钢中夹杂物体积分数时，假设某尺寸范围内的夹杂物直径均为上限直径，根据该尺寸范围内夹杂物数量N_j计算出此范围内夹杂物的总体积，除以试样中被观测部分

的总体积 $V_{总}$，即得到夹杂物的体积分数，单位为 10^{-6}，相当于在 $1m^3$ 钢中夹杂物的总体积为 $1cm^3$。由于把每个夹杂物的直径都按该尺寸范围的上限直径计算，因此夹杂物体积分数计算结果要比实际结果偏大。

对于某尺寸范围内上限直径为 d_j 的夹杂物：

（1）$1cm^3$ 钢中夹杂物数量 I_j 计算见式（8-23）。

$$I_j = \frac{实际统计的夹杂物数量}{被统计试样的体积} = \frac{N_j}{XSd_j \times 10^{-12}} \tag{8-23}$$

式中　I_j——单位面积钢中某范围内上限直径为 d_j 的夹杂物个数，个/cm^3；

N_j——上限直径为 d_j 的某尺寸范围内夹杂物统计个数，个；

X——视场数，对于光学显微镜，$X=200$；对于图像分析仪，$X=100$；

d_j——某尺寸范围内夹杂物的上限直径，μm；

S——观察试样时每个视场的面积，μm^2。

对于光学显微镜，$S=\pi D^2/4$，$D=300\mu m$ 为放大 640 倍时视场直径。

对于图像分析仪，$S=9428.37\mu m^2$，图像分析仪放大 1000 倍时每个视场的面积。

（2）夹杂物体积分数 V_j 计算见式（8-24）。

$$V_j = \frac{实际统计的夹杂物体积之和}{被统计试样的体积} = \frac{N_j \pi d_j^2}{6XS} \tag{8-24}$$

式中　V_j——钢中上限直径为 d_j 的夹杂物体积分数,%，$1\times10^{-4}\%$ 可以理解为在 $1m^3$ 钢中夹杂物的总体积为 $1cm^3$；

N_j——上限直径为 d_j 的某尺寸范围内夹杂物统计个数，个；

d_j——某尺寸范围内夹杂物的上限直径，μm；

X——视场数，对于光学显微镜，$X=200$；对于图像分析仪，$X=100$；

S——观察试样时每个视场的面积，μm^2。

对于光学显微镜，$S=\pi D^2/4$，$D=300\mu m$ 为放大 640 倍时视场直径。

对于图像分析仪，$S=9428.37\mu m^2$，即图像分析仪放大 1000 倍时每个视场的面积。

8.4.2.7　电子探针分析法

从大样电解所分离的夹杂物用探针进行成分分析。大样电解所得无取向硅钢中大型非金属夹杂物形貌及其成分如图 8-36 所示。用金相法观察和用探针分析，铸坯中显微夹杂物的形貌和组成见表 8-4。

表 8-4　铸坯中显微夹杂物的形貌和组成

序号	夹杂物照片	样号	夹杂物类型	电镜分析成分/%
1	M N 800×	1615-1	球状铁铝硅酸盐	*M*：Al_2O_3 13.46，SiO_2 13.95，CaO 1.14，MgO 6.11，TiO_2 0.43，MnO 3.1，FeO 59.34，La_2O_3 0.14，S 2.24； *N*：Al_2O_3 26.29，SiO_2 44.91，CaO 12.28，MgO 3.75，Cr_2O_3 0.04，FeO 8.74，MnO 0.54，BaO 0.66，S 0.79

续表 8-4

序号	夹杂物照片	样号	夹杂物类型	电镜分析成分/%
2	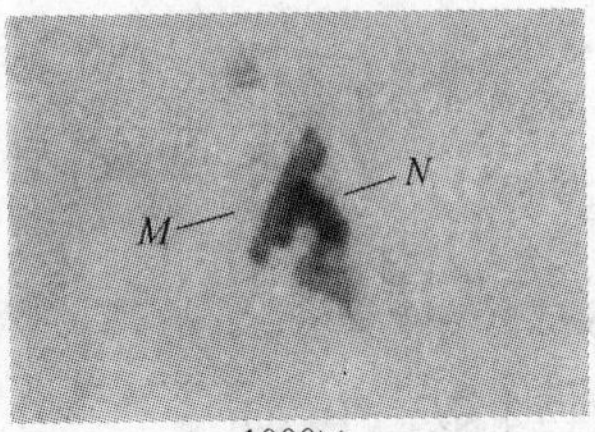 1000×	1615-1	块状硅酸盐	*M*：Na_2O 0.14，K_2O 0.1，SiO_2 65.88，CaO 0.05，MgO 0.03，TiO_2 0.04，Cr_2O_3 0.08，FeO 33.56，S 0.05； *N*：Na_2O 0.08，SiO_2 54.43，La_2O_3 0.51，Cr_2O_3 0.04，FeO 44.24，Cu_2O 0.01，BaO 0.54
3	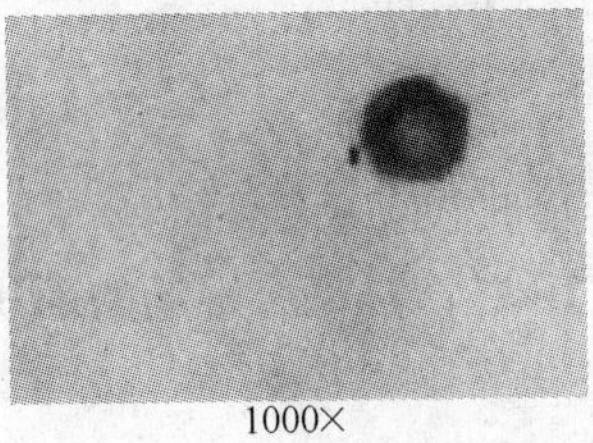 1000×	1609-6	铝硅酸盐	Al_2O_3 22.36，SiO_2 64.08，CaO 6.42，MgO 2.91，TiO_2 0.15，MnO 0.40，BaO 0.46，La_2O_3 0.1，CeO_2 0.41，S 0.25
4	 630×	1608-3	Al_2O_3 块	Al_2O_3 96.50，SiO_2 0.64，CaO 0.22，FeO 2.64
5	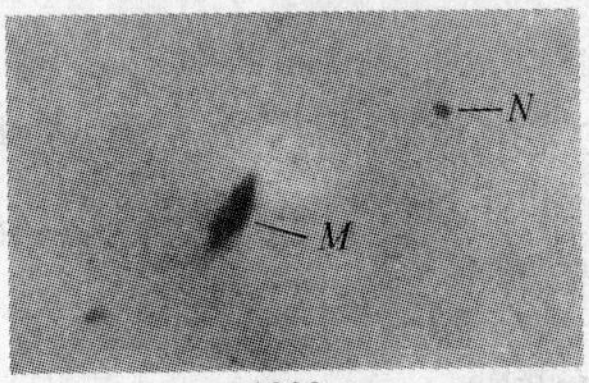 1000×	1615-1	铁尖晶石	*M*：Na_2O 0.07，Al_2O_3 75.51，SiO_2 1.95，TiO_2 0.85，Cu_2O 0.18，Cr_2O_3 0.07，FeO 21.06，CaO 0.12，MnO 0.16，S 0.04； *N*：MgO 2.57，Al_2O_3 8.38，SiO_2 10.42，CaO 0.60，TiO_2 0.16，MnO 3.30，FeO 72.68，S 1.91
6	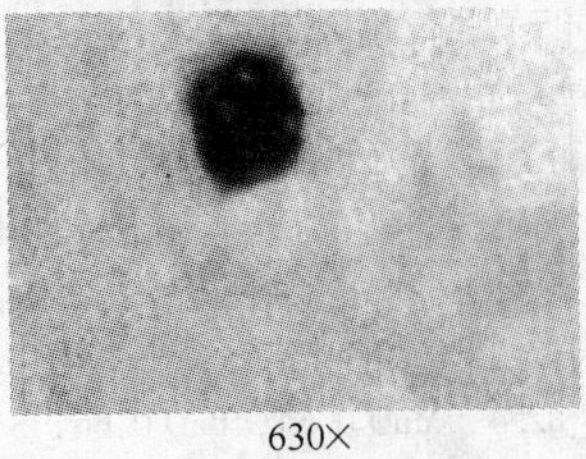 630×	1608-3	渣　相	白点：Al_2O_3 14.75，SiO_2 27.26，MgO 28.71，K_2O 0.02，MnO 0.77，FeO 27.79，La_2O_3 0.01，S 0.70； 基体：Al_2O_3 22.61，SiO_2 31.77，CaO 0.1，K_2O 0.09，MgO 42.76，MnO 0.34，FeO 2.16，La_2O_3 0.03，S 0.14

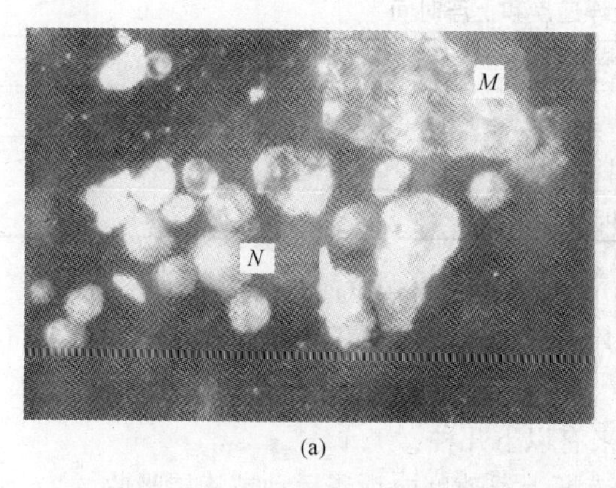

(a)

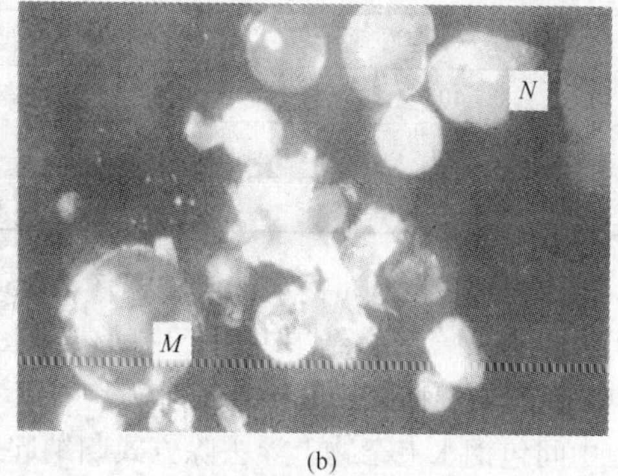

(b)

图 8-36 大样电解所得无取向硅钢中大型非金属夹杂物形貌及其成分（40×）

（a）能谱成分：M 成分为 Al_2O_3 91.17%、SiO_2 6.33%、CaO 0.48%、MgO 2.71%、Na_2O 0.35%、K_2O 0.73%，N 成分为 Al_2O_3 15.23%、SiO_2 64.49%、CaO 2.93%、MgO 8.30%、K_2O 4.93%、BaO 0.61%、FeO 1.29%；

（b）能谱成分：M 成分为 Al_2O_3 2.46%、SiO_2 82.58%、CaO 9.01%、MgO 2.71%、Na_2O 0.74%、BaO 0.69%，N 成分为 Al_2O_3 61.61%、SiO_2 4.08%、CaO 6.82%、MgO 16.67%、K_2O 0.08%、BaO 9.64%、FeO 0.96%

8.4.2.8 钢中酸溶铝含量和总铝含量比

对于铝镇静钢，在生产中常用钢中的酸溶铝含量$[Al]_s$和总铝含量 T[Al]的比值来评价钢中 Al_2O_3 夹杂物的洁净程度：$[Al]_s/T[Al] \geqslant 0.90$。取钢样分析钢中$[Al]_s$和 T[Al]（$T[Al]=[Al]_s+[Al]_{夹}$），如$[Al]_s/T[Al] \geqslant 0.90$，则说明钢中 Al_2O_3 夹杂物充分上浮了，钢比较洁净。

8.5 连铸过程中非金属夹杂物的去除

8.5.1 中间包中夹杂物的去除

中间包冶金的一个重要任务是要促进夹杂物上浮，进一步净化钢水。在中间包注流入口的冲击区，钢水处于湍流状态，即使夹杂物上浮到表面也会因激烈搅拌被卷入钢水内部。钢水从中间包入口到出口流动过程中，加上有挡墙和坝的作用，可认为服从于斯托克斯公式，在静止液体中质点上浮速度可表示为：

$$v = \frac{2r^2(\rho_1 - \rho_i)g}{9\mu} \tag{8-25}$$

式中 v——夹杂物上浮速度，cm/min；

r——夹杂物质点半径，cm；

ρ_1——钢水密度，$\rho_1=7\text{g/cm}^3$；

ρ_i——夹杂物密度，$\rho_i=3.5\text{g/cm}^3$；

μ——钢水黏度，1600℃时 $\mu=0.005\text{Pa}\cdot\text{s}$；

g——重力加速度，980cm/s^2。

假定中间包平均容量为50t，熔池深度为1m，按式（8-25）计算夹杂物上浮速度和夹杂物从中间包底部上浮到钢渣界面时间，见表8-5。

表 8-5 夹杂物上浮速度和上浮时间

夹杂物直径/μm	上浮速度/cm·min⁻¹	上浮时间/min
100	22.87	4.37
70	11.2	8.93
20	0.92	109.6

如中间包中为50t钢水，浇注板坯为250mm×1300mm，拉速为1.2m/min，平均停留时间约为9min。计算结果说明，中间包钢水中大于70μm的夹杂物基本上都可上浮，而小于70μm的夹杂物上浮就困难了。

中间包钢水夹杂物上浮去除方式归纳起来有以下几种：

（1）上浮去除。夹杂物在钢水中以斯托克斯上浮速度向顶渣运动被渣层吸收。

（2）碰撞去除。钢水流动过程中钢水夹杂物相互碰撞、长大、聚合上浮。碰撞可分为：1）布朗碰撞，夹杂物在钢水中做无规则热运动彼此接触；2）斯托克斯碰撞，大颗粒夹杂物上浮速度快，追上小夹杂物而聚合在一起；3）速度梯度碰撞，钢水流动速度梯度使两夹杂物相互靠近而发生聚合。

（3）黏附去除。中间包壁、包底、挡墙、坝等固体表面黏附夹杂物而去除。

夹杂物从中间包底部上浮到钢渣界面所需时间 t_f 为：

$$t_f = \frac{L}{v_s} \tag{8-26}$$

式中 L——中间包液面高度；

v_s——夹杂物上浮速度。

钢水在中间包中平均停留时间 t_θ 为：

$$t_\theta = \frac{W}{Q} \tag{8-27}$$

式中 W——中间包钢水平均重量；

Q——钢水浇注速率。

中间包钢水夹杂物上浮去除条件为：$t_\theta > t_f$。

中间包钢水夹杂物上浮临界晶粒 D_C 为：

$$D_C = \left[\frac{18L\mu}{t_\theta g(\rho_g - \rho_i)}\right]^{\frac{1}{2}} \tag{8-28}$$

夹杂物上浮速度、上浮时间与夹杂物粒径关系如图8-37所示。由图可知：

（1）$D_i < D_C$，$t_f > t_\theta$ 时，夹杂物不能上浮；

（2）$D_i = D_C$，$t_f = t_\theta$ 时，动态平衡；

（3）$D_i > D_C$，$t_f < t_\theta$ 时，夹杂物上浮。

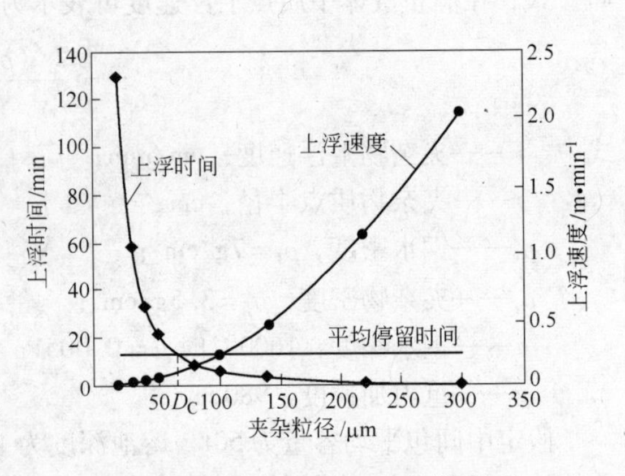

图 8-37 夹杂物粒径与上浮时间关系

可根据式（8-28）计算不同容量中间包夹杂物上浮临界直径 D_C 为50~80μm，也就是说，中间包钢水中大于50μm的夹杂物可以上浮去除。在60t中间包取钢样采用Slims法得到中间包钢水夹杂物粒径频率分布如图8-38所示。由图可知：

（1）大于80μm的夹杂物，因 $t_f < t_\theta$，大部分上浮，大于150μm的夹杂物很少了；

（2）小于80μm的夹杂物，因 $t_f > t_\theta$，夹杂物上浮困难。

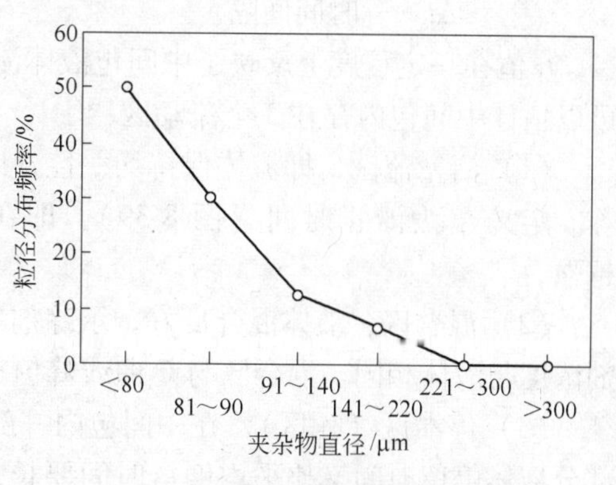

图8-38 中间包夹杂物粒径频率分布

为促进中间包内大颗粒夹杂物上浮，可采取的措施有：

（1）增加中间包钢水平均停留时间 t_θ，使夹杂物有足够的时间上浮。因此，中间包向大容量方向发展。

（2）改善流体流动轨迹，缩短夹杂物上浮距离。流体把夹杂物带到中间包钢渣界面被渣相吸收。因此，在中间包加挡墙、坝、阻流器、吹氩等，以改变流动方向，消除中间包死区。

（3）钢包注流不应把夹杂物带入中间包底部而应是在某一高度。因此，中间包由浅熔池（600～700mm）向深熔池（1.0～1.2m）方向发展。

然而，由于中间包流动的不稳定性和存在不活跃的死区，有些流动体单元流动快，而另一些流动慢，所以，实际停留时间与理论平均停留时间之间是有偏差的。因此，用停留时间分布来描述中间包钢水流动特性。为此，采用物理模型（水模型），使用脉冲示踪技术来测定中间包液体停留时间分布，以优化中间包钢水流动模式，促进夹杂物上浮。

物理模型必须遵循原型和模型的几何相似和描述流动的相似准数相等。根据刺激—响应原理，在水模型的中间包入口处，将定量的示踪剂（如KCl溶液）以脉冲方式注入钢包钢流，用探头（如电导仪）测定出口处的浓度变化（图8-39），则实际平均停留时间的定义式为：

$$\overline{t_f} = \frac{\int_0^\infty tC(t)\,dt}{\int_0^\infty C(t)\,dt} \tag{8-29}$$

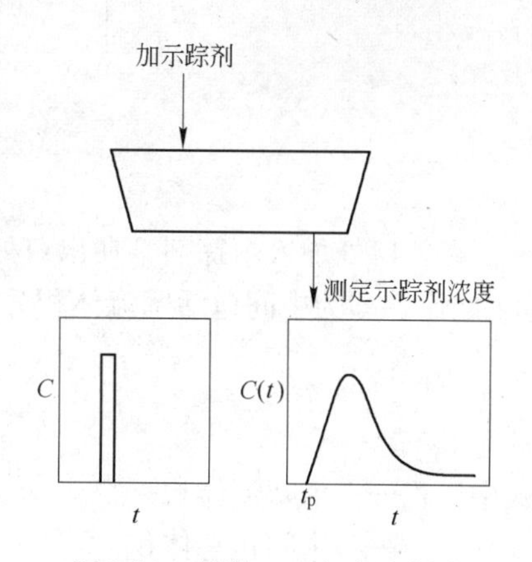

图8-39 刺激—响应法示意图

式（8-29）中，t_f 的物理意义是示踪剂浓度曲线所包含质量中心的时间坐标；$C(t)$ 为随机变量。为便于计算，把所测定的浓度连续曲线转化为离散性曲线，按下式计算：

$$\overline{t_f} = \frac{\Delta t \sum_{i=1}^{n} iC_i(t)}{\sum_{i}^{n} C_i(t)} \tag{8-30}$$

式中 $C_i(t)$ ——在某一时刻 t 测定的示踪剂浓度（也可以用电压信号表示）；

Δt——时间间隔。

t_f 值在一定程度上反映了中间包液体流动特性。根据测定的浓度曲线（也叫 C 曲线），可以估计中间包内存在 3 个流动区：

（1）活塞流区，即流体保持均一性，以相同速度流过中间包，此时入口和出口浓度相等。定义 t_p 为滞止时间（图 8-39），即在出口处显示示踪剂的时间。t_p 越长，活塞流越强。

（2）混合区，液体混合良好，示踪剂均匀分散在整个液体中，任何时刻在出口处示踪剂浓度与液体相同。混合区与 C 曲线峰值有关。

（3）停滞区（死区），在中间包内一部分液体停留时间比平均停留时间要短，而另一部分液体停留时间又比平均停留时间要长，这说明有不活跃的死区存在。有死区存在时，C 曲线有最高的峰值且出现长尾巴。

根据水模型测定的 C 曲线，可以估计这三部分的体积（图 8-40）。

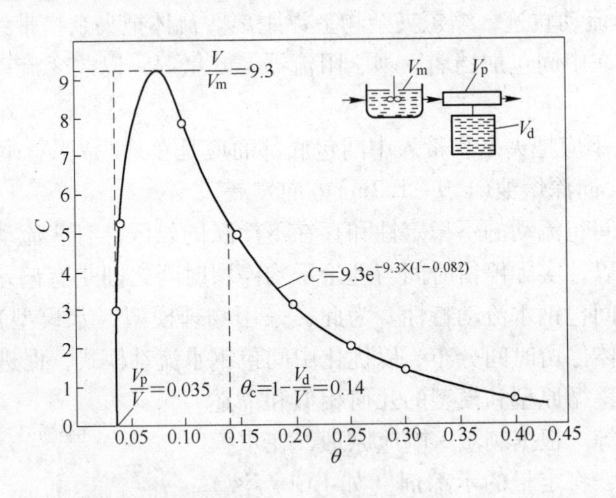

图 8-40 C 曲线分析

在入口处加入示踪剂，在出口处测定到示踪剂浓度所经历的时间 t_p 与理论平均停留时间 $\bar{t}_r$ 之比，即为中间包活塞流体积分数：

$$\theta_p = \frac{t_p}{\bar{t}_r} = \frac{V_p}{V} \tag{8-31}$$

式中 V_p——活塞流体积；

V——中间包总体积。

在出口处测定的 C 曲线有最高峰值，说明中间包内存在停滞的死区。为决定死区的体积，根据实际测定的 C 曲线，按式（8-30）计算平均停留时间 t_f，定义无量纲平均停留时间 θ 如下。

当存在死区时，t_f 与 t_r 不相等，则：

$$\frac{V_d}{V} = 1 - \theta = 1 - \frac{t_f}{t_r} \quad 或 \quad \theta = 1 - \frac{V_d}{V} \tag{8-32}$$

式中 V_d——死区体积。

当 $V_d = 0$ 时，$t_f = t_r$；V_d 越大，$t_f < t_r$ 越明显。

中间包总体积为：

$$V = V_p + V_d + V_m \tag{8-33}$$

式中 V_m——混合区体积。

当求出 V_p 和 V_d 后，由式（8-33）可计算出 V_m。

混合区体积也可由 C 曲线的最大浓度值来决定。中间包内液体混合程度越小，说明死区体积就越大，浓度峰值就越高。则：

$$C_{max} = \frac{V}{V_m}$$

$$\frac{V}{V_m} = 1 - \frac{V_p + V_d}{V} = \frac{1}{C_{max}} \tag{8-34}$$

对于单流或双流中间包，可近似用混合模型来描述流动状态。一般是活塞流区较小（也就是贯穿流时间很短），小部分是混合区（注流冲击区），大部分是不活跃的停滞区。因此，要在中间包内加挡墙和坝来改善流动状态。

经炉外精炼很“干净”的钢水，在浇注过程中除防止钢水二次氧化再污染钢水外，还要控制中间包钢水流动来进一步促进夹杂物上浮，使流入结晶器的钢水更加净化，其措施是：

（1）采用大容量的中间包，以延长钢水在中间包的停留时间，促进夹杂物上浮。钢水在中间包平均停留时间应在 8min 以上。

（2）合理设置流动控制元件（如挡墙、坝、阻流器等），改进钢水的流动轨迹和形态，缩短夹杂物上浮时间（图 8-41）。

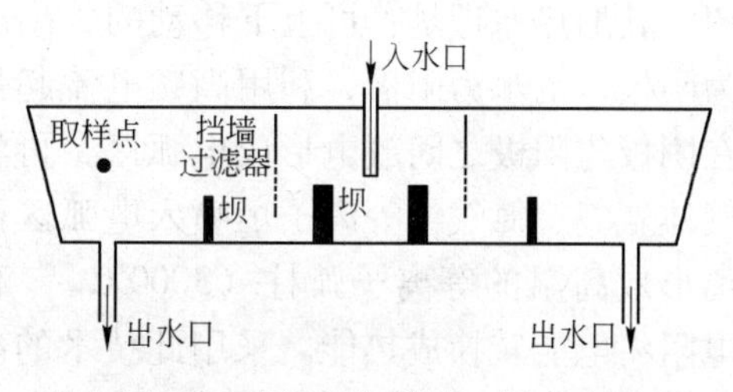

图 8-41 中间包加挡墙 + 坝示意图

（3）中间包安置过滤器（图 8-42），除去小于 50μm 的夹杂物。

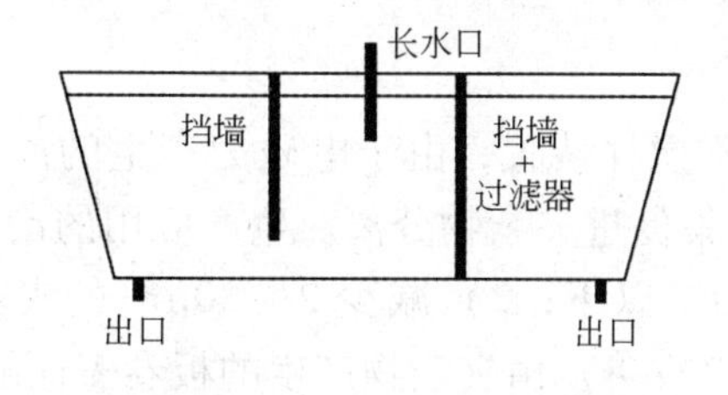

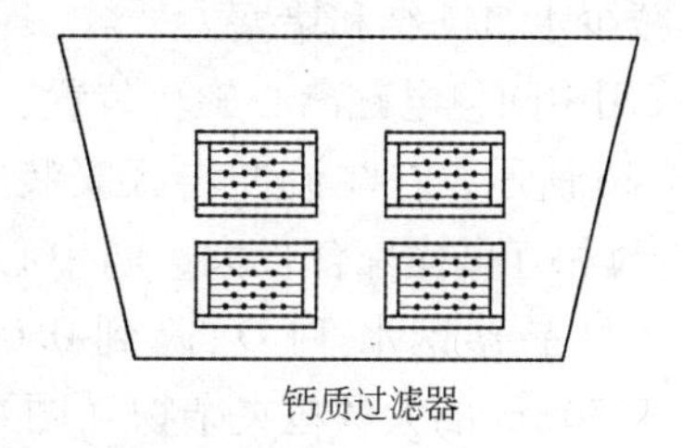

图 8-42 挡墙 + 过滤器示意图

（4）中间包底部吹氩或安置气幕挡墙，以促进夹杂物上浮。

（5）中间包采用双通道感应加热装置。图 8-43 所示为新日铁中间包双通道感应加热装置示意图。由耐火材料制成的隔墙将中间包分成钢水注入室和分配室，在耐火隔墙内部上下贯通安装感应加热器，在感应加热器周边靠近包底设置连接两个室的通道作为钢水加热和流动的通道，由于通道内电磁感应直接加热钢水，热效率高达 90% 以上，稳定加热在

2℃/min。通道钢水热对流和电磁力的箍缩效应，形成有利于夹杂物去除的上升流，提高了钢水洁净度。日本多家工厂生产使用表明：1）明显降低了方坯总氧含量 T[O]（图 8-44）；2）夹杂物去除效果明显，薄板表面缺陷加热后比未加热减少 40%，轴承钢中大于 10μm 粒径的夹杂物都去除了，而小于 5μm 的夹杂物也明显减少了。

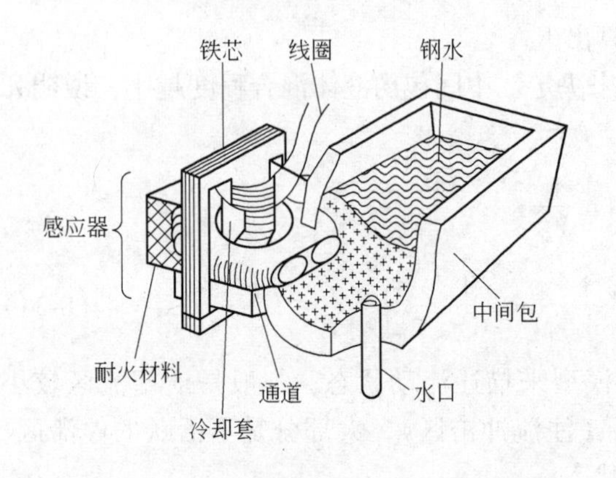

图 8-43 中间包双通道感应加热装置示意图

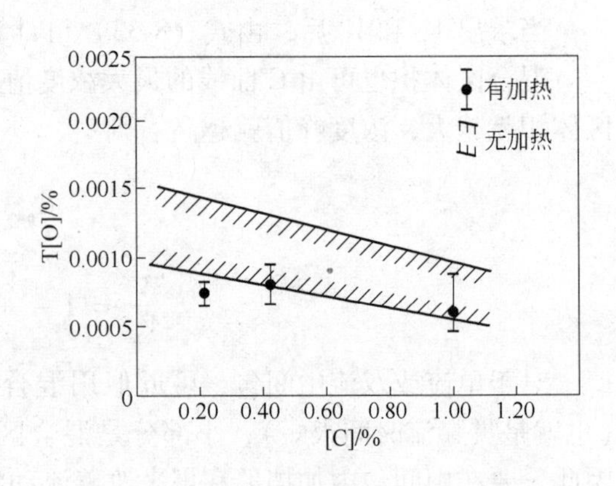

图 8-44 中间包加热对钢 T[O]含量影响

（6）采用中间包等离子加热技术。图8-45所示为新日铁所采用中间包等离子加热示意图。其加热原理是：可上下移动的等离子炬作为阴极，钢水为阳极，利用高频电流起弧装置在阴极与阳极之间放电形成电弧区，再将工作气体氩气、氮气经等离子炬喷入电弧区而被电离形成高温的等离子弧柱（3000℃），利用其电阻将电能转换成热能。采用此技术的冶金效果是：1）中间包钢水温度可以控制目标温度误差为 -5 ~ +5℃；2）板坯夹杂物减少了45%；3）减少水口冻结和堵塞。

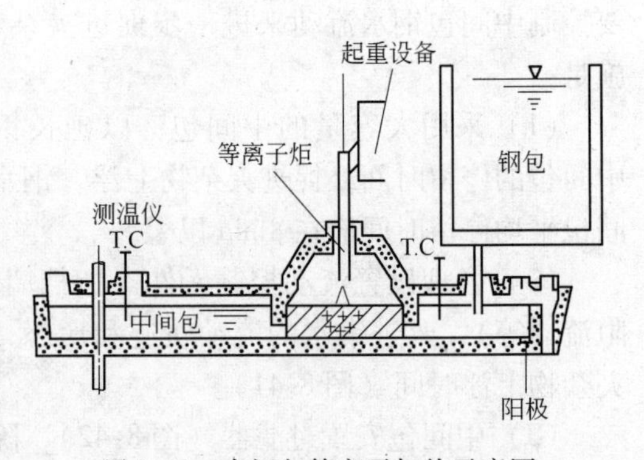

图 8-45 中间包等离子加热示意图

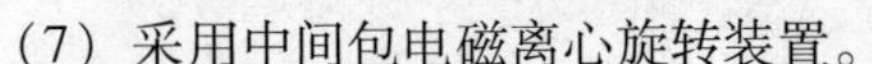

（7）采用中间包电磁离心旋转装置。

如图 8-46 所示，在注流冲击区安装电磁搅拌装置，由于电磁力产生的离心力作用，夹杂物和渣粒相互碰撞聚合长大，向中心聚集促进夹杂物分离。生产应用的冶金效果是：1）可把进入结晶器钢水 T[O]降到 0.0010% 以下；2）减少 2 ~ 30μm 的夹杂物数量；3）减少大于 50μm 的大颗粒夹杂物（图 8-47）；4）由夹杂物产生的板卷表面缺陷降低了一半。

总之，要根据钢种、用途和产品质量对夹杂物的敏感程度，在生产流程中选择不同的控制夹杂物技术以生产洁净钢，满足国民经济各领域对产品质量的要求。

8.5.2 结晶器中夹杂物的去除

结晶器内钢液中夹杂物的去除有三种方式：浸入式水口壁面的吸附，保护渣的吸附，凝固坯壳的捕获。

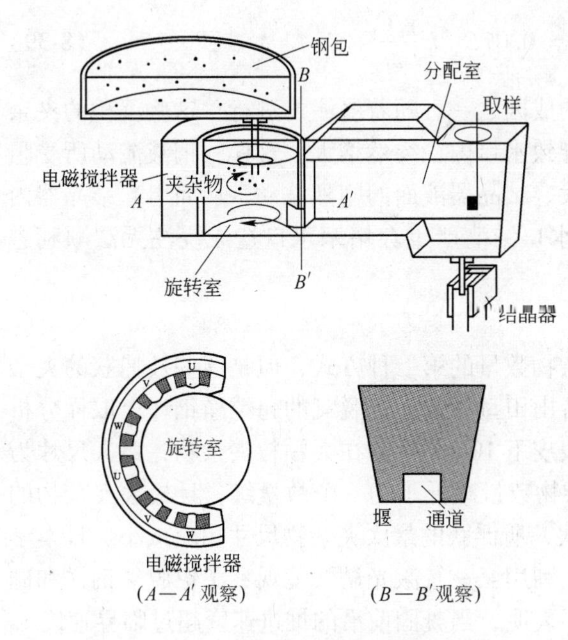

图 8-46　中间包电磁旋转装置示意图

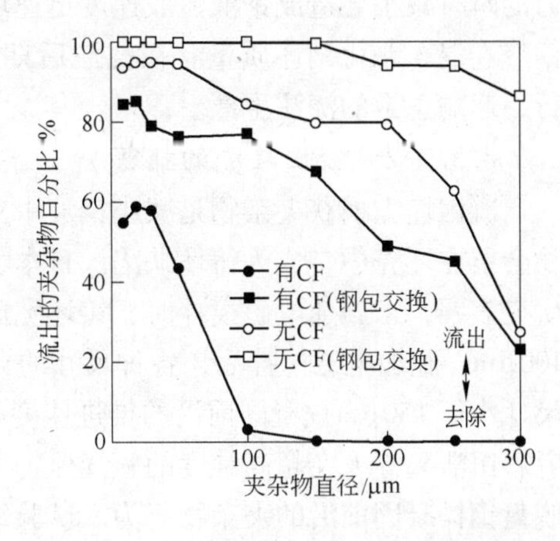

图 8-47　中间包旋转对钢水夹杂物影响

8.5.2.1　水口壁面的吸附

由于冶金反应器钢液流动为湍流，因此夹杂物向反应器壁面的质量输运为湍流扩散。扩散通量 J 可用菲克（Fick）第一定律给出：

$$J = D_{\mathrm{eff}} \frac{\partial C}{\partial n} = (D_0 + D_{\mathrm{t}}) \frac{\partial C}{\partial n} = \left(D_0 + \frac{\partial C}{\rho_{\mathrm{f}} Sc}\right) \frac{\partial C}{\partial n} \approx \frac{\partial C}{\rho_{\mathrm{f}} Sc} \frac{\partial C}{\partial n} \tag{8-35}$$

式中　J——扩散通量，单位取决于夹杂物的浓度单位，如果夹杂物浓度 C 是质量浓度 $\mathrm{kg/m^3}$，则扩散通量 J 的单位是 $\mathrm{kg/(m^2 \cdot s)}$；如果夹杂物浓度 C 是摩尔浓度 $\mathrm{mol/m^3}$，则扩散通量 J 的单位是 $\mathrm{mol/(m^2 \cdot s)}$；

D_{eff}——有效扩散系数，由分子扩散系数 D_0 和湍流扩散系数 D_{t} 组成，即：

$$D_{\mathrm{eff}} = D_{\mathrm{t}} + D_0 \approx D_{\mathrm{t}} \gg D_0 \tag{8-36}$$

式中，D_{t} 的数值可由湍流黏度 μ_{t} 和施密特（Schmidt）Sc 准数确定，施密特准数取决于当地的湍流状态，取值一般在 0.5～1.5。假设在固体壁面处夹杂物的浓度为零，且 Sc 准数的取值为 1，计算时靠近壁面的第一个网格节点距壁面距离为 y_{p}（单位为 m），夹杂物的质量浓度为 C_{p}，则靠近壁面处的钢液中夹杂物的湍流扩散系数可由下式确定：

$$D_{\mathrm{eff}} = D_{\mathrm{t}} = \frac{\partial C}{\rho_{\mathrm{f}} Sc} = 0.01 \frac{\tau_0}{\rho_{\mathrm{f}}} \frac{y_{\mathrm{p}}^2}{v_1} \tag{8-37}$$

式中，τ_0 为避免湍流切应力，可用多种方法确定。当采用 k-ε 双方程模型和壁面函数方法计算冶金反应器内钢液流动时，切应力表达式如下：

$$\sqrt{\frac{\tau_0}{\rho_{\mathrm{f}}}} = C_{\mu}^{0.25} k^{0.5} \tag{8-38}$$

因此，夹杂物向固体壁面的质量扩散通量可表示为：

$$J \approx D_t \frac{y_p C_p}{y_p} = 0.01 C_\mu^{0.5} k \frac{y_p C_p}{v_1} \tag{8-39}$$

夹杂物在水口壁面上沉积是水口结瘤的成因之一。随着浇注的进行，这些沉积的夹杂物可能突然被钢流冲掉而再进入钢液中，导致水口内径突然增大。这样，钢液流动所受阻力的瞬时减小会造成钢液流股速度迅速增大、结晶器液面的剧烈波动，从而引起结晶器内钢渣卷混，恶化钢坯质量。在浇注后期，水口结瘤严重会堵塞水口造成浇注无法顺利进行，影响正常的浇注生产。

8.5.2.2 凝固坯壳的捕获

凝固坯壳捕获夹杂物是减小钢液中夹杂物数量的第二种方式，但是这些被捕获的夹杂物会留在坯壳中，成为铸坯缺陷。日本学者山田亘等人在铝脱氧的超纯净钢坯上取样分析研究表明，未施加电磁搅拌时，铸坯宽面表皮下10mm处存在大颗粒夹杂物，最大尺寸为400μm；施加电磁搅拌后，各种尺寸的夹杂物数量减低了约一个数量级，且最大夹杂物的尺寸小于150μm；凝固前沿的推进速度越快，所俘获的最大夹杂物尺寸相应减小。日本学者彩田浩兴等人在超高纯度的氩气保护下，利用氦—氖激光显微镜观察了铝脱氧钢样和硅脱氧钢样凝固前沿的夹杂物行为。试验结果表明，当凝固前沿的推进速度超过临界速度 v_C（单位为μm/s）时，夹杂物将被凝固前沿所捕获。对于固态 Al_2O_3 夹杂，$v_C = 60/R$；对于球状液滴形夹杂，$v_C = 23/R$。

上述研究对于人们加深对夹杂物的凝固前沿运动行为的认识，指导研究工作都十分重要。然而，需要指出的是，夹杂物被铸坯坯壳俘获需经历三个环节：首先夹杂物从水口出发，运动到凝固前沿的湍流边界层；然后穿过湍流边界层到达层流底层；最后穿过层流底层，与初始凝固坯壳相接触。层流底层非常薄，其厚度取决于湍流速度等因素，但速度梯度却很大，造成了夹杂物所受力的性质发生了改变。因此，夹杂物在层流底层内的流动，表现出与湍流边界层所不同的运动特征。

在连铸过程中，钢液进入结晶器后在水冷结晶器上凝固形成坯壳，但是在铸坯未凝固部分由于有注入的钢流会造成钢液流动，钢流对坯壳的冲刷会使坯壳减薄；且在钢液压力的作用下，会在铸坯表面产生纵裂，甚至酿成漏钢事故。另外，铸坯被拉出结晶器后，进入二冷区还要承受一定的应力，如果坯壳强度过低，往往会发生漏钢事故。因此，必须要保证坯壳具有一定的厚度，而坯壳厚度与结晶器、二冷区的冷却强度和拉坯速度有着直接的关系。对于坯壳厚度的计算一般采用凝固平方根定律进行近似估算：

$$\xi = K_s \sqrt{\frac{z}{v_c}} \tag{8-40}$$

式中 ξ——坯壳厚度，min；

K_s——凝固系数，$min/min^{1/2}$；

z——距结晶器液面的距离，m；

v_c——浇注速度，m/min。

不同的坯壳厚度意味着坯壳在连铸机冷却位置的不同。例如，对于厚板坯，当坯壳厚度处于毫米量级时，凝固前沿位于结晶器内，呈垂直状态；当坯壳厚度约为100mm时，凝固前沿位于扇形段，呈倾斜状态。凝固坯壳的方位直接影响到夹杂物的上浮规律，进而影响到夹杂物是否被凝固坯壳所捕获以及具体的捕获位置。

8.5.2.3 保护渣的吸附

在连铸过程中，结晶器内钢液表面被一层保护渣所覆盖。保护渣的主要成分有 Al_2O_3、SiO_2、FeO、MgO、CaF_2 等。由于钢液具有很高的温度，因此，靠近钢液表面的保护渣呈液态。钢液的夹杂物被保护渣吸附分为 3 个步骤：首先，夹杂物穿过边界层到达渣金界面；接着，夹杂物穿过渣金界面；最后，夹杂物与保护渣反应，被渣层所溶解。在这 3 个步骤中，夹杂物在渣金界面处的运动过程十分复杂，因而受到大家的广泛关注。

建立渣金界面处夹杂物行为数学模型的主要假设如下：

(1) 夹杂物颗粒为球形，且在穿越渣金界面过程中形状和体积保持不变；

(2) 钢液和保护渣均为不可压缩等温流体；

(3) 膜的流动状态可用绕球流动的流函数来表达；

(4) 界面能在夹杂物穿越界面的过程中保持不变。

当夹杂物穿越保护渣时，根据颗粒冲击界面的速度不同可分为两种情况：

(1) 当夹杂物以颗粒雷诺数大于 1 的速度穿越渣金界面时，在夹杂物和保护渣之间形成一个钢膜，此钢膜的中心与夹杂物的中心重合且围绕夹杂物的钢膜厚度相等。

(2) 当颗粒雷诺数小于 1 时，夹杂物缓慢地靠近渣金界面直至与渣金界面接触，在此过程中无钢膜的形成。

现有研究从牛顿第二定律出发，分析了在重力、浮力、回弹力和虚拟质量力作用下颗粒的运动行为。结果表明，渣相的黏度及渣相与颗粒之间的润湿性是决定夹杂物穿越渣金界面的关键因素。较小的保护渣黏度和较好的夹杂物润湿性有利于夹杂物进入渣相。有文献表明，50μm 的 Al_2O_3 夹杂物能够进入 Al_2O_3-SiO_2-FeO-MgO-CaF_2 渣系，进入界面耗时 0.02ms。

8.6 非金属夹杂物的控制

排除和减少金属液中气体或气泡的工艺措施同样也能达到减少夹杂物的目的。但由于夹杂物的密度较气体大得多，故比气泡难以去除，特别是尺寸较小的非金属夹杂物则更难去除。为此，需采取一些更有效的工艺措施。

例如连铸过程生产洁净钢，一是除去液体钢中氧化物夹杂，进一步净化进入结晶器的钢水；二是防止钢水的再污染。对于液体钢中夹杂物的去除，主要决定于夹杂物的形成，夹杂物传输到钢渣界面渣相吸附夹杂物。对于防止连铸过程钢水再污染，主要决定于钢水二次氧化、钢水与环境、钢水与空气、钢水与耐火材料相互作用钢液流动和液面稳定性渣—钢界面紊流、涡流渣钢乳化卷渣。因此，应根据产品用途将转炉—精炼—连铸的操作处于严格控制之下，才能生产洁净钢。

8.6.1 转炉操作过程非金属夹杂物的控制

8.6.1.1 转炉终点控制

从控制钢中夹杂物角度，转炉终点应考虑两个因素：终点钢水氧含量和终渣氧化性（FeO + MnO）。钢水中[O]（$a_{[O]}$）是产生内生夹杂物（脱氧产物）的源头。因此，在生产中常采用以下方法来降低钢水氧含量和炉渣氧化性：

（1）铁水预脱磷处理。铁水预脱磷减轻了转炉后期脱磷负担，防止了炉渣中 FeO + MnO 含量过高。

（2）采用复合吹炼技术。复合吹炼更有利于熔池中钢渣反应接近平衡，有利于减低终点氧含量和炉渣氧化性。

（3）采用动态吹炼控制模型，提高终点双命中率，杜绝后吹。

8.6.1.2 防止出钢过程下渣

出钢过程钢包下渣的危害是：降低合金收得率；引起合金化后钢水的二次氧化；引起钢水回磷；降低钢包精炼效果。因此，采用以下方法防止出钢过程下渣：

（1）提高转炉终渣碱度和 MgO 含量，使炉渣稠化，减少下渣。据有关报道，渣中碱度大于5，MgO 含量为10%左右时，可使下渣量控制在3kg/t。

（2）采用各种挡渣技术，常用的有挡渣球、挡渣锥、滑板法、气动挡渣法等。挡渣效果取决于所采用的方法、操作水平和出钢口维护等。先进水平是钢包渣厚度小于50mm，渣量小于3kg/t。

8.6.1.3 炉渣改性

转炉出钢时完全挡住终渣是很困难的，因此，在提高挡渣效果的同时，还要降低流入钢包渣氧化性以减少对钢水的污染。所以需采用炉渣改性技术：

（1）渣稀释法。出钢时添加石灰、萤石或铝矾土等，如添加4～5kg/t CaO + 1kg/t CaF_2 或2.5～2.8kg/t CaO + 0.8～1.2kg/t 铝矾土。

（2）渣还原处理。出钢快结束时，添加含铝渣改性剂，如 $CaCO_3$ + 铝粉、含 Al + CaO + MgO 渣，或含 CaC_2 渣改性剂（如 CaC_2 + CaO 等），脱除渣中（FeO + MnO）。改性后钢包炉渣中（FeO + MnO）含量在5%～8%。

（3）出钢后扒除钢包高氧化性渣，再造新渣。

8.6.2 钢包精炼过程非金属夹杂物的控制

钢包精炼（吹氩、LF、RH）钢中总氧含量取决于吹气搅拌夹杂物上浮的速度以及渣和耐火材料向钢水供氧速度之间的平衡。即使强化搅拌提高了夹杂物上浮速率，但渣和耐火材料的污染也不能提高钢水洁净度。因此，控制合适钢包精炼渣的组成是获得洁净钢的基础。一次得到高碱度（(CaO)/(SiO_2)为8～13）、低熔点（(CaO)/(Al_2O_3)为1.5～1.8）、低氧化性（(FeO + MnO)为5%～2%）、富 CaO 钙铝酸精炼渣能有效吸附夹杂物，降低钢水的总氧含量，同时也可有效脱硫。

生产实践表明，经 LF 或 RH 精炼，钢水中脱氧产物大部分已上浮到钢包顶渣（85%），钢水中总氧含量可达到小于0.0030%，甚至小于0.0010%，这说明钢水很“干净”了。

8.6.3 连铸过程非金属夹杂物的控制

8.6.3.1 保护浇注技术

保护浇注技术有：

（1）中间包密封。第一炉开浇中间包内充满空气，造成大量的 Al_2O_3。为此把中间包盖与本体用纤维密封，中间包内充满氩气。

（2）钢包—中间包注流长水口+吹氩保护，并且钢水应处于密封状态浇注。

（3）中间包—结晶器浸入式水口保护浇注。为防止注流二次氧化，在中间包到结晶器之间采用浸入式水口是防止注流二次氧化成功的解决办法，并且浸入式水口与中间包要密封连接。

8.6.3.2 中间包冶金技术

中间包冶金技术主要体现在两方面：

（1）增加钢水在中间包夹杂停留时间，使夹杂物有充分时间上浮，中间包向大容量，深熔池方向发展。

（2）改变钢水在中间包的流动路径和方向，消除死区，活跃熔池，缩短夹杂物上浮距离，为此采用挡墙+坝、多孔挡墙、过滤器、吹氩搅拌、阻流器。

8.6.3.3 中间包覆盖渣

中间包是除去钢水夹杂物的理想场所，钢水面上的覆盖剂能有效地吸收上浮夹杂物。常用的覆盖剂有炭化稻壳、中性渣、碱性渣、双层渣。而要生产纯净钢，中间包应用碱性覆盖剂为宜。

8.6.3.4 其他控制方法

其他控制方法有：

（1）碱性包衬。要转移钢水中的夹杂物，钢水与环境（包衬）的热力学性质必须稳定，这是生产纯净钢的一个重要条件。因此，生产纯净钢要选用碱性包衬。

（2）中间包真空浇注技术。该技术是在中间包水口上方建立真空室，降低了中间包液面高度，减轻了注流的冲击力，使结晶器内钢水流动平稳，减少了结晶器弯月面的卷渣，改善了钢坯表面质量。

（3）防止下渣和卷渣技术。钢水从钢包—中间包—结晶器过程中，防止下渣和卷渣是生产纯净钢非常重要的操作，在生产上采用：

1）临界液面操作法防止旋涡下渣；

2）在长水口端部安装下渣检测器，发现下渣及时关闭；

3）长水口端部采用破渣器，以防止水口内壁黏附渣带入结晶器；

4）开浇时，中间包水口上方采用挡渣器，以防止渣卷入结晶器；

5）保持结晶器液面稳定性，防止弯月面渣子卷入凝固壳。

（4）结晶器钢水流动控制技术。结晶器采用电磁制动技术，可抑制水口流出速度，减缓沿凝固壳向下流动，促进夹杂物和气泡上浮。

（5）正确地选择合金成分，严格控制易氧化元素的含量。

（6）加熔剂。金属液表面覆盖一层熔剂，能吸收上浮的夹杂物（如铝合金精炼时加氯盐、氟盐），或向金属液中加入熔剂，使之与夹杂物形成密度更小的液态夹杂物，如向球铁液中加入冰晶石，可降低夹杂物熔点，便于聚合和上浮。

（7）采用复合脱氧剂。采用单一脱氧剂，由于脱氧产物熔点高（表8-6），易成为夹杂物残存在铸坯中。如采用复合脱氧剂，当配比适当时，可以生成密度小、熔点低的液态脱氧产物（表8-6），易聚合成大液滴，利于上浮、排除。

表 8-6 各种非金属夹杂物的熔点和密度

夹杂物	熔点 T/℃	密度 ρ/g·cm^{-3}	夹杂物	熔点 T/℃	密度 ρ/g·cm^{-3}
FeO	1371	5.0；5.7；5.99	FeS	1173	4.5；4.9
Fe_3O_4	1597	4.9；5.21	CaS	2525	2.8
Fe_2O_3	1560	5.12；5.25	MgS	2000	2.8
SiO_2	1713	2.26；2.31	CoS	2450	5.88
Al_2O_3	2050	3.9；4.1；3.85	Co_2S_3	1890	5.07
MnO	1785；1850	5.8；5.6；4.73	LaS	2200	5.75
$MnO \cdot SiO_2$	1270	3.58；3.7	La_2S_3	2095	4.92
$MgO \cdot Al_2O_3$	2135	3.58	LaS_2	1660	5.75
$CaO \cdot Fe_2O_3$	1216	4.68	CoS_2	1700	5.02
$2CaO \cdot Fe_2O_3$	1436	—	PrS	2230	—
$CaO \cdot Al_2O_3$	1605	2.98	CrS	1665	—
$2(FeMn)O \cdot SiO_2$	—	3.93；4.17	ZrS_2	1550	—
$FeO \cdot SiO_2$	1205	4.35	ZnS	1830	—
$FeO \cdot Al_2O_3$	1780	4.05	Cu_2S	1129	—
$Al_2O_3 \cdot SiO_2$	1487	3.05	PbS	1109	—
$Co_2O_3 \cdot 2SiO_2$	1760	4.93	SnS	831	—
Cr_2O_3	2277	5.0	SiS_2	1090	—
TiO_2	1825	4.2；4.3	Si_3N_4	1900	—
MgO	2800	3.6；3.63	VN	2000	5.74；5.97
CaO	2570	3.22	TiN	2900	5.1；6.4
Co_2O_3	1690	5.38	ZnN	2910	6.03；7.1
La_2O_3	2250±40	5.84	BN	3000	—
Co_2O	1230	—	Ti_2N	3090	—
Al_2S_3	1100	—	NbN	2300	—
MnS	1610±10	3.6；4.04	Fe_3P	1155	8.74；7.13

例如，用 Si + Mn 复合脱氧（图 8-48），可形成的脱氧产物有：纯 SiO_2（固体）；$MnO \cdot SiO_2$（液体）；$MnO \cdot FeO$（固溶体）。通过控制合适的 Mn/Si 比，得到液相 $MnO \cdot SiO_2$，容易上浮排除。但往往由于脱氧不良，铸坯会产生皮下气泡。

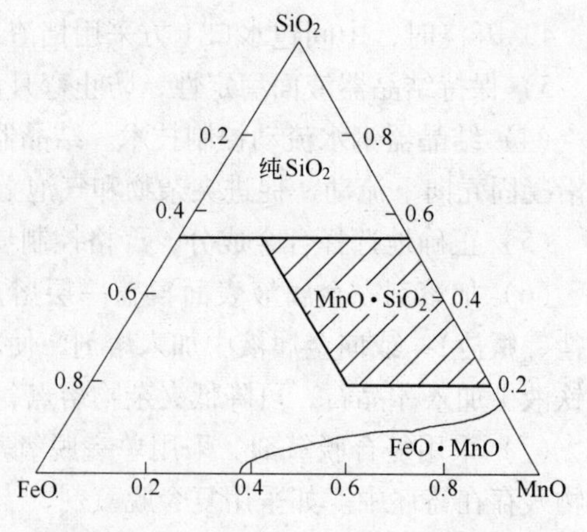

图 8-48 FeO-MnO-SiO_2 三元相图

用 Si + Mn + Al 复合脱氧（图 8-49），形成的脱氧产物可能有：蔷薇辉石（$2MnO \cdot 2Al_2O_3 \cdot 5SiO_2$）；硅铝榴石（$3MnO \cdot Al_2O_3 \cdot 3SiO_2$）；纯 Al_2O_3（$Al_2O_3 > 30\%$）。要把夹杂物成分控制在相图中的阴影区，则必须钢中 $[Al]_S \leqslant 0.006\%$（图 8-50），钢中 $[O]_{溶}$ 可达

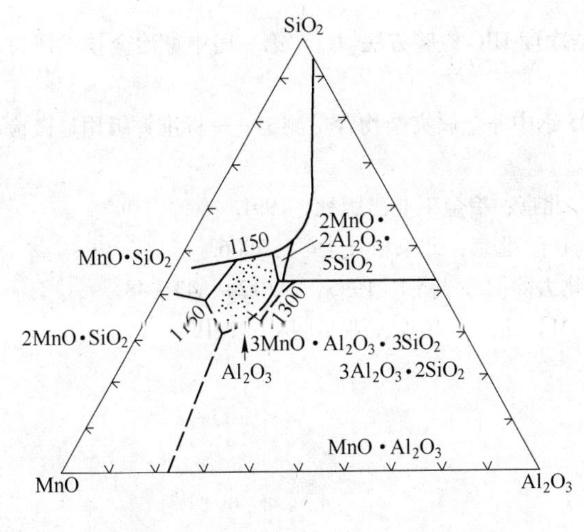

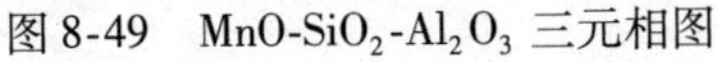
图 8-49 MnO-SiO_2-Al_2O_3 三元相图

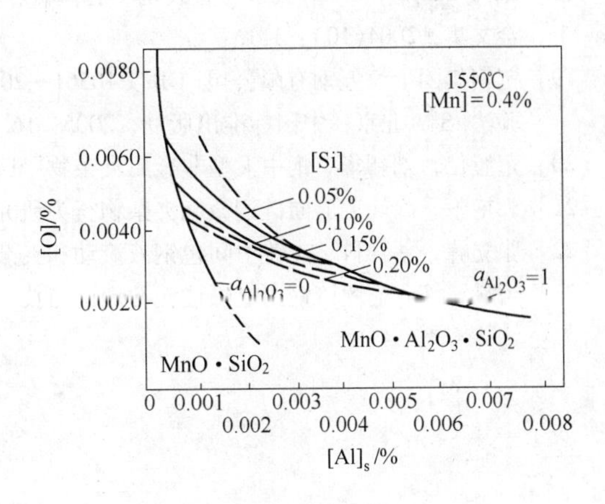

图 8-50 钢中$[Al]_s$与[O]关系

0.002%而无Al_2O_3沉淀，钢水可浇性好，不堵水口，铸坯又不产生皮下气泡。

参考文献

[1] 安阁英．铸件形成理论[M]．北京：机械工业出版社，1990.

[2] 弗莱明斯 M C. 凝固过程[M]．北京：冶金工业出版社，1981.

[3] 蔡开科．浇注与凝固[M]．北京：冶金工业出版社，1987.

[4] 胡汉起．金属凝固原理[M]．北京：机械工业出版社，2007.

[5] 曲英．炼钢学原理[M]．北京：冶金工业出版社，1980.

[6] 朱立光，王硕明，张彩军，王书桓．现代连铸工艺与实践[M]．石家庄：河北科学技术出版社，2000.

[7] 蔡开科，程士富．连续铸钢原理与工艺[M]．北京：冶金工业出版社，2008.

[8] 蔡开科．连铸坯质量控制[M]．北京：冶金工业出版社，2010.

[9] 王新华．钢铁冶金——炼钢学[M]．北京：高等教育出版社，2007.

[10] 魏军．BOF-LF-CSP 流程低碳铝镇静钢非金属夹杂物行为研究[D]．北京：北京科技大学，2005.

[11] 张立峰，蔡开科．立弯式连铸机表层夹杂物行为[J]．化工冶金，1997，13(3)：260.

[12] Tripathy P K，et al. Migration of slab defects during hot rolling [J]. Ironmaking and Steelmaking，2006 (6)：47.

[13] 吴东梅，蔡开科，等，带直立段弧形铸机内弧夹杂物集聚[J]．北京科技大学学报，1995，17 (5)：408.

[14] Damen W，et al. Argon bubbles in slab，a non-homogeneous distribution [J]. La Revue de Metallurgie-CIT，1997(6)：746.

[15] 顾克井．微合金高碳硬线钢质量控制[D]．北京：北京科技大学，2004：3.

[16] 张立峰，蔡开科，等．Evalution and Control of Steel Cleanliness-Review 85th Steelmaking Conference of ISS Mar，10～13，2002. Nashville：963～976.

[17] 马富昌，等．钢板超声探伤处夹杂物分析[C]//连铸工艺研讨会文集．中国金属学会连铸分会，

2009, 5: 15.
[18] Ing J Cappel, et al. 大口径管线钢中心偏析和洁净度 HIC 检验方法[C]//第一届中德冶金技术研讨会文集, 2004(10): 171.
[19] 宝钢集团上海五钢有限公司. GB/T 10561—2005 钢中非金属夹杂物含量测定——标准评级用显微检验法[S]. 北京: 中国标准出版社, 2005: 16.
[20] 董履仁, 刘新华. 钢中大型非金属夹杂物[M]. 北京: 冶金工业出版社, 1991.
[21] 郭艳永. 冷轧无取向硅钢微细夹杂物行为研究[D]. 北京: 北京科技大学, 2006.
[22] 张立峰, 蔡开科. 连铸中间包钢液流动和夹杂物去除[J]. 炼钢, 1995, 21(12): 43~48.
[23] 毛斌, 等. 连续铸钢用电磁搅拌的理论与技术[M]. 北京: 冶金工业出版社, 2012.

9 铸坯裂纹及其他缺陷

连铸是使钢水不断的通过水冷结晶器，凝固成壳后从结晶器下方出口连续拉出，经喷水冷却，全部凝固后切成坯料的铸造工艺。同模铸相比，连铸工艺具有金属收得率高、节约能源、提高铸坯质量、改善劳动条件、便于实现机械自动化等优点。同时连铸也是衔接炼钢与轧钢之间的一项特殊作业，是轧钢前的最后一道工序，因此铸坯的质量在整个浇注工艺中起着至关重要的作用。铸坯质量概念包含以下几方面：

（1）铸坯洁净度（夹杂物数量、类型、尺寸、分布）；

（2）铸坯表面质量（表面裂纹、夹渣、气孔）；

（3）铸坯内部质量（内部裂纹、夹杂物，中心疏松、缩孔、偏析）；

（4）铸坯形状缺陷（鼓肚、脱方）。

引起铸坯产品质量问题主要是三种缺陷：

（1）非金属夹杂物，如薄板表面缺陷、线材拉拔脆段、中厚板超声探伤不合格等；

（2）铸坯裂纹，如中厚板、棒材表面缺陷等；

（3）铸坯中心缺陷，如管线钢氢脆裂纹、高碳硬线拉拔脆断等。

根据钢种和性能要求，减少铸坯缺陷或将缺陷控制在使产品不致产生废品限度内，是提高铸坯质量的主要任务。铸坯缺陷控制示意图如图 9-1 所示。

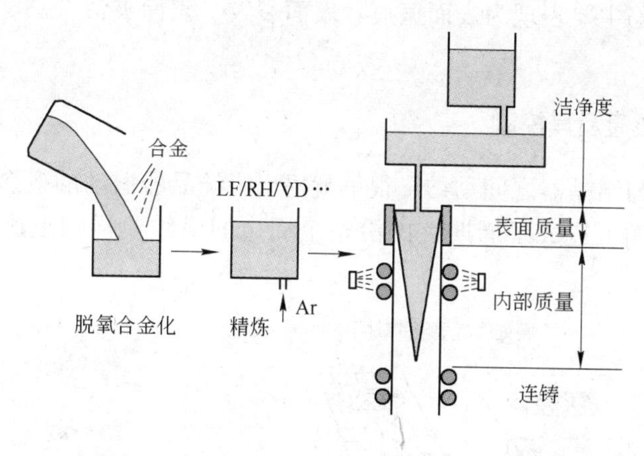

图 9-1　连铸过程示意图

铸坯存在裂纹，严重的会影响到铸坯的后续加工以及最终产品的质量，甚至造成废品。据统计，炼钢厂铸坯质量缺陷中约 50% 以上为铸坯裂纹，铸坯裂纹成为影响铸坯产量和质量的重要缺陷之一。铸坯在连铸机内的凝固可看成是一个液相穴很长的钢锭，而凝固是沿液相穴的固液界面在液固相温度区间把液体转变为固体把潜热释放出来的过程。在固液界面间刚凝固的晶体强度和塑性都非常小，当作用于凝固壳的热应力、鼓肚力、矫直力、摩擦力、机械力等外力超过所允许的外力值时，在固液界面就产生裂纹，这就形成了铸坯内部裂纹。已凝固的坯壳在二冷区接受强制冷却，由于铸坯线收缩，温度的不均匀性，坯壳鼓肚、导向段对弧形不准，固相变引起质点如（AlN）在晶界的沉淀等，容易使外壳受到外力和热负荷间歇式的突变，从而导致表面裂纹产生。铸坯裂纹的形成是一个非常复杂的过程，是传热、传质和应力相互作用的结果。带液芯的高温铸坯在连铸机运行过程中，各种力作用于高温坯壳上产生变形，超过了钢的允许强度和应变是产生裂纹外因，钢对裂纹的敏感性是产生裂纹的内因，而连铸机设备和工艺因素是产生裂纹的条件。

铸坯的其他缺陷如表面振痕、形状缺陷等对铸坯质量同样存在着不同程度的影响。在连铸生产过程中，由于结晶器的振动，铸坯表面常产生振痕，导致铸坯表面产生横向裂纹，皮下产生磷、锰等合金元素的正偏析，对后步工序产生不利影响，降低了产品各种物理性能横向断面的均匀性。振痕底部易形成裂纹和成分的偏析，且随着振痕深度的加深而加重，因此，减小振痕深度是改善铸坯表面质量的有效措施。

总体而言，铸坯质量控制主要包括以下几个方面：

（1）缺陷控制，如表面缺陷、内部裂纹、偏析、疏松等；

（2）化学成分控制，如防止连铸过程增碳、保护浇注不良造成的［Al］、［Ca］含量下降和［O］、［N］等含量的上升；

（3）外形控制，如表面凹陷、鼓肚、小方坯的脱方等。

缩孔、缩松等缺陷已经在第5章介绍，本章主要介绍铸坯裂纹、振痕及形状变形等缺陷的成因及控制。

9.1 铸坯表面缺陷及其控制

铸坯的表面缺陷主要表现为表面振痕、表面裂纹、表面夹渣。图9-2所示为铸坯表面缺陷。

9.1.1 铸坯表面振痕及其控制

为了避免坯壳与结晶器之间黏结，很早就提出了结晶器振动的概念。但结晶器上下运动的结果在铸坯表面上造成了周期性的沿整个周边的横纹模样的痕迹，称之为表面振痕（图9-3）。

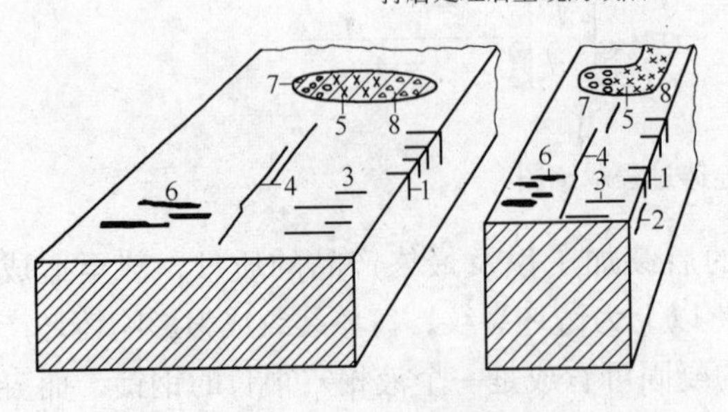

图9-2 铸坯表面缺陷

1—角横裂；2—角纵裂；3—横裂纹；4—纵裂；5—微裂纹（皮下）；6—深振痕；7—气孔；8—夹杂

图9-3 板坯窄面上振痕外观

振痕的出现导致结晶器热流密度下降，振痕处坯壳生长速度减慢，从而造成坯壳晶粒组织粗大，夹杂元素出现偏析，由此，振痕降低了坯壳的高温强度，减少了有效坯壳的厚度，成为铸坯表面横裂及其他表面缺陷的根源。生产实践证实，振痕越深，夹杂元素的偏析及铸坯表面的缺陷越严重。随着连铸技术的发展，特别是铸坯热送、热装及直接轧制工艺的开发，对铸坯表面质量提出了更高的要求，因此，控制铸坯表面振痕深度，改善铸坯表面质量，已成为连铸工艺控制的一项重要内容。

9.1.1.1 表面振痕产生的原因

铸坯表面上的振痕就是在结晶器上下运行的过程中形成的，结晶器向上运动时，结晶器弯月面处的初生坯壳被“拉开”，而结晶器向下运动，特别是在负滑脱时间里，坯壳又被“重合”。坯壳不断被“拉开”、“重合”，就形成了振痕。负滑脱时间的结束，就是一个振痕完成的时刻。振痕与振痕的间距取决于拉速和振频。因振痕底部易形成裂纹和成分的偏析，且随着振痕深度的加深而加重。通常在正常情况下（振痕深度不大于0.7mm），对铸坯表面质量没有影响。但控制不当会给铸坯表面带来许多缺陷，特别是不锈钢和高强度钢。表面振痕的产生是由于弯月面顶端溢流造成的（图9-4），具体原因如下：

（1）结晶器向上运动速度大于拉速处于正滑脱期间，坯壳与结晶器间速度差最大，把气隙中的液渣挤出到弯月面渣层中，渣圈突出渣层（由状态1→状态2）；

（2）结晶器向下运动速度大于铸坯拉速处于负滑脱期间，液渣被泵入到坯壳与结晶器壁缝隙中起润滑作用，渣圈压力迫使弯月面坯壳向内弯曲形成振痕（由状态3→状态4）；

（3）渣圈挤压力消失钢水静压力又把弯月面初生坯壳边缘推向渣圈（状态5），这种相互运动一直持续到振动周期的结束，从而形成铸坯表面的振痕。

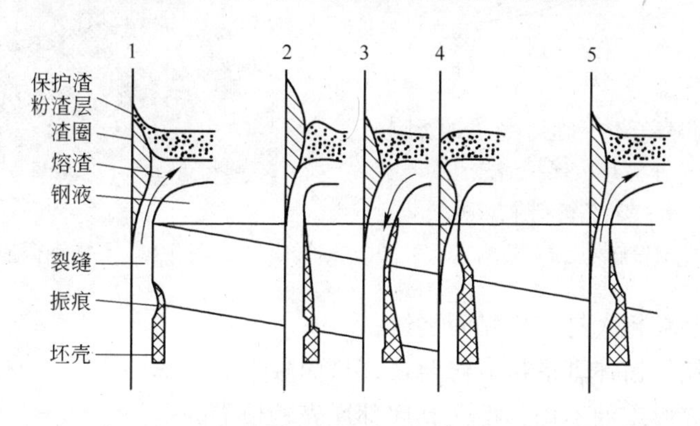

图9-4 初生坯壳形成的机理

因此，铸坯振痕的形成与铸坯弯月面的凝固过程密切相关，故分析铸坯弯月面区域的传热特性和凝固坯壳的受力情况对认识振痕的形成机理及采取相应的控制措施十分必要。

9.1.1.2 影响振痕深度的因素

振痕形成的根源在于负滑脱期间弯月面的部分凝固并产生刚性结构，显然，凝固组织的多少则由负滑脱时间的大小及弯月面处的传热条件所决定。此外，弯月面部分凝固所产生的刚性结构，在正滑脱期间被推向结晶器的难易程度即其刚度，则由钢种的高温强度所决定。因此，影响铸坯表面振痕深度的主要因素有以下几项：

（1）钢种对振痕深度有很大影响，裂纹敏感型钢其振痕浅，收缩敏感型钢其振痕深，反之，由振痕深浅可以判定钢种的凝固特性及类型；

（2）振动参数对振痕形状和深度有重要影响，其中振幅、频率、负滑脱时间及振动方式最为重要；

（3）结晶器保护渣的耗量、黏度、保温性能及表面性能等有着重要影响；

（4）生产实践证明，在一定的连铸工艺条件下，铸坯表面振痕的深浅与坯壳的均匀性及黏结程度有明显的对应关系；

（5）钢的凝固特性对振痕有着重要影响，特别是当钢中碳含量和钢中 Ni/Cr 之比影响最突出。当钢中碳含量为 0.1% 左右，Ni/Cr≈0.55 左右，铸坯表面振痕最深，如图 9-5 所示。

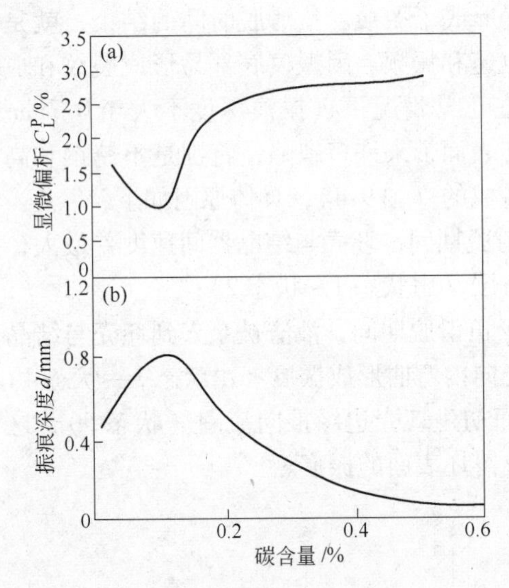

图 9-5　碳含量对显微偏析和振痕深度的影响
（83mm×83mm 小方坯，保护渣浇注）
（a）碳含量对磷的显微偏析 C_L^P 的影响；
（b）碳含量对振痕深度 d 的影响

9.1.1.3　振痕对铸坯质量的影响

振痕对铸坯质量的影响表现在：

（1）增加铸坯表面横裂纹、角部横裂纹及矫直裂纹；

（2）增加铸坯表面夹杂（渣）；

（3）振痕处易产生网状裂纹及穿钢现象（图 9-6）；

图 9-6　不锈钢振痕处裂纹现象

（4）振痕处晶粒粗大易产生晶间裂纹；

（5）增加不锈钢铸坯剥皮量或修磨量，从而减少成材率；

（6）造成坯壳厚度的不均匀性，其底部坯壳较顶部的薄；

（7）引起振痕底部与顶部之间初始凝固时间的差异；

（8）导致卷渣使铸坯皮下产生大颗粒的夹杂物，降低了坯壳的高温强度。

9.1.1.4　减少振痕深度的措施

减少振痕深度可采取下列措施：

（1）采用小振幅（s）、高频率（f）及减少负滑脱时间（t_n），可以有效地减少振痕的深度，如图 9-7 所示；

（2）采用非正弦振动方式可以减少振痕的深度，这是因为非正弦振动其负滑脱时间 t_n 比正弦振动短；

（3）采用渣耗量低、黏度高的保护渣，可以使振痕深度变浅，如图 9-8 所示；

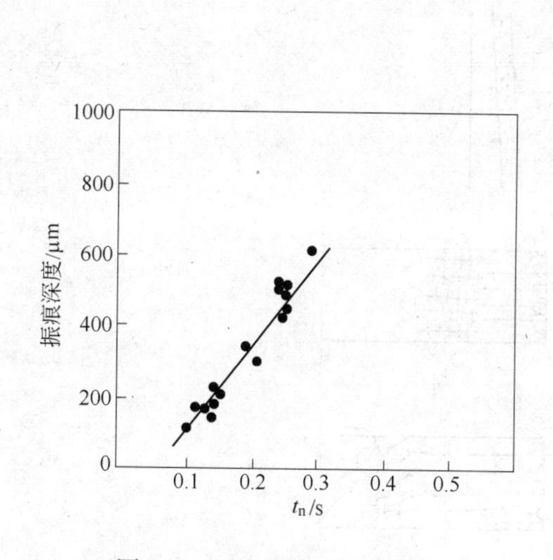

图 9-7 t_n 对 300mm×430mm 大方坯振痕深度的影响

（AISI430；150mm×1030mm；v_C =0.7m/min）

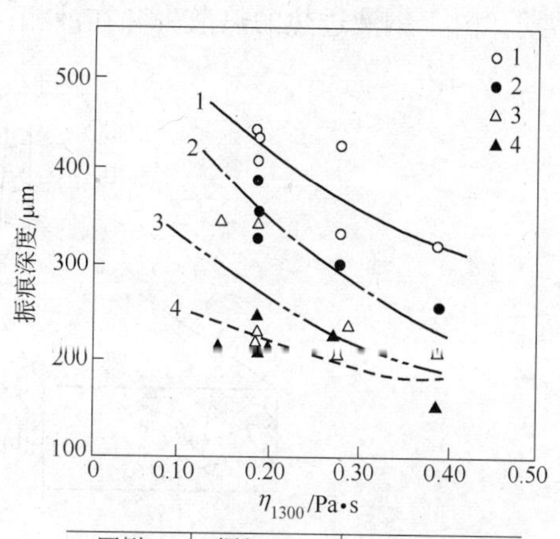

图例	振程 /mm	振频 /C·min^{-1}
1	6	60
2	6	80
3	6	100
4	6	120

图 9-8 η_{1300} 对振痕深度的影响

（4）采用保温性能好和能增加弯月面半径的保护渣可以减少振痕深度；

（5）提高不锈钢、钢液的过热度，尤其是含钛和含铝的不锈钢对减少该钢表面振痕深度是有效的；

（6）提高结晶器进出冷却水的温差，对减少振痕深度是有利的；

（7）减小结晶器内钢液初始凝固坯壳的弯曲变形程度可以降低铸坯的振痕深度；

（8）电磁连铸技术，其试验和理论计算均表明在交流电磁场的作用下，初始凝固坯壳和弯月面附近钢液中会产生感应电流，相应地由于感应电流切割磁力线，在坯壳中产生电磁感应力，此作用力拉动初始凝固坯壳向钢液方向，促使凝固坯壳与结晶器处于一种“软接触”状态，因此，坯壳与结晶器之间的渣膜通道变大，结晶器振动产生的作用在坯壳上的动态压力得到释放，减轻了振痕的深度，提高了铸坯的表面质量；

目前，对于振痕形成机理有多种解释，在生产实践中应视具体情况，不同钢种采取不同的工艺措施来改善振痕质量，同时，控制振痕形态有多种技术，为进一步改善铸坯表面质量，应将几种技术综合在一起使用，这样才能达到满意的效果。

9.1.2 铸坯表面裂纹及其控制

铸坯表面裂纹是最常见的和数量最多的一种缺陷，据统计，铸坯各类缺陷中有 50% 为裂纹。铸坯中存在裂纹，严重的会影响到铸坯的后续加工以及最终产品质量，甚至造成废品。因此，铸坯表面裂纹的控制对提升铸坯质量有重要的意义。其形成原因一方面取决于坯壳和凝固界面的受力情况，另一方面取决于钢在高温下的塑性和强度。铸坯的凝固过程通常要经历三个阶段。如图 9-9 所示，首先在结晶器的表面激冷作用下形成表面结晶区；随后，各个晶粒竞争生长并在近似一维的温度场控制下发生定向凝固，形成柱状晶；在凝固后期，由于钢液过热的热散失和在液相区非自发晶核的形成而发生等轴晶的凝固。

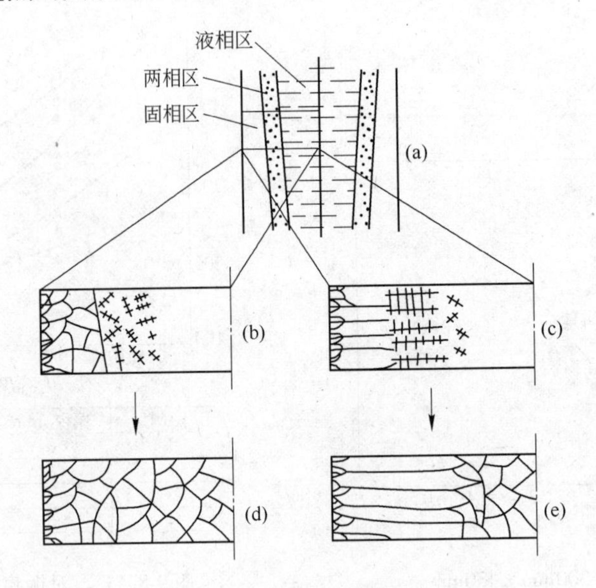

图 9-9　连铸钢坯的凝固过程

(a) 钢坯凝固方式；(b)，(c) 凝固过程中钢坯截面的凝固方式的局部放大；
(d)，(e) 钢坯截面的凝固组织

在钢锭凝固过程中，钢液释放的热容量非常大，凝固过程进行非常缓慢，钢锭的横截面上的局部区域内凝固过程几乎是一维的。固相的生长方式取决于钢液的过热度及钢液内部的形核条件。当钢液中存在大量异质晶核时，这些晶核的长大将组织定向枝晶的生长，形成等轴晶。浇注过程的冲击液流可能引起大量枝晶的破碎和游离，促进等轴晶的形核。

在垂直连铸过程中，虽然凝固过程的补缩压头非常大，但狭长的凝固区造成补缩距离很大而补缩角非常小，仍给钢锭的补缩带来很大的困难。特别是在等轴晶凝固的条件下，在凝固末期形成骨架的枝晶使得补缩液流受到很大的流动阻力，补缩非常困难。因此需要采取轧制变形等措施提高凝固组织的致密度。

铸坯裂纹的形成是一个非常复杂的过程，是传热、传质和应力的相互作用结果。带液芯的高温铸坯在连铸机内运行过程中，各种力的作用是产生裂纹的外因，而钢对裂纹敏感性是产生裂纹的内因。铸坯是否产生裂纹，决定于钢高温力学性能、凝固冶金行为、铸机设备运行状态。

裂纹产生因素如图 9-10 所示。铸坯凝固过程固—液界面所承受的应力（如热应力、

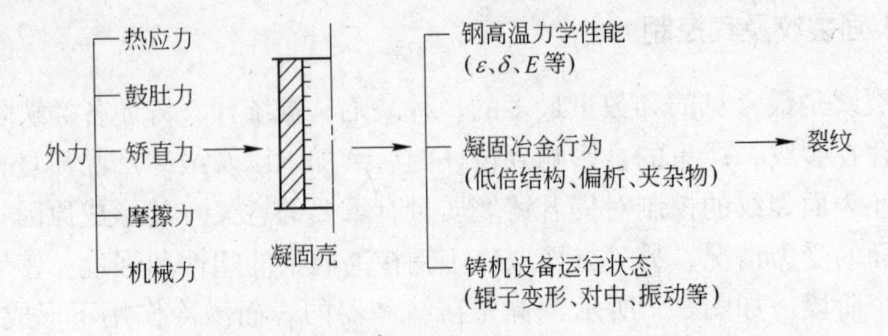

图 9-10　铸坯裂纹产生因素示意图

鼓肚力、矫直力等）和由此产生的塑性变形超过了所允许的高温强度和临界应变值，则形成树枝晶间裂纹，柱状晶越发达，则有利于裂纹的扩展。

钢的高温力学性能与铸坯裂纹有直接关系，铸坯凝固过程坯壳所受各种力的作用是外因，而钢对裂纹敏感性是内因。由 Gleeble 热模拟试验机测定的高温延性示意图，如图9-11所示。由图可知，钢可分为三个延性区：Ⅰ区为凝固脆性区（变形温度1200℃），Ⅱ区为高温塑性区（变形温度1200～900℃），Ⅲ区为低温脆化区（900～700℃）。在Ⅰ区内铸坯产生内裂纹，在Ⅲ区使铸坯产生表面裂纹。铸坯表面裂纹主要包括表面纵裂纹和表面横裂纹两种。

9.1.2.1 表面纵裂纹

表面纵裂纹（图9-12～图9-15）是铸坯表面沿轴向形成的裂纹，多发生在板坯的宽面中央部位，方坯出现在面部严重时裂纹将高达10mm以上。发生纵裂纹是由于初生坯壳厚度不均匀，在坯壳薄的地方应力集中，当应力超过其抗拉强度时，产生裂纹。坯壳承受的应力包括：由于坯壳内外上下存在温度差而产生的热应力；钢水静压力阻碍坯壳凝固收缩而产生的应力；坯壳与结晶器壁不均匀接触而产生的摩擦力。以上这些应力的总和超过了钢的高温强度，致使铸坯薄弱部位产生裂纹。

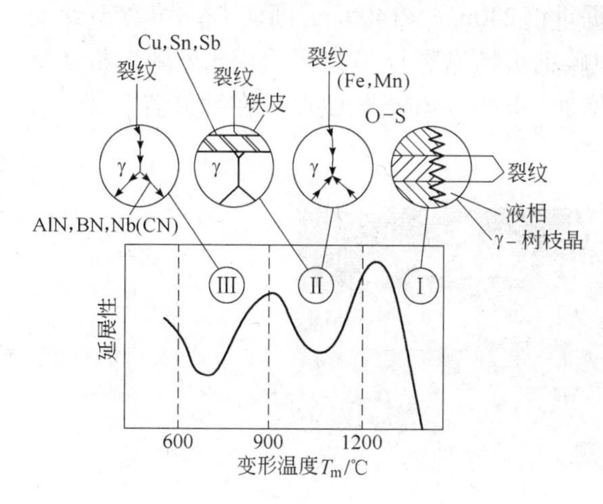

图9-11 钢的高温延性示意图

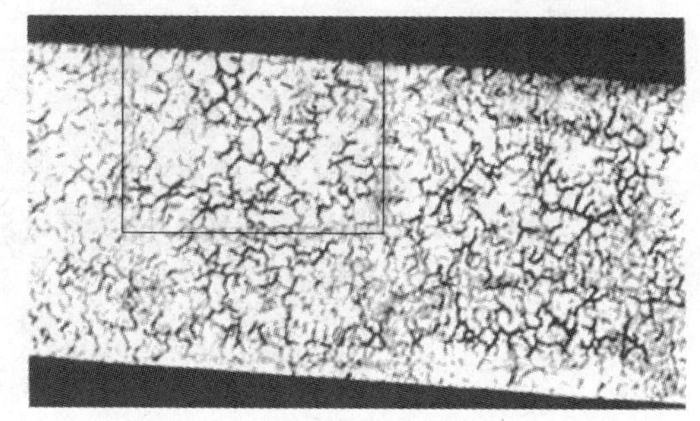

图9-12 A350 LF6表面裂纹宏观形貌

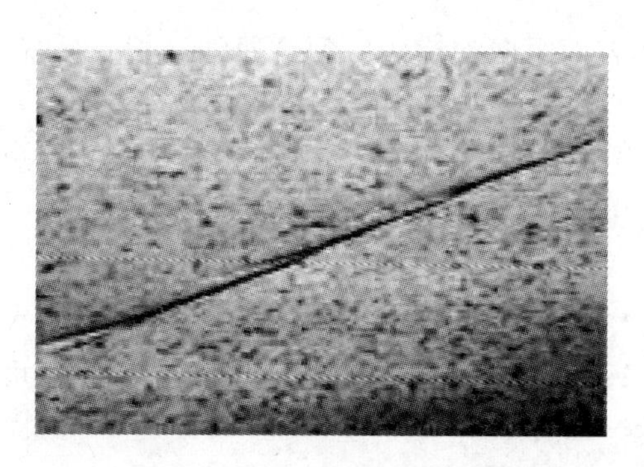

图9-13 铸坯裂纹显微状态

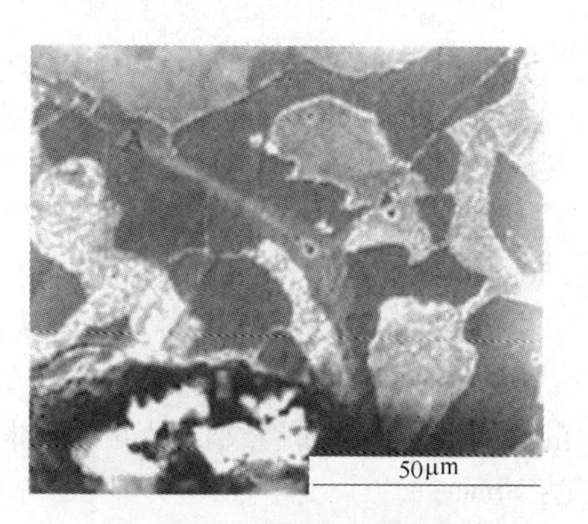

图9-14 裂纹横截面形貌

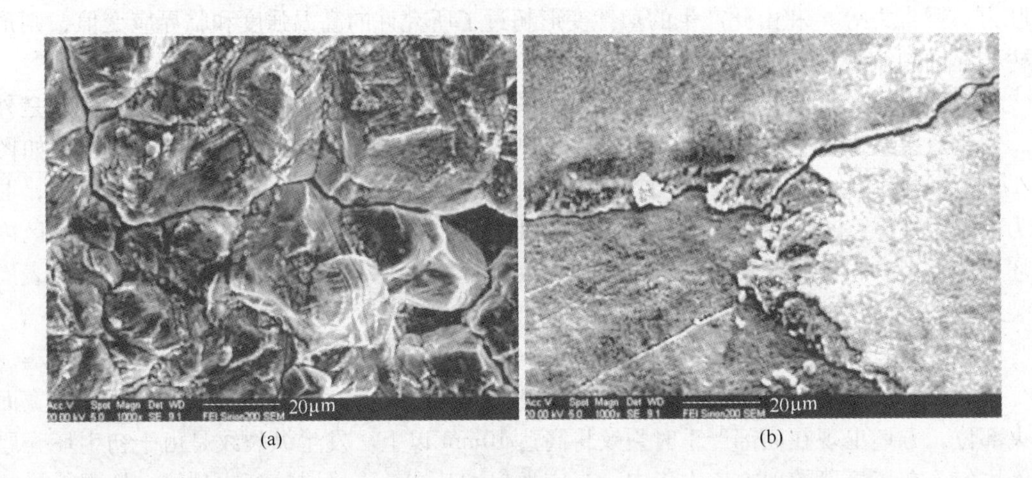

(a) (b)

图9-15 裂纹断口电镜形貌

(a) 裂纹断口电镜形貌图；(b) 断口上的层片状物质

铸坯表面纵裂纹（图9-16）是铸坯最主要表面缺陷，对铸坯质量影响极大，特别是板坯和圆坯最为突出，报废量和整修量很大。据重钢240mm×1400mm断面1998年统计纵裂纹占表面缺陷94%。含碳在0.12%左右的中碳钢板坯纵裂纹最为严重，此外随着板坯宽度的增加和拉速的提高，其纵裂纹数量急剧增加，同时板坯纵裂纹产生在结晶器上部，多数分布在板坯中部（即水口附近）。

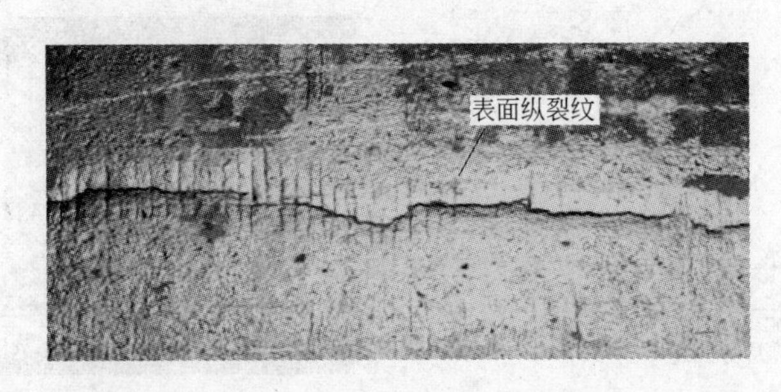

图9-16 铸坯表面纵裂纹

A 铸坯表面纵裂纹的类型

铸坯表面纵裂纹有如下几种类型：

（1）铸坯表面沟槽纵裂纹，这种裂纹在铸坯表面纵向沟槽内，裂纹通常又长、又宽、又深，严重时引起漏钢事故发生；

（2）铸坯表面平纵裂，这种裂纹与表面一样平（或凹下很浅），而且直，长度较短(50~200mm左右)，其深度和宽度在1~2mm范围内；

（3）结晶器划痕引起铸坯表面纵裂纹；

（4）粗大的纵裂纹（图9-17），铸坯表面粗大的纵裂纹长度、宽度和深度可以在较大的范围内变化，如裂纹长度可达数米，深度在2~70mm范围内变化，裂开宽度最大可达10mm；

（5）较微细的纵裂纹（图9-18），铸坯表面细微的纵裂纹缺陷长度较短，通常在3~

25mm 之间，裂纹开口一般小于 1mm。

图 9-17　铸坯表面粗大的纵裂纹缺陷

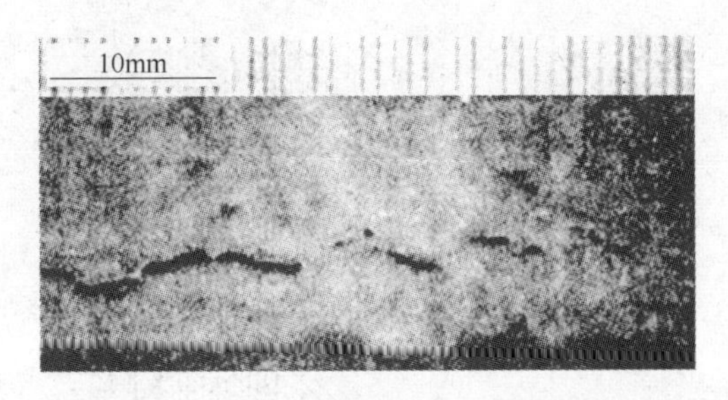

图 9-18　铸坯表面微细的纵裂纹缺陷

B　造成纵裂纹的常见原因及预防措施

纵裂纹是在连铸结晶器内发生的。结晶器内凝壳不均匀，凝壳薄的部位往往是产生纵裂的部位，结晶器内的初生坯壳主要经受以下应力作用：

（1）坯壳内外表面两侧温差引起的热应力；

（2）钢水的净压力；

（3）坯壳一方面受钢水静压力向外运送，另一方面由于冷却和凝固而向内收缩，由此产生的摩擦应力；

（4）在板坯宽面，中部坯壳向结晶器壁凸进，而两端被短边牵制，由此产生的弯曲应力。

坯壳经受的热应力最大，弯曲应力次之，而钢水的静压力和动摩擦应力的影响较小。当结晶器内凝固生成的初生坯壳经受到以上应力导致的变形（应变）超过坯壳所经受的变形时，坯壳即会发生裂纹。

含碳量为 0.09% ~0.17% 的亚包晶成分钢板坯容易发生表面纵裂纹的主要原因是由于凝固过程发生包晶转变。由于 γ 奥氏体密度大于 δ 铁素体，凝固坯壳发生大约 0.38% 的收缩。如结晶器冷却不均匀，就会发生同一高度处的初生坯壳进入包晶转变时间不一致的情况，即在冷却较短弱处坯壳尚未进入包晶转变时，邻近位置由于冷却较强，坯壳已开始发生包晶转变。已开始包晶处转变的坯壳，由于相变而收缩离开结晶器壁，气缝增大，传热减慢，坯壳变得较薄。而邻近尚未开始包晶转变的坯壳，其与结晶器壁之间的气缝小，坯壳厚度仍快速增长，最终造成初生坯壳凝固厚度的不均匀。较薄坯壳处，造成应力集中，从而导致裂纹产生。图 9-19 所示为亚包晶成分钢坯与结晶器壁之间存在较大间隙示意图。通常在浇注亚包晶成分钢时，结晶器热流减少。

因此，预防铸坯表面纵裂纹应从以下方面进行：

（1）结晶器的质量及磨损、变形。结晶器合适的倒锥度对减少热纵裂、提高拉速、避免漏钢起一定作用。因为合适的倒锥度，可以避免出现不均匀的气隙和不均匀冷却。为了防止结晶器变形，大断面的结晶器不宜过长，铜壁要适当加厚。当结晶器内型尺寸偏差超过 ±(2 ~4)mm 以及结晶器上部有严重损伤时则应进行更换和检修。

（2）结晶器保护渣流入的均匀性。结晶器和坯壳之间局部流入渣子过多，减慢了传热，使局部凝壳变薄产生纵裂。相反，合适的保护渣的熔化层，对结晶器壁有润滑作用，使拉坯阻力减少，对纵裂很有效。结晶器内液面波动过大，直接影响坯壳的均匀性。由于

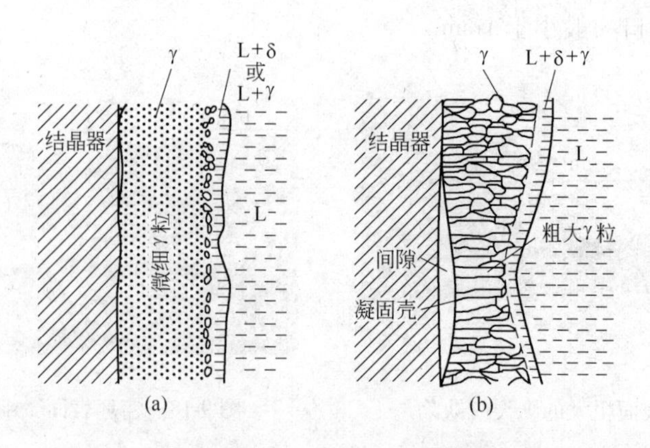

图 9-19 亚包晶钢坯壳—结晶器壁间较大间隙示意图

（a）其他成分钢；（b）亚包晶成分钢

浸入式水口钢液面下浇注，减轻了注流对坯壳的冲刷作用，能在结晶器内形成厚薄均匀的坯壳。

（3）结晶器内钢水的流动。板坯连铸过程结晶器内，由浸入式水口流出的钢水流动一段距离后分为向上和向下两个分流。如浸入式水口流出的钢水形成的向上分流过小，结晶器弯月面处会出现热量不足的情况，由此会造成初生坯壳冷却过强、保护渣熔融不好等使初生坯壳厚薄不均，容易生成铸坯表面纵裂纹及表面夹渣等缺陷。结晶器内钢水向上和向下分流的比率与拉速、浇注铸坯断面尺寸（宽度和厚度）、浸入式水口结构参数（出口直径、出口夹角等）、浸入式水口浸入深度、水口吹入氩气流量等有关。为了合理地控制结晶器内钢水流动，原日本钢管公司（NKK）开发了利用“F”数优化和控制结晶器内钢水流动的方法。“F”数的定义如下：

$$F = \frac{\rho Q_L v_e (1 - \sin\theta)}{4} \frac{1}{D} \tag{9-1}$$

式中 ρ——钢水密度，kg/m^3；

Q_L——钢水浇注速率，m^3/min；

v_e——钢水流到达窄边时碰撞速度，m/min；

θ——钢水流到达窄边时碰撞角度，(°)；

D——钢水流到达窄边处距钢水表面距离，m。

“F”数反映了结晶器内向上钢水分流的比率。发现当“F”数控制在 3～4 之间时，冷轧钢板表面缺陷最少。由于铸坯表面纵裂纹发生率随钢水向上分流增强而降低，因此，当铸坯纵裂纹发生频繁时，应注意在不增加保护渣卷入的情况下，通过调整浇注工艺和浸入式水口结构参数，可适当增加钢水向上分流的比率。

（4）浇注中的注温、注速。为了保证铸坯出结晶器时有足够的坯壳厚度，在操作时注温、注速不宜过高。对于一定的注温，有一个不产生纵裂的最高拉速，在保证铸坯质量又提高拉速的前提下，要求有合适的浇注温度。还有在操作中注流要对正结晶器中心。

（5）二次冷却强度及足辊的影响。二冷主要表现在局部过冷产生纵向凹陷。在连铸生产中，发生连续的纵向裂纹是由于结晶器工况不佳所致，出现断续的纵向裂纹，则是与操作因素及工艺条件的突变有关。

C 角部纵裂纹

角部纵裂纹是铸坯常见的一种纵裂纹缺陷（图 9-20）。角部是宽面和窄面的二维传热区，结晶器角部钢水凝固比其他部位要快，初生坯壳收缩最早，在角部形成不均匀气隙，热阻增加，凝固减慢，当坯壳薄弱处不能抵抗张应力时形成角部纵裂纹。

图 9-20 铸坯角部纵裂纹

角部纵裂纹产生原因有：

（1）板坯窄面支撑不当，造成窄面鼓肚，如窄面有 6～12mm 鼓肚，伴随角部纵裂纹产生，甚至导致漏钢；

（2）结晶器锥度选择不当——锥度过大，结晶器锥度设置过大，虽然有效控制了铸坯冷却过程收缩量，但是没有为保护渣的流入提供有效空间，保护渣渣膜较薄；

（3）浇注过程应用的保护渣对结晶器冷却速度较敏感，在冷速较快的情况下不能为铸坯润滑提供必要厚度的渣膜，使铸坯和结晶器黏连，产生粘钢现象；

（4）窄面冷却水不足，产生鼓肚；

（5）结晶器转角半径选择不当；

（6）水口在结晶器偏流（即不对中）；

（7）结晶器宽、窄冷却水配比不合理，铸坯窄面二次冷却强度大于宽面冷却强度，使铸坯角部产生应力集中，使裂纹扩展。

防止角部纵裂纹的措施有：

（1）调整窄面足辊间隙，使其向内 1～2mm，限制鼓肚；

（2）选择合适的锥度（1.0%/m）；

（3）调整结晶器冷却水量，如果结晶器内冷却强度不均匀造成初生坯壳厚度不均匀，在坯壳厚薄交界处的地方应力集中，当应力超过坯壳的抗拉或抗压强度时，就会产生裂纹，实践证明，通过优化结晶器宽、窄铜板冷却水量，边部纵裂纹缺陷严重程度有所降低，出现的几率有所减少；

（4）选择合适的结晶器转角半径；

（5）水口要对中，不应偏流。

9.1.2.2 表面横裂纹

在铸坯表面沿振动波峰谷所发生的开裂，称为表面横向裂纹（图 9-21 和图 9-22）。横裂纹产生于结晶器初始坯壳形成振痕的波谷处，振痕越深，则横裂纹越严重；铸坯运行过程中，受到外力（弯曲、矫直、鼓肚及辊子不对中等）作用时，刚好处于低温脆性区的铸坯表面处于受拉伸应力作用状态，如果坯壳所受的 $\varepsilon_{临} > 1.3\%$，在振痕波谷处就会产生裂纹；微合金化钢有较大的形成裂纹倾向。横向裂纹常常出现在振痕处或表面凹陷处；裂纹总是沿着异常原始奥氏体晶界扩展。

国内外通常将碳含量在 0.08%～0.18% 范围内的钢称之为裂纹敏感性钢，由于这类钢凝固过程中发生包晶反应，产生相变，导致热裂纹形成，从而恶化铸坯表面质量，铸坯表

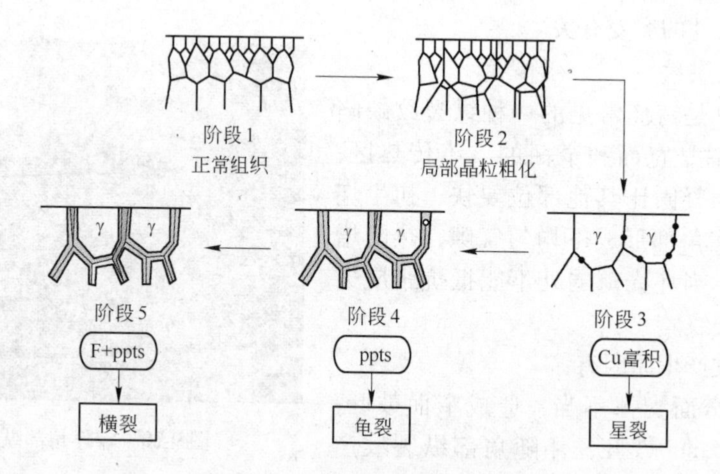

图 9-21　表面横裂纹及其类型图

图 9-22　铸坯表面横裂纹

面出现的横裂纹常会引起轧材的纵向裂纹。这类裂纹可出现在所有类型的大方坯、方坯、板坯、圆坯及异型坯的表面。这类短又细的裂纹在长又粗糙的有氧化铁皮的钢坯表面是很难发现的。虽然不能作为规律，但横裂纹常在铸坯的角部出现。因此改善结晶器内坯壳的传热条件，促进坯壳均匀生长，是防止裂纹产生的关键。

铸坯表面横裂纹主要有以下特征：横裂纹可位于铸坯面部或棱边；横裂纹与振痕共生，深度 2 ~ 4mm，有时可达 7mm，裂纹深处生成 FeO 且不易剥落，对于热轧板而言，表面会出现条状裂纹。振痕深，柱状晶异常，形成元素的偏析层，轧制板上留下花纹状缺陷；铸坯横裂纹常常被 FeO 覆盖，只有经过酸洗后才能发现。

A　铸坯表面产生横裂纹的原因

在凝固温度 T_s 约 600℃ 区间，钢存在三个脆性温度区，即凝固温度附近的第 Ⅰ 脆性温度区、1200℃ 附近的第 Ⅱ 脆性温度区和 950 ~ 700℃ 区间的第三脆性温度区，在较低变形速率条件下，仅存在第 Ⅰ 和第 Ⅲ 脆性温度区。

钢的第 Ⅲ 脆性温度区域铸坯表面横裂纹关系密切。在连铸机的矫正区，如铸坯表面温度或边角部温度位于其第 Ⅲ 脆性温度区内，由于钢延塑性降低，在矫直变形时即容易在内弧侧铸坯表面振痕波谷处发生横裂纹或角裂纹。裂纹的发生率还与振痕形貌有关，振痕越深、曲率半径越小，越容易横裂纹。

铸坯第 Ⅲ 温度区范围和该温度区内铸坯延塑性能降低程度与钢的化学成分有关，钢在该温度区的脆化主要包括γ单相区低温域的脆化和γ+α两相区高温域脆化两部分。在γ单相区低温域造成钢延塑性能降低主要包括钢中硫、氧等杂质影响，钢中氮化物和碳氮化物析出等原因。含铌、钒、钛的微合金化钢和铝脱氧钢，由于钢中氮化物、碳氮化物析出，铸坯容易发生横裂纹、角裂纹缺陷。

氮化物、碳氮化物析出对铸坯横裂纹、角裂纹的影响如下：

采用控轧控冷工艺，含铌、钒、钛的微合金化钢在轧制过程中，钢中析出的微细氮化物、碳化物或碳氮化物 NbN、Nb(C,N)、VN、V(C,N)、TiN 等能够细化钢的结构，并对钢起到沉淀强化的作用，使钢材具有较高强度和良好的韧性。因此含铌、钒、钛的微合金化钢在管线钢、高压容器钢板、造船桥梁、海洋设施用钢等方面得到了广泛的应用。但是，在连铸过程中，由于钢中微细的氮化物、碳氮化物的析出，钢的延塑性变差，铸坯表面裂纹尤其是横裂纹、角横裂纹发生频繁。

钢中铌的碳、氮化物的析出及对铸坯延塑性的影响如下：

在奥氏体单相区低温域和γ+α两相区高温域，钢的延塑性显著降低。γ+α两相区高温域钢的延塑性降低主要由于沿γ晶界生成的网膜状α相所致，铌、钒、钛等元素对钢延塑性的影响则主要发生在γ相去高温域。

铸坯发生横裂纹、角裂纹的主要原因如下：

（1）连铸过程铸坯中 NbN、Nb(C,N)、VN、V(C,N)、AlN 等的析出引起钢延塑性能降低；

（2）铸坯表面的振痕过深会助长横裂、角裂纹的发生；

（3）在钢的脆化温度区对铸坯进行矫直；

（4）浇注过程液面不稳定，拉速频繁变化，使坯表面振痕不整齐，局部振痕过深则在此容易出现横裂；

（5）保护渣性能差，加深振痕深度或表面不平整；

（6）包晶反应钢种由于相变引起大的体积收缩而在铸坯表面出现凹陷，在凹陷的底部出现裂纹，在奥氏体不锈钢铸坯上很容易发现。

B 铸坯表面横裂纹的防止措施

（1）根据铸坯表面的振动波痕形状，减小振痕深度。铸坯在弯曲和矫直时，振痕“低谷”处发生应力集中促发在铸坯振动痕迹的低谷处生成横裂纹和角横裂纹。铸坯表面振痕有两种不同的形貌，一种为“钩状”形貌，该种形貌振痕容易导致横裂纹和角裂纹发生；另一种形貌振痕为正常形貌振痕。

铸坯横裂与振动波痕形状有密切关系，振痕越深、曲率半径越小，振痕呈“钩状”时，横裂、角横裂发生几率增加。应增加结晶器振频、减小振痕的深度、增大振痕曲率半径。高频振幅的振动方式（频率200~400次/min，振幅3~6mm）已广为采用。

（2）结晶器振动负滑脱时间控制在0.15~0.2s，结晶器导前量不超过5mm，控制在3~4mm，振痕间距控制在10~13mm最佳，1m/min拉速振频150~160L/min。

（3）二冷区采用平稳的弱冷却，采用较弱冷却可减少微细析出物。由于铸坯中氮化物、碳氮化物的析出时引起角横裂的内在原因，因此，减少氮化物、碳氮化物的析出对减轻铸坯的横裂有重要的意义。

（4）降低钢中S、O、N的含量，或加入Ti、Zr、Ca等抑制C-N化物和硫化物在晶界析出，或使 C-N 化物的质点变相，以改善奥氏体晶粒热延性。

(5) 选用性能良好的保护渣，保护渣用量和黏度，既要满足减浅振痕，又要防止坯壳黏结，保持结晶器液面的稳定。

(6) 横裂纹往往沿着铸坯表皮下粗大奥氏体晶界分布，因此可通过二次冷却使铸坯表面层奥氏体晶粒细化，降低裂纹的敏感性，从而减少横裂纹的形成。

(7) 合适的二次冷却水量，根据钢种不同，二冷配水量分布应使铸坯表面温度分布均匀，应尽量减少铸坯表面和边部温度差。

(8) 矫直辊水平度管理，矫直辊水平度异常时，铸坯矫直应变比正常大（正常为 1.19%，异常为 2.69%），使横裂多且深，所以应把辊水平度控制在 2mm 以内。

(9) 采用电磁搅拌技术，电磁搅拌（EMS）的作用是扩大铸坯的等轴晶区，减少中心偏析。由于电磁搅拌引起液相穴内钢液的搅动，降低了温度梯度，从而削弱了柱状晶生长所必要的冷却条件。

(10) 结晶器倒锥度按 1.03% ~1.05% 调整铸坯质量最佳，能有效减弱铸坯二维强冷，减少晶界偏析造成坯壳过薄出现重熔再凝固角部结疤现象，减少结疤产生，从而减少横裂纹的产生。

(11) 控制化学成分，把铌、铝等元素降低到为获得最终性能所需的最低含量，从工艺上确定合适的二冷制度和拉速，使铸坯在弯曲、矫直时表面和边部的温度避开钢的热塑性低谷区。

(12) 矫直时铸坯的表面温度要高于质点沉淀温度或高于 γ 向 α 转变温度，提高铸坯的矫直温度，避开钢的脆性温度区。在奥氏体低温域，含铌、钒钢铸坯中氮化物、碳氮化物的析出造成钢的延塑性显著降低。如铸坯在这一脆性温度域进行矫直，矫直应力会造成铸坯内弧横裂、角横裂的发生。实际生产中，含铌、钒钢铸坯的横裂、角裂绝大多数是在矫直过程产生的。

C 铸坯角部横裂纹

角部横裂纹一般产生在靠近窄面的边部与角部，垂直于浇注方向，常常出现在振痕底部。在弧形铸机上，角部横裂纹通常形成于内弧侧；而在直弧形铸机上，角部横裂纹可能在铸坯内外弧产生。角部横裂纹在宽厚板坯和大方坯出现率较多，尤其是内弧角部横裂纹比外弧多。角部横裂纹的出现影响了铸坯质量，增加了生产成本，成为困扰连铸界的质量难题。

角部裂纹产生原因有：

(1) 一次冷却强度的影响。一次冷却即结晶器水的冷却。结晶器冷却水量过小，在结晶器内形成的坯壳厚度变薄，出结晶器的坯壳强度降低，在振动、钢水静压力和铸坯自重的作用下，易使坯壳产生表面横裂纹。同时，结晶器四角冷却水缝的不均匀，也会导致铸坯角部坯壳的厚度和强度不均，从而在角部坯壳的薄弱部位产生角部横裂纹。

(2) 二次冷却强度的影响。二次冷却强度对铸坯表面角部横裂纹的影响作用很大。二次冷却强度过大，导致铸坯表面温度过低，易使铸坯在 700 ~900℃ 的脆性区间内矫直，从而诱导表面角部横裂纹的产生。

(3) 保护渣的影响。保护渣的成分和性能对铸坯的振痕深度影响较大。如果保护渣黏度过大、熔速过快，会加深铸坯的振痕深度，而振痕是表面横裂纹的发源地。

（4）结晶器锥度过大，铸坯阻力较大。

（5）结晶器表面划伤严重，增大结晶器铸坯阻力。

（6）结晶器出口与零段对弧不准或对弧不对中造成拉坯阻力过大。

（7）矫直时铸坯角部温度过低，内弧角部产生横裂纹。

（8）拉矫机的压力在横向上不对称造成铸坯偏离中心线，使铸坯一侧边受压，另一侧边受拉，造成角部和侧边产生横裂纹。

防止出现角部横裂纹的措施有：

（1）选择合适的结晶器锥角；

（2）严格对弧对中；

（3）调整二冷水，使铸坯角部在矫直时有较高的温度，应不小于800℃；

（4）选择良好性能的保护渣，减少角部振痕深度和良好润滑性能；

（5）精确控制钢水温度和纯净度，中间包钢水过热度宜在10～25℃，如果钢水过热度高，铸坯出结晶器时的坯壳薄、强度低，在角部的应力集中部位强度更低，易加剧角部横裂纹的形成及扩展，钢水干净、夹杂物含量低，提高了钢水的流动性，有利于减少表面角横裂；

（6）确定合适的结晶器倒锥度及内腔形状，减少铸坯因收缩而脱离结晶器壁与结晶器壁产生气隙，保证两者之间良好接触；

（7）改善钢水成分，尽量避开钢的包晶反应区，努力降低钢中S含量、提高 $m(\mathrm{Mn})/m(\mathrm{S})$，要求Mn含量按中上限控制。

D 铸坯表面星状和网状裂纹

表面星状裂纹和网状裂纹，如图9-23～图9-25所示，在铸坯氧化铁皮覆盖的情况下是难以发现的，但经喷铁丸处理或酸洗等后就能检查出来，它们往往是成群在一起的细小的晶间隙裂纹，或呈星状或呈网状，有的也呈龟裂，其深度2～5mm。矫直时可能扩展成横裂纹，而这种裂纹是沿晶界开裂的。实际上星状裂纹与网状裂纹是有区别的。星状裂纹主要是由高温铸坯表面吸收了Cu而引起的；网状裂纹主要由中、高强度钢和钢中含有AlN、BN、Nb、V元素引起的。这两种裂纹在轧制时难以消除掉，造成成品报废。

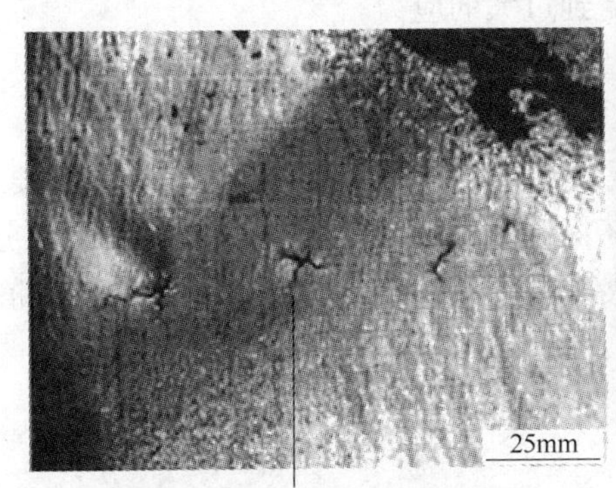

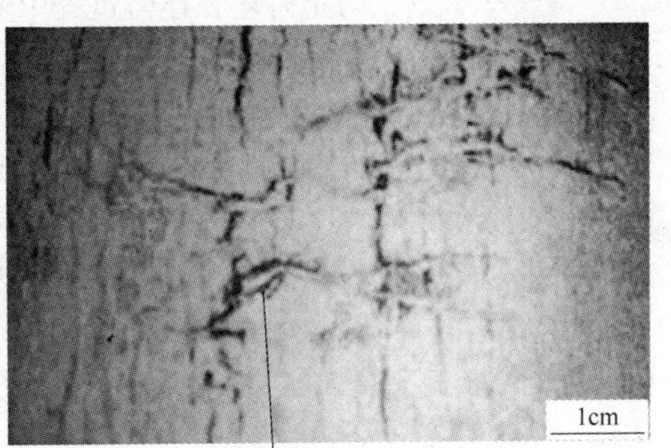

图9-23 铸坯表面星状裂纹和网状裂纹

星状和网状裂纹产生原因有：

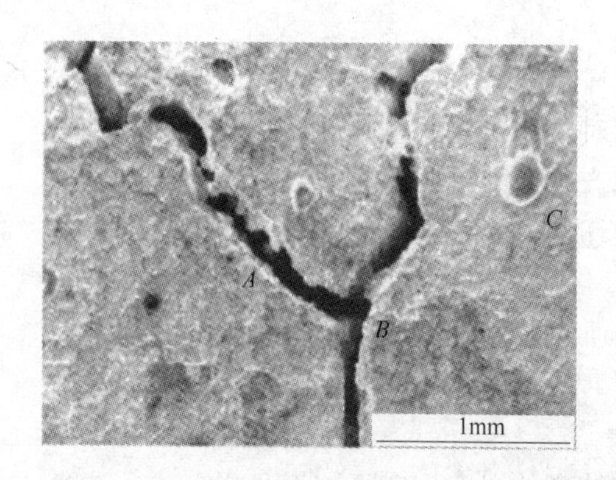

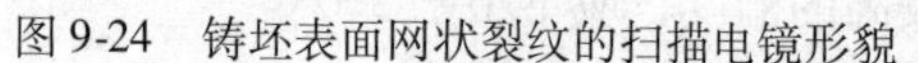
图 9-24　铸坯表面网状裂纹的扫描电镜形貌

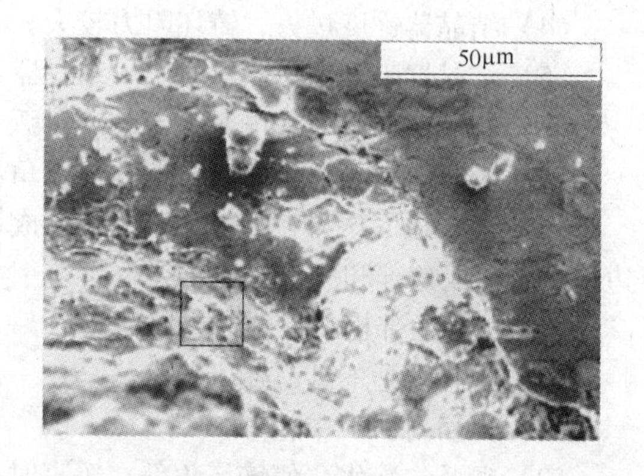

图 9-25　铸坯表面网状裂纹截面

（1）高温铸坯表面吸收了 Cu，Cu 对钢塑性的影响主要表现为液态脆性在 800 ~ 900℃ 之间，Cu 元素的存在会加剧钢塑性的恶化，断面收缩率减小 40% 以上；

（2）铸坯表面铁的选择氧化，使钢中残余元素（如 Cu、Sn、Sb 等）留在表面，并沿晶界渗透形成裂纹；

（3）钢中含 AlN、BN、Nb、V 元素，中、高强度钢易产生网状裂纹，振痕越深发生几率越高；

（4）铸坯在二冷区冷却不均匀或铸坯回升温度过大；

（5）保护渣选择不当，造成铸坯振痕深，温度高。

星状和网状裂纹防止措施有：

（1）结晶器铜板表面采用镀层，对防止星状裂纹极为有效；

（2）选择合适的二冷强度，使铸坯均匀冷却，可大量减少网状裂纹；

（3）控制铜中残余元素如 Cu、Sb、Sn 等，Cu 应小于 0.2%；

（4）控制 Mn/S > 40，可减少高锰钢网状裂纹；

（5）选择性能良好的保护渣；

（6）调整出结晶器段夹辊支撑强度，减少铸坯与结晶器摩擦；

（7）调整冷水量，防止铸坯在连铸过程中受到过大的应力。

9.1.3　表面夹渣及其解决方法

铸坯因其浇注过程的特殊性，夹渣成为主要的缺陷之一。从组成上看，夹渣主要有两类：锰—硅酸盐系夹渣，一般颗粒大，潜入钢坯深度浅；氧化铝系夹渣，颗粒小而分散，潜入深度约 2 ~ 10mm。在保护浇注的情况下，夹渣主要由被卷入钢水中未熔化的渣粉或上浮的夹杂物造成。

9.1.3.1　表面夹渣形成的原因

表面夹渣形成原因分析如下：

（1）在采用保护浇注时，夹渣的根本原因是由于结晶器液面不稳定所致。因此，水口插入深度不合适，以及拉速突然变化，均会引起结晶器液面的波动，严重时导致夹渣。就其夹渣的内容来看，有未熔的粉状保护渣，也有上浮未来得及被液渣吸收的 Al_2O_3 夹杂物，还有吸收溶解了过量 Al 的高黏度保护渣等。

（2）结晶器液面波动时对卷渣的影响见表9-1。

表9-1 结晶器液面波动时对卷渣的影响

液面波动区间/mm	表面夹渣深度/mm	液面波动区间/mm	表面夹渣深度/mm
±20	<2	>40	<7
±40	<4		

保持液面波动小于±10mm，可有效地控制表面夹渣。因此选择灵敏可靠的结晶器液面自动控制系统，控制液面波动在允许范围内(如±(3~5)mm)，对防止表面夹渣是非常重要的。

（3）浸入式水口浸入深度对铸坯表面夹渣影响甚大。水口浸入深度太浅（<10mm），铸坯卷渣严重，浸入深度太深，保护渣熔化不均匀。选择浸入深度100~150mm，可减少表面夹渣。具体影响情况可参见表9-2。

表9-2 水口浸入深度对卷渣的影响

浸入深度/mm	渣 斑 指 数	浸入深度/mm	渣 斑 指 数
≤80	2.85	125~140	0.95
85~100	1.65	>145	0.85
105~120	1.15		

9.1.3.2 解决表面夹渣的方法

解决表面夹渣可采用以下几种方法：

（1）保证液面的稳定性。液面波动尽可能小（≤±5mm）。为此炼钢厂采用了铯源型（Cs137）结晶器液面自动控制系统，使结晶器液面波动控制在±2mm以内，保证了结晶器液面的稳定性。同时采用了自动加保护渣系统，定时定量加入保护渣，并保证保护渣加入的均匀性。

（2）保证浸入式水口合适的浸入深度。浸入深度以100~150mm为宜。炼钢厂多数中间包因使用时间过长，包体产生了一定程度的变形。同时中间包车经过改造后，高度增加，导致原来使用的580mm长浸入式水口不能满足浸入深度100~150mm的要求，实际浸入深度只有50~80mm，在使用中经常发生结晶器液面翻腾的现象，增加了铸坯表面夹渣的发生几率。经过实际测量中间包包底到结晶器的距离，将浸入式水口长度增加到640mm，保证了水口浸入深度在合理范围内，结晶器液面不再有翻腾现象。

（3）保护渣的黏度是决定消耗量和均匀渗入的重要性能之一。为改善高拉速条件下均匀传热和良好的润滑，保持足够的液渣层厚度和保护渣耗量，应采取降低黏度的措施。但过低的保护渣黏度又会降低保护渣抗钢水卷混能力，增加卷渣几率。所以应在保证保护渣能顺利流入结晶器与铸坯之间形成连续渣膜的情况下，适当增加保护渣的黏度，保证液渣层厚度在8~12mm，可避免未熔化渣卷入坯壳。

9.2 铸坯的内部缺陷及其控制

铸坯内部质量控制，通常是通过对铸坯内部缺陷控制来实现的。内部缺陷有中心裂纹、内部裂纹、内部夹杂、缩孔与疏松、偏析等，如图9-26所示。

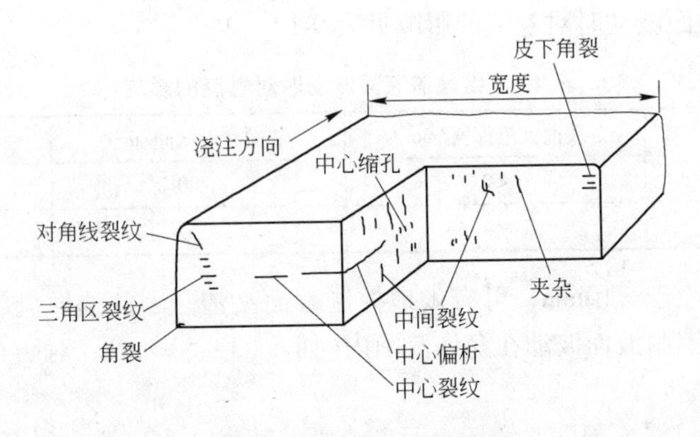

图9-26 铸坯内部缺陷

实际生产中，对铸坯内部质量控制通常依据铸坯低倍状况来优化工艺参数，达到获得高的内部质量的目的。因此，现代化铸机在线设有快速低倍处理设备。

9.2.1 铸坯的中心裂纹

中心裂纹是在铸坯断面上中心等轴晶区出现的宏观裂纹。严重者在铸坯加工后即可看见。中心裂纹为单条或数条呈放射状分布的深褐色条纹，其宽窄不等，长短不一，条纹边缘多为不规则齿状，且常伴有硫偏析存在，其大多分布在中心等轴晶区，但严重时也可延至柱状晶区。

9.2.1.1 中心裂纹产生的原因

中心裂纹产生的原因有：

（1）由二冷区铸坯冷却不均匀造成回热产生的应力；

（2）铸坯发生鼓肚造成的；

（3）铸机不对中造成的；

（4）弯曲不当（直结晶器弯曲段）产生的机械应力；

（5）珠光体转变奥氏体产生体积收缩与钢中碳含量和Mn/S比密切相关；

（6）钢水过热度过高引起的。

9.2.1.2 防止措施

防止中心裂纹的产生，可采取以下措施：

（1）铸坯在二冷区冷却均匀，冷却速度小于200℃/m；

（2）采用弱冷制度，使回升温度小于100℃/m；

（3）对弧应对中，减少机械应力，坯壳变形率控制低于允许的临界值以下；

（4）严格控制浇注温度防止高温浇注；

（5）采用电磁搅拌或轻压下技术，减少柱状晶，增加中心等轴晶。

9.2.2 内部裂纹产生的原因及预防措施

[S]的影响：钢中的S与Mn形成MnS夹杂物，此夹杂物在晶界析出，出现晶界脆化，降低了钢的强度和塑性，若受不均匀的热应力和机械力作用就容易产生裂纹，[S]越高，MnS夹杂物就越多，铸坯内部裂纹发生的频度就呈增加的趋势，如图9-27所示。

实践证明，当把钢中的[S]控制在不高于0.020%时，同时要求[Mn]/[S]≥25，则大大降低了中间裂纹的产生。

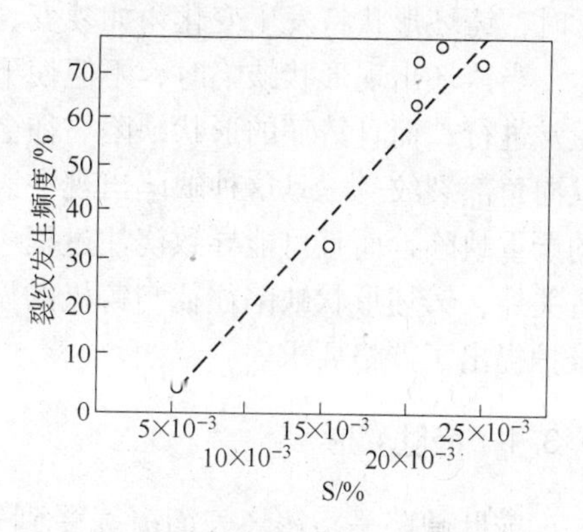

图9-27　钢中[S]与内部裂纹发生频度的关系

二次冷却均匀性的影响：通过对二冷段铸坯纵向和横向表面温度的实测，发现铸坯在纵向上的温降不是按原设计的温降梯度进行的，出现反复的回温现象，同时铸坏横断面的表面温度呈现极其不均匀的状况，即铸坯二次冷却不均匀。在铸坯通过二冷段时，坯壳外表面冷却温度低，中心液体温度高，在温度高时，钢的强度和塑性都很差，甚至在凝固前沿固液界面处出现钢的“零强度”和“零塑性”。如果冷却不均匀，就会出现坯壳厚薄不均，柱状晶发展呈不均匀发展状况，从而铸坯在同一圆周上坯壳产生塑性和强度的不均匀，形成局部薄弱区域，同一层面上收缩及热涨的应力应变，超过了初始坯壳能承受的变形应力，随即产生裂纹，而这种差异的延续，就会形成多条的中间裂纹。严重的温度不均，就会产生粗大的中间裂纹，有时进一步将裂纹延伸到中心等轴晶区域。

研究发现，导致二冷冷却不均匀的原因是，冷却喷雾未能形成均匀的水幕。相邻水环境又不能弥补冷却的不均匀。而均匀水幕的形成又与喷嘴的结构（如雾化角、进水方式、进气方式）等有关，因此气—水喷嘴使用不当更容易造成更加严重的影响。经过对气—水喷嘴冷却喷雾的测试，以及对喷嘴进气、进水方式的改造，使二冷各段形成均匀的冷却水幕且少受外界条件的影响，是连铸工艺控制中间裂纹产生的最主要手段。为此采取了如下措施：

（1）选用适应浇注铸坯断面的喷嘴结构形式，新建喷嘴测试装置，在使用之前对喷嘴进行逐个测试雾化状态。

（2）改变原喷嘴的进气方式，由直通改为旁通，消除气压压力波动对喷嘴雾化角的影响，稳定雾化角。

（3）严格按要求调整喷嘴的初始雾化角和对中，保证形成均匀的水幕。

为控制中心裂纹的产生，采取了如下措施：

（1）低过热度浇注，控制好二次冷却，以便液芯矫直时有均匀较大的等轴晶面积和低矫直温度。

（2）控制好不同规格矫直压力，防止压扁，小规格铸坯增加机械限位，从而减少铸坯变形量。

圆坯连铸的内裂与钢种及规格，以及二次冷却方式和冷却强度有着密切的关系，同时与铸机的设备状态更有密不可分的直接影响，在采取以上针对性措施的同时，还需要针对不同的钢种，不同的规格，调整工艺参数，使拉速、钢水过热度和二冷强度达到了良好的匹配，从根本上控制圆铸坯内裂的产生。

9.3　铸坯的形状缺陷及其控制

铸坯的几何形状和尺寸在正常情况下都是比较精确的，但当连铸设备或工艺情况不正常时，铸坯形状将发生变化，如菱变、鼓肚，即构成了铸坯的形状缺陷。

当铸坯出现形状缺陷时，不但使下道工序生产困难，产生大量废品，严重影响生产的正常进行；而且铸坯的形状缺陷往往会引发其他质量缺陷，如铸坯脱方往往会引发变形性纵向角部裂纹。一旦这种缺陷出现在表面，那么它的危害是相当严重的，不仅会造成成品的严重缺陷，而且可能导致浇注过程中漏钢事故的发生。除与生产工艺、操作人员的素质有关外，铸坯形状缺陷往往与铸机的设备状况有很大关系，这对铸机设备的制造、安装和维护提出了严格要求。

9.3.1 鼓肚变形

鼓肚缺陷是指铸坯表面凝壳受到钢液静压力的作用而鼓胀成凸面的现象（图 9-28）。鼓肚变形会引起液相穴内富集溶质元素钢液的流动，从而加重铸坯的中心偏析，也有可能形成内部裂纹，影响铸坯质量。它是铸坯表面缺陷的一种主要形式，因此，控制铸坯鼓肚及变形是改进铸坯质量的重要措施。

图 9-28 300mm 厚铸坯窄面鼓肚

9.3.1.1 鼓肚产生的原因

铸坯宽面由于受到较大的液芯的钢水静压力，又没有多节密排辊夹持，就会产生鼓肚缺陷，其外貌是板坯厚度局部增加，当拉速过快，液芯终端超出最后一对夹持辊时，会产生鼓肚缺陷。以下原因也会引起鼓肚：

（1）结晶器倒锥度过小或结晶器下口磨损严重，铸坯过早脱离结晶器壁；

（2）粉渣流动性过好，冷却强度过低；

（3）二冷夹辊间距过大，或刚度不够，或辊径中心调整不准；

（4）拉速过快，二冷控制不当。

板坯宽面鼓肚量的大小主要与以下因素有关：

（1）铸坯横断面的尺寸和形状；

（2）钢水静压力；

（3）支撑辊的间距；

（4）凝固的坯壳厚度；

（5）钢的高温弹性模数；

（6）坯壳的温度。

9.3.1.2 采取的措施

控制鼓肚缺陷，可采取的措施有：

（1）合适的辊间距，鼓肚是与辊间距的 4 次方成正比，间距越大越容易鼓肚，因此要控制好两辊间距；

（2）辊子要保持良好的刚性，防止变形；

（3）要有足够的二次冷却强度，增加凝固壳厚度；

（4）拉速变化时，特别是由慢变快时二次冷却水量也相应增加；

（5）辊子对中要好；

（6）在生产中可采取低液相深度，加大冷却强度；

（7）实行辊密排缩小辊间距，调整辊列系统的精度和提高夹辊的刚性等措施。

9.3.2 菱形变形（脱方）

在方坯横断面上两个对角线长度不相等，即断面上两队角度大于或小于90°成为菱变，俗称脱方，它是方坯特有的缺陷，菱形变形或脱方往往伴有内裂。脱方形状有时双边，有时单边，菱变的大小用R来表示：

$$R = \frac{a - b}{0.5(a + b)} \times 100\% \tag{9-2}$$

式中，a、b分别为两条对角线长度，如果$R > 3\%$，方坯钝角处导出热量少，角部温度高，坯壳较薄，在拉力的作用下会产生角部裂纹；如果$R > 6\%$，在加热炉内推钢时，会发生堆钢或轧制时咬入孔型困难，因此应控制菱变在3%以下。一般认为影响铸坯脱方的因素有：钢水温度、化学成分（碳、硫、磷含量及锰硫比）、拉速、结晶器冷却、二次冷却、弧形连铸机的对弧。

9.3.2.1 脱方产生的原因

脱方发生的主要原因是在结晶器中坯壳冷却不均匀，厚度差别大，在结晶器和二冷区内，引起坯壳不均匀收缩，厚坯壳收缩量大，薄坯壳收缩量小；在冷却强度大的角部或两个面之间形成锐角，在冷却强度小的角部或两个面之间形成钝角，这就形成了方坯的脱方缺陷。因此，引起脱方的主要因素是铸坯在结晶器内冷却不均匀，造成铸坯激冷层厚薄不均匀，从而引起坯壳不均匀收缩所致。

布里马科姆用结晶器冷面上的不同步间歇沸腾来说明脱方的形成，认为脱方源于铸坯的4个冷却面冷却不均匀。这也可以解释脱方为何会周期性地转换方向。脱方往往伴有角裂发生，因此，预防脱方的产生对铸坯质量的提升有重要意义。

9.3.2.2 减少脱方的措施

减少脱方可采取以下措施：

（1）结晶器采用窄水缝、高水速。可以使弯月面处的热面温度降低，减小液面波动对脱方的影响。

（2）减少液面波动。液面波动与铸流扰动有关。为了减少扰动，中间包应用流动控制装置；除开浇和更换钢包时外，拉速要稳定在一定范围。为此，定径水口材质、钢水温度和脱氧程度都要控制在合适范围内；中间包液面不宜过低，否则钢包铸流冲击波将带入中间包铸流，引起结晶器内液面波动；用塞棒控制液面优于拉速控制液面，前者使液面波动减少；用浸入式水口保护浇注取代敞开浇注，可以使液面波动减少。

（3）控制负滑动时间$t = 0.12 \sim 0.16\text{s}$，当$t > 0.16\text{s}$时，振痕深，对脱方有不利影响。

（4）中间包水口对准结晶器中心，润滑油流量合适且分布均匀，水缝均匀，结晶器壁厚度均匀且四面的锥度一致等措施都有利于减少脱方。

（5）结晶器以下的600mm距离要严格对弧，以确保二冷区的均匀冷却。

（6）结晶器冷却水用软水。如果水质好，结晶器水缝冷却水流速在5～6m/s，可以抑制间歇沸腾，而且出水温度还可以高一些，进出水温度差以不大于12℃为宜；倘若冷却水质差，水速大于10m/s才能抑制间歇沸腾，但出水温度不能高。

（7）在结晶器下口设足辊或冷却板，以加强对铸坯的支撑。

（8）加强设备的检查与管理。

（9）控制好钢液成分。当C＝0.08%～0.12%，菱变2%～3%时，随钢中C的增加菱变趋于缓和，并且Mn/S＞30时有利于减少菱变。

9.3.3 圆铸坯缺陷

圆柱坯生产技术与方坯、板坯连铸相比难度更大。连铸方坯时，因其棱角冷却快而先行凝固，形成坚固框架。圆坯凝固壳呈拱形结构，刚性好，凝固收缩后气隙大，与结晶器铜壁接触不均匀，因而厚薄不均匀，所受应力都是径向力，容易引起圆坯表面纵裂纹和内部纵向裂纹，成为浇注圆坯的主要困难。连铸圆坯的质量缺陷主要为内部质量缺陷和表面质量缺陷，因其成因不同，控制、抑制缺陷的产生及提高质量的措施和方法也不尽相同。

9.3.3.1 圆柱坯内部质量缺陷

连铸圆坯内部缺陷主要有中心疏松、枝晶间的裂纹和中心缩孔等。通常认为，枝晶间的裂纹是由于不均匀的二次冷却和热应力而形成的。中心疏松与切割端面的氧化深度有密切的关系。疏松发生的面积越大，端面的氧化深度也越大。减少中心疏松的程度可提高圆坯的质量和收得率。

就内部缺陷而言，连铸过程中的一些重要参数，如电磁搅拌、钢水过热度、钢的含碳量、拉速等对其有着十分重要的影响。

由连铸圆坯结构看，等轴晶的比例越高，中心疏松的程度越轻，即增加等轴晶的比例可以减少中心疏松。电磁搅拌能引起坯壳内液态金属的旋转流动，如流动的强度足够大，则液态金属就能够熔化并破断枝晶臂，这些分离下来的枝晶又可以作为形成等轴晶的晶核。故电磁搅拌可以抑制柱状晶的生长，有利于形成细而均匀的等轴晶，减少中心偏析和疏松的程度，提高产品的质量。

过热度高时，过冷条件下形成的晶粒碰到液态的过热钢水时会熔化，这样，能形成等轴晶的晶粒很少，柱状晶可以无阻碍地伸向部位，形成粗大的柱状晶，中心部位的偏析和缩孔都较严重。为增加等轴晶的比例，应该降低钢水浇注的过热度，由于过热度过低常常使中间包水口发生堵塞，故需结合钢种、拉速、断面大小等因素综合考虑，选择合适的钢水的过热度。

住友金属在连铸机上进行低温浇注也证实了低过热度可以提高铸坯组织中等轴晶的比例，减轻中心疏松。

9.3.3.2 圆柱坯表面质量缺陷

连铸圆坯的表面缺陷主要是表面裂纹，其形态大致有纵向裂纹、星形裂纹、表面凹疤、发纹等。而纵裂为影响圆坯质量的主要缺陷，当纵裂发展到一定程度将导致漏钢。

国内外生产实践表明，保护渣、二冷方式是形成表面缺陷的重要原因。保护渣的黏度、软化温度和碱度越低，纵裂就越多。

连铸裂纹的产生有其共性的地方，如拉坯速度过快，浇注温度高，P、S含量高，M/C、Mn/S比低等。这些因素都使铸坯裂纹敏感性增强，易产生裂纹。

9.3.3.3 椭圆形变形

椭圆形变形是圆铸坯生产常见的缺陷，它是圆形变为椭圆形的一种现象。它可能是作用在凝固坯壳上的热应力或机械作用力导致的，主要生在结晶器中，在二冷区进一步发展，有时也在二冷区和拉坯矫直阶段产生和加剧。

连铸圆坯变成椭圆形的原因分析如下：

(1) 圆形结晶器变形；

(2) 二次冷却水分布不均匀；

(3) 拉矫机加紧力调整不当，过分压下；

(4) 铸机下部对弧不准；

(5) 圆坯直径越大，变成椭圆倾向越严重。

圆坯变椭圆形的防止措施有：

(1) 为增加矫直时坯壳强度，可适当降低拉速；

(2) 降低浇注温度；

(3) 检查或及时更换变形的结晶器；

(4) 检查二次冷却使其喷淋均匀；

(5) 铸机下部严格对弧。

9.3.3.4 不规则变形

圆坯断面不是圆形而变成多角不规则形状的现象。

圆坯断面不是圆形而变成多角不规则形状的原因有：

(1) 结晶器变形使凝固壳与铜壁不均匀接触造成优先冷却；

(2) 二次冷却区喷水冷却不均匀。

圆坯断面不是圆形而变成多角不规则形状的防止方法有：

(1) 检查结晶器磨损状态；

(2) 二次冷却喷嘴布置和喷水的均匀性；

(3) 保证冷却水质，二冷采用合适的比水量，喷嘴和喷淋架对中保证圆铸坯均匀冷却；

(4) 避免多架拉矫机对坯壳反复产生应力应变超过铸坯极限值。

影响连铸圆坯质量的因素复杂多变，有时是由多种因素共同作用导致问题的出现。在生产中应视实际情况具体分析。改善圆坯质量大致可以从以下方面着手：

(1) 优化电磁搅拌的工艺参数，适当增大搅拌的电流强度；

(2) 结合钢种、拉速、圆坯断面大小等因素，试验选择合适（尽可能低）的过热度；

(3) 视缺陷的种类，选择合适的开浇渣和保护渣；

(4) 严格控制钢水成分，尤其是对碳、磷、硫、铜、铝等元素的含量的控制；

(5) 改善连铸工艺，强化对结晶器质量及工作参数，冷却水质、水量及二冷方式、效果等方面的管理。

参考文献

[1] 蔡开科，孙彦辉，韩传基. 连铸坯质量控制零缺陷战略[J]. 连铸，2011.

[2] 王雅贞．新编连续铸钢工艺及设备（第2版）[M]．北京：冶金工业出版社，2007：209～232.
[3] 冯捷，史学红．连续铸钢生产[M]．北京：冶金工业出版社，2005：265～268.
[4] 赵晗，任一峰．连铸坯角部横向裂纹的形成机理与定量评估[J]．理化检验——物理分册，2006，42(11)：565～566.
[5] 逯登尧，王金海，刘蕾．连铸坯表面夹渣分析及预防措施[J]．山东冶金，2008，30(1)：49.
[6] 李勇生．连铸坯表面夹渣的原因分析及解决措施[J]．天津天铁冶金，2008，(6)：23～25.
[7] 董珍．连铸圆坯内部缺陷分析[J]．包钢科技，2002，28(4)：8～11.
[8] 王雪峰，彭其春．连铸圆坯中夹杂物的综合测定与分析[J]．钢铁，2010，45(7)：42～46.
[9] 胡询璞．提高连铸坯洁净度技术浅论[J]．湖南冶金技术学院学报，2004，4(1)：14～15.
[10] 贺景春，陈建军，梁志刚．连铸坯裂纹主要影响因素及对策研究[J]．包钢科技，2004，10(5).
[11] 国兴龙．铸坯表面裂纹的形成原因与防止措施[J]．重工与起重技术，2012，33(1).
[12] 崔鹏高，王克玉，梁世勇，等．方坯表面角部横裂纹成因分析及解决措施[J]．钢铁研究，2005，4(2).
[13] 干勇，倪满森，余志祥．现代连续铸钢实用手册[M]．北京：冶金工业出版社，2010.

10 铸坯成型新技术

10.1 连铸技术的发展

近年来，我国经济的快速增长，特别是工业和基础建设的加速，促进了钢铁工业的发展。我国已成为世界上钢铁消费和钢铁生产大国，粗钢产量和消费量占世界总量的比例分别由1992年的11.2%和11.9%跃升到2011年的45.5%和44.5%，2012年钢产量达到7.17亿吨。由于连铸技术具有显著的高生产效率、高成材率、高质量和低成本的优点，近二三十年已得到了迅速发展，目前世界上大多数产钢国家的连铸比均超过90%。

连铸技术对钢铁工业生产流程的变革、产品质量的提高和结构优化等方面起了革命性的作用。我国自1996年成为世界第一产钢大国以来，连铸比逐年增加，2007年连铸比已经接近97%。如今在生产率、生产灵活性、产品质量和低成本竞争等方面对连铸生产提出了越来越高的要求。实现连铸机的高生产率主要途径有：提高连铸机作业率；提高连铸机拉速；提高连铸机设备可靠性和灵活性。由连铸机铸出的铸坯质量决定了最终产品质量，而铸坯质量含义主要指铸坯的洁净度、铸坯表面的缺陷、铸坯内部的缺陷。

连铸机高的作业率和高的铸坯质量是与钢水在连铸机内的凝固过程紧密相连的，为使连铸机生产达到高产量、高质量、低成本的目的，需要不断改进连铸机设备、工艺技术和过程控制技术，实现优化配置。

10.2 结晶器电磁制动技术

10.2.1 电磁制动的原理及发展

高效连铸要求高拉速下确保铸坯的高质量，而决定铸坯质量的重要因素之一是结晶器内钢水的流动和传热。结晶器内钢水的流动支配着结晶器内热量的传输和凝固坯壳的生长发育，弯月面附近的流动又支配着保护渣的卷吸及铺展。当浇注速度提高时，从浸入式水口侧孔吐出的钢水流股，高速冲向铸坯的窄面，易使初生坯壳重熔拉漏；向下的高速流股侵入液相穴深处，使外来夹杂物不易上浮；同时沿窄面上升的反转流加强，导致弯月面波动，使保护渣易被卷吸，增加铸坯内部保护渣性夹杂物。流场控制（flow control，FC）结晶器具有电磁制动功能，能降低弯月面下的水平流速和稳定弯月面波动，促进坯壳均匀生长，提高拉速和铸坯的内部质量，可实现高质量下的高速连铸。

近年来，国内已经将电磁制动技术应用于板坯连铸和薄板坯连铸生产，但是还仅限于引进国外的电磁制动装置，对电磁制动的工艺参数还需要进一步优化研究。许多研究者采用数值模拟方法研究了有无电磁制动作用时结晶器内钢液的流动、传热以及凝固过程，从而为控制FC结晶器内部钢水的流场、温度场、液面波动和钢液的速度提供依据。

连铸板坯的表面和内部缺陷与结晶器内钢液的流动条件紧密相关。从结晶器浸入式水口流出的钢液首先冲击结晶器窄面的凝固壳，一方面高温钢液容易导致凝固壳重熔甚至产生拉漏事故，另一方面也促进凝固壳对夹杂物的捕获。另外，钢液从出口处流出来以后，形成上下两个回流区，其中上返流冲击液面造成液面的波动，易造成卷渣，下返流穿透深度较大，导致非金属夹杂物随着钢液流至结晶器深处而不易上浮，形成内部缺陷。随着拉速的增大，更有恶化的趋势，从而影响高拉速连铸的发展。因而，如何控制板坯连铸结晶器内钢水的流动是提高铸坯质量和产量的关键，电磁制动技术的开发为解决上述问题提供了有力措施。

电磁制动技术就是在板坯结晶器宽面浸入式水口区域设置与从水口流出的钢液流动方向垂直的直流磁场，当钢液流出水口时就会切割磁力线，根据欧姆定律可知，在钢液中将产生感生电流，感生电流与直流磁场的交互作用又在钢液中产生与流动方向相反的洛仑兹力，从而使钢液的流动受到控制。通过对钢液流场的控制可改善操作工艺和铸坯质量。

20 世纪 80 年代初，ABB 公司和日本川崎公司合作开发成局部区域电磁制动（Electrom Agnetic Brake：EMBR）技术；90 年代初又开发成全幅一段电磁制动（Electrom Agnetic Mold Brake Ruler：EMBR-Ruler）技术，工业应用都取得了较好的冶金效果。需要指出的是，前者不能制动整个结晶器宽度的流动，使水口下方和窄面附近分流过强；后者不能有效制动向上的反转流股和窄面附近的通道流动。为了克服两者的不足之处，90 年代中川崎公司独立开发成全幅二段电磁制动技术，到今天已经发展到完全改变了磁场的布置，并可获得能改善质量的优化流场的第三代电磁制动技术（Flow Control Mold：FC-Mold），即结晶器内流动控制技术。第三代电磁制动技术由上下两部分组成，如图 10-1 所示，其中上段磁场位于弯月面附近，用于抑制弯月面的波动；下段磁场位于水口下方，用于制动从水口吐出的高速流股，并在其下游获得“活塞”流动。工业应用表明，FC-Mold 比前两者具有更好的冶金效果，因此，本书主要介绍第三代电磁制动 FC-Mold 的冶金效果及应用情况。

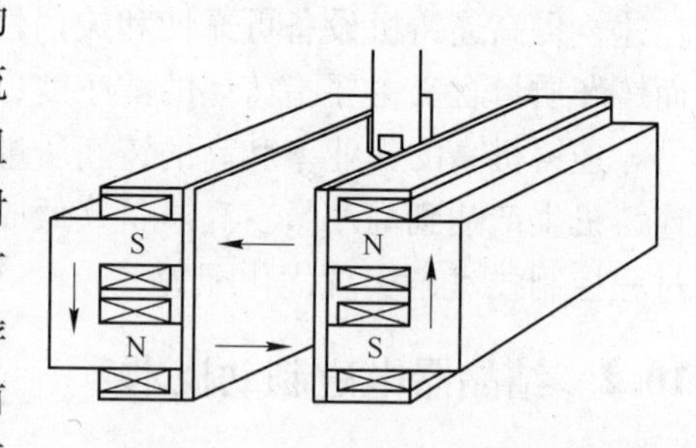

图 10-1 电磁制动装置示意图

10. 2. 2 电磁制动条件下结晶器内钢液的冶金行为

10. 2. 2. 1 流场的分析

图 10-2 所示为有无电磁制动时结晶器内钢液的矢量分布。无电磁制动时，从浸入式水口流出的钢液先冲击窄面，然后形成上下两个流股。上部回流冲击弯月面造成弯月面的不稳定，从而引起卷渣现象。下部流股携带着夹杂物和气泡流入结晶器的深处，不利于夹杂物和气泡的上浮分离。有电磁制动时，水口射流对窄面的冲击明显减弱，且冲击窄面的角度向上倾斜，流股向下冲击深度也减小，有利于夹杂物的上浮分离，并且减小下降流股的速度。下部回流涡心向上且向水口中心方向移动，使下循环区域减小。

图 10-3(a)所示为结晶器中心线上速度分布，可以发现在电磁制动作用下，中心线附近钢液速度明显减弱。速度最大值由 0. 17m/s 下降到 0. 04m/s，并且速度最大值生成区域略向水口的下端移动，这有助于水口最下端钢液的流动。沿拉坯方向，钢液速度变化很缓慢并且速度数值逐渐降低；此时，出现一个转折点，这个转折点是下部回流区域的结束位

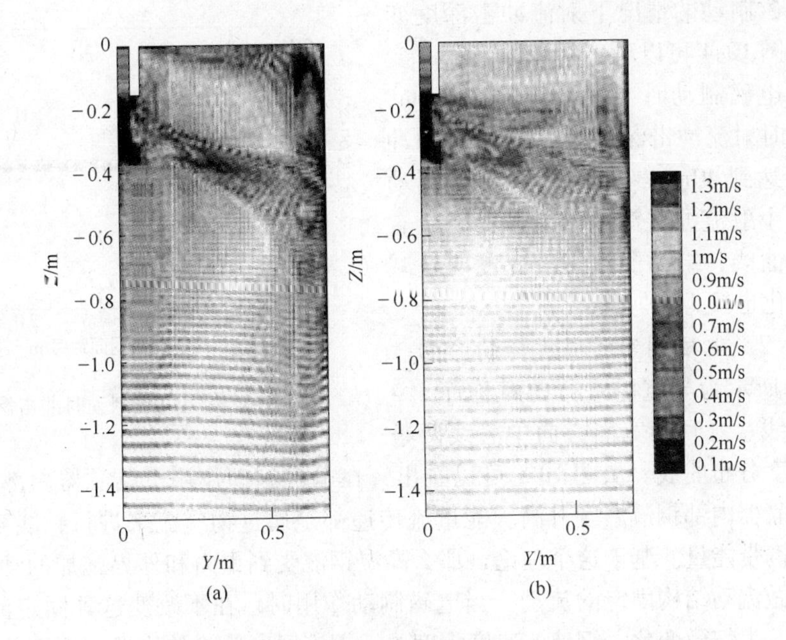

图 10-2 有无电磁制动时结晶器内钢液的矢量分布

（a）无制动；（b）有制动

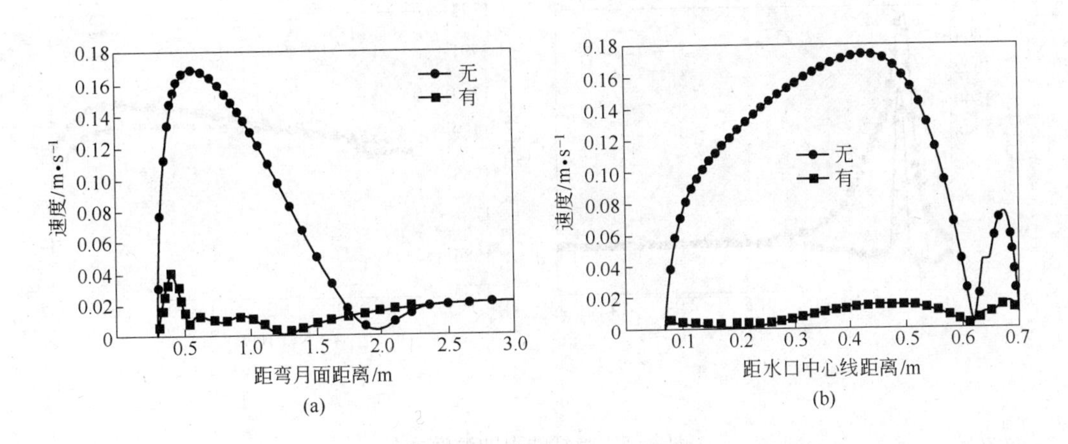

图 10-3 有无电磁制动时特征线的速度曲线

（a）结晶器中心线；（b）弯月面中心线

置（$Z=1.27$m），这个转折点出现在无电磁制动的速度曲线产生的转折点（$Z=1.98$m）之前，表明下部漩涡已经向上偏移。同时，从该特征线上能看出，在有无电磁制动情况下，速度曲线形式有着局部变化，所以钢液流动形式应该发生细微变化。

图 10-3(b)所示为弯月面中心线上速度曲线，在电磁制动作用下弯月面的速度明显降低，这有利于弯月面稳定，避免卷渣现象发生。无电磁制动和有电磁制动时，自由液面最大速度分别为 0.17m/s、0.02m/s。

定义冲击深度为，选取平行结晶器窄面且距窄面 20mm 的截面上的中心线，做出该中心线 w（Z 分速度）分布图，当 $w=0$ 时，在 X 轴上所对应的位置为冲击深度。图 10-4 所示为有无电磁制动的情况下射流冲击深度变化曲线，从图 10-4 可以看出射流冲击深度变化很大。无电磁制动时冲击深度为 0.463m，有电磁制动时射流冲击深度为 0.423m，两冲击深度之差达到 40mm 左右，可见电磁制动的加入能减小射流冲击深度。结合以上所有的速度分布曲线，结晶器内钢液速度明显减弱，速度变化也较为均匀。

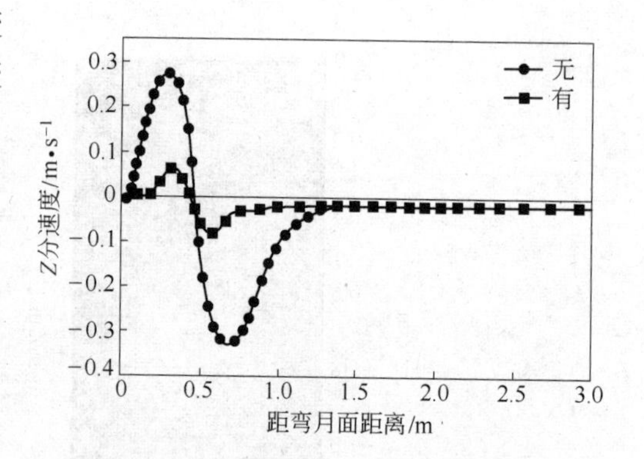

图 10-4　有无电磁制动时冲击深度变化

10.2.2.2　电磁制动对温度场的影响

图 10-5 所示为与宽面平行的对称面 1/4 处中心纵向线、弯月面宽面方向中心线两条特征线上温度分布曲线。从图 10-5 可以看出，在电磁制动作用下结晶器内部钢液速度降低，因而结晶器内部钢液温度升高。能量流传递都是通过物质流来进行，能量驱动物质，物质运动也携带能量。基于这个理论，那么高温钢液受到重力和外界施加的动量作用，在结晶器内部做流动结构固定的流动。当电磁制动作用时，在不改变这种固定流动结构下，钢液的流动发生细微变化。钢液的速度强度决定钢液温度传输的快慢，下面几个曲线能很好地反映这个特点。

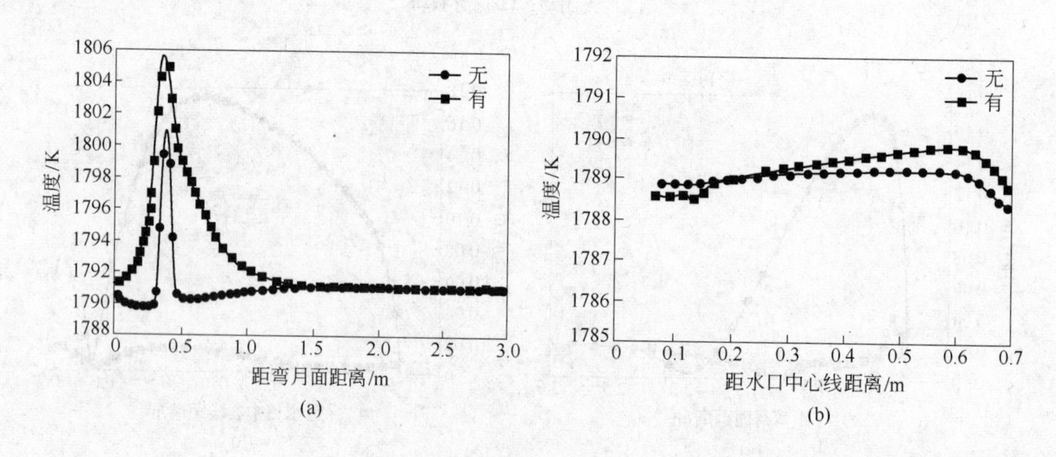

图 10-5　特征线上的温度分布

（a）1/4 纵向线（$x=350\text{mm}$，$y=0\text{mm}$）；（b）弯月面宽面方向中心线

从图 10-5(a)不难发现，电磁制动的加入提高了结晶器内部钢液的温度。在电磁制动的作用下，结晶器内钢液速度得到很强的抑制，钢液作为热量传递的载体，钢液的流动行为必然引起钢液温度（能量的一种表现）降低。在有无电磁制动的情况下，射流中心区域该特征线上的温度值变化达到 5℃左右。

图 10-5(b)为自由液面中线上温度分布曲线，从图 10-5(b)可以看出在电磁制动的加入下自由液面温度有极其微小的降低，所以电磁制动对自由液面温度的影响很小。

图 10-6 所示为有无电磁制动的情况下，板坯结晶器内窄面和宽面中心线上坯壳温度分布。对于窄面坯壳中心线，在电磁制动作用下窄面坯壳温度较低，尤其是在钢液出结晶

器时，坯壳温度变化非常明显，这主要是钢液流速的降低减慢了钢液温度的传输。对于宽面坯壳中心线，有电磁制动时，宽面坯壳的温度也稍稍降低，但变化不明显。图 10-6 中出现的两个折点是由于换热系数改变所致。无电磁制动时，结晶器出口处窄面中心坯壳温度为 1466.3K，宽面中心坯壳温度为 1235.9K；有电磁制动时，结晶器出口处窄面中心坯壳温度为 1366K，宽面中心坯壳温度为 1219.7K。

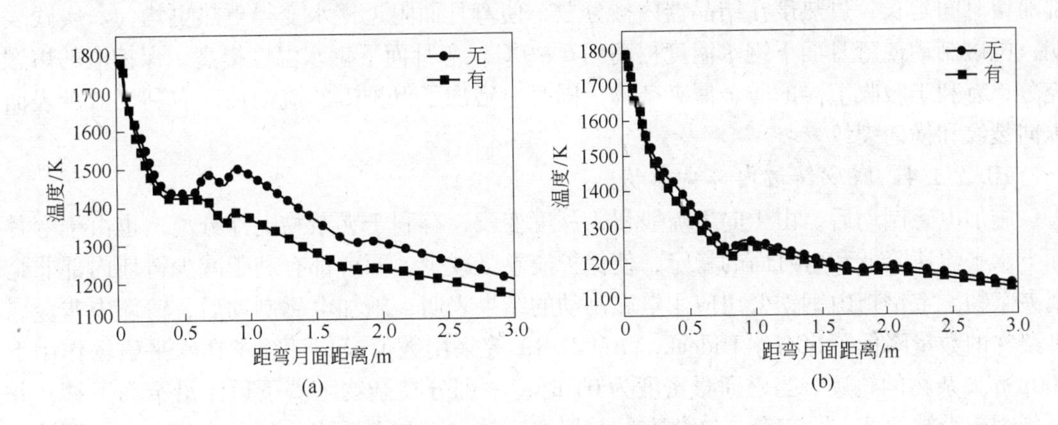

图 10-6 有无电磁制动时窄面和宽面中心线坯壳温度分布

（a）窄面中心线；（b）宽面中心线

图 10-7 所示为有无电磁制动作用时，结晶器出口处横向上铸坯凝固坯壳厚度分布云图。从图 10-7 可以看出，在电磁制动加入时，窄面凝固坯壳厚度有些增厚，且角部坯壳厚度也有稍微的增厚，从角部向宽面方向过渡区域的凝固坯壳厚度变化也较为均匀，但是宽面方向凝固坯壳厚度稍有变薄。在无电磁制动时，结晶器出口处窄面中心凝固坯壳厚度有 11mm；在有电磁制动时，结晶器出口处窄面中心凝固坯壳厚度有 15mm。

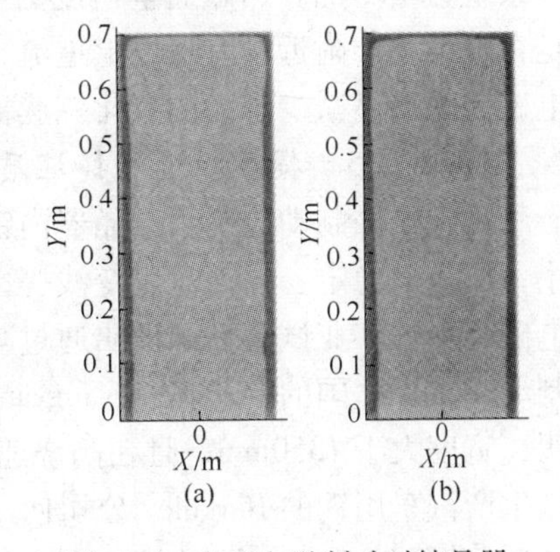

图 10-7 有无电磁制动时结晶器出口处凝固坯壳的厚度分布

（a）无电磁制动；（b）有电磁制动

10.2.3 电磁制动的冶金效果

10.2.3.1 改善结晶器内钢液流动以促进坯壳均匀生长

很多学者通过数值模拟方法和物理模拟实验的方法对电磁场作用下流体的流动行为进行了研究。研究结果表明，不施加电磁制动时，从浸入式水口流出的钢液很强地冲击窄面后分成上下两个流股。向上流股在弯月面下形成的涡流是弯月面不稳定和保护渣卷渣的主要原因；而很强的向下流股携带着非金属夹杂物和氩气泡流向金属液很深的位置，阻碍了这些杂质的上浮。当施加电磁制动时，结晶器内流场状态变化很大，冲击窄面的流股流速被减小，同时，包括液面在内的整个结晶器内流场速度明显降低。

10.2.3.2 降低弯月面下的水平流速和稳定弯月面

实践应用研究表明，无论哪种类型电磁制动都可使弯月面下的水平流速降低一半，从而稳定了弯月面，弯月面的稳定不仅可以防止保护渣的卷吸，而且也使保护渣铺展均匀，从而减少铸坯表面的纵向和横向裂纹，因此，弯月面下水平流速的降低和弯月面的稳定是电磁制动的主要效果之一。

10.2.3.3 提高弯月面下的钢水温度

施加电磁制动后，由于向下流股侵入深度变浅，使从水口吐出的过热钢水在结晶器上部滞留时间延长，过热度在结晶器内被分散，使弯月面附近钢水变得更热更均匀。实践表明，电磁制动使弯月面下钢水温度提高约6～9℃。弯月面下钢水温度提高，保护渣的熔融充分，有利于吸收上浮的非金属夹杂物，同时也增加了保护渣的流动性，有利于减少表面纵向裂纹和横向裂纹。

10.2.3.4 减少铸坯内部夹杂物

施加电磁制动后，由于向下流股侵入深度变浅，有利于夹杂物上浮分离；也由于弯月面下水平流速降低和弯月面的稳定，使保护渣卷吸减少，两者都有利于减少铸坯内部非金属夹杂物。宝钢梅山钢铁公司应用电磁制动的结果表明，施加电磁制动后，铸坯中非金属夹杂物的数量降低了50%。Hideaki YAMMURA 等采用数值模拟计算了在水平磁场作用下100μm 夹杂物的轨迹。当磁通量密度为0T 时，一部分夹杂物随着下返流沿窄面下移，并在凝固前沿被捕获；一部分夹杂物在结晶器宽度的中心和上返流一起上浮到自由表面被除去。当应用磁场时，穿透深度减小，当磁通量密度为0.25T 时，随上返流上浮到弯月面的夹杂物数量增加。当磁通量密度为0.5T 时，夹杂物随着钢液的穿透深度进一步减小，但是在宽度中心附近没有形成上返流，钢液流动呈活塞流。在 Hoogovens 的工业性试验表明电磁制动明显减少了大的氧化铝簇群数量。

10.2.3.5 提高拉速和铸坯质量

由于电磁制动控制了结晶器内钢水流动的行为，使坯壳生长均匀、弯月面水平流速减小，弯月面稳定、侵入深度变浅等，从而减小了对拉速的限制，有利于提高生产率。应用电磁制动的工业试验已经证明通过减小结晶器中的钢液流速可取得明显的质量改善，电磁制动安装在韩国的 POSCO Kwangyang 工厂连铸车间的1号连铸机进行试验和应用，结果表明，宽度大于1350mm，且在高浇速下，应用电磁制动使冷轧产品的废品率降低33%。美国生产汽车用钢的 Berkeley 公司使用电磁制动后，在拉速为5m/min 时、钢液冲击深度由15mm 降低至5mm，同时减少了结晶器窄边的“驻波”（Standing Wave），从而减少了结晶器卷渣以及铸坯裂纹的可能性。与不用电磁制动相比，Berkeley 厂因保护渣卷入所产生的缺陷减少了90%，纵向裂纹指数减少了80%。大量的研究结果表明，甚至当拉坯速度提高时，电磁制动也是改善和保证浇注产品清洁的有效方法。

10.2.4 电磁制动在国内的应用研究

国内最早使用 FC-Mold 的钢铁企业是宝山钢铁集团梅山钢铁公司，该钢厂2号铸机引进的电磁制动 FC-Mold 技术在2003年正式投入使用，2005年开始有 FC-Mold 应用结果的报道，现场应用的结果表明，采用电磁制动后，钢液温度较未采用电磁制动时约上升6～9℃；结晶器内的液面波动明显降低；采用电磁制动后，钢中夹杂物的数量减少了1/3，钢中未发现直径大于20μm 的夹杂物。2007年，宝钢4号板坯连铸机电磁制动技术投产使用，是国内第二家使用第三代 FC-Mold 的钢铁企业，但至今未见其使用效果的报道。2009

年，4家钢厂（鞍钢鲅鱼圈、邯钢、马钢、首钢曹妃甸）的电磁制动装置 FC-Mold 相继调试并投入运行，其使用效果尚未见报道。鞍钢调试电磁制动过程中发现，浇注过程中开启电磁制动之后，结晶器内的钢液液位有明显降低的现象，随着电流的增加降低越明显，最低降到30mm，对连铸机前的操作造成了很大影响，制约了电磁制动在生产过程中使用。据了解，此问题为国内外使用电磁制动装置的厂家普遍存在的问题，但一直没有得到很好的解决。鞍钢通过现场调试并与外方专家共同编制了补偿软件，解决了电磁制动对钢水液位造成干扰的这一世界性难题，使电磁制动能够适应现场的各种条件而不对其他装置构成干扰。

在电磁制动设备调试稳定运行的基础上，对电磁制动设备在鞍钢鲅鱼圈炼钢部生产中的运行效果进行了应用试验研究。实验钢种为低碳铝镇静钢，断面为200mm×1380mm，拉速为1.8m/min，电磁制动参数为上线圈电流强度为380A，下线圈电流强度为800A，试验结果如图10-8所示。图中所示为拉速为1.8m/min时电磁制动对液面波动的影响曲线截图，左侧为施加电磁制动后的照片曲线，右侧为关闭电磁制动后的照片曲线。由图可见，施加电磁制动后的效果非常明显，液面波动明显降低，波动可降低50%以上，而关闭电磁制动后，液面波动明显加剧。由此说明，电磁制动可以显著提高铸机的液面稳定性。在正常浇注条件下，此断面和钢种条件下的设计拉速为1.3m/min，而在实验过程中施加电磁制动后，拉速提高到1.8m/min后液面仍然很稳定，但关闭后液面波动剧烈，说明施加电磁制动之后，有利于提高连铸机的拉速。

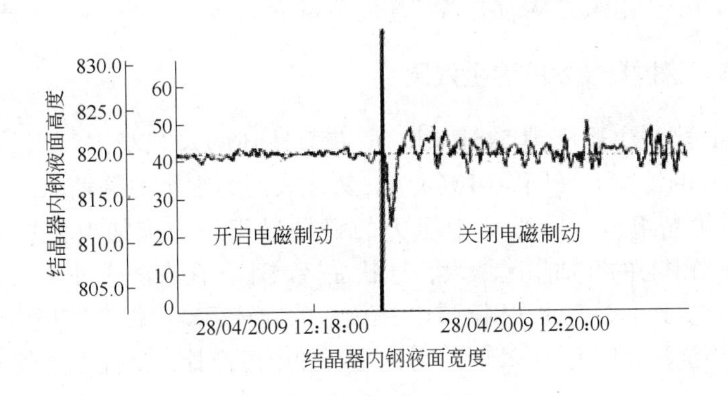

图10-8 电磁制动对液面波动的影响

电磁制动在鞍钢的应用结果表明，电磁制动可降低液面波动50%以上，可提高目标拉速0.5m/min，可以改善结晶器内钢液流动，促进坯壳均匀生长，降低弯月面下的水平流速和稳定弯月面，提高弯月面下的钢水温度，减少铸坯内部夹杂物，提高拉速和铸坯质量。电磁制动作为控制铸坯夹杂物的一种有效手段，正在引起人们的重视，但其在中国的应用还处于初级阶段，很多方面都有待于进行深入研究，从理论和实践结合对电磁制动的优化使用提供指导作用。

10.3 直浇道电磁搅拌技术

10.3.1 直浇道电磁搅拌技术的原理

在连铸过程中，两种常见的冶金缺陷——中缩和偏析，严重降低了铸坯的质量，而缺陷主要是由于金属液凝固时的收缩和固液两相区的存在而形成的，因此减小金属液凝固过程的收缩，使其均匀快速凝固对消除缺陷是有效的。过热度对中缩缺陷的形成有很大的作用，过热度越大，铸坯形成中缩缺陷的可能性越大，所以适当降低过热度有利于改善铸坯的质量。故此，国内外开始探索采用降低浇注温度的办法来减少铸坯的中缩缺陷。但是，采用低温浇注会给工艺操作带来一些困难，例如，如果浇注温度过低，由于金属液进入糊状区，加上管壁结上一层凝固壳，可能会堵塞直浇道，使连铸过程无法进行。

Yokoya 等又提出，将金属液从出水口旋转流入铸型内，可以减少出水口的射流深度，在离出水口不远处获得均匀向下的液流，还可以减轻液面波动，均匀的速度场还可以促进温度分布的均匀化，从而获得内外质量都好的铸坯。

电磁搅拌（Electromagnetic Stirring，简称 EMS）是改善铸坯质量的重要手段。其具有冲刷凝固前沿，促使等轴晶粒形成；使液池内温度均匀，扩大等轴晶区；补缩枝晶间隙，使凝固组织均匀等作用。而且，电磁搅拌非接触式地传递热能和机械能给材料，是一种无污染的材料加工方法，其还具有控制简单、容易实现等优点。而直浇道电磁搅拌（Nozzle EMS，简称 N-EMS）是一种新型的电磁搅拌技术（图 10-9），其可以获得细小的凝固组织，从而提高铸坯的质量。

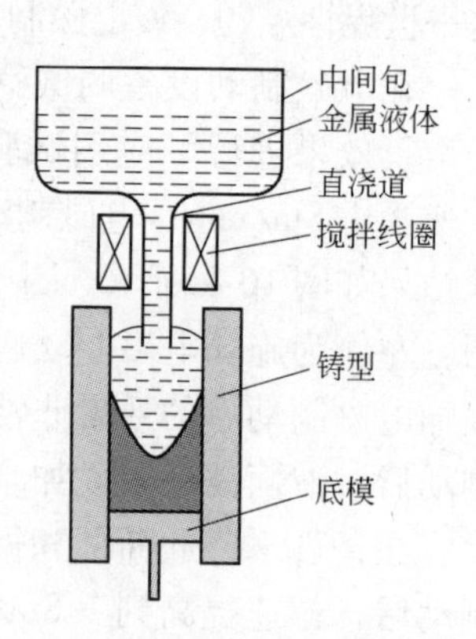

图 10-9　直浇道电磁搅拌装置示意图

10.3.2　直浇道电磁搅拌技术的冶金效果

浇注的合金，当浇注温度为 548K 时，所获得铸坯的宏观凝固组织如图 10-10 所示。在未施加电磁搅拌的情况下（图 10-10(a)），铸坯表层为细小的等轴晶组织，向内为垂直于铸坯表面的柱状晶组织，中心部为粗大的等轴晶组织。施加电磁搅拌后（图 10-10(b)），铸坯表面和中心的等轴晶区增大，柱状晶区减小。在直浇道外施加电磁搅拌后，铸型内的金属液因为受到电磁力的作用而产生螺旋式的旋转运动，促使铸型内液体的温度分布均匀。换言之，当浇注温度为 548K 时，无论是否加电磁搅拌，浇注都能够顺利进行，但是加电磁搅拌后所得铸坯的晶粒要更加细小。

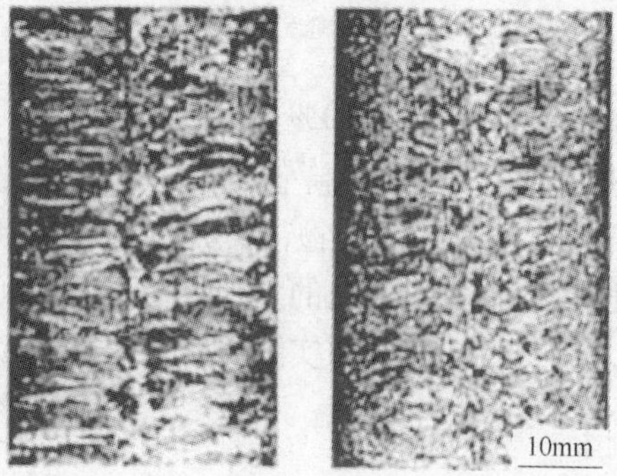

(a)　(b)　10mm

图 10-10　Sn23.5%Pb 合金铸坯的凝固组织（浇注温度 548K）
（a）无 N-EMS；（b）有 N-EMS

当浇注温度为 538K 时，如果不施加电磁搅拌，浇注由于直浇道堵塞而停止。施加电磁搅拌后，不仅浇注能够顺利进行，而且铸坯组织有明显细化的趋势。铸坯的宏观凝固组织如图 10-11 所示。在相同铸造条件下，施

图 10-11　施加直浇道电磁搅拌时铸坯的凝固组织（浇注温度 538K）

加电磁搅拌，可以在较低的浇注温度下获得内部组织良好的铸坯。过热度的降低，可以减少中缩缺陷，提高铸坯的质量。

10.3.3 直浇道电磁搅拌对铸坯凝固的影响

直浇道电磁搅拌对铸坯凝固的影响如下：

（1）施加直浇道电磁搅拌后，铸坯的凝固组织得到明显改善，表面和中心的等轴晶区扩大，柱状晶区相应减小，凝固组织变得细小而均匀。

（2）在浇注温度降低到极限时，在未施加电磁搅拌的条件下，直浇道堵塞而无法进行；而在直浇道外施加电磁搅拌后，不仅浇注能够进行，而且铸坯的凝固组织更均匀细小。

（3）使用商用软件 ANSYS 对直浇道电磁搅拌进行数值模拟，结果证明，施加直浇道电磁搅拌后，浇道内金属液的周向速度沿半径方向非线性地增加，这种旋转运动改善了浇道内和铸型内的流动情况和温度分布，有利于冲刷凝固前沿，提高壁面处金属液的温度，从而降低了直浇道堵塞的可能性。

（4）直浇道电磁搅拌有利于改善铸坯的凝固组织，促使晶粒细化，主要有两方面的原因：一是电磁搅拌引起浇道内金属液流动形态的改变；二是使浇道内温度分布均匀，从而可以降低浇注温度，在较小的过热度下浇注成型。

10.4 结晶器在线调宽技术

将连铸和热轧两道生产工序连接起来的工艺要求连铸用恒定高速的生产来配合热轧。连铸要提供的铸坯应满足热轧要求的宽度和温度。实现这个要求，问题是解决结晶器的在线热态调宽。在线调整结晶器宽度可以避免传统的更换结晶器、二次开浇带来的原材料损失和时间损失，提高了设备利用率、金属收得率，降低了生产成本。

自动在线调宽是指在连铸机浇注过程中对结晶器的宽度或锥度进行调节，以实现板坯产量动态优化并提高板坯质量。因其会直接作用于结晶器中的钢坯，影响板坯的生成及表面的凝固，故存在极大的漏钢风险，必须使用合理的调节曲线以保证该过程始终工作在安全范围内。

10.4.1 结晶器在线热态调宽原则

首先对结晶器在线热态调宽做 4 点假设：

（1）结晶器在线热态调宽时，结晶器液面保持恒定；

（2）结晶器在线热态调宽中，不考虑坯壳受变形应力的影响；

（3）钢液在结晶器内收缩为线收缩；不考虑厚度方向的收缩；

（4）忽略结晶器倒角及注流的影响。

在结晶器进行热态调宽时，铸坯受钢水静压力的作用，把铸坯向结晶器推；由于铸坯的凝固冷却，表面与凝固前沿温度不一致，而使铸坯收缩，使铸坯离开结晶器。因此结晶器进行热态调宽时，通过寻求合理的坯壳应变率来适应坯壳收缩速率的设计思想，最终实现结晶器热态调宽过程。一方面为了使铸坯在在线热态调宽过程中与窄面铜板保持接触，使窄边的驱动力保持稳定，坯壳的应变率应大于等于坯壳的收缩速率；另一方面由于坯壳的应变率越大，坯壳所受的变形应力越大，所以在满足设计要求的条件下，坯壳的应变率应取下限值。由此得出结晶器在线热态调宽原则为：坯壳应变率等于坯壳收缩速率。研究坯壳应变率和坯壳收缩率两者关系得出的在线热态调宽方法不仅可以提高铸坯质量，更重要的是可以稳定铸坯生产。

10.4.2 工艺原理及设备

结晶器是连铸机的核心部件，钢水在其中形成凝固坯壳，因此结晶器决定了铸坯的尺寸。结晶器宽度指结晶器下口两窄面间的距离，也即铸坯的最终宽度。结晶器锥度为结晶器上口和下口的宽度差与结晶器宽度比值，因在结晶器中坯壳上下的冷却程度不同，因此需要使上口宽度大于下口。结晶器窄面能贴紧坯壳，需有一定锥度，以达到更好的钢坯冷却效果，该值与钢水成分浇注速度及结晶器宽度有关。结晶器宽度调节通过调节两窄面间的距离实现，该过程一般在所浇注钢水的钢种、规格发生改变或启用优化剪切时进行。

对于直结晶器结构的连铸机，其结晶器由两个宽面和两个窄面构成。两个宽面一个为固定面，另一个为活动面，活动面在浇注过程中由弹簧固定夹紧，在结晶器调宽时，通过四个液压锁紧装置控制活动面打开，以进行窄面的宽度调节。每个窄面装有两套丝杠机构，由两个伺服电动机驱动，分上轴和下轴，通过 PLC 系统控制变频器使电动机运转，从而实现窄面打开或关闭动作，最终达到调节铸坯宽度的目的，同时，通过上下轴配合动作实现锥度调节。窄面控制机构如图 10-12 所示。

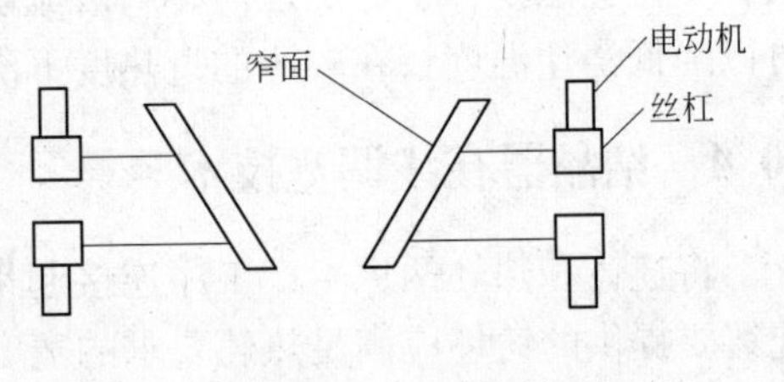

图 10-12 窄面控制机构

10.4.2.1 液压锁紧装置

调宽系统宽面活动面的液压设备包括 4 个锁紧装置，其中 2 个为低压阀，2 个为高压阀，当进行引锭杆插入或准备浇注前宽度设定时，使用高压阀，结晶器宽面的活动面完全打开；当自动在线调宽时，只有低压阀打开，活动面以约 3MPa 压力与窄面接触，窄面既可进行正常调宽，又避免钢水从结晶器中漏出。

10.4.2.2 调宽伺服电动机

为满足结晶器宽度精确调节的要求，窄面调宽电动机选用伺服电动机。其基本运行原理为当有控制电压时，定子内便产生一个旋转磁场，转子沿旋转磁场的方向旋转；在没有控制电压时，定子内只有励磁绕组产生的脉动磁场，转子静止不动，故具有起动转矩大、运行范围较广、无自转现象等特点，从而实现精确的定位，定位精度最高可达 0.001mm。

在对结晶器自动在线调宽时，需要设定目标宽度值和锥度值。目标宽度值可以通过上位监控画面由生产人员手动设定，也可通过二级优化剪切模式给定；目标锥度值则可通过二级模型根据钢种、宽度及拉速通过工艺设定的三变量对应表实时计算得出。在调宽过程中，窄面的调整应缓慢进行，以减小凝固坯壳的应力。为保证坯壳与铜板紧密接触，结晶器锥度随宽度的减小而减小，随宽度增加而加大，以最大限度保证结晶器冷却效果，生成更厚的坯壳，减少漏钢的可能性。

10.4.3 结晶器调宽过程中窄边坯壳受力

结晶器调宽过程通常是铸坯宽度增大和减小过程的总称，这里的结晶器调宽过程仅指铸坯由窄变宽这一过程。首先假设结晶器进行热态调宽过程中，窄边坯壳位移率始终大于窄边铜板移动速度。结晶器进行热态调宽时，在弯月面处，宽边坯壳较薄，宽边坯壳沿厚度方向（图 10-13 所示 y 向）温度梯度变化较小，因此产生的热应变较小，在窄边坯壳受到钢水静压力作用的情况下，宽边坯壳产生的热应力小于窄边坯壳对它的拉伸应力，宽边坯壳会发生拉伸变形，因此在窄边坯壳两端约束（宽边坯壳对窄边坯壳两端的作用）会发生位移，窄边坯壳会与窄边铜板紧密接触。随着冷却过程的继续，当宽边坯壳厚度增大到一定程度，宽边坯壳沿厚度方向的温度梯度变化增大，即宽边坯壳产生的热应力等于窄边坯壳对其的拉伸应力时，宽边坯壳不发生变形。宽边坯壳对窄边坯壳两端的作用可视为固定端约束，此时窄边坯壳在钢水静压力的作用下发生弯曲变形，当窄边坯壳边部与铜板脱离时，窄边坯壳与铜板之间产生气隙。因此为了描述方便，将窄边坯壳与结晶器铜板之间的关系分为紧密接触区和非紧密接触区。在热态调宽过程中进行宽边和窄边坯壳受力分析时，应该对紧密接触区和非紧密接触区分别进行计算。

在紧密接触区，窄边坯壳只产生收缩应变，其坯壳增长方式与稳态浇注过程相类似，因此不会产生裂纹。在非紧密接触区，窄边坯壳的变形是坯壳受到钢水静压力作用下的自由胀形过程，需将窄边坯壳当做梁来分析。在调宽过程中的非紧密接触区，对窄边坯壳需进行受力分析，坐标系如图 10-13 所示。

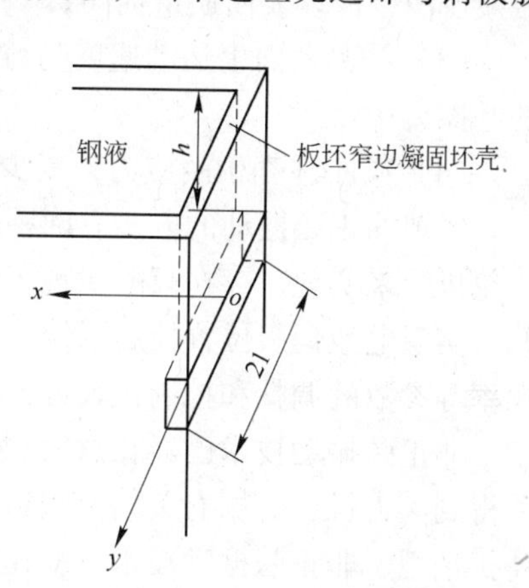

图 10-13 凝固坯壳示意图

10.4.4 宽边坯壳变形过程的受力

在紧密接触区宽边坯壳产生拉伸变形；在非紧密接触区由于宽边坯壳的收缩应力与拉伸应力相同，因此在该区域，宽边坯壳不产生变形。宽边坯壳产生的应变主要是由窄边坯壳运动所产生。在紧密接触区，窄边坯壳与窄边铜板接触并以相同的速度向外侧运动，宽边坯壳主要承受拉伸应变，随窄边坯壳一同运动。宽边坯壳的应变速率是铸坯宽度和窄边调宽速度的函数。在调宽过程中铸坯宽度是常数，调宽速度是变量。通过应变速率来计算宽边坯壳的临界应变，通过比较宽边坯壳产生的应变和临界应变来判别宽边坯壳是否会产生裂纹。设定的调宽速度，应该同时满足窄边和宽边坯壳应变要求。

在紧密接触区，宽边坯壳受窄边坯壳的拉伸作用下产生拉伸变形。由于在拉伸过程中宽边坯壳变薄，因此出结晶器口的坯壳厚度减小，为了满足出结晶器口的坯壳厚度达到生产要求，则要合理降低拉速。降低拉速的目的是保证出结晶器口处，拉伸后的宽边坯壳的厚度与稳态浇注时的宽边坯壳厚度相同，并且宽边坯壳的应变不能超过其临界应变，以此来设定调宽过程中的拉速值，对热态调宽过程中的拉速进行定量研究。

10.5　液压非正弦振动技术

10.5.1　非正弦振动技术研究现状

非正弦振动方式是近年来出现的一种新型结晶器振动方式。特别是随着高速连铸机的开发，拉坯速度越来越快，造成结晶器向上振动时与铸坯间相对运动速度大，在高频振动后此速度更大。由于拉速提高后结晶器保护渣用量相对减少，坯壳与结晶壁之间发生黏结而导致漏钢的可能性增加。为了解决这一问题，除了使用新型保护渣外，另一措施就是采用非正弦振动，使得结晶器向上振动时间大于向下振动时间，以缩小铸坯与结晶器上振动之间的相对运动速度。其主要特点是：

（1）非正弦振动的正滑动时间较长，保护渣消耗量增大，有利结晶器的润滑；

（2）负滑动时间短，结晶器与凝壳之间的相对速度增加，作用在坯壳上的压力增加，振痕变浅，铸坯表面质量提高；

（3）结晶器向上运动速度与铸坯运动速度差较小，减小了结晶器施加给铸坯向上作用的摩擦力；

（4）减小坯壳中的应力，减少拉裂，有利于提高拉坯速度。

实现非正弦振动的方式有两种：机械方式和液压方式。机械方式主要靠凸轮机构或偏心轮机构来实现，存在只能实现正弦振动等不足。液压方式广泛采用电液伺服阀作为控制阀，实现电液伺服位置控制系统。目前非正弦振动最新技术一般都用液压缸驱动，振幅和频率等参数的调整和控制比较方便。

非正弦振动技术已经在意大利、德国、法国、美国和日本等一些大型钢铁厂试验成功并得到大力推广。据有关信息报道，20 世纪 70 年代初，日本钢管公司福山厂 5 号板坯连铸机采用了非正弦振动技术，拉速达 3m/min。20 世纪 90 年代初，德马格 ISP 薄板连铸连轧生产线在意大利克雷蒙纳的阿尔维迪厂建成投产，采用圆弧形连铸机，结晶器为上直、下圆弧结构，采用液压非正弦振动方式。

保证钢铁生产具有长期竞争力的有效办法，是通过不断地适应市场需求和应用先进、低成本的技术来达到。结晶器专家系统就是这类技术之一，全球各大钢铁设备制造商，如奥钢联（VAI）、达涅利（Danieli）、德马格（SMS DEMAG）等竞相开发并争取尽早将结晶器专家系统应用于实际生产。奥钢联（VAI）的结晶器专家监视系统（Mold Expert System）自 2001 年开始使用。该系统收集与结晶器相关的数据，如热电偶信号、液压振动系统活塞压力和行程、一冷水温度和热流、结晶器液位信号等，来表征解释润滑、铸造过程和凝固条件，诊断危险并报警。MTM（结晶器热监视）是英国钢厂利用铜板上的热电偶研究结晶器的热传递，第一个在线应用 MTM 是在 1986 年。有报道，目前 MTM 已在板坯、大方坯、小方坯连铸上安装和应用，在薄板坯连铸的应用在开发中。Danieli 提供了两种漏钢预报系统 MBPS，一个基于监测，另一个基于神经元网络，用来预防由于凝固坯壳与结晶器壁黏结造成的漏钢或由异常热传递条件引起的凝固坯壳重熔造成的漏钢。SMS—德马格的漏钢预报系统（BPS）采用精确的热传感技术，连续检测热传递和结晶器与铸坯接触情况，提供结晶器监视系统、漏钢预报、结晶器温度分布，在使用结晶器液压振动时，可改变振动、振幅和振动曲线，也可记录与可视结晶器的摩擦力。

在国内方面，对液压式结晶器振动技术研究较少，很多技术和设备都是国外引进。1992 年北京钢铁研究总院和北京航空航天大学研究了连铸机的非正弦振动问题。李宪奎教授等人在连铸结晶器振动技术中的拉速—振动参数最佳控制模型、电液伺服驱动的非正弦振动装置、机械驱动的非正弦振动装置、结晶器润滑以及铸坯等方面也进行了大量研究，取得很多价值的成果。1999 年燕山大学为北京新兴铸管股份有限公司炼钢厂设计制造了一种方坯连铸机结晶器液压振动装置。1999 年河南安阳钢铁厂从奥钢联（VAI）引进了板坯连铸机生产线，连铸机结晶器采用非正弦液压振动方式。杭钢电炉炼钢厂也于 2005 年在方坯六流高效连铸机项目改造中从奥钢联（VAI）引进了国际上先进的结晶器液压振动技术，使得连铸方坯的表面质量得到了很大的改善，满足了生产高技术含量、高附加值的钢种要求。总体而言，国内在结晶器振动技术，尤其是非正弦振动技术的研究方面仍有很大的发展空间。

10.5.2 非正弦振动及其参数

结晶器非正弦振动技术的引入，突破了正弦振动的弊端，增大了波形的调节能力。周期不变的情况下，正滑脱时间增加，负滑脱时间减少。在正滑脱时间里，结晶器振动速度与拉坯速度之差减小，从而降低了摩擦阻力，并减小了初生坯壳所承受的拉应力，即减少了粘连性漏钢事故；在负滑脱时间里，结晶器振动速度与拉坯速度之差增大，因此作用于初生坯壳的压应力增大，更有利于铸坯脱模。非正弦振动是对正弦振动的扩展和改进。目前大多数方坯连铸机、板坯连铸机都采用正弦振动方式。正弦振动方式不仅能产生平稳变化的加速度，又能满足负滑动的要求。连铸结晶器正弦振动的基本参数是振幅和频率，结晶器振动保护渣和振痕深度，光靠通过调整振动频率来控制负滑动时间是无法同时实现这两个工艺效果的，因为增加保护渣消耗数量和减少振痕深度在正弦振动时是相互矛盾的。因此，选取正确的振动参数，进而提高受到限制的拉坯速度，分析结晶器振动时产生的工艺效果，才能确定对振动工艺参数的影响，以达到合理选择和控制振动基本参数，是保证高效连铸稳定进行的基本条件。

非正弦振动具有以下特点：

（1）在正滑动时间里，结晶器振动速度 v_m 与拉坯速度 v_C 之差减小。因此，可减小结晶器施加给铸坯向上作用的摩擦力，作用在弯月面下坯壳的拉应力减小，减少拉裂。

（2）在负滑动时间里，结晶器振动速度 v_m 与拉坯速度 v_C 之差较大。因此，作用于坯壳上的压力增大，有利于铸坯脱膜。

（3）负滑动时间短，铸坯表面振痕浅。

（4）正滑动时间长，可增加保护渣的消耗量，有利于结晶器的润滑。

10.5.3 非正弦振动基本参数的选择

非正弦振动波形取决于振幅（h）、频率（f）和波形偏斜率（α），被称之为非正弦振动基本参数。

10.5.3.1 波形偏斜率 α 的确定

非正弦振动波形偏斜率 α 对所有工艺参数的影响都是有利的，而且取值越大越有利。但是 α 取值过大，结晶器向下振动时的加速度变得很大，使结晶器振动装置不平稳。若 α

取值太小，非正弦振动优越性体现不出来。根据目前使用经验，一般取波形偏斜率 $\alpha \leqslant 40\%$。

10.5.3.2 振幅和频率的分析与确定

非正弦振动波形复杂，通常不能直接写出其相应的振动工艺参数解析计算式，一般通过数值方法来计算非正弦振动工艺参数。图 10-14 为 $Z=1\sim12$ 时振动波形偏斜率 α 对负滑动时间的影响曲线。

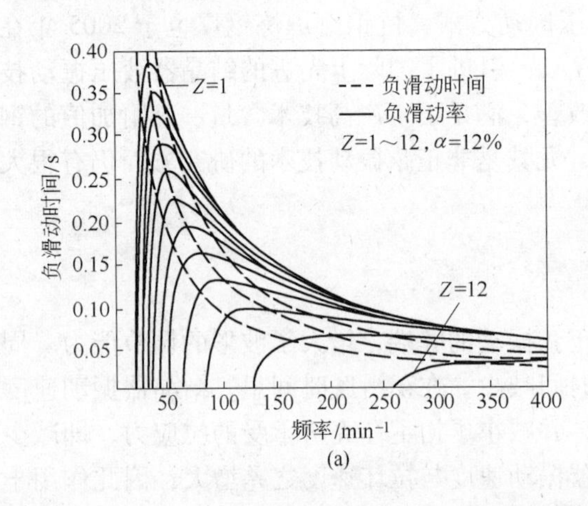

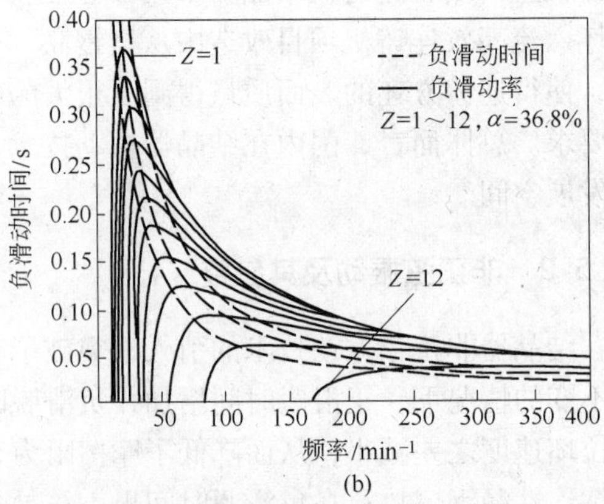

图 10-14 非正弦振动波形偏斜率对负滑动时间的影响
(a) $\alpha=12\%$；(b) $\alpha=36.8\%$

从上图可以看出：

(1) 不同 α 下的负滑动时间曲线与正弦振动的负滑动时间曲线类似。

(2) 随着 α 增加，在相同的 f 情况下，t_N 减少。

(3) 在 Z 值相同时，非正弦振动的临界频率 f_0 减少。Z 值越小，f_0 减少的幅度越大。

(4) 在 $\alpha=40\%$ 时临界频率只有正弦振动临界频率的 50%，意味着采用非正弦振动时，振动频率将比采用正弦振动所用的振动频率大、幅值降低。

(5) Z 值相同时，非正弦振动的 t_N 最大值比正弦振动时低，且 α 越大，其幅度降低越大。

(6) α 的增加，等同于等负滑动率曲线向左下方平移。

(7) 应用非正弦振动不仅可以减少 t_N，而且有利于增加负滑动量，有利于脱模，防止出现黏结现象。

综上所述，考虑到液压伺服系统带宽的限制，目前连铸机结晶器的振动频率限制在区间 $(f_0, 400)$ 范围内。目前对于采用机械式非正弦振动的连铸机振幅多在 $\pm(6\sim12)$mm，而对于采用液压非正弦振动方式连铸机，由于容易实现高频振动，因此振幅可以适当降低，一般在 $\pm(2\sim9)$mm。

10.6 双结晶器法

10.6.1 双结晶器的原理

采用双结晶器一次铸造成型双金属复合材料的方法，是指在芯材结晶器内连铸凝固成型的芯材，在保护环（大气隔离环）的保护作用下，保持表面无氧化、无夹杂、无油污的状态，直接进入包覆层结晶器，热态连铸包覆层，可省略反向凝固方式中母材预处理的繁杂工序，可省略包覆层连铸工艺中需要在芯棒上涂刷防氧化涂料的工序，具有工序简单、节能降耗、复合界面良好等优点（图 10-15）。通过控制芯材结晶器的冷却强度和包覆层结晶器内金属熔体的温度，既可以实现包覆层金属的反向凝固成型，又可实现芯材与包覆层金属之间的扩散或熔接，最终形成具有冶金学结合界面的高质量双金属复合材料。

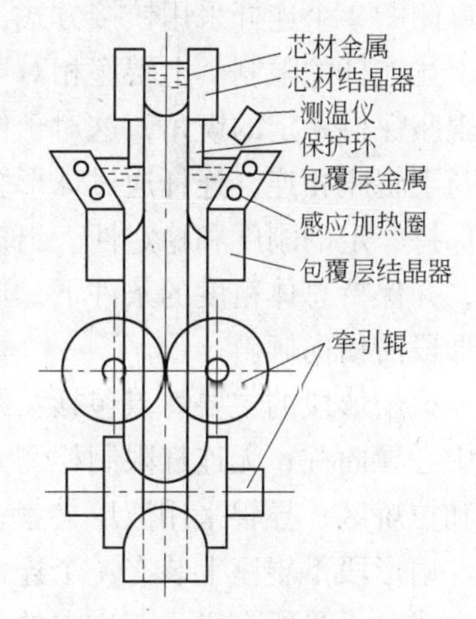

图 10-15 双金属结晶器连铸工艺原理图

10.6.2 双结晶器在复合材料连铸中的应用

双金属复合材料连续铸造成型方法可以分为两大类，一类为使用已成型的芯材对其进行包覆的包覆铸造成型法，另一类为将两种金属同时注入同一个结晶器内进行成型的双流铸造法。但是在连续铸造成型时要保证界面质量的均匀、一致性通常很困难；采用单结晶器的双金属连铸工艺（双流铸造法），主要难点在于两种金属液的混合程度难以控制，容易出现界面位置不稳定、界面层厚度不均匀现象。通过电磁场作用强制金属液在结晶器中形成分层的方法，对浇注工艺、结晶器冷却特性、拉速控制等的要求很高，金属的组合自由度也受到很大程度的限制。因此有人提出采用双结晶器法制备双金属复合材料。

采用双结晶器连铸工艺生产双金属复合材料，控制工艺参数有：两种金属的浇注温度、结晶器的冷却强度、双结晶器之间的距离、拉坯速度，以及这些工艺参数之间的合理匹配等，对制备双金属复合材料有很重要的作用。根据图 10-15 所示的双金属结晶器连铸工艺原理图，是设计和制造了一台双金属复合材料双结晶器连铸一次成型试验样机。

双金属复合材料的双金属结晶器连铸工艺，由于采用预成型芯材进行包覆铸造的方法，工艺复杂，界面质量难以控制，尤其是在连续铸造成型时要保证界面质量的均匀、一致性通常很困难；而单结晶器的双金属连铸工艺（双流铸造法），主要难点在于两种金属液的混合程度难以控制，容易出现界面位置不稳定、界面层厚度不均匀现象。通过电磁场作用强制金属液在结晶器中形成分层的方法，对浇注工艺、结晶器冷却特性、拉速控制等的要求很高，金属的组合自由度也受到很大程度的限制。

因此，采用双结晶器连铸双金属工艺，其思路是：(1) 上下分别设置加热器，使心部金属与外部包覆金属分别在上下两个加热器中熔化；(2) 采用双结晶器，心部金属在上结晶器中凝固，下拉出心部铸坯；(3) 心部铸坯进入到下加热器中，包覆外层金属液，在引锭杆的牵引下进入到下结晶器中，使外层金属与心部金属冶金结合成复合材料。

10.7 INMO 结晶器和 OPTIMUM 最优化扇形段的应用

10.7.1 OPTIMUM 扇形段的结构

OPTIMUM 扇形段结构的设备在下辊座上装有 4 个连杆，每个角部 1 个。位于扇形段入口侧的2个连杆采用铰接方式，承受所有沿出坯方向的剪切力。扇形段上辊座的活动受到上述连杆的限制。上辊座相对于下辊座的运动通过液压油缸实现。扇形段上辊座相对于下辊座保持一定的锲角，这对于保持辊缝收缩和实现轻压下是必不可少的。上辊座通过连杆与下辊座相连，连杆通过球形安装座装在下辊座上。入口连杆确定扇形段入口开口度，并保持一定的刚度和稳定性。出口连杆另外带有一个连杆，无需导向装置，可在没有摩擦力，并保持总体精度的条件下，形成规定的收缩辊缝和实现轻压下。球形连接装置还允许扇形段沿横向倾斜。

该扇形段的主要特点包括：结构坚固的端部开式设计；便于设备检修人员接近设备；无中心导向柱；无连杆限制检测人员接近设备；球铰数量减至最少；可安装在连铸机弧形区和拉矫区；导辊采用液压夹紧；独立的驱动辊液压系统；可实现反向驱动。

扇形段下辊座上装有4个连杆，每个角部1个，位于扇形段入口侧的2个连杆采用铰接方式，承受所有沿出坯方向的剪切力，位于扇形段出口侧的2个连杆采用双销轴连接方式。销轴允许扇形段膨胀和绕固定导向装置转动，同时由销轴连接的机座保持不动。

OPTIMUM扇形段较之普通的扇形段，在设备结构和冶金功能上均有了较大的改善，其基本优化思路都是通过由扇形段液压缸传感器反馈回来的信息（力或者位移）对铸坯的最终凝固点位置进行在线监测，从而准确地给出轻压下实施的区域和相应的轻压下率，实现动态轻压下。尤其是后者，通过上框架的周期性低频低幅振动，可在浇注条件发生变化时迅速地反映出铸坯凝固状态的相应变化，从而可以认为是实现了真正意义上的完全动态轻压下技术。

10.7.2 INMO结晶器（Integral Mould 整体式结晶器）

INMO结晶器装置如图10-16所示，设计的目的是要显著改善现有板坯连铸机浇注的铸坯质量，并减少设备维护工作量。INMO结晶器液压系统和机械设备设计，允许为结晶器振动选用各种不同的振动波形和偏斜率，可以在浇注过程中在线调节振幅和频率。该系统还可以采用“传统式”正弦波形（也就是类似于偏心凸轮或电动机械驱动的短臂四杆系统的振动波形）。

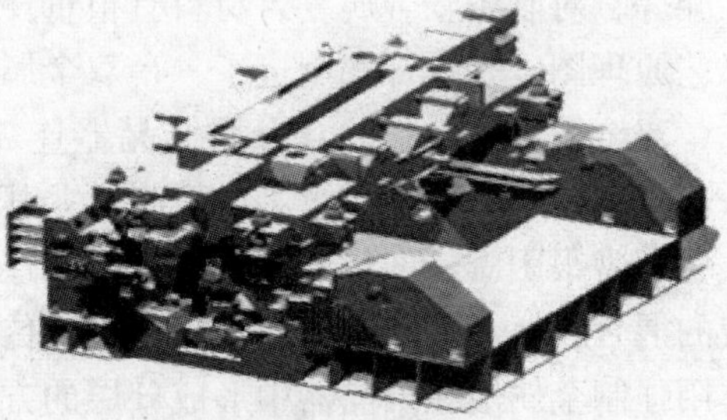

图10-16 INMO结晶器

INMO结晶器的主要特点可汇总如下：

（1）具有创新意义的结晶器导向元件（“滚动元件”）；

（2）由先进的自动控制系统控制的液压振动装置；

（3）有可能采用结晶器盒式设计；

（4）结晶器宽度和锥度连续调节系统（可实现在浇注过程中在线调节和离线调节）。

INMO结晶器所能实现的几个目标：

（1）能够根据实际浇注条件（拉坯速度、冶金要求、浇注保护渣性能等），动态改变结晶器振动参数是十分重要的。这是通过采用液压振动装置的INMO结晶器来实现的。

（2）在所有的结晶器振动参数中，可严格控制结晶器振动的几何精度（限制偏离自动控制系统设定的理论振动曲线的偏差值)。这是通过能够有效简化从结晶器振动驱动装置（液压缸）到振动质量（结晶器运动框架）之间的传动环节的INMO结晶器实现的。

(3) 考虑不采用平行四杆机构（如在短臂/长臂四杆振动机构中普遍采用的)，而是液压缸直接作用在结晶器振动模块上。

(4) 减少结晶器振动装置设备维护工作量，确保结晶器/振动系统始终保持高精度运动，无需更换在结晶器振动过程中承担运动导向作用的“磨损件”来消除它们的振动精度不断下降的问题（如因轴承不均匀磨损或弹簧弹性特性改变，而需要定期更换备件)。这是通过采用一个“无摩擦”（即“无磨损和免维护”）装置的INMO结晶器来实现的。这个装置采用的是能够实现精确导向、已经获得专利的结晶器导向“滚动元件”。滚动元件在导向精度控制方面是一种十分有效的控制手段。

达涅利为安赛乐米塔尔、中国宝钢、蒂森克虏伯、中国邯钢和中国本钢提供的所有全新的板坯连铸机，也都采用了INMO结晶器技术。宝钢新建的双流厚板坯连铸机采用了达涅利最新推出的连铸技术，其中包括已经获得专利的达涅利INMO结晶器、先进的结晶器在线调宽技术、先进的结晶器漏钢预报系统、结晶器液压振动装置、结晶器电磁搅拌和制动装置、最优化扇形段设计等技术，并将最优化扇形段的设计从1号扇形段到最后一个扇形段，全部配备采用LPC（液芯长度控制）模型的动态轻压下功能，以最大限度地提高铸坯内部质量。达涅利最新推出的PDR圆周穿孔通水冷却辊，可提高设备生产能力和可靠性。达涅利ELTM单元坯气水雾化动态控制模型，可优化铸坯表面质量。

10.8 动态轻、重压下技术

凝固末端的轻压下技术始于20世纪70年代末、80年代初，是在辊缝收缩的基础上发展起来的，分为静态轻压下和动态轻压下两种方式。静态轻压下是在浇注前预先设定好辊缝，然后按照设定的拉速和工艺条件进行浇注的一种方法；而动态轻压下是在浇注过程中随着凝固点的位置变化调整辊缝及辊缝收缩程度的一种浇注方法。动态轻压下技术是近年来推广较快的板坯连铸技术之一。其基本原理是在铸坯液相穴末端对铸坯实施一定的压下量，补偿或抵消铸坯凝固收缩量，抑制凝固收缩引起的富含偏析元素的残余钢液向铸坯中心流动，从而达到改善铸坯中心偏析和中心疏松的目的。

控制原理：二冷控制模型对二冷系统进行在线控制，根据采集的钢中成分、浇注温度、拉速等实时数据，由铸坯凝固模型计算固相与液相区并存的位置及液芯长度，并提供给动态轻压下在线控制模型。

动态轻压下控制模型执行以下功能：从二级计算机下载收缩曲线和最终尺寸；根据板坯凝固模型计算的液芯长度，实时计算沿浇注方向轻压下范围和该轻压下范围内的压下量分布；对3~7段扇形段实施轻压下；设定每个段的压下信号，并采集反馈的液压缸信号，比较生成参考值，对实际压下情况进行修正。

主要优缺点：动态轻压下技术中每一个扇形段由液压缸各自进行位置控制，根据拉速、产品质量、拉坯力等进行动态调节，可以在理想的时机进行压下，铸坯受挤压而不破裂，改善铸坯组织，并对有害元素偏析有明显抑制作用。但动态轻压下可造成裂纹的加剧，需进一步确定合理的压下量和完善动态轻压下工艺制度。

10.8.1　轻压下改善铸坯内部质量

动态轻压下改善铸坯内部质量的过程是铸坯在压下辊的作用下向内挤压钢水，使心部钢水向上运动，这种运动对改善铸坯内部质量会产生如下效果：

（1）使正在凝固的钢水混合，均匀钢水中的溶质，消除成分偏析；

（2）铸坯中心较高的温度使已部分偏析的钢水与枝晶顶点接触并使其重新熔化，并通过与具有较少偏析元素钢水的熔合而得到稀释较少的中心疏松；

（3）液界面再熔化晶体从界面处分离出来，由对流运动送到液态中，有利于中心的凝固并形成细晶组织；

（4）枝晶间的再熔化吸收了钢液的热量，降低了液相的温度，从而加强了中心的冷却，有利于中心的凝固。

动态轻压下的具体实现过程是动态轻压下软件包根据实际的连铸速度、铸坯厚度和钢种等计算出铸坯的糊状区域（图 10-17），随时调整扇形段的开口度，对铸坯进行轻压下，使坯壳中的液芯产生相对运动，均匀钢水成分，重熔枝晶，从而细化晶粒，减少铸坯的中心偏析、缩孔和裂纹等。

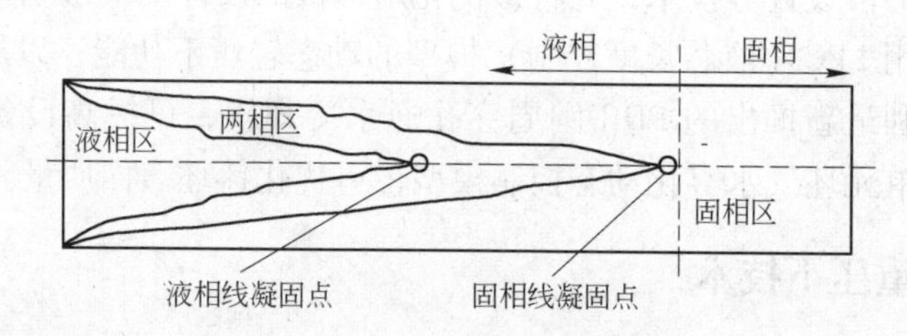

图 10-17　铸坯两相分布示意图

图 10-18 所示为无动态轻压下的 Q235 板坯横断面的低倍照片，拉速稳定控制在 1.2m/min。可以看到，铸坯中心的宏观偏析明显，还伴有明显的中心疏松。图 10-19 所示为采用动态轻压下的 Q235 板坯横断面低倍照片。可以看到，基本消除了偏析，无中心疏松和裂纹，说明动态轻压下能有效控制板坯的宏观偏析。采用动态轻压下后，板坯内部质量较不采用动态轻压下时有明显改善。

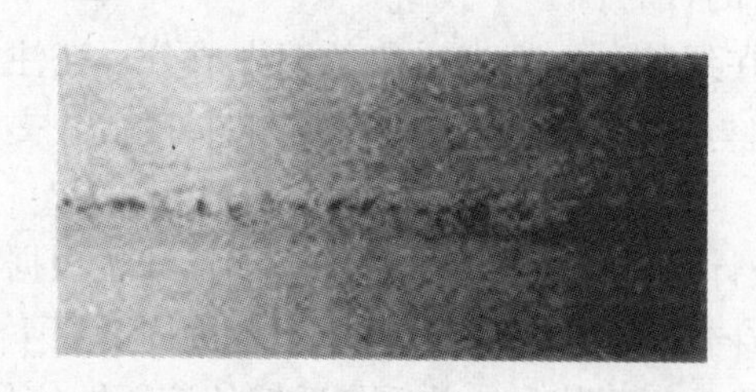

图 10-18　无动态轻压下的 Q235 板坯横断面低倍照片

图 10-19　采用动态轻压下的 Q235 板坯横断面低倍照片

中心偏析的形成是由于向内生长的凝固前沿形成搭桥，阻隔了钢水的向内输送，凝固与冷却收缩就会导致收缩力把周围树枝晶的富集 S、P 的液体吸入，从而导致铸坯化学成分不均匀，中心部位 C、S、P 含量明显高于其他部位，这就是中心偏析。动态轻压下是通过在铸坯液芯末端附近施加压力，产生一定的压下量来补偿铸坯最后的凝固收缩，以此消除或减少铸坯收缩形成的内部空隙，防止晶间富集溶质的钢液向铸坯中心横向流动。动态轻压下所产生的挤压作用还可以促使液芯中心富集溶质的钢液沿拉坯方向反向流动，使溶质元素在钢液中重新分配，从而达到减轻或消除中心偏析的目的。

从结晶器拉出来的带液芯的铸坯在弯曲、矫直或棍子压力作用下，在正在凝固的、非常脆弱的固液交界面产生的裂纹叫做内部裂纹。内部裂纹分为矫直裂纹、压下裂纹、中间裂纹、皮下裂纹、中心线裂纹、中心星状裂纹和三角区裂纹。这些裂纹按照方向性分为平行于压下方向裂纹和垂直于压下方向裂纹两类。其中三角区裂纹、中心线裂纹、中心星状裂纹基本垂直于压下方向；皮下裂纹、中间裂纹基本平行于压下方向。垂直于轻压下方向的裂纹在轻压下的作用下会被压缩焊合，有利于改善铸坯内部质量；平行于轻压下方向的裂纹在轻压下的作用下反而会加剧。

10.8.2 动态轻压下冶金效果

国内某钢厂采用动态轻压下技术，对双流板坯连铸机的1流浇注过程中的铸坯，做了实时温度测量和射钉实验。

10.8.2.1 温度测量

温度测量的测量钢种为SPHC低碳钢，浇注参数见表10-1。

表10-1 浇注参数表

参数	温度测量	射钉实验
钢液过热度/℃	35	35
断面尺寸/mm	230×1030	230×1030；230×1650
拉速/m·min^{-1}	1.5	1.5；1.2

基本测温位置为两扇形段缝隙中间线和铸坯中心线、两侧1/4和3/4处的内弧的交点，具体位置如图10-20所示。

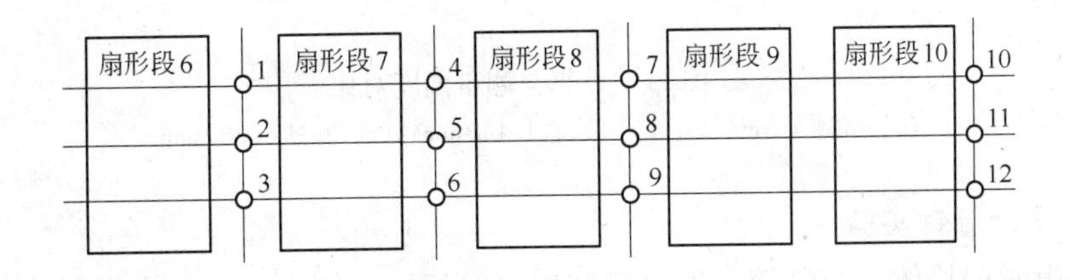

图10-20 温度测量点位置示意图

在各浇次的拉速稳定大约1h以后，在上述位置分别测量了铸坯表面温度，每个位置测量3次（以温度最大值为准），结果见表10-2。可以看出，板坯最高温度并不在铸坯中心线上，而是大约在铸坯两侧1/4位置处，两者相差大约为10℃左右。对表10-2数据进行统计分析得到图10-21。

表 10-2　连铸机板坯表面温度实际测量值

序号	拉速 /m · min^{-1}	测量点温度/℃											
		1	2	3	4	5	6	7	8	9	10	11	12
1	1.5	1100	1082	1098	1069	1054	1065	990	981	987	958	952	957
2	1.4	1066	1051	1067	1046	1033	1044	982	973	979	950	941	947
3	1.2	1033	1023	1035	1011	1002	1009	961	952	968	925	923	928

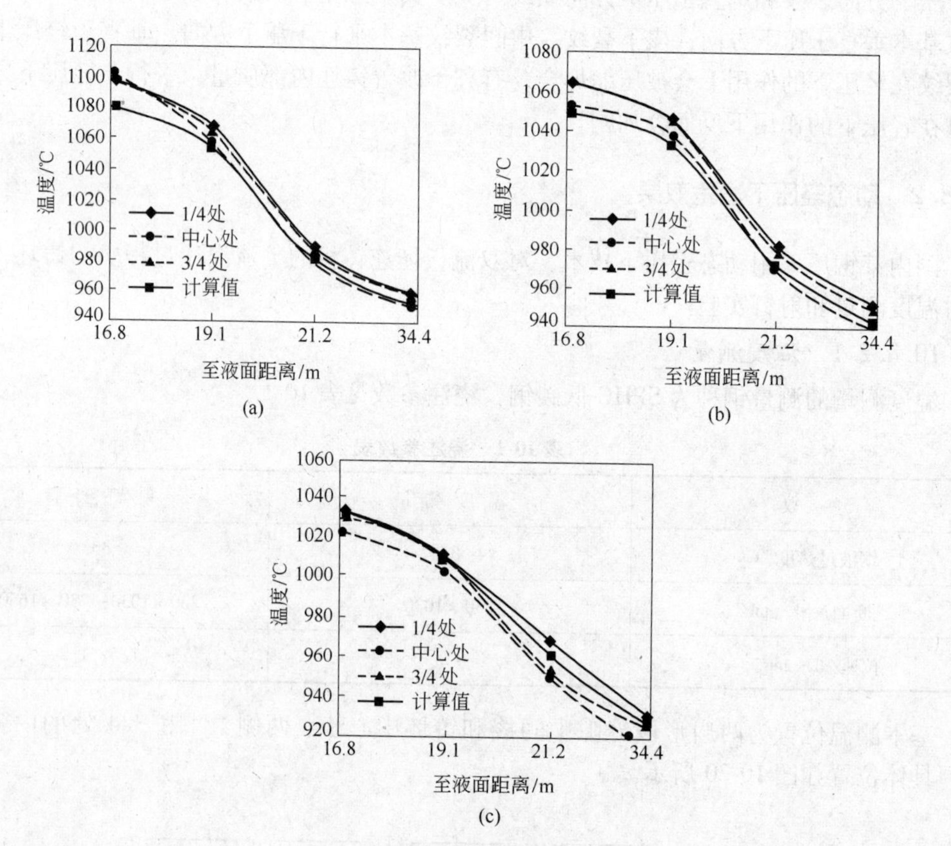

图 10-21　计算与测量温度对比

（a）拉速 1.5m/min；（b）拉速 1.4m/min；（c）拉速 1.2m/min

10.8.2.2　射钉实验

射钉枪由发射枪体、控制箱、射钉弹和射钉等组成，钉子上加工有两道含有硫化物的沟槽，低熔点的硫化物在射钉进入连铸坯液相穴中会迅速扩散，用酸侵蚀和硫印，根据硫化物的扩散情况就可显示出铸坯的液芯厚度，从而测量出铸坯凝固壳厚度。

根据相关资料及试验经验，铸坯表面横向 1/4 位置处温度最高，铸坯凝固坯壳最薄，所以对于铸坯，射钉枪横向布置在铸坯表面横向 1/4 处。纵向方向则考虑现场情况，本次实验时，射钉枪固定在连铸机扇形段 7 ~ 11 出口处，如图 10-22 所示。射钉是从铸坯上方沿厚度方向射入铸坯，一次性同时射入 3 个射钉。

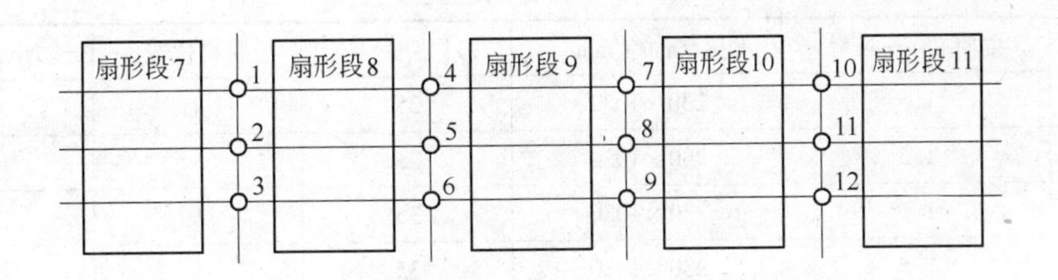

图 10-22 射钉点位置示意图

对含射钉铸坯试样进行检验，如图 10-23 所示，采用 NKK 公司 T. Kawawa 等人提出的方法，将含射钉铸坯试样刨至射钉中心线后，在射钉及周围区域分为 A 区、B 区和 C 区三个部分，如图 10-24 所示。在 A 区域射钉保持了原有的外形，硫化物没有扩散；在 B 区域周围小部分硫化物熔化扩散，但内部组织与坯壳组织不同；在 C 区域射钉完全熔化，硫化物充分扩散，组织已经改变为与坯壳相同的组织。实际试样刨至射钉中心线，酸洗后的射钉试样如图 10-25 所示。

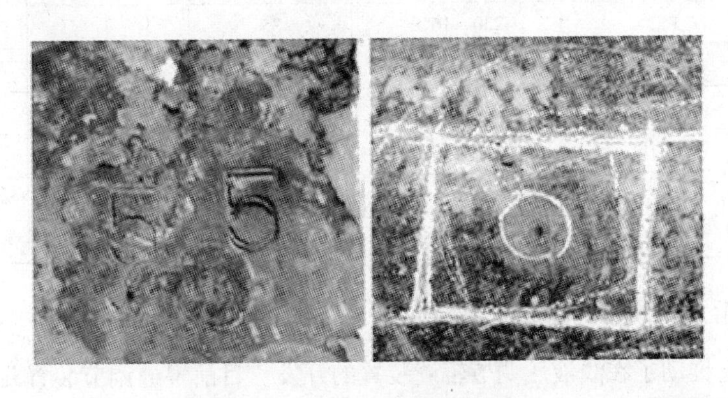

图 10-23 含射钉的铸坯试样

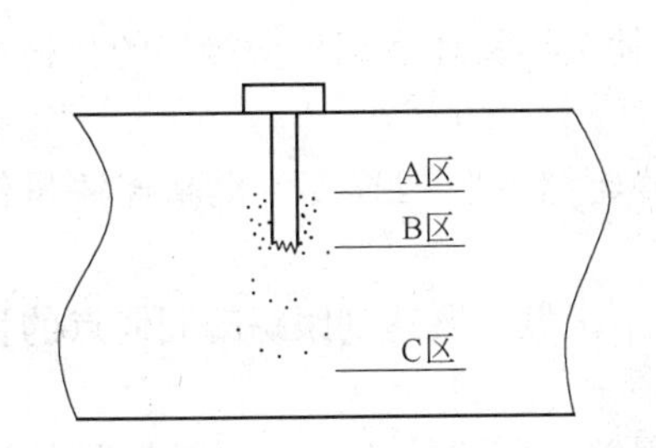

图 10-24 射钉试验中硫化物扩散示意图

图 10-25 酸洗后的铸坯射钉试样

对射钉试样进行酸洗后低倍分析，得出坯壳厚度见表 10-3。根据统计分析，断面为 230mm × 1030mm，拉速为 1.5m/min 时，在扇形段 8 与扇形段 9 之间测出的坯壳厚度大约为 103mm，在扇形段 11 出口处铸坯几乎完全凝固。

表 10-3 测量的坯壳厚度

序 号	拉速/m·min^{-1}	断面/mm·mm^{-1}	过热度/℃	射钉位置	坯壳厚度/mm
1	1.5	230×1030	35	4	101
2	1.5	230×1030	35	5	105
3	1.5	230×1030	35	6	102
4	1.5	230×1030	35	7	108
5	1.5	230×1030	35	8	110
6	1.5	230×1030	35	9	106
7	1.5	230×1030	35	10	112
8	1.5	230×1030	35	11	115
9	1.5	230×1030	35	12	110
10	1.2	230×1650	35	1	104
11	1.2	230×1650	35	2	107
12	1.2	230×1650	35	3	103
13	1.2	230×1650	35	4	108
14	1.2	230×1650	35	5	113
15	1.2	230×1650	35	6	106
16	1.2	230×1650	35	7	115
17	1.2	230×1650	35	8	115
18	1.2	230×1650	35	9	115

10.8.3 动态轻压下设备的特点

动态轻压下推动了在线液压调节辊缝装置的开发。目前辊缝调节装置几乎全部采用液压技术，可以在线无级调节连铸机的辊缝，在液压缸上安装有传感器用于检测压下量，保证扇形段开口度的尺寸精度。扇形段有一固定边，而在非固定边上装有液压缸，可以准确地调节辊缝之间的距离和保证扇形段的刚度，从而确保所设定的压下量能有效地传递到铸坯中心的凝固末端。液压加紧式远程调节辊缝的扇形段有如下特点：

（1）能够方便地实现动态轻压下，跟踪凝固终点，使头尾铸坯及钢种交接坯的合格率得到提高，消除板坯中心疏松和偏析；

（2）可以在铸坯主操作室快速地远距离调整辊缝和辊缝的收缩程度，提高连铸机作业率；

（3）采用液压溢流等方法能够使引锭杆头躲开轻压下区域，既达到跟踪凝固终点的目的，又减轻了设备负荷，提高了连铸机扇形段的使用寿命；

（4）能够按照所浇注钢种的凝固收缩量快速调整辊缝，使连铸机适应多类钢种的浇注，并提高板坯的质量；

（5）事故带坯后能够利用液压系统将扇形段上框架快速松开，便于事故处理。

10.8.4 动态轻压下技术的应用

动态轻压下技术的应用如下：

（1）奥钢联。奥钢联开发的标准阀（开关阀）控制液压加紧式SMART扇形段可以实现远程调辊缝，位置控制精度可达±0.1mm，再加上ASTC控制模型就可以达到动态轻压下的目的。据了解，如果采用SMART扇形段和ASTC控制模型，可使100%的板坯中心偏析达到+1级水平，可减少约50%由于中心偏析而造成的缺陷，动态轻压下还可以矫正板坯在弯曲矫直过程中产生的变形、消除压痕，提高板坯表面质量。目前，武钢、济钢等连铸机上已采用了SMART扇形段和ASTC控制模型。

（2）西马克。德国西马克公司开发的Cyberlink式比例伺服阀控制的液压夹紧动态轻压下扇形段，位置控制精度可达到15μm。据了解，凝固终点位置依靠检测扇形段的振动获得，由于Cyberlink扇形段布置在连铸机的水平区域，取消了驱动辊的升降油缸，整个扇形段只有4个加紧油缸，驱动辊为出坯方向扇形段的最末一个辊。

（3）达涅利戴维公司。达涅利公司开发的伺服阀控制的动态轻压下的扇形段，依靠检测扇形段所受鼓肚力的有无来获得凝固终点的位置。在扇形段的设计上采取了铰链连接，入口处是单铰链，出口处是双铰链，这种铰链式连接结构使辊缝的锥度调节范围变大。动态轻压下是通过一个被称为"液相穴控制系统"的数学模型来控制的，这个模型可根据主要浇注参数控制液相穴长度。在浇注中，达涅利公司提供技术软件包中的DSR（动态轻压下控制系统）功能块，能根据计算的铸流内的液态区和糊状区的位置动态调节液压缸压力设定值。从浇注条件（水流量、浇注速度和钢种）、LPCOR（液芯控制模型）可预测板坯每个横断面糊状/液态比率。为此，轻压下液压缸将根据选择最佳压缩图形的PLC算法的结果进行调节。

10.8.5 重压下技术

重压下技术（HR）就是在临近凝固末端位置上施加一个更大的压下量以达到消除中心缩孔、疏松和中心偏析的目的。与普通轻压下相比，大直径辊强压下可充分保证铸坯内部变形量，而且凝固界面的畸变也较小。如日本神户制铁所3号大方坯连铸机采用大直径压下辊进行"重压下"，总压下量达20～30mm。图10-26所示为300mm×430mm大方坯在不同的重压条件下中心碳偏析情况。

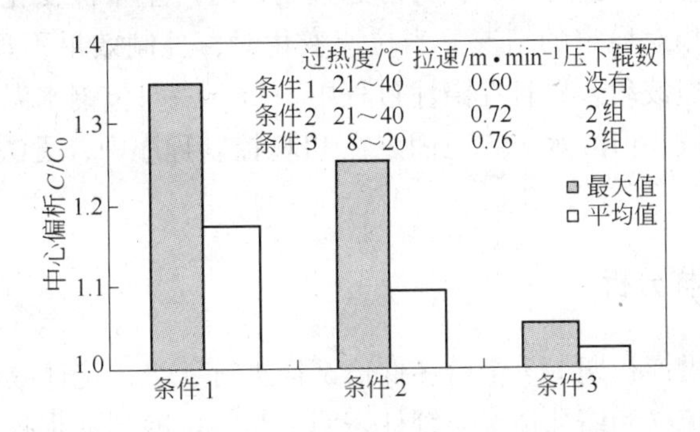

图10-26 重压下量、过热度及拉速对中心偏析的影响

10.9 动态二冷控制技术

在钢铁行业的激烈竞争中，为保持强大的市场竞争力，过程控制的地位越来越重要。

通过对生产过程的检测和控制，可以提高产品质量和生产效率，并以最低的成本满足用户的要求。其中，二次冷却与铸坯的产量和质量密切相关，是连铸过程控制中的关键技术之一，在其他工艺条件不变时，二次冷却强度增加，可以使拉速增大，连铸机生产率提高，但可能降低铸坯质量。同时，研究表明铸坯内部裂纹、表面裂纹、鼓肚、菱变（脱方）、中心偏析等缺陷的形成和发展都与二次冷却有紧密的联系。因此，优化和控制二次冷却十分重要。

10.9.1　二次冷却控制技术

二次冷却控制技术主要有：

人工配水。配水工人根据经验及肉眼观察到现场铸坯表面温度确定二冷各段水量。该方法受人为因素影响较大，拉速变化时，水量控制滞后，控制精度差，难以保证铸坯质量。

比水量控制法。该法根据钢种确定不同的比水量，再根据拉速确定二冷总水量，并按比例分配至二冷各段，然后制作成拉速—水量关系表，由下位机 PLC 控制二冷各段水量。

参数控制法。该法根据凝固传热数学模型和铸坯二冷冶金准则，离线计算出不同钢种在不同拉速条件下二冷各段水量，并将水量、拉速数据进行回归优化处理，得到不同钢种的水量—拉速二次配水关系式，由 PLC 控制二冷各冷却段水量。

目前，国内连铸所采用的二冷配水多为比水量控制法或参数控制法，两种方法都用 PLC 计算二冷各段水量，PLC 属于下位机，用下位机配水的技术属于一级配水技术。其中，比水量控制法具有明显不足，当拉速发生突变时，水量会相应地突然改变，导致铸坯表面温度波动较大，容易产生热裂纹。而且由于比水量控制法在计算水量时，只考虑了钢种的影响，并未考虑结晶器长度、二冷喷嘴冷却能力、铸坯断面尺寸等参数对二冷各段所需水量的影响，因此在连铸机投产后往往还要根据现场铸坯质量情况，重新调整二冷水量。

即使采用参数控制法，这种控制仍为静态控制，对产生条件变化的应变能力较差，只能适用于温度和拉速相对稳定的情况。当拉速变化时，控制效果不理想，水量变化很大，造成铸坯表面温度剧烈波动。并且在浇注过程中，由于中间包钢水温度波动等原因，铸坯表面温度会偏高或偏低，但配水公式已固定在 PLC 控制程序中，无法响应上述变化，导致铸坯质量无法保证。

10.9.2　铸坯低倍试样分析

某钢厂对连铸机投产初期 177 个铸坯低倍试样进行评级，统计数据见表 10-4，主要考核了铸坯裂纹、中心疏松和缩孔情况。统计表明，与二次冷却喷水控制紧密相关的铸坯中间裂纹、中心裂纹（喷水冷却不当，易造成铸坯温度过度回升或下降，增加铸坯热应力，进而引发裂纹）控制良好；部分钢种（如 HRB400）出现疏松、缩孔较大的情况，但平均评级等级均在 0.5 以下。总的来说，铸坯内部质量良好，铸机结构和钢种二冷制度设计合理，对于有效提高圆铸坯穿孔成材率意义重大。

表 10-4 铸坯低倍评级统计数据

中心裂纹			中间裂纹			缩孔			中心疏松		
无	0.5	无	1	2	无	0.5	>0.5	无	0.5	1	1.5
98.31%	1.69%	97.74%	1.13%	1.13%	81.36%	3.39%	15.25%	61.58%	5.08%	20.90%	12.44%

图 10-27 所示为浇注 37Mn2 钢横剖和纵剖低倍样图。从低倍样也大致能看出，铸坯内部质量良好，疏松等级基本在要求范围之内，无偏析、内部裂纹等缺陷出现。更验证了二冷系统控制对铸坯质量的重要性。

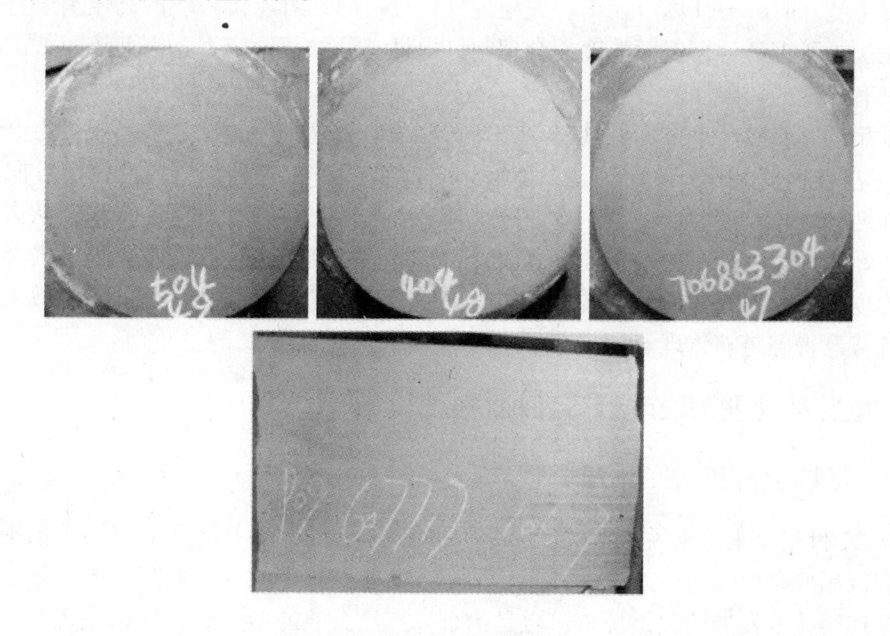

图 10-27 铸坯低倍组织

10.9.3 连铸动态二冷配水技术

连铸动态二冷配水技术基于一级静态配水技术，集计算机、自动控制与自动检测于一体，利用热跟踪模型和凝固传热模型优化补偿的模式对二冷区水量进行动态设定，是当前最为先进的二次冷却控制技术。

通过以太网用上位机与 PLC 在线通讯，得到实时的拉速、二冷各段水量、中间包钢水温度等重要操作参数，用凝固传热数学模型在线计算出不同时刻铸坯在二冷各段末的表面温度。用此温度与事先确定的铸坯目标温度比较。高于目标温度，通过 PLC 增加二冷水量，即对铸坯表面进行动态水冷却，使铸坯的各段表面温度尽可能接近目标温度，从而保证最佳的热状态。用上位机配水的技术属于二级配水技术。

10.9.4 工程应用实践

CCPS ONLINE R2010 已于 2011 年 3 月在重钢长寿新区一号板坯连铸机上正式投入工业应用，动态轻压下控制功能和动态二冷配水控制功能均成功投入。针对动态二冷配水功能，先后对基于二冷分区有效拉速控制算法和基于铸坯目标表面温度控制算法的动态配水模式进行了调试。调试过程表明：两种动态配水模式均可实现二冷水量的稳定动态调整，较之二冷水表控制法均能更好地反映出拉速、浇注温度等重要工艺参数的变化历程对各回路设定水量的综合影响效果；前者控制过程非常稳定可靠，在设定水量时能及时响应拉速、浇注温度、二冷水温度实时变化所带来的影响，调整过程不会受到数值计算失稳的干扰，但无法严格确保铸坯沿拉坯方向上的温度分布制度；后者可实现对铸坯沿拉坯方向上温度分布制度的严格控制，但其调整过程的稳定性和合理性取决于两个重要前提条件，其一是合理的目标表面温度曲线，其二是可靠的数值计算结果，但差分离散计算方法会导致在拉速发生陡降时数值计算可能出现失稳现象，且目前针对连铸板坯的高温力学性能测试数据尚无法为各钢种目标表面温度的合理制订提供充分的理论依据，因此该模式的长期稳定应用具有一定的局限性。

在采用动态二冷配水技术后（基于二冷分区有效拉速控制算法，板坯规格为190mm×1500mm，浇注钢种BFT003），较之以前使用二冷水表法控制时，铸坯沿拉坯方向上受到的冷却强度分布相对更为合理，二冷回路水量调整的动态过程相对更为平稳，从肉眼就可以看出铸坯表面颜色分布的均匀性显著改善，线下检查结果也表明铸坯表面、内部质量得以一定程度的提升，充分说明该技术在实际工业生产中已发挥出了良好的冶金效果，其相对技术优势已得到足够体现。

10.10 电脉冲处理钢液改善铸坯凝固组织

10.10.1 电脉冲孕育处理的原理

迈入21世纪以来，钢铁工业的目标之一就是要用高新技术提升生产技术水平。一方面对现有流程要全面强化生产过程控制，另一方面要推进新技术、新工艺的实施。提高铸坯质量是连铸技术发展的关键环节，也是冶金界广泛关注的研究和实践课题之一。而凝固过程是铸坯质量好坏的关键阶段。长期以来，人们在改善细化凝固组织、提高铸坯内部质量方面已做了大量的研究。

在钢铁冶金过程中，可运用电流或电脉冲技术处理钢液，以改善其凝固组织。近年来，鞍钢运用电脉冲处理技术，在连铸生产中处理中间包的钢液，开展了电脉冲改善铸坯凝固组织的工业化生产试验研究，改善和细化了铸坯凝固，中心缩孔和裂纹等质量缺陷得到明显改善。

电脉冲孕育处理装置如图10-28所示，是在现有的连铸生产条件下，不改变工业生产的工艺状态，在方坯的中间包罐沿边上放置复合电极夹持固定装置，电极夹持装置将复合电极插入方坯连铸中间包的钢液中。在板坯中间包的罐盖上开一个孔，将复合电极通过夹持装置固定后放在中间包盖的开孔上方，电极夹持装置将复合电极插入板坯连铸中间包的钢液中。装置主要由电脉冲发生器、连接电缆和复合电极组成。运行中，复合电极部分浸没在钢液中，保持与钢液的良

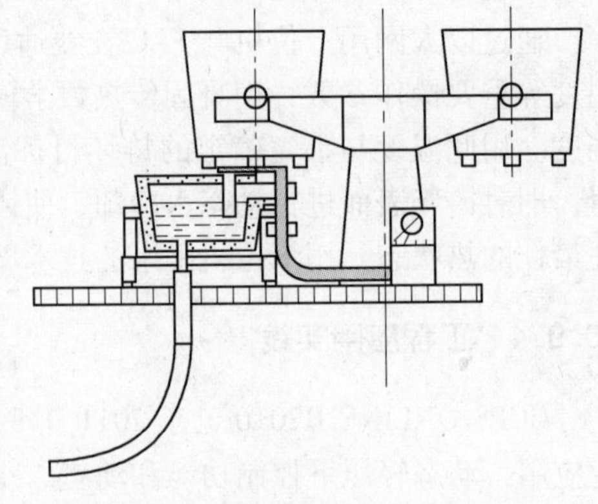

图10-28 电脉冲处理钢液工业示意图

好接触。由电脉冲发生器产生的输出信号通过电缆、电极导入钢液中，对中间包的钢水进行连续的电脉冲孕育处理，处理后的钢液再进入结晶器并通过二冷室持续冷却凝固成铸坯。

10.10.2　电脉冲处理技术对方坯的冶金效果

方坯电脉冲处理后与未处理对比（图 10-29）所示，经电脉冲处理后，铸坯凝固组织明显细化，未经电脉冲处理的铸坯内部裂纹、中心缩孔明显，内弧侧气泡缺陷明显。而经电脉冲处理的铸坯低倍组织明显细化，内部裂纹、缩孔和疏松已经基本消除，铸坯的内在质量得到改善，等轴晶率在 16% ~28% 之间。

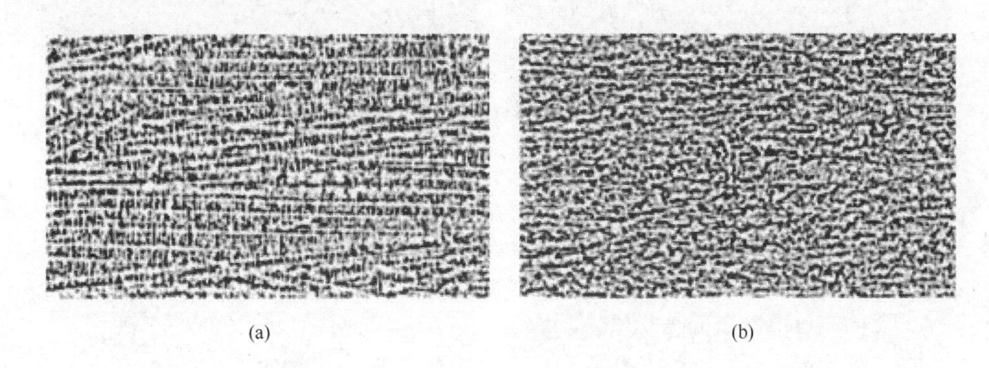

(a)　　(b)

图 10-29　150mm × 150mm 方坯内弧局部凝固组织对比（×8）
（a）未经电脉冲处理；（b）经电脉冲处理

由图 10-29(a)的直径分析可以看出，未经电脉冲处理的铸坯柱状晶粗大，柱状晶长度约为 14.55mm，宽度约为 0.455mm。由图 10-30(a)、图 10-30(b)的直径分析可以看出，电脉冲处理后，凝固组织细化非常明显，内部裂纹和疏松已基本消除。柱状晶长度约为 6.019mm，宽度约为 0.175mm，柱状晶宽度细了约 59%，柱状晶长度短了约 70%。

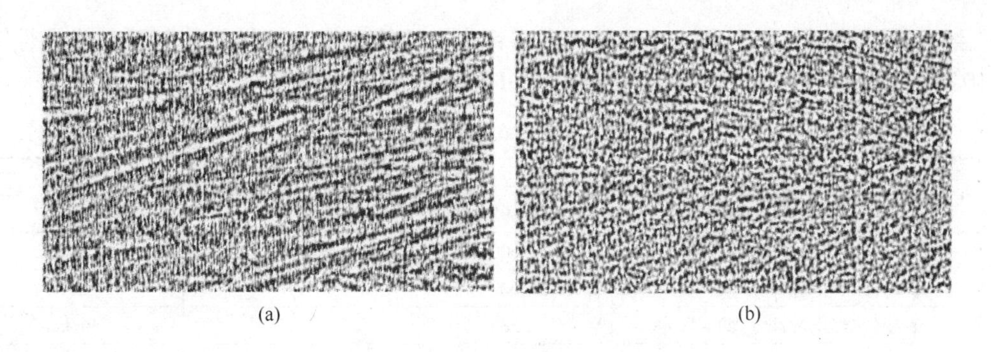

(a)　　(b)

图 10-30　150mm × 150mm 方坯内弧局部凝固组织对比（×10）
（a）未经电脉冲处理；（b）经电脉冲处理

对比经电脉冲处理和未经电脉冲处理的方坯表明，电脉冲处理的铸坯凝固组织明显细化，柱状晶明显变短变细，内部裂纹和疏松等缺陷减少。未经电脉冲处理的铸坯，中心缩孔为 2 级；经电脉冲处理的铸坯，无中心缩孔，凝固组织变细。

10.10.3 电脉冲处理技术对板坯的冶金效果

图 10-31、图 10-32 所示为经电脉冲处理和未经电脉冲处理的高碳钢板坯低倍凝固组织。对比经电脉冲处理和未经电脉冲处理的板坯，经电脉冲处理后，铸坯凝固组织明显细化，内部裂纹和疏松已基本消除。由图 10-31(a)和图 10-32(a)可以看出未经电脉冲处理的铸坯柱状晶粗大。而经电脉冲处理后，图 10-31(b)和图 10-32(b)的凝固组织细化明显，使粗大的柱状晶组织转变为细短的柱状晶或等轴枝状结构组织形态。

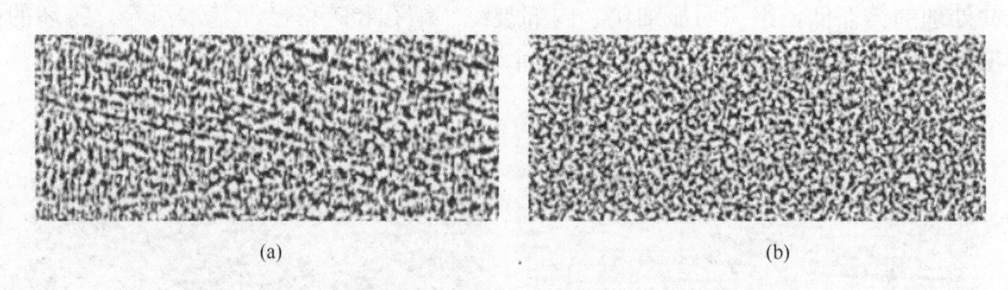

(a) (b)

图 10-31 板坯凝固组织（×8）

（a）未经电脉冲处理的板坯组织；（b）经电脉冲处理的板坯组织

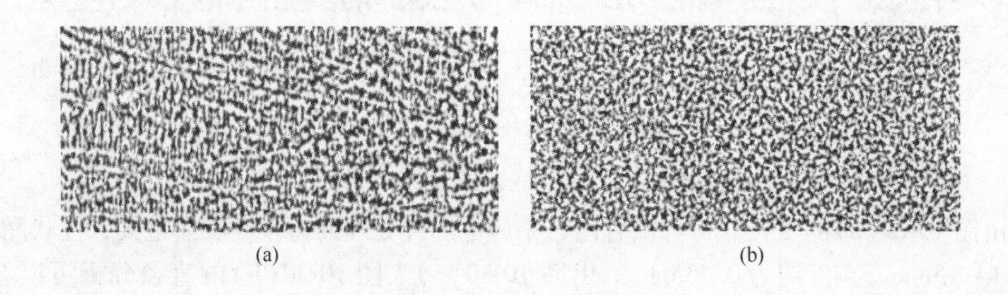

(a) (b)

图 10-32 板坯凝固组织（×10）

（a）未经电脉冲处理的板坯组织；（b）经电脉冲处理的板坯组织

经电脉冲处理与未经电脉冲处理的高碳钢力学性能对比，铸坯经轧制后其成品性能见表 10-5。可以看出，经电脉冲孕育处理后 DJ100 钢的力学性能有了比较明显的提高。

表 10-5 DJ100 钢成品力学性能

编 号	$R_{p0.2}$/MPa	R_m/MPa	A/%
1-1（经电脉冲处理）	695	1270	Broken
1-2（经电脉冲处理）	600	865	1.5
2-1（未经电脉冲处理）	600	710	1.0
2-2（未经电脉冲处理）	580	695	Broken
平均提升水平/%	57.5	365	0.5

10.11 连铸结晶器喂稀土处理

10.11.1 连铸结晶器喂稀土处理

稀土与氧、硫的结合力极强，加入钢中具有脱氧、脱硫作用，可以有效对钢中的硫化锰、三氧化二铝等夹杂物进行变性处理，以改变夹杂物的形态，从而改善力学性能、焊接性能、抗腐蚀性能等。我国稀土资源丰富、价格低廉，为提高钢铁材料性能、研发新产品，在钢中添加适量稀土可大量节省铬、镍、钼、铜等贵重金属，意义重大。稀土在钢中有净化、变质和微合金化三方面的作用，其中变质（去除夹杂物和改变凝固组织）作用仍然是目前国内外钢中应用稀土处理的最主要目的。

稀土是强烈的脱氧剂，在钢水中稀土与氧优先反应，因此在稀土加入前，钢液必须充分脱氧。钢液的充分脱氧是保证稀土有一定残留量的基本条件。稀土也是强烈的脱硫剂，不同硫含量，稀土回收率有着明显差异，硫含量越低，稀土回收率越高。

稀土更大的作用在于控制硫化物夹杂形态，控制[RE]/[S]值是控制钢中硫化物形态和钢的性能的重要指标，[RE]/[S]达一定值时，就能得到满意的硫化物形态。据报道，当[RE]/[S]约为2(1.8~2.2)时较为理想。钢中夹杂物球化效果比较明显。[RE]/[S]太高或太低都不好，太高，钢中稀土元素偏析严重，夹杂物急剧增加；太低，不能改善硫化物形态，对钢性能几乎无改善。

10.11.2 连铸机结晶器喂稀土工艺的冶金效果

在连铸结晶器内喂稀土丝，由于生成的稀土化合物可作为钢液凝固时的结晶中心，从而可细化铸坯组织，实现“组织控制”。这是对钢水，特别是低硫钢水进行硫化物形态控制的有效方法，从而对钢的力学性能产生重要影响。梅山炼钢厂生产的汽车大梁钢BM510L，喂入稀土后，其宽冷弯合格率由原来的86%提高到了100%。

表10-6是喂稀土后钢的屈强比的变化情况，从表中可以看出稀土可提高钢的纵横向屈强比，但加入量过多则屈强比又下降。表10-7是喂稀土后钢的横向及纵向伸长率变化情况，从表中可以看出稀土可改善钢的横向伸长率，而对纵向伸长率的影响不显著。图10-33所示为冲击后的钢板在扫描电镜上做断口夹杂物观察和能谱分析图。

表10-6 喂稀土后钢的抗拉强度

检测方向	1号	2号	3号	4号	5号
横向屈强比	0.602	0.715	0.649	0.641	0.613
纵向屈强比	0.578	0.689	0.625	0.622	0.611

表10-7 喂稀土后钢的横向及纵向伸长率 (%)

检测方向	1-1	1-2	2-1	2-2	3-1	3-2	4-1	4-2	5-1	5-2
横向	27	29	39	29	30	37	33	32	29	33
纵向	35	32	31	29	35	35	33	34	33	32

结晶器喂稀土丝工艺，具有净化、变质和微合金化的作用，同时喂丝设备操作简单，使用可靠；结晶器喂稀土丝工艺具有稀土回收率高、有效改善钢中硫化物夹杂形态和分布、提高钢的冲击韧性等特点，是稳定和提高产品质量、开发新钢种的有效手段，对新开发的品种钢，尤其是低温性能的钢，可考虑加稀土。

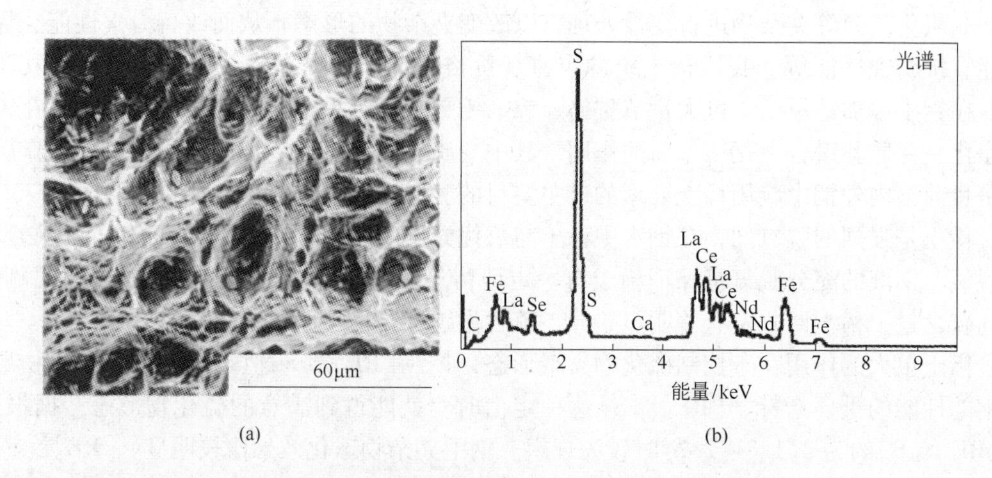

图 10-33　冲击后钢板断口形貌扫描电镜照片（a）和典型韧窝里的夹杂物对应的能谱分析图（b）

10.12　缓冷型保护渣的应用

10.12.1　缓冷型连铸保护渣

随着连铸机生产时间的长久，生产的厚铸坯中，几种对裂纹敏感的中碳亚包晶钢上会产生纵裂缺陷。裂纹大部分发生在铸坯的中心位置，纵裂纹不长但伴随凹坑，在热检时要仔细观察才能看到，有纵裂纹缺陷的铸坯下线放冷后进行火焰清理，但这样则会影响铸坯热送，因此必须把纵裂发生率控制在尽可能低的程度。

铸坯纵裂纹伴随着凹陷的特征，在结晶器内凝固迟缓部位形成凹陷，凹陷部位造成应力集中从而引发纵裂纹缺陷。铸坯纵裂缺陷是由于铸坯在凝固初期厚度的不均匀性造成的。减小铸坯向结晶器传热的热流值是减少凝固初期的坯壳不均匀性的有效手段，这是由众多文献资料所阐明并有实践所证明了的，对于中碳钢，当结晶器铜板热流超过 2.0MW/m^2 时，纵裂纹发生率会显著增加。

铸坯和结晶器之间的保护渣膜起润滑和控制传热的作用，保护渣渣膜与结晶器壁之间的热阻占铸坯向结晶器传热的总热阻的 50% 左右，因此，提高渣膜的界面热阻是实现铸坯在结晶器内缓冷的有力措施，这就要求保护渣具有高的结晶性，高的结晶器温度。对于裂纹敏感的中碳钢保护渣来说，首先要确保铸坯适宜的传热作用（缓冷作用），然后以较低的黏度和足够的单耗来确保润滑作用。对于上述条件和原则，开发了用于厚板钢种的具有高碱度、高结晶性能、能在结晶器内对初生坯壳进行缓冷的连铸保护渣。

表 10-8 是缓冷型保护渣和原板坯中碳钢保护渣的成分（质量分数）及性能对比。从表 10-8 中可知，缓冷型保护渣是目前国内使用的碱度（CaO/SiO_2）最高的板坯中碳钢连铸保护渣之一，保护渣的熔化温度高、结晶温度（DTA）高，凝固温度（黏度温度曲线的拐点温度）也高，并且一旦熔渣温度降至转折黏度温度便急剧上升，这也是保护渣结晶性强的一种表现。

表 10-8　缓冷型保护渣和原板坯中碳钢保护渣成分及性能对比

保护渣	CaO/SiO_2	Al_2O_3 /%	$(Na_2O+F+Li_2O)$ /%	F/Na_2O	熔化温度 /℃	结晶温度 /℃	1300℃黏度 /Pa·s
缓冷型(厚板用)	1.45	3～5	18～20	>1.2	1130	1211	0.07
原板坯(中碳钢用)	1.27	3～5	18～20	<0.8	1080	1069	0.10

10.12.2　缓冷型保护渣的冶金效果

缓冷型保护渣和原有中碳钢保护渣在结晶器内的熔化性能、熔渣层厚度、保护渣的吨钢耗量都相似，都在正常的范围内，但两者的结晶器拔热量有明显差别，缓冷型保护渣的结晶器拔热量4个面很接近，且波动小，而原有保护渣的拔热量指数则要高200左右，波动也大。图10-34所示为缓冷型保护渣和原有保护渣铸坯与结晶器间渣膜横断面的照片。从图10-34中可以看出，缓冷型保护渣结晶性强，结晶速度快，晶粒粗大，与结晶器壁接触的渣模表面粗糙，这些都有利于增大结晶器壁与渣膜间的界面热阻。结晶层厚，渣膜的固相区因气体来不及排出而形成均匀的气孔，也有利于提高渣膜的热阻。

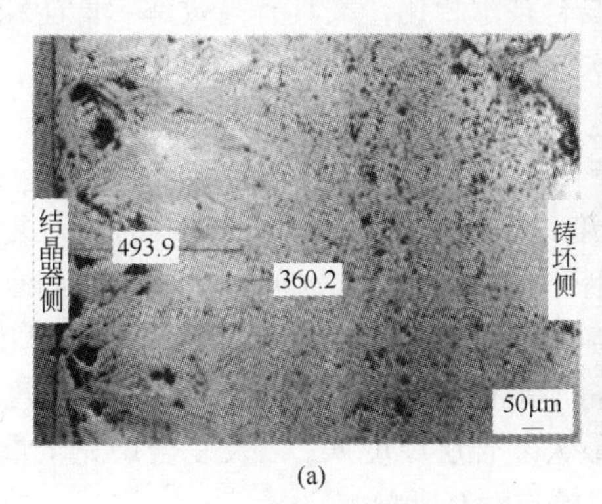

(a)

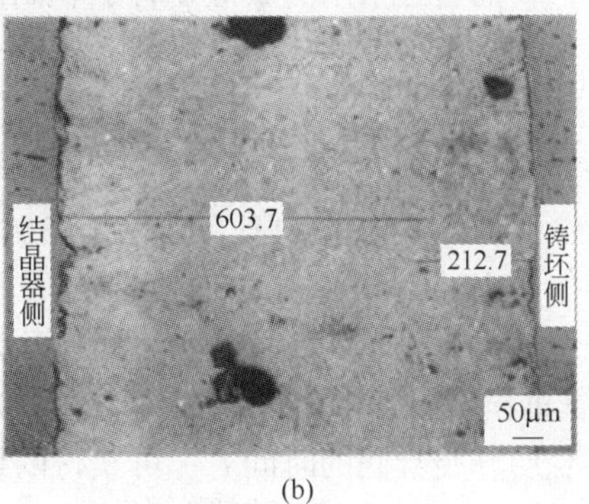

(b)

图 10-34　缓冷型保护渣渣膜（a）和原有保护渣渣膜（b）

缓冷型保护渣投入使用后，裂纹敏感钢种的铸坯裂纹发生指数逐月下降，取得了明显的效果，如图10-35所示。

采用高碱度、高结晶温度的缓冷型板坯连铸保护渣是减少裂纹敏感钢种铸坯纵裂纹缺陷的有效措施。要协调渣膜传热和润滑这两项功能，保护渣在保持高碱度、高结晶温度的同时必须具有较低的黏度。连铸机的非正弦振动方式能增加保护渣的单耗，因此这种缓冷型保护渣更适合于非正弦振动方式连铸机。

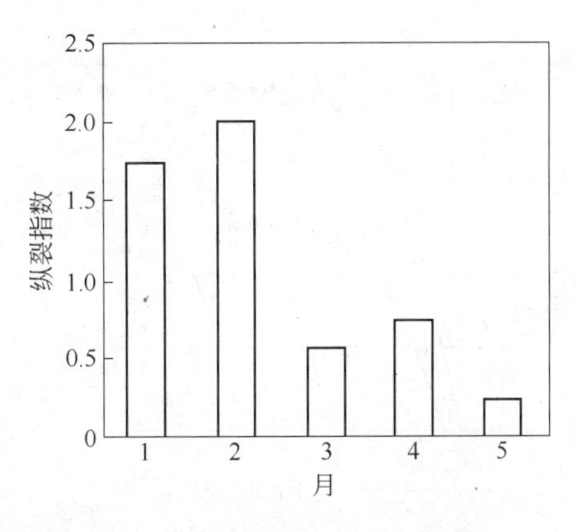

图 10-35　2006年缓冷型保护渣的使用效果

10.13 反向凝固技术

10.13.1 反向凝固技术的原理

铜—钢复合材料由于具有强度高、耐腐蚀、抗磨损、导电导热、成本低等优点，在军工、电子、造币、炊具、冶金及建筑装饰等领域有着广阔的应用前景，尤其是使用H90-08Al-H90复合材料代替黄铜做弹头外壳，不仅经济，且其弹道性能更优越，近年来已引起广泛关注。目前，国内外生产铜—钢复合板带材的方法主要有热轧法、冷轧法和爆炸法。热轧法和爆炸法的工艺复杂、成本高、不能实现连续生产；冷轧法虽然能实现连续生产且在实际生产中获得了广泛应用，但在应用于铜—钢复合材料的生产时却未获得理想的效果。其原因是：铜及其合金的基体和氧化膜都具有良好的塑性，冷轧复合时，坯料虽经钢丝刷清理且首道次变形量达到70%，其表面也不出现裂口，但结果还是坯料带着氧化膜被挤入钢的裂口中，故复合界面的结合强度低且不稳定，这限制了铜—钢复合材料的进一步推广和应用。因此，开发新的、高效率的铜—钢复合材料制备技术具有实际意义。

反向凝固工艺是德国Mannesmann集团和Aachen技术大学在1989年联合开发的一种具有独特概念的近终形薄带连铸技术，从原理上看也可用于生产凝固层与母带不同的复合材料，而与目前广泛采用的爆炸复合、轧制复合技术相比，又具有高效率、低能耗、连续化和短流程的特点，因此近年来已引起广泛关注。

10.13.2 反向凝固技术的冶金效果

H90合金液温度为1100℃，钢带预热温度为600℃和800℃时，复合时间对复合层厚度的影响如图10-36所示。由图可见，随着钢带在铜液中浸入时间的延长，凝固复合层的厚度变化经历了快速生长（变厚）、平衡相持（厚度基本不变）和迅速回熔（厚度变薄）3个有特征的阶段（超过第三阶段即进入通常所说的热浸镀阶段），钢带预热温度的高低只影响复合层开始凝固的时间 t_k、可获得的最大复合层厚度 h_{max} 以及复合层完全重熔所需要的时间 t，对复合层厚度变化的“三阶段”模式没有影响。

图10-37所示为H90合金液温度为1100℃，钢带预热温度为600℃，钢带运行速度为1.8m/min（复合时间为3s）时，H90复合层组织的金相照片。从图中可以看出，复合界

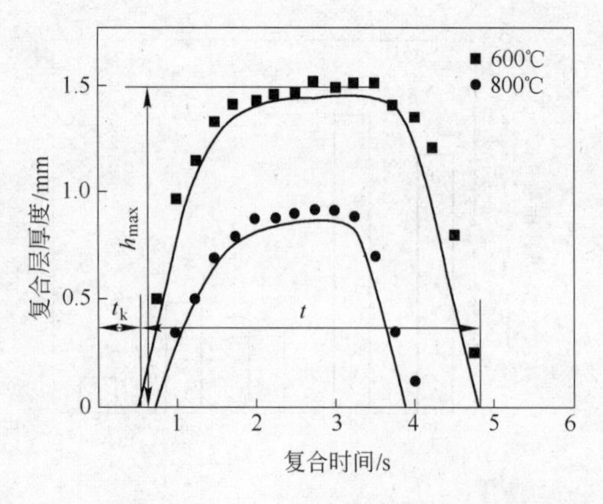

图10-36 复合时间对复合层厚度的影响

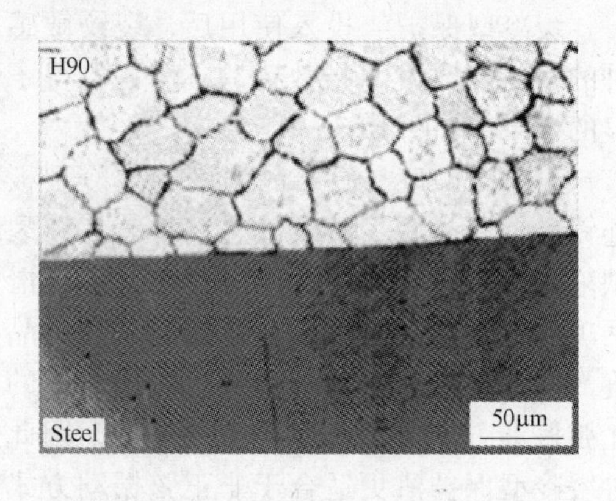

图10-37 H90复合层的组织照片

面规整、平直、无孔洞缺陷，复合界面结合良好。复合层的组织为等轴晶且晶粒的生长方向与复合界面成一定的角度。这是因为钢带较薄且预热温度较高，与H90合金液接触后瞬间即可达到较高的温度，故凝固前沿的温度梯度较小，复合层的组织为等轴晶。同时，反向凝固复合时，复合层的结晶是在动态（钢带与铜合金液间有相对运动）条件下完成的，晶粒的生长不仅受热流方向的支配，同时也受钢带与铜合金液间相对运动速度的影响，因此，其晶粒生长方向与复合界面成一定角度。

复合带的界面结合强度反映了钢带与复合层间接合的牢固程度，是判断复合带品质的重要指标。由于反向凝固时的复合层较薄，因而采用小变形量多道次冷轧和反复弯曲来间接衡量界面的结合强度。

将复合带送入轧机进行多道次冷轧，每道次的变形量约为5%，观察复合带在多道次冷轧过程中是否有边裂、分层等现象发生。轧制实验表明，将厚度为2.44mm的复合带（单面复合层厚度为0.62mm）经10道次冷轧到1.21mm（总变形量为50.41%）时，复合带结合依然良好，没有边裂和分层现象发生。为了进一步检查复合界面是否有微裂纹产生，对复合界面进行金相观察，如图10-38所示，从图中可以看出，冷轧后的复合界面平直、完整，无显微裂纹产生。

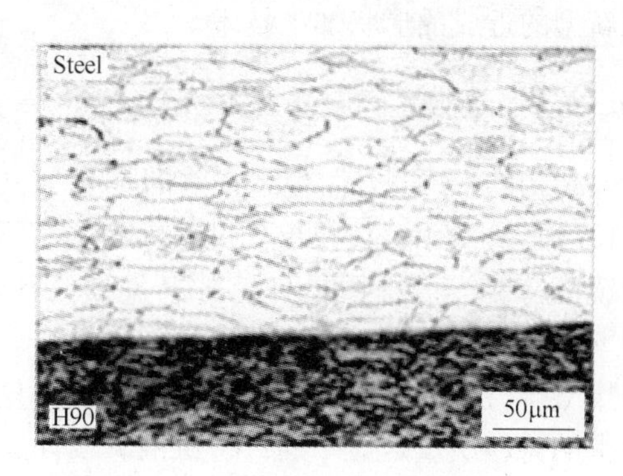

图10-38 复合带冷轧后的组织照片
（总变形量为50.41%）

10.14 连续定向凝固技术

10.14.1 定向凝固的原理

定向凝固技术对金属的凝固理论研究与新型高温合金等的发展提供了一个极其有效的手段。但是传统的定向凝固方法得到的铸件长度是有限的，在凝固末期易出现等轴晶，且晶粒易粗大。为此出现了连续定向凝固技术，它综合了连铸和定向凝固的优点，又相互弥补了各自的缺点及不足，从而可以得到具有理想定向凝固组织、任意长度和断面形状的铸锭或铸件。它的出现标志着定向凝固技术进入了一个新的阶段。

连续定向凝固的思想首先是由日本的大野笃美提出的，他在研究Chalmers提出的等轴晶"结晶游离"理论时，证实了等轴晶的形成不是由溶液整体过冷引起的，而是主要由铸型表面形核，分离、带入溶液内部，枝晶断裂或重熔引起的，因而控制凝固组织结构的关键是控制铸型表面的形核过程。大野笃美把定向凝固法控制晶粒生长的思想应用到连续铸造技术上，提出了一种新的铸造工艺——热型连铸法（简称OCC法），即连续定向凝固技术，该技术是通过加热结晶器模型到金属熔点温度以上，铸型只能约束金属液的形状，金属不会在型壁表面凝固；同时冷却系统与结晶器分离，在型外对铸件进行冷却，维持很高的牵引方向的温度梯度，保证凝固界面是凸向液相的，以获得强烈的单向温度梯度，使熔体的凝固只在脱离结晶器的瞬间进行。随着铸锭不断离开结晶器，晶体的生长方向沿热流的反向进行，获得定向结晶组织，甚至单晶组织，其原理如图10-39所示。

这种方法最大的特点是改变传统的连续凝固中冷却结晶器为加热结晶器，熔体的凝固不在结晶器内部进行，此外 OCC 法连铸过程中固相与铸型不接触，固液界面处于自由状态，固相与铸型之间是靠金属液的表面张力来联系，因此不存在固相与铸型之间的摩擦力，可以连续拉延铸坯，并且所需的拉延力也很小，可以得到表面呈镜面的铸坯。OCC 法将高效的连铸技术和先进的定向凝固技术相结合，综合了二者的优点，是一种新型的近成品形状加工技术。

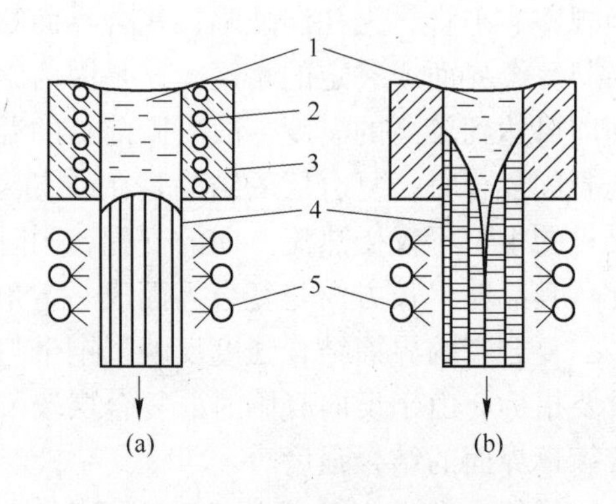

图 10-39　OCC 法连续铸造技术与传统连铸技术凝固过程的比较

(a) OCC 连铸技术的凝固方式；
(b) 传统连铸技术的凝固方式
1—合金液；2—电加热器；3—热铸型；
4—铸锭；5—冷却水

10.14.2　连续定向凝固技术研究状况

最初的 OCC 技术采用简单的下引方式，如图10-40(a)所示，仅拉出长度 50mm 左右不规整的镜面铸锭，直到 1980 年，才开发出三种方法，即下引法、上引法和水平法（图 10-40）。下引法排气排渣容易，冷却措施也容易实现，只要控制下引法的合金液不发生泄漏，这种方法所得的铸坯质量是最好的；将供液管设计成虹吸管式，可解决拉漏问题，但虹吸式方法的设备制作和操作非常困难，所以没能发展起来；上引法不会产生拉漏现象，有利于成型，但排气、排渣与冷却水的密封困难，此法在实际实验中仍有采用；水平法的优点介于前二

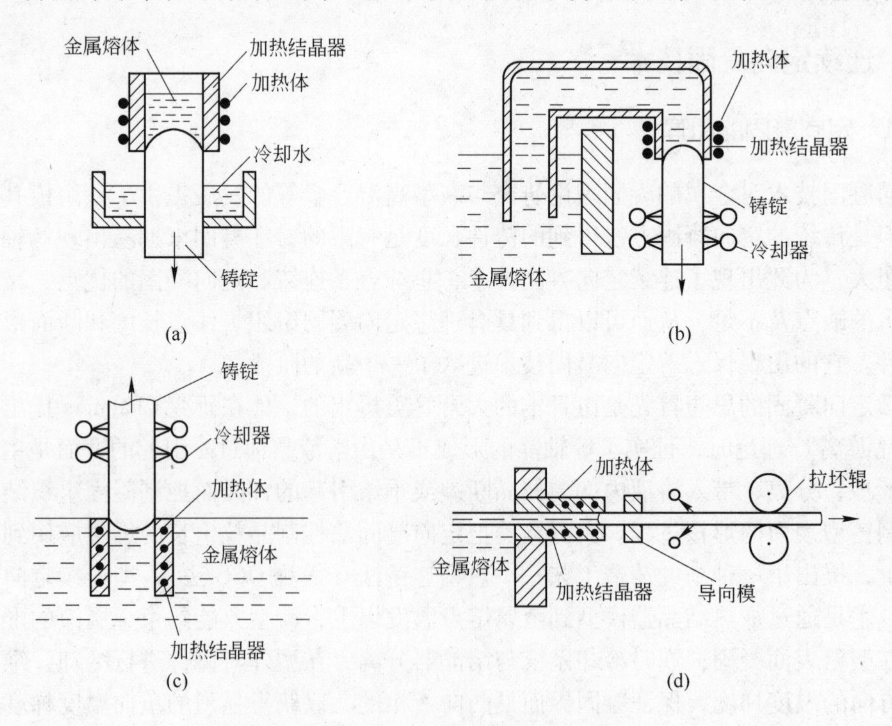

图 10-40　几种 OCC 连铸方法的基本原理

(a) 简单下引法；(b) 虹吸管下引法；(c) 上引法；(d) 水平引锭法

者之间，其设备简单，容易实现连续单向凝固，但是凝固时排气排渣比较困难，它适用于生产细线、棒材、直径较小的管材及薄壁板类型材，该法是目前应用最多、最为成功的技术，日本和加拿大铸造界大部分是在水平连续定向凝固设备上开展OCC的研究。

OCC技术的发展虽然只有三十来年的时间，但发展速度很快，在日本已经投入小批量的工业生产。在加拿大、美国和韩国等国家也都开展了这一技术的开发与应用研究。近年来，随着定向凝固连铸工艺的成熟，人们的研究逐步转向研制在电子行业具有广泛应用前途的Cu及Cu合金单晶型材，并取得了一定成效。同时，更高熔点的材料如Mo、Co、不锈钢、耐磨合金、Ni基高温合金的定向凝固工艺研究也在展开。目前国外应用连续定向凝固法已成功拉制出了具有各种圆形截面及异形截面形状，如圆棒、圆管、椭圆管、多边形棒、异形棒等的单晶型材；另外也可生产出有芯材料或同轴异质等复合材料。

近年来，研究连续定向凝固的工作者在以往OCC技术的基础上，对其设备进行了不断地完善和改进，开发了几种新的连续定向凝固方法。如上海大学毛协民等人采用的超高温度梯度连续定向凝固；北京科技大学常国威等人开发的电渣感应连续定向凝固；西北工业大学凝固技术国家重点实验室开展的单晶连铸技术方面的研究工作等；大连理工大学、广东工业大学、甘肃工业大学以及我国台湾等地区也对这一技术展开了研究。

北京科技大学常国威等人研制了一种不同于其他定向凝固连铸方法的技术——电渣感应连续定向凝固技术，该方法引入电渣重熔技术以提高铸型的加热温度和熔体的净化能力，金属液最高加热温度可达1700℃，并研究了QA19-4合金及近共晶铸铁的定向凝固连铸工艺，同时，对黑色金属的连续铸造也进行了大量探索，已可以成型具有连续单向柱状晶组织的不锈钢和铸铁制品。

北京科技大学谢建新、王自东在此基础上又提出了将连续定向凝固技术和低温强加工技术相结合，在材料的凝固成型与固态加工处理过程中积极发展、强化组织异向性，制备无成分偏析、高性能金属材料的新方法，即采用连续定向凝固方法制备具有轴向连续柱状晶组织的坯料，然后在低于再结晶温度下进行大变形量的塑性加工与热处理，最终得到具有连续纤维状晶粒组织（纤维直径为几个至十几个微米级）的线状材料。这种组织的材料由于不存在垂直于长度方向的晶界（横向晶界），具有优良的物理与力学性能：电导率高，信号保真性能好，强度与伸长率大幅度提高，加工性能好。

10.14.3 连续定向凝固技术的应用

10.14.3.1 制备高温合金铸坯

定向凝固技术最初就是应用于高温合金的研制。20世纪70年代之后由于定向凝固和单晶合金的出现，使得所有国家的先进新型发动机几乎无一例外地选用铸造高温合金制作最高温区工作的叶片，目前几乎所有先进航空发动机都以采用单晶叶片为特色，正在研制中的推重比为10的发动机F119（美国）、F120（美国）、GE90（美国、英国、德国、意大利、西班牙）、M882（法国）、P2000（俄罗斯）以及其他新型发动机都采用单晶高温合金制作涡轮叶片。

西北工业大学凝固技术国家重点实验室利用特殊设计的双频双感应器成功地实现了多种截面形状的无接触电磁约束成型。图10-41所示为铝、高温合金及不锈钢弯月面、椭圆及近矩形的熔体无接触电磁成型的样件，其定向凝固组织如图10-41（c）所示。同时他们利用软接触电磁约束成型定向凝固技术制备出了不同尺寸的高温合金叶片模拟样件，如图 10-42 所示。

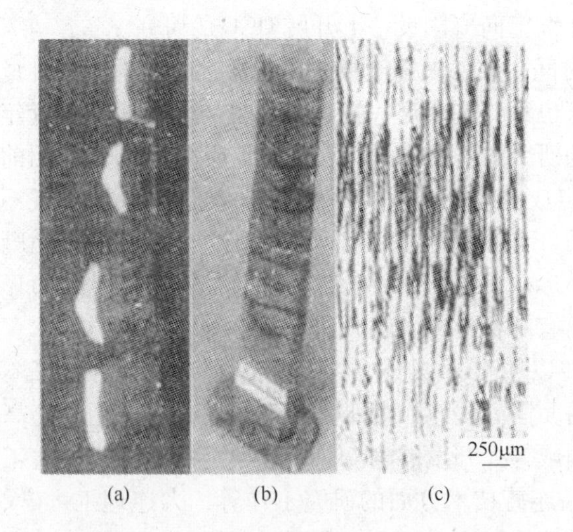

(a)　(b)　(c)

图 10-41　铝、高温合金和不锈钢无接触电磁成型样件及组织

(a)　(b)

图 10-42　高温合金软接触电磁成型叶片样件

10.14.3.2　制备高温超导体坯料

YBCO 高温超导体由于具有高临界电流密度和低的导热率，是做电线的潜在材料。如果要在 S-MES 等方面有广泛的应用，为了减少热泄漏，并且在磁场中具有高临界电流密度，那么就必须需要大尺寸的电线。日本学者用定向凝固技术制备出了长 150mm 的大尺寸的单畴 YBCO 超导棒条体。他们研究了在不同体积分数时的 j_c-B 特性和延长度方向 Y211 相晶粒组织，图 10-43 所示为延长度方向不同部位的显微组织。他们发现在 YBCO 超导棒条体的中间段 j_c-B 特性最优，并用此部位的棒条做成电线，在 ab 面平行于所在磁场方向处，当温度为 77K，磁场强度为 3T 时，其临界电流为 380A。另外，日本学者用定向凝固技术还制备出了单畴 SmBCO 超导棒条体。

(a)

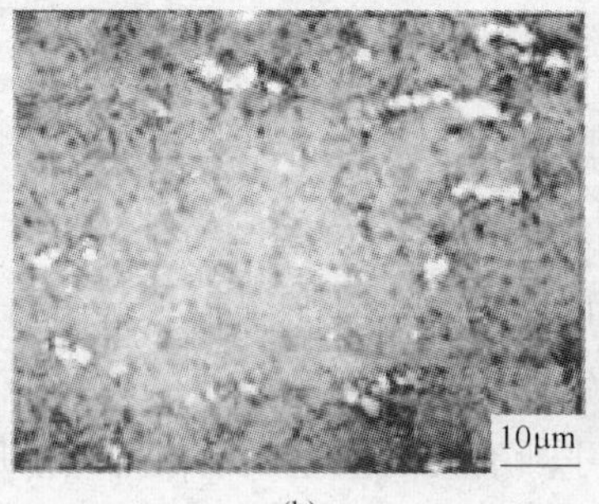

(b)

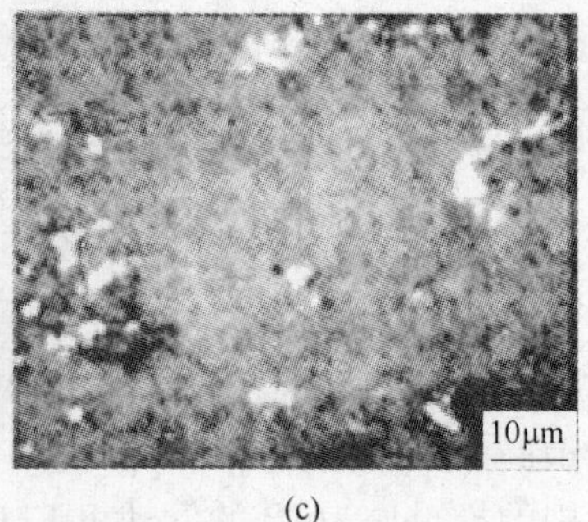

(c)

图 10-43　定向凝固技术制备的大尺寸 YBCO 棒条体的显微组织

10.15　半固态金属成型技术

10.15.1　半固态成型技术的特点

半固态金属的流变压铸是美国 MIT 的 Flemings 等早期研究的工艺，它将制备出的半固

态金属浆料直接送往压铸机的压室，进行流变压铸。然而，早期通过强烈机械搅拌获得的半固态金属浆料的保存和疏松很困难，因而半固态金属流变铸造技术的进展一度很缓慢。与此同时，工艺流程较长的半固态金属触变铸造技术却获得了规模应用。

经过多年的生产实践，人们发现半固态金属触变铸造工艺存在的主要问题是触变铸造生产的铸件成本较高，体现在以下四方面：（1）传统电磁搅拌的功率大、电磁效率低、能耗高，因而半固态金属坯料的制备成本高；（2）传统电磁感应重熔加热的能耗高，坯料表面氧化严重，而且加热时坯料总会流失部分金属，占坯料质量的5%～12%；（3）坯料的液相率不能太高，铸造非常复杂零件毛坯时遇到困难，否则坯料的搬运难以实现；（4）坯料重熔加热时的流场、浇注系统（占坯料质量的10%～20%）和废品（所有回炉料占坯料质量的40%～50%）不能马上回用，必须返回到坯料制备车间或坯料供应者的生产厂，额外增加了铸件的生产成本。为了进一步降低半固态金属触变铸造生产的铸件成本和提高铸件品质，半固态金属浆料的流变铸造技术再次成为主要研究方向，许多新型的流变铸造技术正在取得突破性进展，下面简要介绍半固态成型技术的特点和前景。

半固态加工，其工艺实质是在金属的凝固过程中，对其施以剧烈的搅拌、扰动、改变金属的热状态、加入晶粒细化剂或进行快速凝固，即改变出生固相的形核和长大过程，得到一种液态金属母液均匀地悬浮着一定球状初生固相的固液混合浆料。利用这种浆料直接进行加工称为半固态流变成型；而将这种固—液混合浆料完全凝固成坯料，根据需要将坯料切分，再将切分的坯料重新加热至固液两相区而进行的成型加工称为半固态触变成型，这两种方法均称为金属的半固态加工，都是以半固态的形式充填模具形腔，可获得较高的力学性质和尺寸精度。目前半固态流变成型实际应用较少，半固态触变压铸和触变锻造是当今半固态成型的主要工艺方法。它具有以下特点：

（1）生成细小的球状晶体，形变阻力小，便于成型；

（2）利用半固态成型技术加工的铸件和锻件质地更均匀，致密性和强度与液态压铸和锻造相比都有所提高；

（3）半固态锻造可使加工温度低，负载低，模具寿命更长；

（4）半固态触变成型输送方便，易于实现自动化，可使生产效率提高；

（5）利用半固态成型技术可以进行机械零件的近终化成型，可大幅减少零件毛坯的机械加工量，降低生产成本。

综上所述，半固态加工工艺与传统加工工艺相比具有节约能源、生产效率高、应用范围广泛、产品质量好等优点，所以半固态成型技术在国外得到了广泛的应用。

10.15.2 半固态金属的几种新型流变铸造技术

10.15.2.1 压室制备浆料式流变挤压铸造工艺

为了避免半固态铝合金浆料的存储和输送，日本 Hitachi 金属有限公司的 Shibata 等人提出了一种流变挤压铸造技术（或称为新半液态金属铸造技术）：直接在2500kN立式挤压铸造机的压室中制备半固态铝合金浆料，然后再挤压铸造。例如，对浇入压室中的 AlSi7Mg0.7 铝合金（1.5kg）进行电磁搅拌，同时铝合金熔体在搅拌中不断冷却；当铝合金熔体冷却到适当的温度（590～600℃）时，就制备除了具有触变性的半固态铝合金浆料，然后在133MPa的压射比压0.4m/s的入口速度下，将半固态 AlSi7Mg0.7 铝合金浆料直接压入模具型腔，流变挤压铸造后的板形铸件组织与液态铝合金挤压铸件的组织截然不同。经过电磁搅拌后的初生 α-Al 为球状；经过 T6 处理（铸件在 540℃保温 4h，然后淬入热水，又在 160℃时效 4h），该流变挤压板形铸件的力学性能比液态挤压板形铸件的性能高约 6%，但伸长率提高 100%；经过 T6 处理，该流变挤压板形铸件的弯曲疲劳强度与固态锻件相比，远高于液态低压铸造的板形件的弯曲疲劳强度。在制备半固态铝合金浆料时，为了减小电磁感应在压室本体中产生的窝电流和强化电磁搅拌效果，该压室具有特殊结构，即在压室外侧的垂直侧面上开有 12 道垂直缝隙，缝隙宽度为 2mm；另外，为了降低电磁感应窝电流对压室的加热作用，压室中设置了冷却水通道，需要不断冷却压室。在此试验的基础上，Shibata 等人又在 6300kN 立式挤压铸造机上进行了类似的试验，挤压铸件为一种汽车零件，浇入的铝合金质量为 4. 7kg，半固态铝合金浆料的温度为 590 ~ 600℃，压射比压为 100MPa，浇口处的压射速度为 0. 23m/s；流变挤压铸件经过 T6 处理（铸件在 540℃下保温 4h，再淬入热水，又在 160℃下时效 4h）后，其力学性能与液态挤压铸件的相当，但伸长率提高了约 38%。

Hitachi 金属有限公司对直接在压室中制备半固态铝合金浆料的技术做了进一步改进，用定量浇注电磁泵和热管将铝合金液直接送入挤压铸造机的压室，同时通过氩气保护，进一步避免与空气接触，减少浆料中的氧化物夹杂物；压室外还增加了感应加热器，用以均匀半固态铝合金浆料的内外温差。从 1999 年开始，该技术已经用于发动机排气量为 3. 0L 和 4. 1L 的汽车悬挂零件的生产。但在挤压铸造机的压室中制备半固态铝合金浆料的效率较低，电磁搅拌仍然容易引起铝合金熔体的飞溅和氧化，压室结构也过于复杂；为了强化电磁搅拌，压室材料应选择奥氏体钢，而奥氏体钢的耐磨性较低，因而挤压铸造机压室的寿命可能较短，因此，这些技术上的不足仍然需要继续完善。

10. 15. 2. 2 单螺旋机械搅拌式流变铸造工艺

镁合金的触变射铸（Thixomolding）技术已经获得实际商业应用，生产近终形的镁合金铸件，如汽车零件、笔记本电脑外壳、手机外壳等。这些零件的致密度比普通压铸件高，生产安全可靠、环境污染小，因此镁合金的触变射铸技术具有较强的竞争力，但触变射铸需要使用固态镁合金屑，原料的制造较为麻烦、成本较高；触变射铸件的气孔率仍然较高，可达 1. 0% ~1. 7%；触变射铸的设备投资及设备维护成本较高；与普通压铸相比，触变射铸的生产周期较长，所以，在研究开发触变射铸技术的同时，美国康乃尔大学提出了流变射铸技术（Rheomolding Processby Asinglescrew，简称 RPSS），并于 1993 年制造了 100kN 的立式流变射铸原型机。随后，在 1994 年 6 月，康乃尔研究基金公司又将该流变射铸技术申报了美国专利，并在 1996 年 3 月获得专利授权。

在立式流变射铸中，不使用固态镁合金屑，而是使用过热的液态镁合金；液态镁合金从浇注漏斗中流入搅拌外桶和螺旋杆的缝隙中，以氩气保护浇注漏斗，防止镁合金的氧化；镁合金熔体在向下流动过程中，不断被搅拌剪切和冷却，当镁合金熔体到达出口时，半固态镁合金浆料达到预定的固相率，初生固相已经转变为球状；在射铸时，螺旋杆先后退一定的距离，使螺旋杆前端积聚足量的半固态镁合金浆料，然后螺旋杆以一定的轴向速度（不大于 0. 15m/s）将其前端的半固态镁合金浆料压入模具型腔；随后，螺旋杆再次旋转搅拌镁合金熔体，准备下一次射铸。在流变射铸中，对整个设备的温度控制要求很严格，为此设备分成 5 段，在第 5 段中设置了加热和监控热电偶，在第 1 和第 2 段中设置了加热和冷却通道及监控热电偶，在第3段设置了加热器；通过调整冷却通道中压缩空气的流量来调整第1和第2段的冷却强度，通过PID参数来调整各段的电阻加热功率，使各处的温度都处在预定的温度范围，最终射铸的半固态镁合金浆料控温精度可以达到±0.5℃。在流变射铸中，液态镁合金从浇注漏斗流入搅拌桶时几乎不会卷入气体，镁合金又是在密封的通道中被搅拌剪切，任何气体及惰性气体都不可能进入合金熔体中，因此，流变射铸中的半固态镁合金浆料的气体含量比触变射铸中的半固态镁合金浆料的气体含量低。在流变射铸中，螺旋杆的转动速度为112r/min，每分钟射铸一次，每次射铸的镁合金容量约为50cm^3。流变射铸周期对半固态镁合金浆料的组织状况有较大的影响，射铸周期短，初生固相颗粒细小，但球形较差，射铸周期长，初生固相颗粒较粗大，但球形较好。

1997年，台湾新竹工业技术研究院的彭暄等人制造了1000kN卧式或水平式流变射铸原型机，并进行了镁合金和锌合金的流变射铸工艺试验，从镁合金和锌合金射铸件的宏观组织看，流变射铸件的气孔率比普通压铸件的气孔率低得多；该流变射铸机每次射铸的理论合金容量为245cm^3，最大压射速度为1.6m/s。该流变射铸机的设计面临的最大难题是防止各设备部件结合处的合金溢漏和压射机构的温度偏差。在合金浇注漏斗处引入SF6保护气体，成功实现了AD91D镁合金的流变射铸。射铸件是一种手机外壳，其平均壁厚为1mm，即使是手机外壳上用于组装的精细结构也完全可以射铸出来。经过试验，研究者认为以下五方面是进一步努力的目标：（1）改进现有设备的动力系统，以便可以获得更高的压射速度；（2）采用可变化的螺距，以便缩小螺旋搅拌桶的长度和直径之比（L/D），降低设备及维护费用；（3）寻找SF6的替代品，减轻对环境的污染；（4）开发适合薄壁铝合金射铸件的流变射铸机；（5）在将来，还准备试用电磁搅拌系统代替螺旋机械搅拌系统和缩短搅拌桶的长度。

与触变射铸相比，单螺旋流变射铸工艺的最大优点是：工艺流程短，生产成本低，废品和铸件余料回收方便，流变射铸件气孔率低。目前，单螺旋流变射铸工艺尚未达到实际应用水平。

10.15.2.3　双螺旋机械搅拌式流变铸造工艺

英国Brunel大学的Fan等于1999年提出了双螺旋机械搅拌式（Rheomolding Process by Two Screws，简称RPTS）流变射铸工艺。双螺旋机械搅拌式流变射铸设备主要包括液态镁合金供料机构、双螺旋机械搅拌机构、压射机构和中央控制机构。供料机构能够保证向双螺旋机械搅拌机构提供温度合适和数量合适的液态镁合金；液态镁合金一旦进入搅拌系统，一边被双螺旋搅拌桶强烈地搅拌，一边被快速冷却到预期的固相率；当半固态镁合金浆料到达输送阀时，初生固相已经转变为球状颗粒，并均匀分布在低熔点的液相中；当输送阀打开时，半固态镁合金浆料进入压室，被压入模具型腔，并在模具中完全凝固；在双螺旋搅拌机构中，设备当中设置了许多的加热和冷却通道，可以准确地控制镁合金浆料的温度，控温精度可达±1℃；在镁合金供料器中布置有加热源，以控制液态镁合金的温度；在压射机构中布置有加热源，以控制压室中半固态镁合金浆料固相率，保证压射工艺过程的稳定。

与单螺旋机械搅拌式流变射铸相比，双螺旋机械搅拌式流变射铸工艺所具有的最大优点是：可以获得很高的剪切速率（如5200s^{-1}），或获得高强度的紊流。经过Sn-15Pb和Mg-30Zn合金的搅拌试验，在大剪切速率或高强度紊流下，半固态合金浆料中的初生固相尺寸非常细小、圆整、分布均匀，很少发现初生固相的集聚现象。

10.15.3　半固态成型技术的发展趋势

流变成型虽然应用很少，但与触变成型相比，流变成型更节省能源、流程更短、设备更紧凑，因此流变成型技术是未来金属半固态成型的一个重要发展方向。目前特别值得关注的是半固态流变成型技术已获得了技术突破，并取得了商业应用的进展。最近英国Brunel大学开发了一种双螺旋半固态金属流变成型机，比美国发明的单螺旋半固态金属流变成型机获得的球状晶粒更细小、更不容易团聚。提升现代感应加热设备和加热稳定性、改善压力机性能、强化使用传递机器人等都有利于促进半固态金属成型技术的应用和发展。开发更多的半固态成型材料和成型工艺的仿真软件是半固态成型技术推广和应用的关键。半固态成型件经过热处理可以获得更为优异的力学性能，稳定的热处理工艺可以成为半固态成型技术的一个研究方向。

10.16　金属喷射成型工艺

10.16.1　金属喷射成型原理

喷射成型，也称喷射铸造或喷射沉积，是一种先进的快速凝固近终形材料制备技术。它将金属熔体雾化和沉积成型两个过程合为一体，可直接由液态金属制取快速凝固预成型毛坯，是一种近终形和半固态加工技术。喷射成型具有快速凝固特征，与传统铸锭冶金方法相比，具有材料组织细化、成分均匀的特点。同时，它克服了粉末冶金技术工序复杂、氧化严重等问题，具有其他快速凝固技术无法比拟的优点，为三维大尺寸快速凝固材料的制备提供了一条新途径。喷射成型不仅是一种先进的短流程坯料制备技术，还正在发展成为直接制造金属零件的快速成型技术，已成为当今世界新材料开发与应用的一个热点，并正在大力推进产业化。

在喷射成型过程中，金属或合金液流被高速运动到基底表面。金属雾滴在雾化气流冷却作用下快速凝固，到达沉积表面时，小尺寸的雾滴凝固成为固体颗粒，较大尺寸的雾滴仍保持液态，而中间尺寸的雾滴则含有一定比例液相。这些凝固程度不同的大小雾滴被雾化气流加速运动，高速撞击沉积表面，随之在沉积表面附着、铺展、熔合，逐步沉积生长为一个金属实体。喷射成型把液态金属的雾化和金属雾滴的沉积自然地结合起来，能以最少的工序直接从液态金属制取具有快速凝固组织特征的高性能材料（或半成品坯料）。通过合理地设计沉积基底的形状和控制其运动方式，可以制备圆锭、管坯、环坯、板坯、圆盘等不同形状，甚至不具简单对称形状的沉积坯。如将金属雾滴喷入具有一定形状的模具空腔里，也可以获得复杂形状的构件。

喷射成型的雏形是热喷涂，但它与热喷涂有着显著的区别。首先，喷射成型过程金属在坩埚内熔化，通过导流管传输，金属流率高，铝合金和工具钢的沉积速率分别可达15kg/min和100kg/min；热喷涂过程则要对加入喷枪的少量粉末、棒材或丝材进行快速加热熔化，然后沉积，故其沉积速率远低于喷射成型。其次，喷射成型过程是一个动态热平衡过程，金属液滴在沉积到基底时多处于半凝固状态，沉积坯体表面也处于半凝固状态，残余液相能够填充已凝固颗粒之间的缝隙，凝固组织为细小等轴晶。而热喷涂材料在沉积时处于液态，液滴沉积后被基体急冷，迅速凝固，沉积表面常呈完全固态，先后沉积的液滴之间往往出现间隙，最终形成层状组织。所以喷射成型材料通常比热喷涂材料致密，也更加均匀。第三，热喷涂只是在工件表面一个极薄层的范围内加工以改善表面性能，喷射成型则可用于三维大尺寸材料的制备。

相对于普通铸造和粉末冶金，喷射成型在雾化喷射阶段其冷却速度可达 $10^3 \sim 10^5 K/s$，属于快速凝固范畴。由于它是直接从液态金属制备大体积与成型批件，因此，喷射成型兼有粉末冶金快速凝固和铸件直接成型的优点，其独特性表现在以下几方面：

（1）组织细小均匀。在喷射成型过程中，微小的雾滴依靠与高速气体的对流换热，过热和结晶潜热能迅速释放出来。凝固过程中，由于冷却速度快，在较大的过冷度下，大量细小晶核瞬时形成，在短时间内来不及长大，最后得到细小均匀的凝固组织。而且，在未完全凝固的雾滴中以及沉积坯表面的半固态薄层中已凝固的枝晶由于机械溅射作用而被打碎，在随后的凝固过程中也会形成细小的等轴晶组织。

（2）成分均匀，无宏观偏析。在喷射成型过程中，合金的冷凝速度非常快，溶质原子来不及扩散和偏聚，且沉积坯表层处于半凝固态，无横向液态金属流动，喷射到沉积坯表层的雾滴原地凝固，保持与母合金一致的成分，因此喷射沉积可获得无宏观偏析的毛坯，其微观偏析程度也大大减弱。

（3）含氧量低。喷射成型过程通常在惰性气体保护下完成，避免了高温金属与大气的接触，减少了氧化程度。

（4）较高的材料致密度。由于在凝固时基本不发生金属液的宏观流动，毛坯中不发生缩孔，而且喷射成型工艺减少了氧化，降低了杂质含量，可获得比较致密的毛坯。

（5）工序简单，成本低。与粉末冶金工艺相比，喷射成型工艺大大减少了产品工序，缩短了产品的生产周期，提高了生产率。

（6）在制备金属基复合材料上有着独特的优势。将陶瓷颗粒与雾化金属液共同喷射沉积，能获得均匀分布的颗粒增强金属基复合材料（MMC）。传统制备方法，如搅拌铸造和复合铸造等由于熔融金属和增强颗粒接触时间长，难以避免金属/陶瓷界面反应，生成组织粗大的不利相。而喷射成型由于凝固时间短，界面反应被有效抑制。

10.16.2 喷射成型在钢铁材料方面的应用

喷射成型在钢铁材料方面的应用研究过去主要集中于对商业合金的性能改进和成本降低，近年来在发展锌合金及复合材料上关注较多。现将按钢种分类阐述近二十年来喷射成型钢铁材料的主要研究进展，并对喷射成型钢铁材料的组织和性能特征进行综合评述。

10.16.2.1 高碳高速钢

高碳高速钢是一种具有高硬度、高耐磨性和高耐热性的工具钢，用它制备的轧辊具有良好的抗高温磨损和抗热疲劳性能，在热轧钢生产中获得了广泛的应用。喷射成型能使碳化物呈细小弥散状态，克服其粗糙问题，从而获得更加优异的使用性能。

日本住友重工 Ikawa 等人研究了喷射成型高碳高速工具钢轧辊材料（2.5% C，6.0% V），发现其晶粒组织细化，碳化物呈球形且弥散分布，平均尺寸低于10μm，普通铸件中常见的粗大碳化物析出被抑制，喷射成型轧辊比传统铸造轧辊具有更高的力学性能。试验表明，同等工作条件下喷射成型材料的磨损量只有普通铸造轧辊的1/6到1/2，在线材轧机中使用的喷射成型轧辊寿命超过普通轧辊寿命的2~3倍。

韩国浦项产业科学研究院Lee和Ahn等人研究了喷射成型1.28C-6.4W-5.0Mo-3.1V-4.1Cr-7.9Co高速钢的凝固组织和M_2C碳化物分解，发现其碳化物组织为不连续网状分布的片状M_2C和细小均匀分布的球形MC；在高温退火时，亚稳态的M_2C完全分解为MC和M_6C，且随着M_2C分解程度的加大，热锻时碳化物分布更为均匀，最终弯曲强度得以提高。

英国Sheffield大学Hanlon等人研究了喷射成型对1.2C-3.4W-8.9Cr-4.3V-2.7Mo高速钢的组织、断裂行为和磨损性能的影响。研究表明，喷射成型显著减小晶粒尺寸和碳化物尺寸，传统材料中粗大且相互连接的共晶碳化物被喷射成型材料中均匀分布的粒状碳化物取代。这种组织细化提高了材料的断裂强度。在300N负载、20~650℃试验温度、耐磨材料为M2工具钢的试验条件下，传统材料的磨损都显著高于喷射材料。材料的磨损机制为黏附磨损和氧化磨损。随着实验温度提高，后者作用更加明显。喷射成型材料耐磨性能的改善可归因于初生碳化物和共晶碳化物的细化及宏观偏析的消除。

巴西Villares金属研发中心Mesquita和Barbosa研究比较了喷射成型和传统铸造AISI M3(2)高速钢的组织及性能。喷射成型高速钢采用Osprey双雾化技术制备，钢锭直径约400mm，经热加工分别获得尺寸为116mm×116mm的方钢及直径为11mm的棒材。铸造钢锭初始尺寸为300mm，采用相同热加工工艺获得与喷射成型材料同等尺寸的棒材。与传统铸造的AISI M3(2)高速钢相比，喷射成型材料组织明显细化，MC和M_6C碳化物细小且分布均匀，各向同性显著提高。

丹麦（原）Dan Spray的Kjeldsteen也研究了喷射成型AISI M3(2)高速钢的组织及性能。结果表明，喷射态组织呈现网状碳化物，二次枝晶间距10~30μm，经锻压碳化物网络破碎，碳化物尺寸1~9μm。在磨料磨损条件下，材料耐磨性受碳化物尺寸影响很大。喷射成型材料中碳化物相对粉末冶金材料的要大，因此耐磨性更好。其他性能，如硬度、热硬性、抗压强度及形状稳定性与粉末冶金材料处于同一水平。

北京航空材料研究所张勇和张国庆等人也研究了喷射成型T15高速钢的沉积态组织及锻造和热处理态组织。与传统工艺制备的T15高速钢相比，喷射成型T15高速钢组织显著细化，材料具有更好的冶金均匀性。

10.16.2.2 工模具钢

传统工模具钢中同样存在着偏析和粗大碳化物等问题。而快速凝固材料的偏析范围很小，碳化物为非常细小的弥散相或固溶于基体中，从而具有高的强度、硬度和耐磨性。喷射成型具有快速凝固的特征，在制备复杂成分的工模具钢时仍可细化组织，消除宏观偏析，实现材料组织结构均匀之目的。

英国Sheffield大学Hanlon等人研究了喷射成型冷轧工作辊钢（0.8C/3Cr和0.8C/5Cr）的组织和性能。结果表明，喷射成型材料高度致密，硬度与普通淬火态铸造材料的硬度相当，且在500℃高温回火1h后仍能保持较高的硬度。喷射成型工艺不改变碳化物的类型，但碳化物尺寸得以细化（0.13μm），而碳化物的均匀一致性是决定材料性能的关键。

美国爱达荷国家实验室的Mchugh等人研究了喷射成型H13热作工具钢（0.41C，0.38Mn，5.10Cr，1.42Mo，0.9V，1.08Si）的组织和性能，发现喷射成型抑止了H13钢中的碳化物析出和长大，540℃回火后材料硬度和强度均比同成分铸造材料（经锻压和热处理）要高，具有更好的高温性能。

由德国不来梅材料科学研究所牵头，德国、奥地利、法国、意大利和西班牙多家单位合作研究了喷射成型 X40CrMoV521（H13）热作工具钢、X153CrMoV12（D2）、X210Cr12（D3）、X290Cr12、X220CrVMo13-4、X110CrMoVAl8-2 等冷作工具钢的制备工艺、组织和性能。喷射态材料形状为圆锭或板坯，致密度高，只需要经过适当变形就可以达到完全致密。因此，与传统工艺制备的材料相比，其性能的各向异性较不明显。喷射成型工具钢和铸造或粉末冶金工具钢表现出相同的热处理硬化和回火特性。喷射成型合金组织均匀，碳化物细小，但粉末冶金合金的碳化物更小。喷射成型工具钢的冲击韧性弯曲强度及各向同性介于相应的铸造合金和粉末冶金合金之间，但采用不同工艺制备的工具钢的耐磨性差别很小。

在喷射成型制备高合金钢时，雾化气体对合金材料可能会产生影响。对于某些含有铬、钒和铝等可与氮反应的合金元素的合金钢，雾化气体的选择就显得十分重要。Schulz 等人的研究结果表明，氮气雾化会给喷射成型高合金钢的后续加工造成一定困难。这是因为熔融合金中溶解的氮会在包晶（δ 相）凝固时析出生成大量气孔，并且当钢中含铝和钒等易与氮发生反应的组分时，会析出氮化物或碳氮化合物。这些化合物会对合金的韧性产生负面影响。采用氮/氩混合气体保护熔体的办法可以控制合金中氮含量。氩气的使用不仅可保护熔体，而且可有效减少包晶凝固时气孔的形成，避免氮化物的沉淀析出。

为满足微冷变形对模具材料性能的特殊要求，近年来德国不来梅材料科学研究所 Schulz 等人采用喷射成型技术制备了过共析 8% Cr 工具钢。在 X110CrMoV8-2 工具钢的成分基础上，通过调整合金钒铌铝和碳的含量，获得多种成分的喷射成型工具钢，进而研究了合金成分对其锻造及热处理后的组织、力学性能和摩擦特性的影响。研究表明，喷射成型合金组织细小均匀，合金成分对碳化物的形状尺寸及分布有着显著影响，其中铌的作用最佳。喷射成型合金在硬度高达 63HRC 时仍可通过精密加工制成内腔直径小于 1mm 的微模锻模具。

上海交通大学徐寒冰及宝钢章靖国等人也应用喷射成型技术制备了 Cr12MoV（D2）钢样，采用金相、X 射线衍射、扫描电镜等分析方法对其微观组织进行了研究，并将喷射成型材料与铸造方法制备的材料进行了对比。结果表明，喷射态合金更加致密，晶粒更为细小，碳化物的分布也更弥散。喷射成型技术大大降低了材料中合金元素的偏析程度，随后的轧制工艺进一步改善了材料的微观组织。与常规材料相比，喷射成型材料中碳化物颗粒尺寸大大降低，耐磨性能得到了大幅度的提高，并随着轧制量的增加而提高。

上海交通大学颜飞及宝钢史海生等人合作研究了喷射成型高合金 Vanadis 4 冷作模具钢的微观组织，并对喷射成型材料进行了锻造和退火处理。结果表明，喷射成型 Vanadis 4 钢晶粒细小，颗粒状 MC 和 M_7C_3 碳化物在基体中均匀分布，无粗大碳化物出现。喷射态组织具有优良的热加工性能，在较宽的温度范围内锻造未见开裂，经过锻造和退火处理，材料组织中碳化物尺寸和分布及材料的韧性皆优于同成分的粉末冶金钢，表明喷射成型有望取代传统粉末冶金生产高品质的高合金冷作模具钢。

10.16.3 喷射成型技术的产业化发展

20 世纪 80 年代中后期首批生产型、半生产型喷射成型装置相继建成并投入生产运行。德国 Mannesmann Demag 冶金设备制造公司和日本住友重工业株式会社（SHI）先后成为 Osprey 专利许可的设备制造厂家，负责大型（容量 1t 以上）设备的供应。1990 年第一个商业化轧辊生产厂在住友重工建立，第二年就开始出售轧辊产品。1992 年 6 月国际粉末冶金大会以《喷射成型：科学、技术与应用》为专题进行讨论，这标志着喷射成型已经发展为制备大块致密快速凝固材料的高新科学技术，并进入到工业规模的生产应用阶段。

世界上已实现喷射成型技术产业化或掌握相关技术的公司主要有：英国 Osprey 公司、美国 GE 和 Allvac 公司、（原）丹麦 Danspray 公司、瑞典 Sandvik 公司、瑞士 Swissmetal 公司、日本住友公司和神户制钢（KOBELCO）等，产品主要应用于制造航空航天部件、汽车关键部件、电子元器件材料、先进冶金轧辊等。例如瑞典 Sandvik 公司喷射成型双金属复合管，用于城市垃圾焚化炉的锅炉蒸发器水冷壁和过热器蒸汽管道，可大大提高材料的使用寿命。德国的 Wieland 公司从 20 世纪 90 年代开始 Cu-Cr-Zn 系合金喷射成型技术的开发，可以获得均匀细小的显微组织，极大地改善了电极的性能，使用寿命比连续铸锭方法制备的电极提高一倍多。另外，Wieland 公司还开发了用于镀锌板焊接的 Cu-Cr-Zr + Al_2O_3 复合材料电极，在解决电极头表面局部合金化影响使用寿命方面取得了成效。目前，他们已经能生产尺寸为 ϕ300mm × 2200mm 的铜合金棒坯，单班生产能力达 1t。美国 Howmet 公司进行了高温合金环形坯件的喷射成型工艺研究，以及产品冶金质量和组织及性能的控制，并成功地采用了环形坯直接热等静压和热等静压后再经环形轧制两种新的工艺途径，研制出多种型号发动机的环形件，其最大尺寸为 ϕ850mm × 500mm。为了满足市场的需求，Howmet 与 P&W 公司合资成立了喷射成型国际公司，把原装置的容量扩大到 400kg，同时新建了一台 3t 容量的环形坯专用喷射成型设备，可提高最大直径为 1500mm 的环形坯，年产量达 500t。德国 PEAK 公司从 20 世纪 90 年代末期开始采用喷射成型技术大批量生产过共晶 Al-Si 合金，用于德国 Daimler-Benz 轿车发动机汽缸内衬套，成为先进的 V6 和 V8 轿车发动机的标准部件，其年产量在 2002 年已达到 6000t 左右。

我国的喷射成型研究始于 20 世纪 80 年代中后期，研究机构主要有中科院金属研究所、北京航空材料研究院、北京有色金属研究总院、中南工业大学、哈尔滨工业大学、北京科技大学、湖南大学、上海交通大学、（原）上海钢铁研究所、同济大学、宝钢研究院、中国兵器科学研究院、郑州大学和内蒙古科技大学等，还有一家企业，江苏豪然喷射成型合金有限公司，成立于 2008 年，研究的材料包括铝合金、镁合金、铜合金、高温合金、金属基复合材料及钢铁材料等。在钢铁材料方面，上海钢铁研究所研制了喷射成型 Cr12MoV、GCr15 轴承钢、高速钢；宝钢研究院首次研制成功喷射成型超高碳钢等。

喷射成型作为一种先进的生产近终形产品的快速凝固技术，具有成分均匀、无宏观偏析、显微组织为细小等轴晶结构、析出相细小、含氧量低、热加工性能好等特点，其产品微观组织及性能均明显优于常规铸锭冶金产品。同时，喷射铸造技术克服了粉末冶金法氧化严重、成本高的缺点，具有操作过程简单、设备资金投入少、操作成本和经营间接成本低的优点。经过多年的研究开发，喷射成型已经发展为制备高性能材料和产品的高新科学技术，并进入到工业规模的生产应用阶段。

10.17 空心铜管坯水平电磁连铸法

10.17.1 水平电磁连铸法的原理

采用水平连铸法生产空心铜管坯，经铣面后直接轧制成薄壁管，这种方法工艺流程短，能源损耗低，设备投资少且占地面积小，日益受到铜管生产企业的关注，并逐步得到了广泛应用。实践已初步证明，采用水平连铸空心铜管坯生产光管（特别是壁厚在0.35mm以上的管材）是一种经济可行的生产方法。但是，随着空心管向小径、薄壁、节能化方向发展，采用水平连铸空心铜管坯生产0.2mm以下的内螺纹管时，经常出现断管现象，因此如何提高空心铜管坯的质量还需进一步研究。

电磁场具有传递能流密度大、无接触、可控制等特点，将电磁技术用于控制金属流动、凝固成型已经成为一种趋势。许多学者在从事这方面的研究，并取得了一定的进展。例如，在铝合金半连续铸造过程中，Vives为改善微观组织，发展了一种新型的电磁铸造工艺，即在结晶器外加感应线圈，通过电磁力的约束作用及搅拌作用来提高铸坯表面质量及凝固组织。张志峰等借助于在结晶器外施加复合电磁场控制弯月面形状，消除了Sn-4.5%Pb连铸方坯的表面振痕，同时细化了铸坯凝固组织。

近年来，磁流体力学在冶金生产中得到了广泛应用，促进了冶金工业的发展。随着电磁场技术和水平连铸技术的发展，西冈信一等人在水平连铸系统中三重点附近的耐火材料外施加高频电磁场，以控制铸坯的初期凝固，使铸坯的表面质量得到了明显改善。Rodriguez在ϕ30mm×6mm空心铜管坯的水平连铸过程中施加工频交流电磁场，使管坯的凝固组织得到了细化。

10.17.2 电磁场对空心管坯外表面的影响

10.17.2.1 电磁场对管坯外表面质量的影响

图10-44所示为用激光测位仪测得的不同工艺条件下铸态管坯底部外表面的粗糙度。图10-44(a)为普通水平连铸机，图10-44(b)为水平电磁连铸。由图10-44(a)可以看出，未施加电磁场的管坯外表面比较粗糙，有着较深的周向振痕。施加电磁场后，表面粗糙度

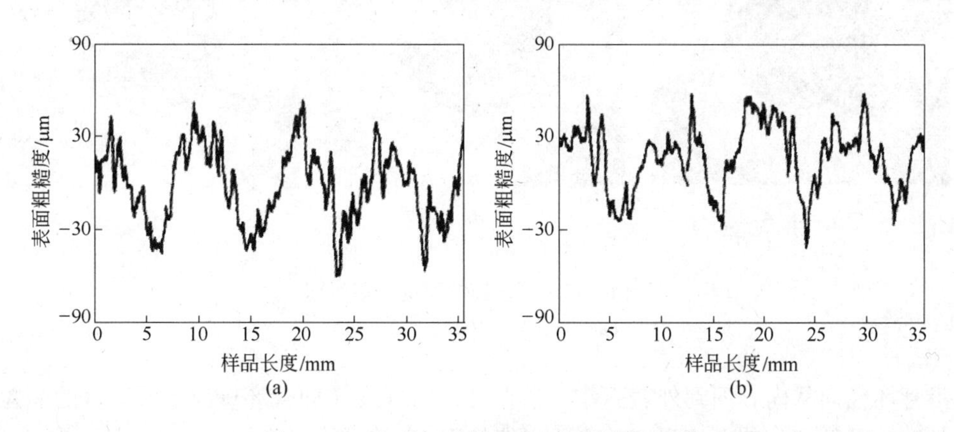

图10-44 电磁场对管坯表面粗糙度的影响

（a）普通水平连铸（0A）；（b）水平电磁连铸（140A）

由 120μm 降到 90μm。根据电磁感应理论可知，水平电磁连铸管坯表面质量提高的机理主要在于当线圈中通过交变电流时，交变电流在周围空间产生交变磁场，处在交变磁场中的金属将产生感应电流。交变磁场和感应电流相互作用，产生指向金属液内部的电磁压力。在水平连铸条件下，电磁压力抵消了部分重力和金属液的静压力，从而减小了初试坯壳与石墨熔模之间的摩擦力，提高了铸坯的表面质量。同时，感应电流的热效应也影响了结晶器的传热过程，进而改善了液态金属的初始凝固状态，在一定程度上也提高了管坯的表面质量。

10.17.2.2　电磁场对管坯宏观组织的影响

凝固时液穴内的金属液在电磁场的作用下进行强迫对流，这种强迫对流一方面使熔融金属液温度趋于一致，减小了温度梯度，使得凝固过程表现为液穴内大量晶核在相似环境条件下进行各向同性长大，抑制了柱状晶的生长；另一方面将柱状晶打断或击碎，而这些断碎的结晶又可成为结晶的核心，增加了形核率，从而导致了晶粒的细化。

图 10-45 所示为不同条件下管坯横截面的宏观组织。可以看出，在未施加电磁场时，由于结晶器铜套直接进行水冷，在管坯中产生了很大的温度梯度。除了内侧和外侧由于激冷作用产生了少量的细等轴晶外，在整个横截面上基本都是柱状晶，且晶粒粗大，穿晶现象非常明显。柱状晶在周向上分布均匀性也很差，下部及侧面的柱状晶较上部更发达，这是因为在水平连铸时，由于重力的影响，上部产生气隙，气隙的存在大大地增加了热传导时的热阻，减小了径向温度梯度，从而使管坯晶粒组织在上部和下部存在差异。从图 10-45(b)可以看出，在结晶器外施加工频电磁场，当线圈中的电流强度达到 100A 时，柱状晶得到了显著的细化，粗大的柱状晶基本上得到了消除，在横截面内侧出现等轴晶区，虽然仍存在少量的穿晶现象，但晶粒分布的均匀性有了很大的提高。从图 10-45(c)可以看出，当电流强度增加到 140A 时，粗大的柱状晶及穿晶现象已经消失，等轴晶区有所扩大，晶粒周向上分布非常均匀，这样的组织有利于轧制、拉拔加工。

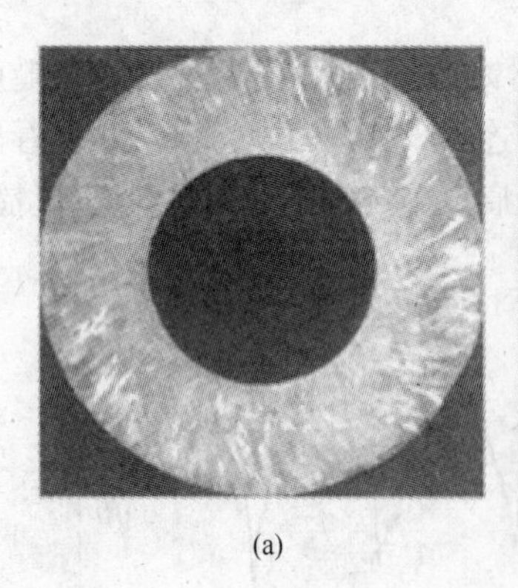

(a)

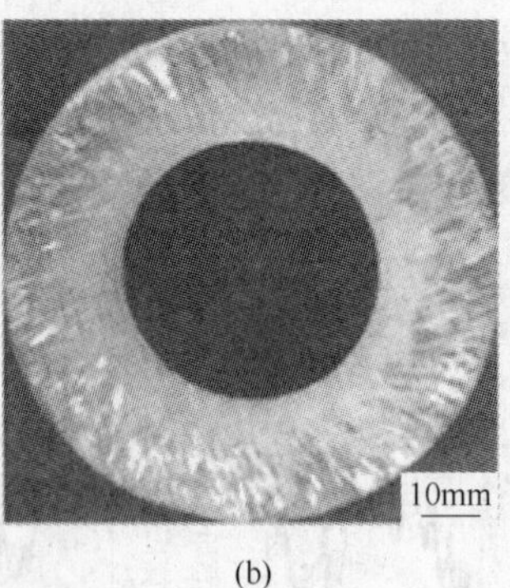

(b)

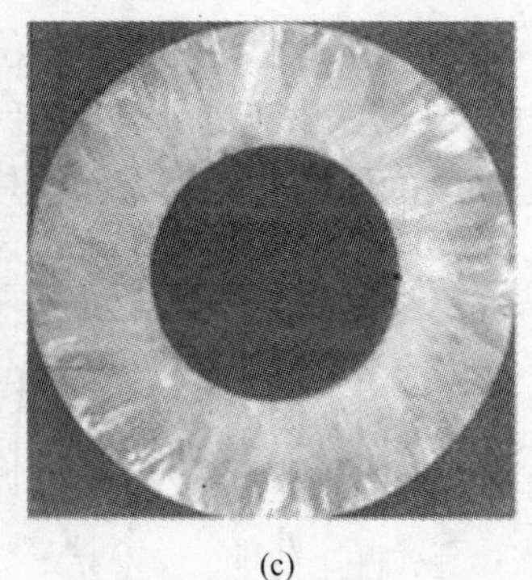

(c)

图 10-45　管坯横截面的宏观组织

(a) 0A；(b) 100A；(c) 140A

沿管坯径向从内表面到外表面作一条直线，用直线（即管坯壁厚 L）穿过的晶粒数表示晶粒度。晶粒度随着电流强度的变化规律如图 10-46 所示。

由图 10-46 可以看出，随着电流强度的增加，晶粒度呈增大趋势。这是因为随着电流强度的增加，其搅拌作用的电磁分力也越大，从而使枝晶更容易被击碎。

10.17.2.3 电磁场对管坯力学性能的影响

铜管坯的抗拉强度和伸长率对轧制以及盘拉具有重要意义。考虑到水平连铸时重力对凝固组织的影响，分别从未施加磁场及施加磁场的两种管坯的上、下和侧面取试样进行拉伸实验，取其平均值，参照 GB/T 228—2002 标准对比抗拉强度及伸长率的差异。

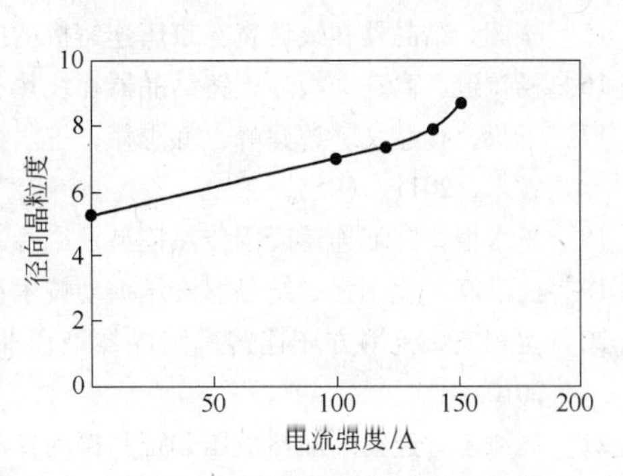

图 10-46 径向晶粒度随电流强度的变化规律

从实验结果可以知道，施加了电磁场以后试样的抗拉强度、伸长率均得到了提高。励磁电流为 140A 时，试样抗拉强度提高了 15%，伸长率提高了 10%。这是由于施加了电磁场后，金属液受到强迫对流，不但晶粒得到了细化，而且其分布均匀性也得到了极大的提高，所以经过电磁场处理后，试样的抗拉强度和伸长率得到了提高。

参 考 文 献

[1] 贺道中．连续铸钢[M]．北京：冶金工业出版社，2007.

[2] 赵丽，刘贤明，郭仕奇．连铸坯铸造工艺研究现状[J]．重庆文理学院学报（自然科学报），2010，(05).

[3] 倪升起，彭世恒．电磁制动条件下板坯结晶器内钢液冶金行为的数值模拟[J]．钢铁钒钛，2011，(04).

[4] 王敏，贾皓，张振强，邓康．电磁制动下板坯结晶器内金属流动的物理模拟[J]．上海金属，2011，(06).

[5] 朱苗勇．高效连铸结晶器冶金过程控制关键技术探讨[J]．连铸，2011，(S1).

[6] 渡边省三，瑕名清，青木松秀，等．连续铸造方法[P]．日本专利，平 32254338，1991.

[7] Yokoya S，Takagi S，Iguchi M，et al. Swirlingeffect in immersion nozzle on flow and heat transport in billet continuous castingmold[J]. ISIJ Int，1998，38(8)：827，2833.

[8] Yokoya S，Takagi S，Iguchi M，et al. Swirling flow control in immersion nozzle for continuous casting process[J]. ISIJ Int，2001，41(s)：s51，s472.

[9] 李延举，赵勇慧，温斌，金俊泽．直浇道电磁搅拌对连铸坯凝固组织影响[J]．大连理工大学学报，2002，(05).

[10] 陈永，肖明福，吴国荣．360mm×450mm 方坯连铸动态轻压下技术[J]．钢铁钒钛，2010，(01).

[11] 杨拉道，张奇，高琦，曾晶，马玉堂．板坯连铸动态轻压下技术的理论与实践[J]．铸造技术，2012，(01).

[12] 岳尔斌，李永林，王志道，等．射钉法在测量连铸坯凝固坯壳厚度方面的应用[J]．物理测试，2004，(03).

[13] 林建农，马富昌，张宪成，等．舞钢连铸板坯液芯长度测试[J]．宽厚板，2005，(05).

[14] Kawawa T，Sato H，et al. Determination of solififying shell thickness of coninuously cast slab by rivet pin shooting [J]. TESTSU TO HADANE，1974，60：206~216.

[15] 李辉. 结晶器在线调宽在京唐连铸机的应用[J]. 冶金自动化，2011，(06).
[16] 杨拉道，高琦. 板坯连铸结晶器在线热态调宽速度与拉速研究[J]. 连铸，2011，(S1).
[17] 冯科，孔意文，曹建峰，韩志伟，王水根. CISDI板坯连铸动态二冷配水技术的工业应用[J]. 钢铁技术，2011，(05).
[18] 王水根. 圆坯连铸凝固传热模型及二冷动态控制研究[D]. 重庆：重庆大学，2010.
[19] 汪洪峰，沈国强. 结晶器液压振动技术在梅山高效连铸中的应用[J]. 上海金属，2004，(01).
[20] 贾相宝. 杭钢方坯连铸机结晶器液压非正弦振动系统的分析与仿真[D]. 赣州：江西理工大学，2010.
[21] 闫海宁. 连铸结晶器液压非正弦振动控制系统的研究[D]. 西安：西安理工大学，2010.
[22] 吴春京，谢建新. 双结晶器连铸铜—锌铝合金双金属复合材料[J]. 特种铸造及有色合金，2002，(03).
[23] 谢建新，孙德勤. 双金属复合材料双结晶器连铸工艺研究[J]. 材料工程，2000，(04).
[24] 谢建新，吴春京，李静媛. 多层复合材料一次铸造成型设备与工艺. 中国，CN1229703A[P]. 1999-9-29.
[25] Lester J. 比利时SIDMAR钢厂（ARCELOR）的达涅利板坯连铸机[J]. 钢铁，2004，(08).
[26] Carlo P，Piemonte. 达涅利厚板坯连铸新技术和样板生产厂[J]. 钢铁，2008.
[27] 宋东飞. INMO结晶器液压振动控制系统[J]. 冶金设备，2005，2：62～65.
[28] 孙海铁，李成斌. 近年来中间包技术的发展[J]. 材料与冶金学报，2002，(01).
[29] 幸伟，袁德玉. 高效连铸的发展状况及新技术[J]. 连铸，2011，(01).
[30] 李雪洁，袁守谦. 电脉冲改善铸坯凝固组织的工业化试验研究[D]. 西安：西安建筑科技大学，2011.
[31] 李平，关勇，唐雪峰，王阿鼎，丁丽华. 电脉冲处理钢液改善铸坯凝固组织的工业化试验[J]. 过程工程学报，2006，(S1).
[32] 郭峰，林勤. 稀土元素对对低硫氧合金结构钢冲击韧性的影响机制[J]. 中国稀土学报，2008，26(1)：97.
[33] 岳丽杰，王龙妹，朴秀玉，徐成海，朱高希. 10PCuRE钢的耐大气腐蚀性及耐蚀机理[J]. 钢铁研究学报，2006，18(1)：34.
[34] 李建国，于春玲，薛海涛，王宝森. 稀土对焊缝组织和性能影响的研究[J]. 兵器材料科学与工程，2001，24(5)：28.
[35] 王龙妹，杜挺，卢先利，乐可襄. 微量稀土元素在钢中的作用机理及应用研究[J]. 稀土，2001，22(4)：37.
[36] 林勤，叶文，陈宁. 超低硫微合金钢中稀土元素的作用[J]. 中国稀土学报，1997，15(3)：228.
[37] 靳书林，袁丽丹. 稀土在连铸结晶器内的加入方法及作用规律[J]. 钢铁，1992，(3)：14～17.
[38] 汪洪峰，简明，邹俊苏. 结晶器喂稀土丝工艺的应用初探[J]. 炼钢，2003，(19).
[39] 范值金，罗国华，朱玉秀，朱丛茂. 连铸结晶器喂稀土处理的碳锰钢夹杂物研究[J]. 中国稀土学报，2009，(06).
[40] 张立，徐国栋，王新华，等. 集装箱用钢连铸坯表面裂纹的研究[J]. 钢铁，2002，37(1)：19～21.
[41] 袁伟霞. 连铸板坯纵裂纹综述[J]. 炼钢，1997，(10)：47～50.
[42] 朱祖民，张晨，蔡得祥，陈荣欢，刘继鸣. 板坯连铸用缓冷型保护渣[J]. 钢铁，2007，42(08).
[43] Yan Hongzhi，Lenard J G. A study of warm and cold roll-bonding of an aluminum alloy[J]. Materials Science and Engineering A，2004，385：419～428.
[44] Raghukandan K. Analysis of the explosive cladding of Cu-low carbon steel plates[J]. Journal of Materials

Processing Technology, 2003, 139: 573 ~577.

[45] 田雅琴，秦建平，李小红．金属复合板的工艺研究现状与发展[J]. 材料开发与应用，2006，21(1)：40 ~43.

[46] Manesha H D, Taherib A K. Theoretical and experimental investigation of cold rolling of tri-layer strip[J]. Journal of Materials Processing Technology, 2005, 166: 163 ~172.

[47] 李宝棉，许光明，崔建忠．反向凝固法生产 H90-钢-H90 复合带[J]. 中国有色金属学报，2007，(04).

[48] 王艳林，王自东，张鸿．连续定向凝固技术的研究进展[J]. 专题综述，2008，(04).

[49] 袁静．金属连续定向凝固技术[J]. 上海有色金属，2011，(01).

[50] 陈荣章，王罗宝，李建华．铸造高温合金发展的回顾与展望[J]. 航空材料学报，2000，20(1)：55 ~61.

[51] 汤国兴，毛卫民，刘永锋．定向凝固技术的发展和应用[J]. 专题综述，2007.

[52] FLEMINGS M C. Behaviour of metal alloys in the semisold state [J]. Metall. Trans. 1991, A 22(5): 957 ~981.

[53] 毛卫民，陈军，白月龙．半固态合金流变铸造的研究进展[J]. 特种铸造及有色合金，2004，(2)：48.

[54] Mao W M, Bai Y L, Gao S F, et al. Research on the composite slurry preparation and rheocasting of alum inum alloy[J]. Solid State Phenomena, 2006, 116 ~117: 410 ~416.

[55] 毛卫民．半固态金属成型技术[M]. 北京：机械工业出版社，2004：2.

[56] 杨明波，赵玮霖，杨慧健，等．YL112 压铸铝合金的半固态缩变形特性[J]. 铸造技术，2004，(12)：912.

[57] 毛卫民．半固态金属流变铸造技术的研究进展[J]. 特种铸造及有色合金，2010，(30).

[58] Davis J R. Handbook of thermal spray technology[C]. ASM International Thermal Spray Society Training Committee, 2004.

[59] 崔成松，章靖国．喷射成型快速凝固技术制备高性能钢铁材料的研究(一)——喷射成型技术的原理、特点及发展现状[J]. 上海金属，2012，(34).

[60] 苏俊，崔成松，曹福祥，等．喷射成型技术在钢铁材料中的应用[J]. 铸造，2002，51(7)：399 ~402.

[61] 颜飞，徐洲，石海生，等．喷射成型技术及其在钢铁材料上的应用[J]. 材料导报，2007，21(3)：90 ~93.

[62] Mesquita R A, Barbosa C A. Spray forming high speed steel-properties and processing [J]. Materials Science and Engineering A, 2004, 383(1): 87 ~95.

[63] Zhang Y, Zhang G Q, Li Z, et al. Analysis of twin-nozzle-scanning spray forming process and spray formed high speed steel (HSS) [J]. International Journal of Iron and Steel Research, 2007, 14 (5), Supplement 1: 7 ~10.

[64] Hanlon D N, Rainforth W M, Sellars C M. The effect of processing route, composition and hardness on the wear response of chromium bearing steels in a rolling-sliding configuration [J]. Wear, 1997, 203 ~204: 220 ~229.

[65] Schulz A, Cui C, Zoch H W, et al. Micro could forming tools form hyperutectoid 8% Cr steels by spray forming and selective laser melting [J]. HTM J. Heat Treatm. Mat. 2010, 65(3): 125 ~134.

[66] 颜飞，徐洲，石海生，等．喷射成型 Vanadis 4 冷作模具钢的组织和性能[C]. 2007 年上海粉末冶金学术年会，2007.

[67] Yan F, Xu Z, Shi H S, et al. Microstructure of the spray formed Vanadis 4 steel and its ultrafine structure

[J]. Materials Characterization, 2008, 59: 592 ~ 597.

[68] 张勤，路贵民，崔建忠，等. CREM 法半连续铝合金初凝壳与磁场强度的关系[J]. 中国有色金属学报，2002，12(1)：48 ~ 51.

[69] 袁晓光，刘正，等. 电磁铸造在 AZ91D 合金组织及力学性能的影响[J]. 中国有色金属学报，2002，12(4)：784 ~ 790.

[70] Zhang Zhifeng, Li Tingju, Wen Bin, et al. Electromagnetic continuous casting by imposing multi electromagnetic field [J]. Trans Nonferrous Met. Soc. China, 2000, 10 (10): 741 ~ 744.

[71] 任忠明. 软接触结晶器电磁连铸技术的发展[J]. 钢铁研究学报，2002，14(1)：58 ~ 62.

[72] 李新涛，李丘林，李延举，等. 电磁场对水平连铸紫铜管表面质量及组织性能的影响[J]. 中国有色金属学报，2004，12.